几何量公差与检测

（互换性与测量技术基础教材）

（第 十 版）

甘永立　主编

上海科学技术出版社

图书在版编目（CIP）数据

几何量公差与检测/甘永立主编. —10 版. —上海：
上海科学技术出版社，2013.11
ISBN 978-7-5478-2005-6

Ⅰ. ①几…　Ⅱ. ①甘…　Ⅲ. ①机械元件-尺寸
公差②机械元件-检测　Ⅳ. ①TG801

中国版本图书馆 CIP 数据核字（2013）第 229800 号

上海世纪出版股份有限公司
上海科学技术出版社　出版、发行
（上海钦州南路71号　邮政编码200235）
新华书店上海发行所经销
常熟市兴达印刷有限公司印刷
开本 787×1092　1/16　印张 18.5
字数：430 千字
1985 年 6 月第 1 版　1989 年 4 月第 2 版
1993 年 5 月第 3 版　1997 年 8 月第 4 版
2001 年 4 月第 5 版　2004 年 7 月第 6 版
2005 年 7 月第 7 版　2008 年 1 月第 8 版
2010 年 1 月第 9 版
2013 年 11 月第 10 版　2013 年 11 月第 44 次印刷
印数 440 421－455 520
ISBN 978-7-5478-2005-6/TG·68
定价：29.00 元

内 容 提 要

几何量公差与检测课程即互换性与测量技术基础课程。

本书第十版仍遵循"打好基础、精选内容、逐步更新、利于教学"的教材编写原则,采用我国新的公差标准,进一步修改和更新了第九版的内容,力求按教学规律阐述本门学科的基本知识,便于自学。

本书共分绪论,几何量测量基础,孔、轴公差与配合,几何公差与几何误差检测,表面粗糙度轮廓及其检测,滚动轴承的公差与配合,孔、轴检测与量规设计基础,圆锥公差与检测,圆柱螺纹公差与检测,圆柱齿轮公差与检测,键和花键联结的公差与检测,尺寸链等12章。本书概念阐述清楚,内容安排紧凑,难点分析细腻,重点加强应用,以圆柱齿轮减速器主要零件各项公差的确定贯穿全书始终。各章均酌量配置了习题和讲课、解题所需的公差表格,以配合教学的需要。

本书供高等院校机械类各专业师生在教学中使用,也可作为继续教育院校机械类各专业的教材,以及供从事机械设计、机械制造、标准化、计量测试等工作的工程技术人员参考。

配套电子课件下载说明

本书按其主要内容编制了各章课件,在上海科学技术出版社网站公布,欢迎读者登录www.sstp.cn/pebooks/download/下载。

本书获得
第二届全国高等学校机电类专业优秀教材二等奖

第 十 版 前 言

几何量公差与检测课程即互换性与测量技术基础课程,是高等学校机械类各专业的一门重要技术基础课。

根据机械工业部教育局1982年教高字第17号文、1987年教学便字第0005号文和国家机械工业委员会教育局1987年教高便字第050号文的指示,上海科学技术出版社分别于1985年出版了《几何量公差与检测》基本教材、1987年出版了《几何量公差与检测习题试题集》教材、1989年出版了《几何量公差与检测实验指导书》教材。这三本教材是配套的教材。其中基本教材业已出了9版,习题试题集已出了6版,实验指导书已出了6版。

《几何量公差与检测》(第二版)基本教材于1992年获得第二届全国高等学校机电类专业优秀教材二等奖。

经过近几年教学的实践,随着科学技术和本学科的发展,为了进一步满足教学的需要,与时俱进,我协作组决定出版第十版《几何量公差与检测》基本教材。本书对第九版基本教材的内容作了较多的更新,在编排上也作了改进,便于自学。

本书采用我国新的公差标准来编写,各章均有应用实例,并以一种通用机器——单级圆柱齿轮减速器的主要零件齿轮轴、输出轴、齿轮、箱体、端盖、轴套等各项公差的确定贯穿全书始终,目的是为机械设计课程设计打下一定的基础,这体现了本书理论联系实际的特色。此外,本书各章有联系,而在内容上仍保持相对独立性和系统性;同一范畴(章)的内容中的必讲内容和选讲内容分节编写,以适应不同专业的教学需要。

考虑到业已出版实验指导书,本书就不重复典型计量器具的原理、结构和使用等内容。

为了巩固课堂教学效果,配合教学的需要,本书酌量编写了各章习题(一部分习题附有答案)并附录讲课、解题所需要的各个公差表格。

第一版至第十版基本教材均由吉林工业大学(今吉林大学)甘永立主编。第十版基本教材的作者如下:第一、四、五、七、十章甘永立,第二章西安理工大学乔卫东、李仕春,第三章合肥工业大学柴畅,第六章湖北汽车工业学院裴玲,第八章安徽农业大学孔晓玲,第九章河南科技大学武充沛,第十一章长春大学于相慧,第十二章长春理工大学李丽娟。

由于我们的水平所限,书中难免存在缺点和错误,欢迎广大读者批评指正。

本书按其主要内容编制了各章课件,在上海科学技术出版社网站公布,欢迎读者登录www.sstp.cn/pebooks/download/浏览、下载。此外,该网站还提供几何量测量实验报告格式课件下载。

《几何量公差与检测》课程协作组

2013年9月

目　　录

第五章　表面粗糙度轮廓及其检测

第六章　滚动轴承的公差与配合

第七章　孔、轴检测与量规设计基础

第十一章　键和花键联结的公差与检测

第十二章　尺　寸　链

附　　录

第一章 绪 论

§1 互换性与公差

一、互换性与公差的概念和作用

互换性的概念在日常生活中到处都能遇到。例如，灯泡坏了，可以换个新的；自行车、缝纫机、钟表的零部件坏了，也可以换个新的。之所以这样方便，是因为这些合格的产品和零部件具有在尺寸、功能上能够彼此互相替换的性能，即它们具有互换性。广义地说，互换性是指一种产品、过程或服务代替另一产品、过程或服务能满足同样要求的能力。

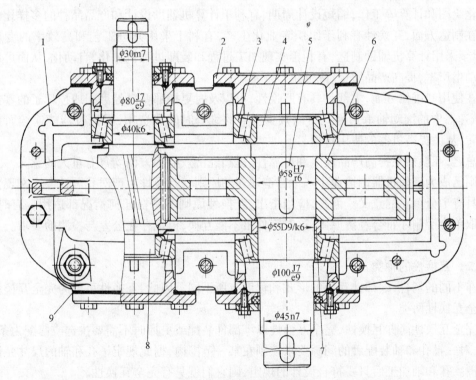

图 1-1　圆柱齿轮减速器

1—箱体；2—端盖；3—滚动轴承；4—输出轴；5—平键；6—齿轮；7—轴套；8—齿轮轴；9—垫片

机械工业生产中，经常要求产品的零部件具有互换性。什么叫机械产品零部件的互换性呢？参看图 1-1 所示的圆柱齿轮减速器，它由箱体 1、端盖（轴承盖）2、滚动轴承 3、输出轴 4、平键 5、齿轮 6、轴套 7、齿轮轴 8、垫片 9 和挡油环、螺钉等许多零部件组成，而这些零部件是分别由不同的工厂和车间制成的。装配减速器时，在制成的同一规格零部件中任取一件,若不需经过任何挑选或修配,便能与其他零部件安装在一起而成一台减速器,并且能够达到规定的功能要求,则说明这样的零部件具有互换性。零部件的互换性就是同一规格零部件按规定的技术要求制造,能够彼此相互替换使用而效果相同的性能。

加工零件的过程中,由于种种因素的影响,零件各部分的尺寸、形状、方向和位置以及表面粗糙度轮廓等几何量难以达到理想状态,总是有或大或小的误差。但从零件的功能看,不必要求零件几何量制造得绝对准确,只要求零件几何量在某一规定范围内变动,保证同一规格零件彼此充分近似。这个允许变动的范围叫做公差。

设计时要规定公差,而加工时会产生误差,因此要使零件具有互换性,就应把完工零件的误差控制在规定的公差范围内。设计者的任务就在于正确地确定公差,并把它在图样上明确表示出来。这就是说,互换性要用公差来保证。显然,在满足功能要求的前提下,公差应尽量规定得大些,以获得最佳的技术经济效益。

零部件的互换性应包括几何量、力学性能和理化性能等方面的互换性。本课程仅讨论几何量的互换性及与之联系的几何量公差和检测。

互换性在机器制造业中有什么作用?

在设计方面,零部件具有互换性,就可以最大限度地采用标准件、通用件和标准部件,大大简化绘图和计算等工作,缩短设计周期,有利于计算机辅助设计和产品品种的多样化。

在制造方面,互换性有利于组织专业化生产,有利于采用先进工艺和高效率的专用设备,以至采用计算机辅助制造,有利于实现加工过程和装配过程机械化、自动化,从而可以提高劳动生产率,提高产品质量,降低生产成本。

在使用和维修方面,零部件具有互换性,可以及时更换那些已经磨损或损坏了的零部件(如减速器中的滚动轴承),因此可以减少机器的维修时间和费用,保证机器能连续而持久地运转,从而提高机器的使用价值。

总之,互换性在提高产品质量和可靠性、提高经济效益等方面均具有重大的意义。互换性原则已成为现代机器制造业中一个普遍遵守的原则。互换性生产对我国社会主义现代化建设具有十分重要的意义。但是,应当指出,互换性原则不是在任何情况都适用。有时,只有采取单个配制才符合经济原则,这时零件虽不能互换,但也存在公差与检测的要求。

二、互换性的种类

在不同的场合,零部件互换的形式和程度有所不同。因此,互换性可分为完全互换性和不完全互换性两类。

完全互换性简称互换性,完全互换性以零部件装配或更换时不需要挑选或修配为条件。例如,对一批孔和轴装配后的间隙要求控制在某一范围内,据此规定了孔和轴的尺寸允许变动范围。孔和轴加工后只要符合设计的规定,则它们就具有完全互换性。

不完全互换性也称为有限互换性,在零部件装配时允许有附加的选择或调整。不完全互换性可以用分组装配法、调整法或其他方法来实现。

分组装配法是这样一种措施:当机器上某些部位的装配精度要求很高时,例如孔与轴间的间隙装配精度要求很高,即间隙变动量要求很小时,若要求孔和轴具有完全互换性,则孔和轴的尺寸公差就要求很小,这将导致加工困难。这时,可以把孔和轴的尺寸公差适当放大,以便于加工。将制成的孔和轴按实际尺寸的大小各分成若干组,使每组内零件(孔、轴)

的尺寸差别比较小。然后,把对应组的孔和轴进行装配,即大尺寸组的孔与大尺寸组的轴装配,小尺寸组的孔与小尺寸组的轴装配,从而达到装配精度要求。采用分组装配时,对应组内的零件可以互换,而非对应组之间则不能互换,因此零件的互换范围是有限的。

调整法也是一种保证装配精度的措施。调整法的特点是在机器装配或使用过程中,对某一特定零件按所需要的尺寸进行调整,以达到装配精度要求。例如,图1-1所示减速器中端盖与箱体间的垫片9的厚度在装配时作调整,使轴承3的一端与对应端盖2的底端之间预留适当的轴向间隙,以补偿温度变化时轴的微量伸长,避免轴在工作时弯曲。

一般说来,对于厂际协作,应采用完全互换性。至于厂内生产的零部件的装配,可以采用不完全互换法。

§2　标准化与优先数系

一、标准化

现代工业生产的特点是规模大、分工细、协作单位多、互换性要求高。为了适应生产中各部门的协调和各生产环节的衔接,必须有一种手段,使分散的、局部的生产部门和生产环节保持必要的技术统一,成为一个有机的整体,以实现互换性生产。标准与标准化正是联系这种关系的主要途径和手段。标准化是互换性生产的基础。

所谓标准是指为了在一定的范围内获得最佳秩序,经协商一致并由公认机构批准,规定共同使用的和重复使用的一种规范性文件。标准应以科学、技术和经验的综合成果为基础,以促进最佳社会效益为目的。

所谓标准化是指为了在一定的范围内获得最佳秩序,对现实问题或潜在的问题制定共同使用和重复使用的条款的活动。标准化工作包括制定标准、发布标准、组织实施标准和对标准的实施进行监督的全部活动过程。这个过程是从探索标准化对象开始,经调查、实验和分析,进而起草、制定和贯彻标准,而后修订标准。因此,标准化是个不断循环而又不断提高其水平的过程。标准化的重要意义在于改进产品、过程和服务的适用性,防止贸易壁垒,并促进技术合作。

根据《中华人民共和国标准化法》的规定,我国按标准的使用范围将其分为国家标准、行业标准、地方标准和企业标准。对需要在全国范围内统一的技术要求,应当制定国家标准;国家标准由国务院标准化行政主管部门制定。对没有国家标准而又需要在全国某个行业范围内统一的技术要求,可以制定行业标准;行业标准由国务院有关行政主管部门制定,并报国务院标准化行政主管部门备案,在公布相应的国家标准之后,该项行业标准即行废止。对没有国家标准和行业标准而又需要在省、自治区、直辖市范围内统一的工业产品的安全、卫生要求,可以制定地方标准;地方标准由省、自治区、直辖市标准化行政主管部门制定,并报国务院标准化行政主管部门和国务院有关行政主管部门备案,在公布相应的国家标准或者行业标准之后,该项地方标准即行废止。企业生产的产品没有国家标准和行业标准的,应当制定企业标准,作为组织生产的依据,企业的产品标准须报当地政府标准化行政主管部门和有关行政主管部门备案;已有国家标准和行业标准的,企业还可以制定严于国家标准和行业标准的企业标准,在企业内部使用。按标准的法律属性将国家标准、行业标准分为强制性标准和推荐性标准。保障人体健康,人身、财产安全的标准和法律、行政法规规定为强制执行的标准,是强制性标准,其他标准是推荐性标准。

按标准的作用范围,标准分为国际标准、区域标准、国家标准、地方标准和试行标准。前四者分别为国际标准化的标准组织、区域标准化的标准组织、国家标准机构、在国家的某个地区一级所通过并发布的标准。试行标准是指由某个标准化机构临时采用并公开发布的文件,以便在使用中获得有必要作为标准依据的经验。

按标准化对象的特性,标准分为基础标准、产品标准、方法标准、安全标准、卫生标准、环境保护标准等。基础标准是指在一定范围内作为其他标准的基础并普遍使用,具有广泛指导意义的标准,如极限与配合标准、几何公差标准、圆柱齿轮精度制标准等。

有了标准,并且标准得到正确地贯彻实施,就可以改进产品质量,缩短生产周期,便于开发新产品和协作配套,提高社会经济效益,发展社会主义市场经济和对外贸易。而标准化是组织现代化大生产的重要手段,是联系设计、生产和使用等方面的纽带,是科学管理的重要组成部分。

标准化不是当今才有的,早在人类开始创造工具时代就已出现。它是社会生产劳动的产物。在近代工业兴起和发展的过程中,标准化日益显得重要起来。在 19 世纪,标准化的应用就十分广泛,尤其在国防、造船、铁路运输等行业中的应用更为突出。20 世纪初,一些资本主义国家相继成立全国性的标准化组织机构,推进了本国的标准化事业。以后由于生产的发展,国际交流越来越频繁,因而出现了地区性和国际性的标准化组织。1926 年成立了国际标准化协会(简称 ISA)。第二次世界大战后,1947 年重建国际标准化协会,改名为国际标准化组织(简称 ISO)。现在,这个世界上最大的标准化组织是联合国经济和社会理事会的综合性咨询机构。

我国标准化工作在 1949 年新中国成立后得到重视。从 1958 年发布第一批 120 项国家标准起,至今已制定并发布两万多项国家标准。我国在 1978 年恢复为 ISO 成员国,业已参与 ISO 技术委员会秘书处工作和国际标准草案起草工作。我国在公差标准方面,从 1959 年开始,陆续制定并发布了公差与配合、形位公差、公差原则、表面粗糙度、光滑工件尺寸的检验、光滑极限量规、功能量规、圆锥公差、圆锥配合、平键、矩形花键、普通螺纹、圆柱齿轮精度制、尺寸链计算方法、圆柱直齿渐开线花键、极限与配合、几何公差等许多公差标准。随着经济建设发展的需要,有关部门本着立足于我国国情,对国际标准进行认真研究,积极采用,区别对待,组织大批力量对原有公差标准进行修订,以国际标准为基础制定新的公差标准和等同采用国际标准。1988 年全国人大常委会通过并由国家主席发布了《中华人民共和国标准化法》。它的实施对于发展社会主义商品经济,促进技术进步,改进产品质量,发展对外贸易,提高社会经济效益,维护国家和人民的利益,使标准化工作适应社会主义现代化建设,具有十分重要的意义。1993 年全国人大常委会通过并由国家主席发布了《中华人民共和国产品质量法》,以加强产品质量监督管理,维护社会经济秩序,鼓励企业产品质量达到并且超过行业标准、国家标准和国际标准,不允许以不合格品冒充合格品。可以预计,在我国社会主义现代化建设过程中,我国标准化的水平和公差标准的水平将大大提高,对国民经济的发展必将作出更大的贡献。

2013 年 9 月 20 日,在俄罗斯圣彼得堡举行的第 36 届 ISO 大会上,我国标准化专家委员会委员张晓刚当选为新一届 ISO 主席,任期自 2015 年 1 月 1 日至 2017 年 12 月 31 日。

二、优先数系

在设计机械产品和制定标准时,常常和很多数值打交道。当选定一个数值作为某种产品的参数指标时,这个数值就会按照一定的规律,向一切有关的制品和材料中有关指标传播。例如,需要设计减速器箱体上的螺孔,当螺孔的直径(螺纹尺寸)一旦确定,则与之相配合的螺钉尺寸、加工用的丝锥尺寸、检验用的螺纹塞规尺寸,甚至在螺孔用丝锥攻螺纹之前的钻孔尺寸和钻头尺寸,也随之而定,且由于上述螺孔直径数值的确定,又使与之相关的垫圈尺寸、端盖上通孔的尺寸也随之而定。由于数值如此不断关联,不断传播,常常形成牵一发而动全身的现象,这就牵涉到许多部门和领域。在现代工业生产中,专业化程度高,国民经济各部门需要协调和密切配合,因此技术参数的数值不能随意选择,而应该在一个理想的、统一的数系中选择。

用统一的数系来协调各部门的生产,把各种技术参数分级,已成为现代工业生产的需要。经过探索和大量实践表明,采用包含项值 1 的等比数列作为统一的数系的优点很多。其中有两个突出的优点:数列中两相邻数的相对差为常数(相对差是指后项减前项的差值与前项之比的百分数);数列中各数经过乘、除、乘方等各种运算后还是数列中的数。而最能满足工业要求的等比数列是十进等比数列。所谓十进,就是数列的项值中包括:$1,10,100,\cdots,10^n$ 和 $1,0.1,0.01,\cdots,10^{-n}$ 这些数(这里 n 为正整数)。数列中的项值可按十进法向两端无限延伸。因此,十进等比数列是一种较理想的数系,可以用作优先数系。

为了满足我国工业生产的需要,国家标准 GB/T 321—2005《优先数和优先数系》规定十进等比数列为优先数系,并规定了五个系列。它们分别用系列符号 R5、R10、R20、R40 和 R80 表示,称为 Rr 系列,公比 $q_r = \sqrt[r]{10}$。同一系列中,每增 r 个数,数值增至 10 倍。其中前四个系列是常用的基本系列,而 R80 则作为补充系列,仅用于分级很细的特殊场合。各系列的公比为

$$R5 \text{ 的公比}: q_5 = \sqrt[5]{10} \approx 1.60$$

$$R10 \text{ 的公比}: q_{10} = \sqrt[10]{10} \approx 1.25$$

$$R20 \text{ 的公比}: q_{20} = \sqrt[20]{10} \approx 1.12$$

$$R40 \text{ 的公比}: q_{40} = \sqrt[40]{10} \approx 1.06$$

$$R80 \text{ 的公比}: q_{80} = \sqrt[80]{10} \approx 1.03$$

R5 中的项值包含在 R10 中,R10 中的项值包含在 R20 中,R20 中的项值包含在 R40 中,R40 中的项值包含在 R80 中。

优先数系的五个系列中任一个项值均称优先数,其理论值为 $(\sqrt[r]{10})^N$,式中 N 是任意整数。按照公比计算得到的优先数的理论值,除 10 的整数幂外,都是无理数,在工程技术上不能直接应用。而实际应用的数值都是经过化整后的近似值,根据取值的精确程度,数值可以分为:

① 计算值:取五位有效数字,供精确计算用。

② 常用值:即通常所称的优先数,取三位有效数字,是经常使用的。

③ 化整值:是将基本系列中的常用值作进一步化整后所得的数值,一般取两位有效数字。例如,对 R10 系列中的常用值 3.15,化整为第一化整值 3.2 和第二化整值 3.0。

优先数系的基本系列(优先数的常用值)见附表 1-1。

为了使优先数系有更大的适应性,可以从 Rr 系列中,每逢 p 项选取一个优先数,组成新的系列——派生系列,以符号 Rr/p 表示,公比 $q_{r/p} = q_r^p = (\sqrt[r]{10})^p = 10^{p/r}$。

例如,经常使用的派生系列 R10/3,就是从基本系列 R10 中,自 1 以后,每逢三项取一个优先数组成的,即

$$1.00, \quad 2.00, \quad 4.00, \quad 8.00, \quad 16.0, \quad 32.0, \cdots$$

再如,首项为 1 的派生系列 R5/2,就是从基本系列 R5 中,每逢两项取一个优先数组成的,即

$$1.00, \quad 2.50, \quad 6.30, \quad 16.0, \quad 40.0, \quad 100, \cdots$$

优先数系有很广泛的应用,它适用于各种尺寸、参数的系列化和质量指标的分级,对保证各种工业产品品种、规格的合理简化分档和协调配套具有重大的意义。选用基本系列时,应遵守先疏后密的规则,即应当按照 R5、R10、R20、R40 的顺序,优先采用公比较大的基本系列,以免规格过多。当基本系列不能满足分级要求时,可选用派生系列。选用时应优先采用公比较大和延伸项含有项值 1 的派生系列。

§3　几何量检测概述

一、几何量检测的重要性

制定了先进的公差标准,对机械产品各零部件的几何量分别规定了合理的公差,若不采取适当的检测措施,那么,规定的这些公差形同虚设,不能实现零部件的互换性。因此,应按照标准和技术要求进行检测,不合格者不予接收,方能保证零部件的互换性。检测是检验和测量的统称。测量的结果能够获得具体的数值;检验的结果只能判断合格与否,而不能获得具体的数值。显然,检测是组织互换性生产不可缺少的重要措施。但是,在检测过程中不可避免地会产生或大或小的测量误差,这将导致两种误判:一是把不合格品误认为合格品而给予接收,这称为误收;二是把合格品误认为废品而给予报废,这称为误废。因此要从保证产品质量和经济性两方面加以合理解决。

必须指出,检测的目的不仅仅在于判断工件是否合格,还有其积极的一面,就是根据检测的结果,分析产生废品的原因,以便设法减少废品,进而消除废品。

随着生产和科学技术的发展,对检测的准确度和效率提出越来越高的要求。产品质量的提高,有赖于检测准确度的提高。产品生产率的提高,在一定程度上还有赖于检测效率的提高。

二、几何量检测在我国的发展

几何量检测在我国具有悠久的历史,早在秦朝我国就已统一了度量衡。到了西汉,已制成铜质的卡尺。但由于我国历史上长期的封建统治,科学技术未能得到发展,检测技术和计量器具处于落后的状态,直到 1949 年新中国成立后才扭转了这种局面。1959 年国务院发布了《关于统一计量制度的命令》,正式确定采用国际米制作为我国的长度计量单位。1977年国务院发布了《中华人民共和国计量管理条例》,健全了各级计量机构和长度量值传递系统,保证了全国计量单位的统一,促进了产品质量的提高。1984 年国务院发布了《关于在我

国统一实行法定计量单位的命令》,在全国范围内统一实行以国际单位制为基础的法定计量单位。1985 年全国人大常委会通过并由国家主席发布了《中华人民共和国计量法》,使我国国家计量单位制度更加统一,全国量值更加准确可靠,从而更好地促进我国社会主义现代化建设和科学技术的发展。

在建立和加强我国计量制度的同时,我国的计量器具也有了较大的发展,现在已拥有一批骨干量仪厂,生产了许多品种的量仪,如万能工具显微镜、万能渐开线检查仪、半自动齿轮齿距检查仪等。此外,还研制成一些达到世界先进水平的量仪,如激光光电比长仪、激光丝杠动态检查仪、光栅式齿轮整体误差测量仪、碘稳频 612nm 激光器、无导轨大长度测量仪、超精密型和国家基准型圆柱度仪等。

§4 本课程的任务

本课程是高等学校机械类各专业的一门重要技术基础课,是教学计划中联系设计课程与工艺课程的纽带,是从基础课学习过渡到专业课学习的桥梁。本课程由几何量公差与几何量检测两部分组成。前一部分的内容主要通过课堂教学和课外作业来完成。后一部分的内容主要通过实验课来完成。

任何一台机器的设计,除了运动分析、结构设计、强度计算和刚度计算以外,还有精度设计。机器的精度直接影响到机器的工作性能、振动、噪声、寿命和可靠性等。研究机器的精度时,要处理好机器使用要求与制造工艺的矛盾,解决的方法是规定合理的公差,并用检测手段保证精度设计的实施。学习本课程可以使学生熟悉机器零件的精度设计,合理确定几何量公差,以保证满足使用要求。

学生在学习本课程时,应具有一定的理论知识和生产实践知识,即能够读图,懂得图样标注法,了解机械加工的一般知识和熟悉常用机构的原理。学生在学完本课程后应达到下列要求:

① 掌握标准化和互换性的基本概念及有关的基本术语和定义;
② 基本掌握本课程中几何量公差标准的主要内容、特点和应用原则;
③ 初步学会根据机器和零件的功能要求,选用几何量公差与配合;
④ 能够查用本课程介绍的公差表格,正确标注图样;
⑤ 熟悉各种典型几何量的检测方法和初步学会使用常用的计量器具。

总之,本课程的任务在于使学生获得机械工程师必须具备的几何量公差与检测方面的基本知识和技能。而后续课程的教学和毕业后的实际工作锻炼,则将使学生进一步加深理解和逐渐熟练掌握本课程的内容。

第二章 几何量测量基础

机械工业的发展离不开检测技术及其发展。机械产品和零件的设计、制造及检测都是互换性生产中的重要环节。在生产和科学实验中,为了保证机械零件的互换性和精度,经常需要对完工零件的几何量加以测量或检验,判断这些几何量是否符合设计要求。在测量过程中,应保证计量单位统一和量值准确。为了完成对完工零件几何量的测量和获得可靠的测量结果,还应正确选择计量器具和测量方法,研究测量误差和测量数据处理方法。

§1 概 述

几何量测量是指为确定被测几何量的量值而进行的实验过程。其实质就是将被测几何量与作为计量单位的标准量进行比较,从而确定两者比值的过程。设被测几何量为 x,所采用的计量单位为 E,则它们的比值 q 为

$$q = \frac{x}{E}$$

因此,被测几何量的量值为

$$x = q \cdot E \tag{2-1}$$

上式表明,任何几何量的量值都由两部分组成:表征几何量的数值和该几何量的计量单位。例如,几何量量值 $x = 50\text{mm}$,这里 mm 为长度计量单位,数字 50 为以 mm 为计量单位时该几何量的量值的数值。

显然,进行任何测量,首先要明确被测对象和确定计量单位,其次要有与被测对象相适应的测量方法,并且测量结果还要达到所要求的测量精度。因此,一个完整的测量过程应包括被测对象、计量单位、测量方法和测量精度等四个要素。

一、被测对象

本课程研究的被测对象是几何量,包括长度、角度、表面粗糙度轮廓、几何误差以及螺纹、齿轮的各个几何参数等。

二、计量单位

我国法定计量单位中,几何量中长度的基本单位为米(m),长度的常用单位有毫米(mm)和微米(μm)。$1\text{mm} = 10^{-3}\text{m}$,$1\mu\text{m} = 10^{-3}\text{mm}$。在超高精度测量中,采用纳米(nm)为单位,$1\text{nm} = 10^{-3}\mu\text{m}$。几何量中平面角的角度单位为弧度(rad)、微弧度(μrad)及度(°)、分(′)、秒(″)。$1\mu\text{rad} = 10^{-6}\text{rad}$,$1° = 0.0174533\text{rad}$。度、分、秒的关系采用 60 等分制,即 $1° = 60′$,$1′ = 60″$。

三、测量方法

测量方法是指测量时所采用的测量原理、计量器具和测量条件的综合。在测量过程中,应根据被测零件的特点(如材料硬度、外形尺寸、批量大小等)和被测对象的定义及精度要求来拟定测量方案、选择计量器具和规定测量条件。

四、测量精度

测量精度是指测量结果与真值相一致的程度。由于在测量过程中总是不可避免地出现测量误差,因此,测量结果只是在一定范围内近似于真值,测量误差的大小反映测量精度的高低,测量误差大则测量精度低,测量误差小则测量精度高,不知测量精度的测量是毫无意义的测量。

§2 长度、角度量值的传递

一、长度基准

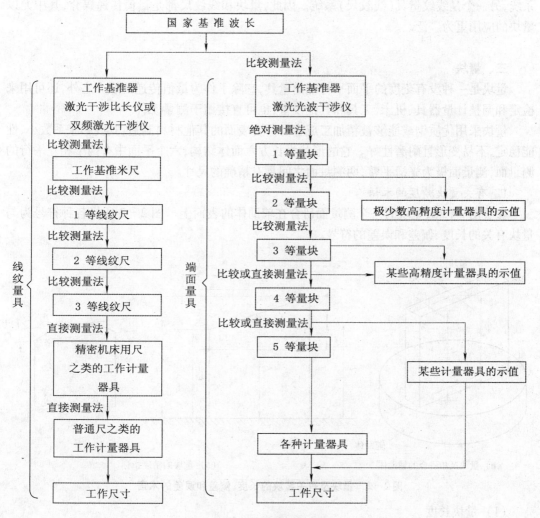

图 2-1 长度量值传递系统

在生产和科学实验中测量需要标准量,而标准量所体现的量值需要由基准提供。因此,为了保证测量的准确性,就必须建立起统一、可靠的计量单位基准。在我国法定计量单位制中,长度的基本单位是米(m)。在 1983 年第十七届国际计量大会上通过的米的定义是:"1 米是光在真空中于 1/299792458 秒的时间间隔内所经路径的长度"。

米的定义主要采用稳频激光来复现。以稳频激光的波长作为长度基准具有极好的稳定性和复现性,因此,不仅可以保证计量单位稳定、可靠和统一,而且使用方便,并且提高了测量精度。

二、长度量值传递系统

用光波波长作为长度基准,不便于生产中直接应用。为了保证长度量值的准确、统一,就必须把复现的长度基准量值逐级准确地传递到生产中所应用的计量器具和工件上去,即建立长度量值传递系统,如图 2-1 所示。

长度量值从国家基准波长开始,分两个平行的系统向下传递,一个是端面量具(量块)系统,另一个是线纹量具(线纹尺)系统。因此,量块和线纹尺都是量值传递媒介,其中尤以量块的应用更为广泛。

三、量块

量块是一种没有刻度的平面平行端面量具,它除了作为量值传递的媒介之外,还可用来检定和调整计量器具、机床、工具和其他设备,也可直接用于测量工件。

量块采用优质钢或能够被精加工成容易研合表面的其他材料制造,其线膨胀系数小、性能稳定、不易变形且耐磨性好。它的形状为长方六面体结构,六个平面中有两个相互平行的测量面,测量面极为光滑平整,两测量面之间具有精确的尺寸。

1. 有关量块精度的术语

参看图 2-2a,量块的一个测量面研合在辅助体的表面上。图 2-2 所标各种符号为与量块有关的长度、偏差和误差的符号。

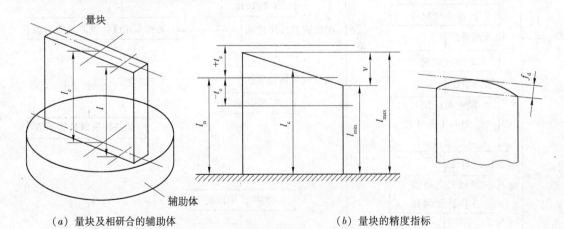

(a) 量块及相研合的辅助体   (b) 量块的精度指标

图 2-2   量块及有关量块的长度、偏差和误差的术语

(1) 量块长度

量块长度 l 是指量块一个测量面上的任意点到与其相对的另一测量面相研合的辅助体

表面之间的垂直距离。

（2）量块的中心长度

量块的中心长度 l_c 是指对应于量块未研合测量面中心点的量块长度。

（3）量块的标称长度

量块的标称长度 l_n 是指标记在量块上，用以表明其与主单位（m）之间关系的量值，也称为量块长度的示值。

（4）任意点的量块长度偏差

任意点的量块长度偏差 e 是指任意点的量块长度与标称长度的代数差，即 $e = l - l_n$。图 2-2b 中的"$+t_e$"和"$-t_e$"为量块长度极限偏差。合格条件：$+t_e \geqslant e \geqslant -t_e$。

（5）量块的长度变动量

量块的长度变动量 v 是指量块测量面上任意点中的最大量块长度 l_{max} 与最小量块长度 l_{min} 之差，即 $v = l_{max} - l_{min}$。其允许值为 t_v。合格条件：$v \leqslant t_v$。

（6）量块测量面的平面度误差

量块测量面的平面度误差 f_d 是指包容量块测量面的实际表面且距离为最小的两个平行平面之间的距离。其公差为 t_d。合格条件：$f_d \leqslant t_d$。

2．量块的精度等级

为了满足不同应用场合的需要，国家标准对量块规定了若干精度等级。

（1）量块的分级

按照 JJG 146—2011《量块检定规程》的规定，量块的制造精度分为五级：K、0、1、2、3 级，其中 K 级精度最高，精度依次降低，3 级最低。量块分"级"的主要依据是量块长度极限偏差 $\pm t_e$、量块长度变动量 v 的允许值 t_v（见附表 2-1）和量块测量面的平面度公差 t_d（见附表 2-3）。

（2）量块的分等

按照 JJG 146—2011《量块检定规程》的规定，量块的检定精度分为五等：1、2、3、4、5 等，其中 1 等最高，精度依次降低，5 等最低。量块分"等"的主要依据是量块测量的不确定度的允许值、量块长度变动量 v 的允许值 t_v（见附表 2-2）和量块测量面的平面度公差 t_d（见附表 2-3）。

量块按"级"使用时，应以量块的标称长度作为工作尺寸，该尺寸包含了量块的制造误差。量块按"等"使用时，应以经检定后所给出的量块中心长度的实际尺寸作为工作尺寸，该尺寸排除了量块制造误差的影响，仅包含检定时较小的测量误差。因此，量块按"等"使用的测量精度比量块按"级"使用的高。

3．量块的组合使用

量块除具有稳定、耐磨和准确的特性外，还具有研合性。所谓研合性是指量块的一个测量面与另一量块的测量面或者与另一精加工的类似量块测量面的表面，通过分子力的作用而相互粘合的性能。利用量块这一性能，可以在一定的尺寸范围内，将不同尺寸的量块进行组合而形成所需的工作尺寸。按 GB/T 6093—2001《量块》的规定，我国生产的成套量块有 91 块、83 块、46 块、38 块等几种规格。表 2-1 列出了国产 83 块一套量块的尺寸构成系列。

量块组合时，为减少量块组合尺寸的累积误差，应力求使用最少的块数，一般不超过 4 块。组成量块时，可从消去所需工作尺寸的最小尾数开始，逐一选取。例如，为了得到工作尺寸为 38.785mm 的量块组，从 83 块一套的量块中可分别选取 1.005mm、1.28mm、6.5mm、30mm 等四块量块，选取过程如下：

表 2−1　83 块一套的量块组成

尺 寸 范 围 （mm）	间 隔 （mm）	小 计 （块）
1.01～1.49	0.01	49
1.5～1.9	0.1	5
2.0～9.5	0.5	16
10～100	10	10
1	—	1
0.5	—	1
1.005	—	1

$$
\begin{array}{r r l}
& 38.785 \text{ mm} & \\
-) & 1.005 \text{ mm} & \text{第一块量块} \\
\hline
& 37.780 \text{ mm} & \\
-) & 1.28 \text{ mm} & \text{第二块量块} \\
\hline
& 36.500 \text{ mm} & \\
-) & 6.5 \quad \text{ mm} & \text{第三块量块} \\
\hline
& 30.000 \text{ mm} & \text{第四块量块}
\end{array}
$$

四、角度量值传递系统

平面角的计量单位弧度是指从一个圆的圆周上截取的弧长与该圆的半径相等时所对的中心平面角。任何一个圆周均形成封闭的 360° 中心平面角。因此，任何一个圆周可以视为角度的自然基准。只要对圆周的中心平面角进行细致的等分，就可获得任何一个精确的平面角。

角度量值尽管可以通过等分圆周获得任意大小的角度而无需再建立一个角度自然基准，但在实际应用中为了特定角度的测量方便和便于对测角量具量仪进行检定，仍然需要建立角度量值基准。现在最常用的实物基准是用特殊合金钢或石英玻璃制成的多面棱体，并由此建立起了角度量值传递系统，如图 2−3 所示。

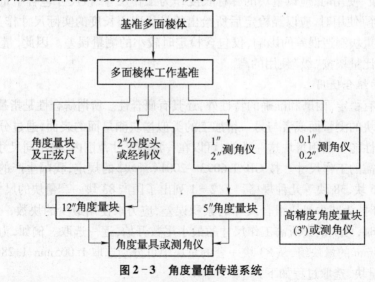

图 2−3　角度量值传递系统

多面棱体分正多面和非正多面棱体两类。正多面棱体是指所有由相邻两工作面法线间构成的夹角的标称值均相等的多面棱体。这类多面棱体的工作面数有 4、6、8、12、24、36、72 等几种。图 2-4 所示的多面棱体为正八面棱体，它所有相邻两工作面法线间的夹角均为 45°，因此用它作为角度基准可以测量任意 $n \times 45°$ 的角度（n 为正整数）。非正多面棱体是指各个由相邻两工作面法线间构成的夹角的标称值不相等的多面棱体。

用多面棱体测量时，可以把它直接安放在被检定量仪上使用，也可以利用它中间的圆孔，把它安装在心轴上使用。多面棱体通常与高精度自准直仪联用。

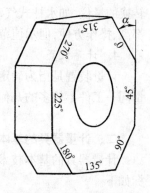

图 2-4 正八面棱体

§3 计量器具和测量方法

一、计量器具的分类

计量器具按其本身的结构特点进行分类可分为量具、量规、计量仪器和计量装置等四类。

1. 量具

量具是指以固定形式复现量值的计量器具。它可分为单值量具和多值量具两种。单值量具是指复现几何量的单个量值的量具，如量块、直角尺等。多值量具是指复现一定范围内的一系列不同量值的量具，如线纹尺等。

2. 量规

量规是指没有刻度的专用计量器具，用以检验零件要素实际尺寸和几何误差的综合结果。使用量规检验的结果不能得到被检验要素的具体实际尺寸和几何误差值，而只能确定被检验要素是否合格，如使用光滑极限量规、螺纹量规、功能量规等检验。

3. 计量仪器

计量仪器（简称量仪）是指能将被测几何量的量值转换成可直接观测的指示值（示值）或等效信息的计量器具。计量仪器按原始信号转换的原理可分为以下几种。

（1）机械式量仪

机械式量仪是指用机械方法实现原始信号转换的量仪，如指示表、杠杆比较仪等。这种量仪结构简单、性能稳定、使用方便。

（2）光学式量仪

光学式量仪是指用光学方法实现原始信号转换的量仪，如光学比较仪、测长仪、工具显微镜、光学分度头、干涉仪等。这种量仪精度高、性能稳定。

（3）电动式量仪

电动式量仪是指将原始信号转换为电量形式的测量信号的量仪，如电感比较仪、电容比较仪、触针式轮廓仪、圆度仪等。这种量仪精度高、测量信号易于与计算机接口，实现测量和数据处理的自动化。

（4）气动式量仪

气动式量仪是指以压缩空气为介质，通过气动系统流量或压力的变化来实现原始信号转换的量仪,如水柱式气动量仪、浮标式气动量仪等。这种量仪结构简单、测量精度和效率都高、操作方便,但示值范围小。

4. 计量装置

计量装置是指为确定被测几何量量值所必需的计量器具和辅助设备的总体。它能够测量同一工件上较多的几何量和形状比较复杂的工件,有助于实现检测自动化或半自动化。

二、计量器具的基本技术性能指标

计量器具的基本技术性能指标是合理选择和使用计量器具的重要依据。其中的主要指标如下。

1. 标尺刻度间距

标尺刻度间距是指计量器具标尺或分度盘上相邻两刻线中心之间的距离或圆弧长度。为适于人眼观察,刻度间距一般为 1~2.5mm。

2. 标尺分度值

标尺分度值是指计量器具标尺或分度盘上每一刻度间距所代表的量值。一般长度计量器具的分度值有 0.1mm、0.05mm、0.02mm、0.01mm、0.005mm、0.002mm、0.001mm 等几种。例如,图 2-5 中机械比较仪的分度值为 0.002mm。一般来说,分度值越小,则计量器具的精度就越高。

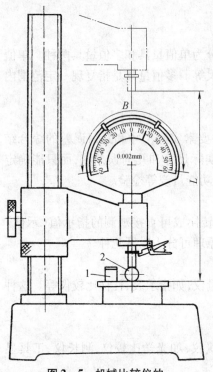

**图 2-5　机械比较仪的
部分技术性能指标**
1—量块;2—被测工件

3. 分辨力

分辨力是指计量器具所能显示的最末一位数所代表的量值。由于在一些量仪(如数字式量仪)中,其读数采用非标尺或非分度盘显示,因此就不能使用分度值这一概念,而将其称为分辨力。例如国产 JC 19 型数显式万能工具显微镜的分辨力为 0.5μm。

4. 标尺示值范围

标尺示值范围是指计量器具所能显示或指示的被测几何量起始值到终止值的范围。例如,图 2-5 中机械比较仪的示值范围 B 为 $\pm 60\mu m$。

5. 计量器具测量范围

计量器具测量范围是指计量器具在允许的误差限内所能测出的被测几何量量值的下限值到上限值的范围。测量范围上限值与下限值之差称为量程。例如,图 2-5 中机械比较仪的测量范围 L 为 0~180mm,量程为 180mm。

6. 灵敏度

灵敏度是指计量器具对被测几何量变化的响应变化能力。若被测几何量的变化为 Δx,该几何量引起计量器具的响应变化能力为 ΔL,则灵敏度 S 为

$$S = \frac{\Delta L}{\Delta x}$$

当上式中分子和分母为同种量时,灵敏度也称为放大比或放大倍数。对于具有等分刻度的标尺或分度盘的量仪,放大倍数 K 等于刻度间距 a 与分度值 i 之比,即

$$K = \frac{a}{i}$$

一般地说,分度值越小,则计量器具的灵敏度就越高。

7. 示值误差

示值误差是指计量器具上的示值与被测几何量的真值的代数差。一般来说,示值误差越小,则计量器具的精度就越高。

8. 修正值

修正值是指为了消除或减少系统误差,用代数法加到未修正测量结果上的数值。其大小与示值误差的绝对值相等,而符号相反。例如,示值误差为 – 0.004mm,则修正值为 +0.004mm。

9. 测量重复性

测量重复性是指在相同的测量条件下,对同一被测几何量进行多次测量时,各测量结果之间的一致性。通常,以测量重复性误差的极限值(正、负偏差)来表示。

10. 不确定度

不确定度是指由于测量误差的存在而对被测几何量量值不能肯定的程度。

三、测量方法的分类

广义的测量方法,是指测量时所采用的测量原理、计量器具和测量条件的综合。但是在实际工作中,测量方法一般是指获得测量结果的具体方式,它可从不同的角度进行分类。

1. 按实测几何量是否为被测几何量分类

(1) 直接测量

直接测量是指被测几何量的量值直接由计量器具读出。例如,用游标卡尺、千分尺测量轴径的大小。

(2) 间接测量

间接测量是指欲测量的几何量的量值由几个实测几何量的量值按一定的函数关系式运算后获得。例如,图 2-6 所示,用弓高弦长法间接测量圆弧样板的半径 R,为了得到 R 的量值,只要测得弓高 h 和弦长 b 的量值,然后按下式进行计算即可,它们的关系式为

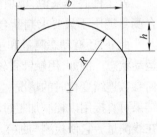

图 2-6 弓高弦长法测量圆弧半径

$$R = \frac{b^2}{8h} + \frac{h}{2} \qquad (2-2)$$

直接测量过程简单,其测量精度只与这一测量过程有关,而间接测量的精度不仅取决于几个实测几何量的测量精度,还与所依据的计算公式和计算的精度有关。因此,间接测量常用于受条件所限而无法进行直接测量的场合。

2. 按示值是否为被测几何量的量值分类

(1) 绝对测量

绝对测量是指计量器具显示或指示的示值即是被测几何量的量值。例如,用游标卡尺、

千分尺测量轴径的大小。

（2）相对测量

相对测量（比较测量）是指计量器具显示或指示出被测几何量相对于已知标准量的偏差，被测几何量的量值为已知标准量与该偏差值的代数和。如图2-5所示，用机械比较仪测量轴径，测量时先用量块调整量仪示值零位，然后把工件放在工作台上进行测量，则该比较仪指示出的示值为被测轴径相对于量块尺寸的偏差。

一般来说，相对测量的测量精度比绝对测量的高。

3. 按测量时被测表面与计量器具的测头是否接触分类

（1）接触测量

接触测量是指测量时计量器具的测头与被测表面接触，并有机械作用的测量力。例如，用千分尺、机械比较仪测量轴径。

（2）非接触测量

非接触测量是指测量时计量器具的测头不与被测表面接触。例如，用光切显微镜测量表面粗糙度轮廓，用气动量仪测量孔径。

在接触测量中，测头与被测表面的接触会引起弹性形变，产生测量误差，而非接触测量则无此影响，故适宜于软质表面或薄壁易变形工件的测量。

4. 按工件上是否有多个被测几何量一起加以测量分类

（1）单项测量

单项测量是指分别对工件上的各被测几何量进行独立测量。例如，用工具显微镜测量外螺纹的牙侧角、螺距和中径。

（2）综合测量

综合测量是指同时测量工件上几个相关几何量的综合效应或综合指标，以判断综合结果是否合格。例如，用螺纹量规通规检验螺纹单一中径、螺距和牙侧角实际值的综合结果是否合格。

就工件整体来说，单项测量的效率比综合测量的低，但单项测量便于进行工艺分析。综合测量适用于只要求判断合格与否，而不需要得到具体的误差值的场合。

此外，还有动态测量和主动测量。动态测量是指在测量过程中，被测表面与测头处于相对运动状态。例如，用触针式轮廓仪测量表面粗糙度轮廓。动态测量效率高，并能测出工件上几何参数连续变化时的情况。主动测量是指在加工工件的同时对被测几何量进行测量。其测量结果可直接用以控制加工过程，及时防止废品的产生。主动测量常用于生产线上，因此，亦称在线测量。它使检测与加工过程紧密结合，充分发挥检测的作用，是检测技术发展的方向。

§4　测量误差

一、测量误差的基本概念

对于任何测量过程来说，由于计量器具和测量条件的限制，不可避免地会出现或大或小的测量误差。因此，每一个实际测得值，往往只是在一定程度上近似于被测几何量的真值，这种近似程度在数值上则表现为测量误差。

测量误差可用绝对误差或相对误差来表示。

绝对误差是指被测几何量的量值与其真值之差,即

$$\delta = x - x_0 \qquad (2-3)$$

式中 δ——绝对误差;

x——被测几何量的量值;

x_0——被测几何量的真值。

由于 x 可能大于或小于 x_0,因而绝对误差可能是正值,也可能是负值。这样,被测几何量的真值可以用下式来表示:

$$x_0 = x \pm |\delta| \qquad (2-4)$$

利用上式,可以由被测几何量的量值和测量误差来估算真值所在的范围。测量误差的绝对值越小,则被测几何量的量值就越接近于真值,因此测量精度就越高;反之,测量精度就越低。

用绝对误差表示测量精度,适用于评定或比较大小相同的被测几何量的测量精度。对于大小不相同的被测几何量,则需要用相对误差来评定或比较它们的测量精度。

相对误差是指绝对误差 δ(取绝对值)与真值 x_0 之比。由于被测几何量的真值无法得到,因此在实际应用中常以被测几何量的测得值 x 代替真值进行估算,即

$$f = \frac{|\delta|}{x_0} \approx \frac{|\delta|}{x} \qquad (2-5)$$

式中 f——相对误差。

显然,相对误差是一个量纲一的数值,通常用百分比来表示。例如,测得两个孔的直径大小分别为 50.86mm 和 20.97mm,它们的绝对误差分别为 +0.02mm 和 +0.01mm,则由式 (2-5) 计算得到它们的相对误差分别为 $f_1 = 0.02/50.86 = 0.0393\%$,$f_2 = 0.01/20.97 = 0.0477\%$,因此前者的测量精度比后者高。

二、测量误差的来源

由于测量误差的存在,测得值只能近似地反映被测几何量的真值。为了尽量减小测量误差,减小该误差的影响,提高测量精度,就必须仔细分析产生测量误差的原因。在实际测量中,产生测量误差的因素很多,归结起来主要有以下几个方面。

1. 计量器具的误差

计量器具的误差是指计量器具本身所具有的误差,包括计量器具的设计、制造和使用过程中的各项误差,这些误差的总和反映在示值误差和测量的重复性误差上。

设计计量器具时,为了简化结构而采用近似设计的方法会产生测量误差。例如,机械杠杆比较仪的结构中测杆的直线位移与指针杠杆的角位移不成正比,而其标尺却采用等分刻度就是近似设计的例子,测量时它会产生测量误差。

当设计的计量器具不符合阿贝原则时也会产生测量误差。阿贝原则是指测量长度时,为了保证测量的准确,应使被测零件的尺寸线(简称被测线)与量仪中作为标准的刻度尺(简称标准线)重合或顺次排成一条直线,如图 2-7 所示,用千分尺测量轴的直径。这时,千分尺的标准线(测微螺杆轴线)与工件被测线(被测直径)在同一条直线上。如果测微螺杆轴线的移动方向与被测直径方向间有一夹角 φ,则由此产生的测量误差 δ 为

$$\delta = x' - x = x'(1 - \cos\varphi)$$

式中 x——应测长度；

　　　　x'——实测长度。

由于角 φ 很小，将 $\cos\varphi$ 展开成级数后取前两项可得 $\cos\varphi = 1 - \varphi^2/2$，则

$$\delta = x' \cdot \varphi^2/2$$

设 $x' = 30\text{mm}$，$\varphi = 1' \approx 0.0003\text{rad}$，则

$$\delta = 30 \times 0.0003^2/2 = 1.35 \times 10^{-6}\text{mm} = 1.35 \times 10^{-3}\mu\text{m}$$

由此可见，符合阿贝原则的测量引起的测量误差很小，可以略去不计。

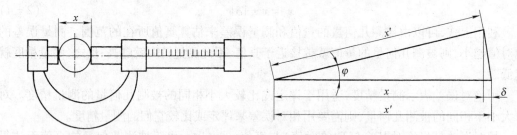

图 2-7 用千分尺测量轴径

参看图 2-8，用游标卡尺测量轴的直径，作为标准长度的刻度尺与被测直径不在同一条直线上，两者相距 s 平行放置，其结构不符合阿贝原则。在测量过程中，卡尺活动量爪倾斜一个角度 φ，此时产生的测量误差 δ 按下式计算：

$$\delta = x - x' = s\tan\varphi \approx s\varphi$$

设 $s = 30\text{mm}$，$\varphi = 1' \approx 0.0003\text{rad}$，则由于卡尺结构不符合阿贝原则而产生的测量误差

$$\delta = 30 \times 0.0003 = 0.009\text{mm} = 9\mu\text{m}$$

由此可见，不符合阿贝原则的测量引起的测量误差颇大。

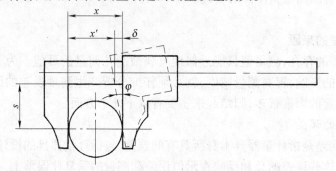

图 2-8 用游标卡尺测量轴径

计量器具零件的制造和装配误差会产生测量误差。例如，游标卡尺标尺的刻线距离不准确、指示表的分度盘与指针回转轴的安装有偏心等皆会产生测量误差。

计量器具在使用过程中零件的变形、滑动表面的磨损等会产生测量误差。

此外，相对测量时使用的标准量（如量块）的制造误差也会产生测量误差。

2. 方法误差

方法误差是指测量方法的不完善（包括计算公式不准确，测量方法选择不当，工件安装、定位不准确等）引起的误差，它会产生测量误差。例如，在接触测量中，由于测头测量力的影响，使被测零件和测量装置产生变形而产生测量误差。

3. 环境误差

环境误差是指测量时环境条件不符合标准的测量条件所引起的误差,它会产生测量误差。例如,环境温度、湿度、气压、照明(引起视差)等不符合标准以及振动、电磁场等的影响都会产生测量误差,其中尤以温度的影响最为突出。例如,在测量长度时,规定的环境条件标准温度为20℃,但是在实际测量时被测零件和计量器具的温度对标准温度均会产生或大或小的偏差,而被测零件和计量器具的材料不同时它们的线膨胀系数是不同的,这将产生一定的测量误差,其大小 δ 可按下式进行计算:

$$\delta = x\left[\alpha_1(t_1 - 20℃) - \alpha_2(t_2 - 20℃)\right]$$

式中　　　x——被测长度;

　　　α_1、α_2——被测零件、计量器具的线膨胀系数;

　　　t_1、t_2——测量时被测零件、计量器具的温度(℃)。

因此,测量时应根据测量精度的要求,合理控制环境温度,以减小温度对测量精度的影响。

4. 人员误差

人员误差是指测量人员人为的差错,它会产生测量误差。例如,测量人员使用计量器具不正确、测量瞄准不准确、读数或估读错误等,都会产生测量误差。

三、测量误差的分类

测量误差的来源是多方面的,就其特点和性质而言,可分为系统误差、随机误差和粗大误差三类。

1. 系统误差

系统误差是指在相同的测量条件下,多次测取同一被测几何量的量值时,绝对值和符号均保持不变的测量误差,或者绝对值和符号按某一规律变化的测量误差。前者称为定值系统误差,后者称为变值系统误差。例如,在比较仪上用相对法测量零件尺寸时,调整量仪所用量块的误差就会引起定值系统误差;量仪的分度盘与指针回转轴偏心所产生的示值误差会引起变值系统误差。

根据系统误差的性质和变化规律,系统误差可以用计算或实验对比的方法确定,用修正值(校正值)从测量结果中予以消除。但在某些情况下,系统误差由于变化规律比较复杂,不易确定,因而难以消除。

2. 随机误差

随机误差是指在相同的测量条件下,多次测取同一被测几何量的量值时,绝对值和符号以不可预定的方式变化着的测量误差。随机误差主要是由测量过程中一些偶然性因素或不确定因素引起的。例如,量仪传动机构的间隙、摩擦、测量力的不稳定以及温度波动等引起的测量误差,都属于随机误差。

就某一次具体测量而言,随机误差的绝对值和符号无法预先知道。但对于连续多次重复测量来说,随机误差符合一定的概率统计规律,因此,可以应用概率论和数理统计的方法来对它进行处理。

3. 粗大误差

粗大误差是指超出在规定测量条件下预计的测量误差,即对测量结果产生明显歪曲的测量误差。含有粗大误差的测得值称为异常值,它与正常测得值相比较,则显得它的数值相对较大或相对较小。粗大误差的产生有主观和客观两方面的原因,主观原因如测量人员疏忽造成的读数误差,客观原因如外界突然振动引起的测量误差。由于粗大误差明显歪曲测量结果,因此在处理测量数据时,应根据判断粗大误差的准则设法将其剔除。

应当指出,系统误差和随机误差的划分并不是绝对的,它们在一定的条件下是可以相互转化的。例如,按一定公称尺寸制造的量块总是存在着制造误差,对某一具体量块来讲,可认为该制造误差是系统误差,但对一批量块而言,制造误差是变化的,可以认为它是随机误差。在使用某一量块时,若没有检定该量块的尺寸偏差,而按量块标称长度使用,则制造误差属随机误差;若检定出该量块的尺寸偏差,按量块实际尺寸使用,则制造误差属系统误差。掌握误差转化的特点,可根据需要将系统误差转化为随机误差,用概率论和数理统计的方法来减小该误差的影响;或将随机误差转化为系统误差,用修正的方法减小该误差的影响。

四、测量精度的分类

测量精度是指被测几何量的测得值与其真值的接近程度。它和测量误差是从两个不同的角度说明同一概念的术语。测量误差越大,则测量精度就越低;测量误差越小,则测量精度就越高。为了反映系统误差和随机误差对测量结果的不同影响,测量精度可分为以下几种。

1. 正确度

正确度反映测量结果中系统误差的影响程度。若系统误差小,则正确度高。

2. 精密度

精密度反映测量结果中随机误差的影响程度。它是指在一定测量条件下连续多次重复测量所得的测得值之间相互接近的程度。若随机误差小,则精密度高。

3. 准确度

准确度反映测量结果中系统误差和随机误差的综合影响程度。若系统误差和随机误差都小,则准确度高。

对于具体的测量,精密度高的测量,正确度不一定高;正确度高的测量,精密度也不一定高;精密度和正确度都高的测量,准确度就高。现以打靶为例加以说明,如图2-9所示,小圆圈表示靶心,黑点表示弹孔。图2-9a中,随机误差小而系统误差大,表示打靶精密度高而正确度低;图2-9b中,系统误差小而随机误差大,表示打靶正确度高而精密度低;图2-9c中,系统误差和随机误差都小,表示打靶准确度高;图2-9d中,系统误差和随机误差都大,表示打靶准确度低。

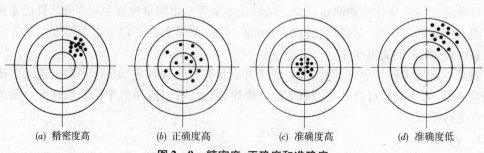

(a) 精密度高　　(b) 正确度高　　(c) 准确度高　　(d) 准确度低

图2-9　精密度、正确度和准确度

§5　各类测量误差的处理

通过对某一被测几何量进行连续多次的重复测量,得到一系列的测量数据(测得值)——测量列,可以对该测量列进行数据处理,以消除或减小测量误差的影响,提高测量精度。

一、测量列中随机误差的处理

随机误差不可能被修正或消除,但可应用概率论与数理统计的方法,估计出随机误差的大小和规律,并设法减小其影响。

1.　随机误差的特性及分布规律

对某一被测几何量在一定测量条件下重复测量 N 次,得到测量列的测得值为 x_1、x_2、$\cdots$、x_N。设测量列的测得值中不包含系统误差和粗大误差,被测几何量的真值为 x_0,则可得出相应各次测得值的随机误差分别为

$$\delta_1 = x_1 - x_0$$
$$\delta_2 = x_2 - x_0$$
$$\vdots$$
$$\delta_N = x_N - x_0$$

通过对大量的测试实验数据进行统计后发现,随机误差通常服从正态分布规律(除正态分布外,随机误差还存在其他规律的分布,如等概率分布、三角分布、反正弦分布等,本章仅对服从正态分布规律的随机误差进行讨论),其正态分布曲线如图 2 – 10 所示(横坐标 δ 表示随机误差,纵坐标 y 表示随机误差的概率密度)。它具有如下四个基本特性。

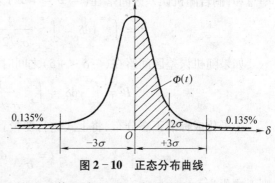

图 2 – 10　正态分布曲线

① 单峰性:绝对值越小的随机误差出现的概率越大,反之则越小。

② 对称性:绝对值相等的正、负随机误差出现的概率相等。

③ 有界性:在一定测量条件下,随机误差的绝对值不会超过一定的界限。

④ 抵偿性:随着测量次数的增加,各次随机误差的算术平均值趋于零,即各次随机误差的代数和趋于零。该特性是由对称性推导而来的,它是对称性的必然反映。

正态分布曲线的数学表达式为

$$y = \frac{1}{\sigma\sqrt{2\pi}}\exp\left(-\frac{\delta^2}{2\sigma^2}\right) \tag{2-6}$$

式中　　　　y——概率密度;

　　　　　　σ——标准偏差;

　　　　　　δ——随机误差;

$\exp\left(-\dfrac{\delta^2}{2\sigma^2}\right)$——以自然对数的底 e 为底的指数函数。

从上式可以看出，概率密度 y 的大小与随机误差 δ、标准偏差 σ 有关。当 $\delta = 0$ 时，概率密度 y 最大，$y_{max} = \dfrac{1}{\sigma\sqrt{2\pi}}$，概率密度最大值随标准偏差大小的不同而异。图 2-11 所示的三条正态分布曲线 1、2 和 3 中，$\sigma_1 < \sigma_2 < \sigma_3$，则 $y_{1max} > y_{2max} > y_{3max}$。由此可见，$\sigma$ 越小，则曲线就越陡，随机误差的分布就越集中，测量精度就越高；反之，σ 越大，则曲线就越平坦，随机误差的分布就越分散，测量精度就越低。

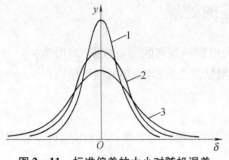

图 2-11　标准偏差的大小对随机误差分布曲线形状的影响

随机误差的标准偏差 σ 可用下式计算得到：

$$\sigma = \sqrt{\dfrac{\delta_1^2 + \delta_2^2 + \cdots + \delta_N^2}{N}} \qquad (2-7)$$

式中　δ_1、δ_2、$\cdots$、δ_N——测量列中各测得值相应的随机误差；

　　　　N——测量次数。

标准偏差 σ 是反映测量列中测得值分散程度的一项指标，它是测量列中单次测量值（任一测得值）的标准偏差。

由于随机误差具有有界性，因此它的大小不会超过一定的范围。随机误差的极限值就是测量极限误差。

由概率论可知，正态分布曲线和横坐标轴间所包含的面积等于所有随机误差出现的概率总和，倘若随机误差区间落在($-\infty \sim +\infty$)之间时，则其概率为

$$P = \int_{-\infty}^{+\infty} y\mathrm{d}\delta = \int_{-\infty}^{+\infty} \frac{1}{\sigma\sqrt{2\pi}} \exp\left(-\frac{\delta^2}{2\sigma^2}\right)\mathrm{d}\delta = 1$$

如果随机误差区间落在($-\delta \sim +\delta$)之间时，则其概率为

$$P = \int_{-\delta}^{+\delta} y\mathrm{d}\delta = \int_{-\delta}^{+\delta} \frac{1}{\sigma\sqrt{2\pi}} \exp\left(-\frac{\delta^2}{2\sigma^2}\right)\mathrm{d}\delta$$

为了化成标准正态分布，将上式进行变量置换，设

$$t = \frac{\delta}{\sigma}, \quad \mathrm{d}t = \frac{\mathrm{d}\delta}{\sigma}$$

则上式化为

$$P = \frac{1}{\sqrt{2\pi}} \int_{-t}^{+t} \exp\left(-\frac{t^2}{2}\right)\mathrm{d}t = \frac{2}{\sqrt{2\pi}} \int_0^t \exp\left(-\frac{t^2}{2}\right)\mathrm{d}t$$

令 $P = 2\phi(t)$，则

$$\phi(t) = \frac{1}{\sqrt{2\pi}} \int_0^t \exp\left(-\frac{t^2}{2}\right)\mathrm{d}t$$

函数 $\phi(t)$ 称为拉普拉斯函数，也称正态概率积分。为了使用方便，附表 2-4 列出了不同 t 值对应的 $\phi(t)$ 值。

表 2-2 给出 $t = 1$、2、3、4 四个特殊值所对应的 $2\phi(t)$ 值和 $[1 - 2\phi(t)]$ 值。由此表可见，当 $t = 3$ 时，在 $\delta = \pm 3\sigma$ 范围内的概率为 99.73%，δ 超出该范围的概率仅为 0.27%，即连续 370 次测量中，随机误差超出 $\pm 3\sigma$ 的只有一次。测量次数一般不会多于几十次。随机误

差超出 $\pm 3\sigma$ 的情况实际上很难出现。因此,可取 $\delta = \pm 3\sigma$ 作为随机误差的极限值,记作

$$\delta_{\lim} = \pm 3\sigma \tag{2-8}$$

显然, $\delta_{\lim}$ 也是测量列中单次测量值的测量极限误差。

表 2-2 四个特殊 t 值对应的概率

t	$\delta = \pm t\sigma$	不超出 $|\delta|$ 的概率 $P = 2\phi(t)$	超出 $|\delta|$ 的概率 $\alpha = 1 - 2\phi(t)$
1	1σ	0.6826	0.3174
2	2σ	0.9544	0.0456
3	3σ	0.9973	0.0027
4	4σ	0.99936	0.00064

选择不同的 t 值,就对应有不同的概率,测量极限误差的可信程度也就不一样。随机误差在 $\pm t\sigma$ 范围内出现的概率称为置信概率, t 称为置信因子或置信系数。在几何量测量中,通常取置信因子 $t = 3$,则置信概率为 99.73% 。例如某次测量的测得值为 40.002mm,若已知标准偏差 $\sigma = 0.0003$mm,置信概率取 99.73% ,则测量结果应为

$$40.002 \pm 3 \times 0.0003 = (40.002 \pm 0.0009)\text{mm}$$

即被测几何量的真值有 99.73% 的可能性在 40.0011 ~ 40.0029mm 之间。

2. 测量列中随机误差的处理步骤

在相同的测量条件下,对同一被测几何量进行连续多次测量,得到一测量列,假设其中不存在系统误差和粗大误差,则对随机误差的处理首先应按式(2-7)计算单次测量值的标准偏差,然后再由式(2-8)计算得到随机误差的极限值。但是,由于被测几何量的真值未知,所以不能按式(2-7)计算求得标准偏差 σ 的数值。在实际测量时,当测量次数 N 充分大时,随机误差的算术平均值趋于零,因此可以用测量列中各个测得值的算术平均值代替真值,并用一定的方法估算出标准偏差,进而确定测量结果。具体处理过程如下:

(1) 计算测量列中各个测得值的算术平均值

设测量列的各个测得值分别为 x_1、x_2、$\cdots$、x_n,则算术平均值 $\bar{x}$ 为

$$\bar{x} = \frac{\sum\limits_{i=1}^{N} x_i}{N} \tag{2-9}$$

式中 N——测量次数。

(2) 计算残差

用算术平均值代替真值后,计算各个测得值 x_i 与算术平均值 $\bar{x}$ 之差。它称为残余误差(简称残差),记为 ν_i,即

$$\nu_i = x_i - \bar{x} \tag{2-10}$$

残差具有如下两个特性:

① 残差的代数和等于零,即 $\sum\limits_{i=1}^{N} \nu_i = 0$。这一特性可用来校核算术平均值及残差计算的准确性。

② 残差的平方和为最小,即 $\sum\limits_{i=1}^{N} \nu_i^2 = \min$。由此可以说明,用算术平均值作为测量结果是最可靠且最合理的。

（3）估算测量列中单次测量值的标准偏差

用测量列中各个测得值的算术平均值代替真值计算得到各个测得值的残差后，可按贝塞尔（Bessel）公式计算出单次测量值的标准偏差的估计值。贝塞尔公式为

$$\sigma = \sqrt{\frac{\sum\limits_{i=1}^{N} v_i^2}{N-1}} \qquad (2-11)$$

该式根号内的分母为$(N-1)$，而式$(2-7)$根号内的分母为N，这是因为N个测得值的残差代数和等于零这个条件约束，所以N个残差只能等效于$(N-1)$个独立的随机变量。

这时，单次测量值的测量结果x_e可表示为

$$x_e = x_i \pm 3\sigma \qquad (2-12)$$

（4）计算测量列算术平均值的标准偏差

若在相同的测量条件下，对同一被测几何量进行多组测量（每组皆测量N次），则对应每组N次测量都有一个算术平均值，各组的算术平均值不相同。不过，它们的分散程度要比单次测量值的分散程度小得多。描述它们的分散程度同样可以用标准偏差作为评定指标（图$2-12$）。

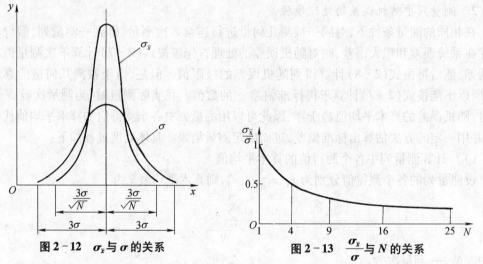

图$2-12$ $\sigma_{\bar{x}}$与σ的关系　　　　图$2-13$ $\dfrac{\sigma_{\bar{x}}}{\sigma}$与$N$的关系

根据误差理论，测量列算术平均值的标准偏差$\sigma_{\bar{x}}$与测量列单次测量值的标准偏差σ存在如下关系：

$$\sigma_{\bar{x}} = \frac{\sigma}{\sqrt{N}} \qquad (2-13)$$

式中　N——每组的测量次数。

由式$(2-13)$可知，多组测量的算术平均值的标准偏差$\sigma_{\bar{x}}$为单次测量值的标准偏差的$\sqrt{N}$分之一。这说明测量次数越多，$\sigma_{\bar{x}}$就越小，测量精密度就越高，但由函数$\sigma_{\bar{x}}/\sigma = 1/\sqrt{N}$画得的图形（图$2-13$）可知，当$\sigma$一定时，$N>10$以后，$\sigma_{\bar{x}}$减小已很缓慢，故测量次数不必过多，一般情况下，取$N=10\sim15$次。

测量列算术平均值的测量极限误差为

$$\delta_{\lim(\bar{x})} = \pm 3\sigma_{\bar{x}} \qquad (2-14)$$

多次(组)测量所得算术平均值的测量结果 x_e 可表示为

$$x_e = \bar{x} \pm 3\sigma_{\bar{x}} \qquad (2-15)$$

二、测量列中系统误差的处理

在实际测量中,系统误差对测量结果的影响往往是不容忽视的,而这种影响并非无规律可循,因此揭示系统误差出现的规律性,并且消除其对测量结果的影响,是提高测量精度的有效措施。

1. 发现系统误差的方法

在测量过程中产生系统误差的因素是复杂的,人们还难查明所有的系统误差,也不可能全部消除系统误差的影响。发现系统误差必须根据具体测量过程和计量器具进行全面而仔细的分析,但这是一件困难而又复杂的工作,目前还没有能够适用于发现各种系统误差的普遍方法,下面只介绍适用于发现某些系统误差常用的两种方法。

(1) 实验对比法

实验对比法是指改变产生系统误差的测量条件而进行不同测量条件下的测量,以发现系统误差,这种方法适用于发现定值系统误差。例如量块按标称长度使用时,在被测几何量的测量结果中就存在由于量块的尺寸偏差而产生的大小和符号均不变的定值系统误差,重复测量也不能发现这一误差,只有用另一块精度等级更高的量块进行测量对比时才能发现它。

(2) 残差观察法

残差观察法是指根据测量列的各个残差大小和符号的变化规律,直接由残差数据或残差曲线图形来判断有无系统误差,这种方法主要适用于发现大小和符号按一定规律变化的变值系统误差。根据测量先后次序,将测量列的残差作图(如图 2-14 所示),观察残差的变化规律。若各残差大体上正、负相间,又没有显著变化(如图 2-14a),则不存在变值系统误差。若各残差按近似的线性规律递增或递减(如图 2-14b),则可判断存在线性系统误差。若各残差的大小和符号有规律地周期变化(如图 2-14c),则可判断存在周期性系统误差。

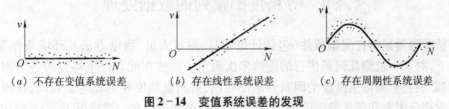

(a) 不存在变值系统误差　　(b) 存在线性系统误差　　(c) 存在周期性系统误差

图 2-14　变值系统误差的发现

2. 消除系统误差的方法

(1) 从产生误差根源上消除系统误差

这要求测量人员对测量过程中可能产生系统误差的各个环节作仔细的分析,并在测量前就将系统误差从产生根源上加以消除。例如,为了防止测量过程中仪器示值零位的变动,测量开始和结束时都需检查示值零位。

(2) 用修正法消除系统误差

这种方法是预先将计量器具的系统误差检定或计算出来,作出误差表或误差曲线,然后取与系统误差数值相同而符号相反的值作为修正值,将测得值加上相应的修正值,即可得到不包含系统误差的测量结果。

（3）用抵消法消除系统误差

某些数值不变的系统误差对测得数据的影响是带方向性的。此时可在对称的两个位置上分别测量一次,取这两次测量中数据的平均值作为测得值,这就能使大小相等而方向（符号）相反的系统误差相互抵消。例如,在工具显微镜上测量螺纹螺距时,为了消除螺纹轴线与量仪工作台移动方向倾斜而引起的系统误差,可分别测取螺纹左、右牙侧的螺距,然后取它们的平均值作为螺距测得值。

（4）用半周期法消除周期性系统误差

对周期性系统误差,可以每相隔半个周期进行一次测量,以相邻两次测量的数据的平均值作为一个测得值,即可有效消除周期性系统误差。

消除和减小系统误差的关键是找出误差产生的根源和规律。实际上,系统误差不可能完全消除,但一般来说,系统误差若能减小到使其影响相当于随机误差的程度,则可认为已被消除。

三、测量列中粗大误差的处理

粗大误差的数值（绝对值）相当大,在测量中应尽可能避免。如果粗大误差已经产生,则应根据判断粗大误差的准则予以剔除,通常用拉依达（Райта）准则来判断。

拉依达准则又称 3σ 准则。该准则认为,当测量列服从正态分布时,残差落在 $\pm 3\sigma$ 外的概率仅有 0.27% ,即在连续 370 次测量中只有一次测量的残差超出 $\pm 3\sigma$,而实际上连续测量的次数绝不会超过 370 次,测量列中就不应该有超出 $\pm 3\sigma$ 的残差。因此,当测量列中出现绝对值大于 3σ 的残差时,即

$$|\nu_i| > 3\sigma \tag{2-16}$$

则认为该残差对应的测得值含有粗大误差,应予以剔除。

测量次数小于或等于 10 时,不能使用拉依达准则。

§6　等精度测量列的数据处理

等精度测量是指在测量条件（包括计量器具、测量人员、测量方法及环境条件等）不变的情况下,对某一被测几何量进行的连续多次测量。虽然在此条件下得到的各个测得值不相同,但影响各个测得值精度的因素和条件相同,故测量精度视为相等。相反,在测量过程中全部或部分因素和条件发生改变,则称为不等精度测量。在一般情况下,为了简化对测量数据的处理,大多采用等精度测量。

一、直接测量列的数据处理

为了从直接测量列中得到正确的测量结果,应按以下步骤进行数据处理。

首先判断测量列中是否存在系统误差。如果存在系统误差,则应采取措施（如在测得值中加入修正值）加以消除,然后计算测量列的算术平均值、残差和单次测量值的标准偏差。再判断是否存在粗大误差。若存在粗大误差,则应剔除含有粗大误差的测得值,并重新组成测量列,重复上述计算,直到将所有含有粗大误差的测得值剔除为止。之后,计算消除

系统误差和剔除粗大误差后的测量列的算术平均值、它的标准偏差和测量极限误差。最后，在此基础上确定测量结果。

例1　对某一轴径 d 等精度测量 15 次，按测量顺序将各测得值依次列于表 2-3 中，试求测量结果。

解

（1）判断定值系统误差

假设计量器具已经检定、测量环境得到有效控制，可认为测量列中不存在定值系统误差。

（2）求测量列算术平均值

$$\bar{x} = \frac{\sum\limits_{i=1}^{N} x_i}{N} = 24.957\,\text{mm}$$

（3）计算残差

各残差的数值经计算后列于表 2-3 中。按残差观察法，这些残差的符号大体上正、负相间，没有周期性变化，因此可以认为测量列中不存在变值系统误差。

表 2-3　数据处理计算表

测量序号	测得值 x_i （mm）	残差 $\nu_i = x_i - \bar{x}$ （μm）	残差的平方 ν_i^2 （μm²）
1	24.959	+2	4
2	24.955	-2	4
3	24.958	+1	1
4	24.957	0	0
5	24.958	+1	1
6	24.956	-1	1
7	24.957	0	0
8	24.958	+1	1
9	24.955	-2	4
10	24.957	0	0
11	24.959	+2	4
12	24.955	-2	4
13	24.956	-1	1
14	24.957	0	0
15	24.958	+1	1
算术平均值 $\bar{x} = 24.957\,\text{mm}$		$\sum\limits_{i=1}^{N} \nu_i = 0$	$\sum\limits_{i=1}^{N} \nu_i^2 = 26\,\text{μm}^2$

（4）计算测量列单次测量值的标准偏差

$$\sigma = \sqrt{\frac{\sum\limits_{i=1}^{N} \nu_i^2}{N-1}} = \sqrt{\frac{26}{15-1}} \approx 1.36\,\text{μm}$$

（5）判断粗大误差

按照拉依达准则，测量列中没有出现绝对值大于 3σ（$3 \times 1.36 = 4.08\,\text{μm}$）的残差，因此判断测量列中不存在粗大误差。

（6）计算测量列算术平均值的标准偏差

$$\sigma_{\bar{x}} = \frac{\sigma}{\sqrt{N}} = \frac{1.36}{\sqrt{15}} \approx 0.35 \mu m$$

（7）计算测量列算术平均值的测量极限误差

$$\delta_{\lim(\bar{x})} = \pm 3\sigma_{\bar{x}} = \pm 3 \times 0.35 = \pm 1.05 \mu m$$

（8）确定测量结果

$$d_e = \bar{x} \pm \delta_{\lim(\bar{x})} = (24.957 \pm 0.001) mm$$

这时的置信概率为99.73%。

二、间接测量列的数据处理

在有些情况下，由于某些被测对象的特点，不能进行直接测量，这时需要采用间接测量。间接测量是指通过测量与被测几何量有一定关系的其他几何量，按照已知的函数关系式计算出被测几何量的量值。因此间接测量的被测几何量是测量所得到的各个实测几何量的函数，而间接测量的测量误差则是各个实测几何量测量误差的函数，故称这种误差为函数误差。

1. 函数误差的基本计算公式

间接测量中，被测几何量通常是实测几何量的多元函数，它表示为

$$y = F(x_1, x_2, \cdots, x_i, \cdots, x_m) \qquad (2-17)$$

式中　y——被测几何量；

　　x_i——各个实测几何量。

该函数的增量可用函数的全微分来表示，即

$$dy = \sum_{i=1}^{m} \frac{\partial F}{\partial x_i} dx_i \qquad (2-18)$$

式中　dy——被测几何量的测量误差；

　　dx_i——各个实测几何量的测量误差；

　　$\dfrac{\partial F}{\partial x_i}$——各个实测几何量的测量误差的传递系数。

式（2-18）即为函数误差的基本计算公式。

2. 函数系统误差的计算

如果各个实测几何量 x_i 的测得值中存在着系统误差 Δx_i，那么被测几何量 y 也存在着系统误差 Δy。以 Δx_i 代替式（2-18）中的 dx_i，则可近似得到函数系统误差的计算式：

$$\Delta y = \sum_{i=1}^{m} \frac{\partial F}{\partial x_i} \Delta x_i \qquad (2-19)$$

式（2-19）即为间接测量中系统误差的计算公式。

3. 函数随机误差的计算

由于各个实测几何量 x_i 的测得值中存在着随机误差，因此被测几何量 y 也存在着随机误差。根据误差理论，函数的标准偏差 σ_y 与各个实测几何量的标准偏差 σ_{x_i} 的关系为

$$\sigma_y = \sqrt{\sum_{i=1}^{m} \left(\frac{\partial F}{\partial x_i} \right)^2 \sigma_{x_i}^2} \qquad (2-20)$$

如果各个实测几何量的随机误差均服从正态分布,则由式(2-20)可推导出函数的测量极限误差的计算公式:

$$\delta_{\lim(y)} = \pm\sqrt{\sum_{i=1}^{m}\left(\frac{\partial F}{\partial x_i}\right)^2\delta_{\lim(x_i)}^2} \tag{2-21}$$

式中 $\delta_{\lim(y)}$——被测几何量的测量极限误差;

$\delta_{\lim(x_i)}$——各个实测几何量的测量极限误差。

4. 间接测量列的数据处理步骤

首先,确定被测几何量与各个拟实测几何量的函数关系及其表达式。然后把各个实测几何量的测得值代入该表达式,求出被测几何量量值。之后,按式(2-19)和式(2-21)分别计算被测几何量的系统误差 Δy 和测量极限误差 $\delta_{\lim(y)}$。最后,在此基础上确定测量结果 y_e:

$$y_e = (y - \Delta y) \pm \delta_{\lim(y)} \tag{2-22}$$

例2 参看图2-6,在万能工具显微镜上用弓高弦长法间接测量圆弧样板的半径 R。测得弓高 $h = 3.96$mm,弦长 $b = 40.12$mm,它们的系统误差和测量极限误差分别为 $\Delta h = +0.0012$mm,$\delta_{\lim(h)} = \pm0.0015$mm;$\Delta b = -0.002$mm,$\delta_{\lim(b)} = \pm0.002$mm。试确定圆弧半径 R 的测量结果。

解

(1) 由式(2-2)计算圆弧半径 R

$$R = \frac{b^2}{8h} + \frac{h}{2} = \frac{40.12^2}{8 \times 3.96} + \frac{3.96}{2} = 52.7885\text{mm}$$

(2) 按式(2-19)计算圆弧半径 R 的系统误差 ΔR

$$\Delta R = \frac{\partial F}{\partial b}\Delta b + \frac{\partial F}{\partial h}\Delta h = \frac{b}{4h}\Delta b - \left(\frac{b^2}{8h^2} - \frac{1}{2}\right)\Delta h$$

$$= \frac{40.12 \times (-0.002)}{4 \times 3.96} - \left(\frac{40.12^2}{8 \times 3.96^2} - \frac{1}{2}\right) \times 0.0012 = -0.0199\text{mm}$$

(3) 按式(2-21)计算圆弧半径 R 的测量极限误差 $\delta_{\lim(R)}$

$$\delta_{\lim(R)} = \pm\sqrt{\left(\frac{b}{4h}\right)^2\delta_{\lim(b)}^2 + \left(\frac{b^2}{8h^2} - \frac{1}{2}\right)^2\delta_{\lim(h)}^2}$$

$$= \pm\sqrt{\left(\frac{40.12}{4 \times 3.96}\right)^2 \times 0.002^2 + \left(\frac{40.12^2}{8 \times 3.96^2} - \frac{1}{2}\right)^2 \times 0.0015^2}$$

$$= \pm0.0192\text{mm}$$

(4) 按式(2-22)确定测量结果 R_e

$$R_e = (R - \Delta R) \pm \delta_{\lim(R)} = [52.7885 - (-0.0199)] \pm 0.0192$$

$$= (52.8084 \pm 0.0192)\text{mm}$$

此时的置信概率为99.73%。

第三章 孔、轴公差与配合

机械零件精度取决于该零件的尺寸精度、几何精度以及表面粗糙度轮廓精度等。它们是根据零件在机器中的使用要求确定的。为了满足使用要求,保证零件的互换性,我国发布了一系列与孔、轴尺寸精度有直接联系的孔、轴公差与配合方面的国家标准。这些标准分别是 GB/T 1800.1—2009《产品几何技术规范(GPS) 极限与配合 第 1 部分:公差、偏差和配合的基础》,GB/T 1800.2—2009《产品几何技术规范(GPS) 极限与配合 第 2 部分:标准公差等级和孔、轴极限偏差表》,GB/T 1801—2009《产品几何技术规范(GPS) 极限与配合 公差带与配合的选择》,GB/T 1804—2000《一般公差 未注公差的线性和角度尺寸的公差》。

这些标准都是我国机械工业重要的基础标准,它们的制定和实施可以满足我国机械产品的设计和适应国际贸易的需要。

本章阐述上述标准的基本概念和应用,以及孔、轴公差与配合的确定。

§1 基本术语及其定义

一、孔和轴的定义

1. 孔

孔通常是指圆柱形内表面;也包括非圆柱形内表面(由两平行平面或切面形成的包容面),如键槽、凹槽的宽度表面(见图3-1)。这些表面加工时尺寸 A_s 由小变大。

2. 轴

轴通常是指圆柱形外表面;也包括非圆柱形外表面(由两平行平面或切面形成的被包容面),如平键的宽度表面、凸肩的厚度表面(见图3-1)。这些表面加工时尺寸 A_s 由大变小。

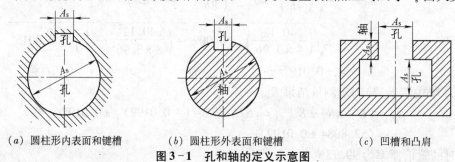

(a) 圆柱形内表面和键槽　　(b) 圆柱形外表面和键槽　　(c) 凹槽和凸肩
图3-1 孔和轴的定义示意图

二、尺寸的术语及定义

1. 线性尺寸

尺寸通常分为线性尺寸和角度尺寸两类。线性尺寸(简称尺寸)是指两点之间的距离,如直径、半径、宽度、高度、深度、厚度及中心距等。

按照 GB/T 4458.4—2003《机械制图　尺寸注法》的规定，图样上的尺寸以毫米(mm)为单位时，不需标注计量单位的符号或名称。

2. 公称尺寸

公称尺寸是指设计确定的尺寸，用符号 D 表示。它是根据零件的强度、刚度等的计算和结构设计确定的，并应化整，尽量采用标准尺寸，执行 GB/T 2822—2005《标准尺寸》的规定(见附表 3−1)。

3. 极限尺寸

极限尺寸是指一个孔或轴允许的尺寸的两个极端值(见图 3−2)。这两个极端值中，允许的最大尺寸称为上极限尺寸，孔和轴的上极限尺寸分别用符号 D_{max} 和 d_{max} 表示。允许的最小尺寸称为下极限尺寸，孔和轴的下极限尺寸分别用符号 D_{min} 和 d_{min} 表示。

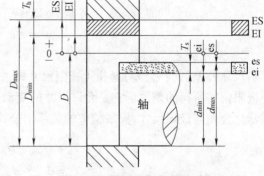

图 3−2　公称尺寸、极限尺寸和极限偏差、尺寸公差

4. 实际尺寸

实际尺寸是指零件加工后通过测量获得的某一孔、轴的尺寸(两相对点之间的距离，用两点法测量)。孔和轴的实际尺寸分别用 D_a 和 d_a 表示。由于存在测量误差，测量获得的实际尺寸并非真实尺寸，而是一近似于真实尺寸的尺寸。由于零件表面加工后存在形状误差，因此零件同一表面不同部位的实际尺寸往往是不同的。

公称尺寸和极限尺寸是设计时给定的，实际尺寸应限制在上、下极限尺寸范围内，也可达到上极限尺寸或下极限尺寸。孔或轴实际尺寸的合格条件如下：

$$D_{min} \leqslant D_a \leqslant D_{max}$$
$$d_{min} \leqslant d_a \leqslant d_{max}$$

三、偏差和公差的术语及定义

1. 尺寸偏差

尺寸偏差(简称偏差)是指某一尺寸(极限尺寸、实际尺寸)减其公称尺寸所得的代数差。极限尺寸和实际尺寸皆可能大于、小于或等于公称尺寸，所以该代数差可能是正值、负值或零。偏差值除零外，其前面必须冠以正号或负号。

偏差分为极限偏差和实际偏差。

极限偏差是指极限尺寸减其公称尺寸所得的代数差(见图 3−2)。上极限尺寸减其公称尺寸所得的代数差称为上极限偏差。孔和轴的上极限偏差分别用符号 ES 和 es 表示。用公式表示如下：

$$\text{ES} = D_{max} - D; \quad \text{es} = d_{max} - D \tag{3-1}$$

下极限尺寸减其公称尺寸所得的代数差称为下极限偏差。孔和轴的下极限偏差分别用符号 EI 和 ei 表示。用公式表示如下：

$$\mathrm{EI} = D_{\min} - D; \quad \mathrm{ei} = d_{\min} - D \tag{3-2}$$

在图样上,上、下极限偏差(带正、负号的数值或数字"0")标注在公称尺寸的右侧。

实际偏差是指实际尺寸减其公称尺寸所得的代数差。孔和轴的实际偏差分别用符号 E_a 和 e_a 表示。用公式表示如下:

$$E_a = D_a - D; \quad e_a = d_a - D \tag{3-3}$$

实际偏差应限制在上、下极限偏差范围内,也可达到上极限偏差或下极限偏差。孔或轴实际偏差的合格条件如下:

$$\mathrm{EI} \leqslant E_a \leqslant \mathrm{ES}$$
$$\mathrm{ei} \leqslant e_a \leqslant \mathrm{es}$$

2. 尺寸公差

尺寸公差(简称公差)是指上极限尺寸减去下极限尺寸所得的差值,或上极限偏差减去下极限偏差所得的差值。它是允许尺寸的变动量。孔和轴的尺寸公差分别用符号 T_h 和 T_s 表示。公差与极限尺寸、极限偏差的关系用公式表示如下:

$$T_h = D_{\max} - D_{\min} = \mathrm{ES} - \mathrm{EI}$$
$$T_s = d_{\max} - d_{\min} = \mathrm{es} - \mathrm{ei} \tag{3-4}$$

鉴于上极限尺寸总是大于下极限尺寸,上极限偏差总是大于下极限偏差,所以公差是一个没有符号的绝对值。因为公差仅表示尺寸允许变动的范围,是指某种区域大小的数量指标,所以公差不是代数值,没有正、负值之分,也不可能为零。

3. 公差带示意图及公差带

图3-2清楚而直观地表示出相互结合的孔和轴的公称尺寸、极限尺寸、极限偏差及公差之间相互关系。把图3-2中的孔、轴实体删去,只留下表示孔、轴极限偏差那部分,如图3-3所示的简化图,但仍能正确表示结合的孔、轴之间的相互关系,被称之为孔、轴公差带示意图。

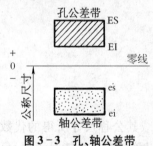

图3-3　孔、轴公差带示意图

在公差带示意图中,有一条表示公称尺寸的零线。以零线作为上、下极限偏差的起点,零线以上为正偏差,零线以下为负偏差,位于零线上的偏差为零。将代表孔或轴的上极限偏差和下极限偏差或者上极限尺寸和下极限尺寸的两条直线所限定的一个区域叫做公差带。公差带在零线垂直方向上的宽度代表公差值,沿零线方向的长度可适当选取。通常,孔公差带用斜线表示,轴公差带用网点表示。

公差带示意图中,公称尺寸的单位用 mm 表示,极限偏差及公差的单位可用 mm 表示,也可用 μm 表示。习惯上极限偏差及公差的单位用 μm 表示。

4. 极限制

公差带由"公差带大小"与"公差带位置"两个要素组成。公差带大小由公差值确定,公差带相对于零线的位置可由极限偏差中的任一个偏差(上极限偏差或下极限偏差)来确定。

用标准化的公差与极限偏差组成标准化的孔、轴公差带的制度称为极限制。GB/T 1800.1—2009把标准化的公差统称为标准公差,把标准化的极限偏差(其中的上极限偏差或下极限偏差)统称为基本偏差。GB/T 1800.1—2009 规定了标准公差和基本偏差的具体数值。

5. 标准公差

标准公差是指国家标准所规定的公差值。

6. 基本偏差

基本偏差是指国家标准所规定的上极限偏差或下极限偏差,它一般为靠近零线或位于零线的那个极限偏差。

例1 公称尺寸为 50mm 的相互结合的孔和轴的上、下极限尺寸分别为:$D_{max} =$ 50.025mm,$D_{min} = 50$mm 和 $d_{max} = 49.950$mm,$d_{min} = 49.934$mm。它们加工后测得一孔和一轴的实际尺寸分别为 $D_a = 50.010$mm 和 $d_a = 49.946$mm。求孔和轴的上、下极限偏差,公差和实际偏差。

解 由式(3-1)、式(3-2)计算孔和轴的上、下极限偏差:

$$ES = D_{max} - D = 50.025 - 50 = +0.025\text{mm}; \quad EI = D_{min} - D = 50 - 50 = 0$$

$$es = d_{max} - D = 49.950 - 50 = -0.050\text{mm}; \quad ei = d_{min} - D = 49.934 - 50 = -0.066\text{mm}$$

由式(3-4)计算孔和轴的公差:

$$T_h = D_{max} - D_{min} = 50.025 - 50 = 0.025\text{mm}$$

$$T_s = d_{max} - d_{min} = 49.950 - 49.934 = 0.016\text{mm}$$

由式(3-3)计算孔和轴的实际偏差:

$$E_a = D_a - D = 50.010 - 50 = +0.010\text{mm}$$

$$e_a = d_a - D = 49.946 - 50 = -0.054\text{mm}$$

四、配合的术语及定义

1. 配合

配合是指公称尺寸相同的,相互结合的孔和轴公差带之间的关系。组成配合的孔与轴的公差带位置不同,便形成不同的配合性质。

2. 间隙或过盈

间隙或过盈是指孔的尺寸减去相配合的轴的尺寸所得的代数差。该代数差为正值时叫做间隙,用符号 X 表示;该代数差为负值时叫做过盈,用符号 Y 表示。

3. 配合的分类

根据相互结合的孔、轴公差带不同的相对位置关系,配合可以分为下列三类。

(1) 间隙配合

间隙配合是指具有间隙(包括最小间隙等于零)的配合。此时,孔公差带在轴公差带的上方(如图3-4所示)。孔、轴极限尺寸或极限偏差的关系为 $D_{min} \geq d_{max}$ 或 $EI \geq es$。

间隙配合中,孔的上极限尺寸减去轴的下极限尺寸所得的代数差称为最大间隙,它用符号 X_{max} 表示,即

$$X_{max} = D_{max} - d_{min} = ES - ei \quad (3-5)$$

孔的下极限尺寸减去轴的上极限尺寸所得的代数差称为最小间隙,它用符号 X_{min} 表示,即

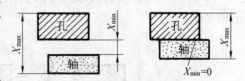

图3-4 间隙配合的示意图

$$X_{\min} = D_{\min} - d_{\max} = \text{EI} - \text{es} \qquad (3-6)$$

当孔的下极限尺寸与轴的上极限尺寸相等时，则最小间隙为零。

在实际设计中有时用到平均间隙，间隙配合中的平均间隙用符号 X_{av} 表示，即

$$X_{\text{av}} = (X_{\max} + X_{\min})/2 \qquad (3-7)$$

间隙数值的前面必须冠以正号。

将式（3-5）减去式（3-6），得到间隙配合中间隙的允许变动量，它称为间隙公差，用符号 T_{f} 表示，即

$$T_{\text{f}} = X_{\max} - X_{\min} = T_{\text{h}} + T_{\text{s}} \qquad (3-8)$$

式（3-8）左边的" $X_{\max} - X_{\min}$ "表示使用要求，右边的" $T_{\text{h}} + T_{\text{s}}$ "表示满足此要求的孔、轴应达到的精度。相互结合的孔与轴公差之和称为配合公差。

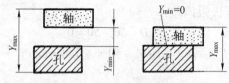

图 3-5　过盈配合的示意图

（2）过盈配合

过盈配合是指具有过盈（包括最小过盈等于零）的配合。此时，孔公差带在轴公差带的下方（如图 3-5 所示）。孔、轴的极限尺寸或极限偏差的关系为 $D_{\max} \leqslant d_{\min}$ 或 $\text{ES} \leqslant \text{ei}$。

过盈配合中，孔的上极限尺寸减去轴的下极限尺寸所得的代数差称为最小过盈，它用符号 $Y_{\min}$ 表示，即

$$Y_{\min} = D_{\max} - d_{\min} = \text{ES} - \text{ei} \qquad (3-9)$$

孔的下极限尺寸减去轴的上极限尺寸所得的代数差称为最大过盈，它用符号 $Y_{\max}$ 表示，即

$$Y_{\max} = D_{\min} - d_{\max} = \text{EI} - \text{es} \qquad (3-10)$$

当孔的上极限尺寸与轴的下极限尺寸相等时，则最小过盈为零。

在实际设计中有时用到平均过盈，过盈配合中的平均过盈用符号 Y_{av} 表示，即

$$Y_{\text{av}} = (Y_{\max} + Y_{\min})/2 \qquad (3-11)$$

过盈数值的前面必须冠以负号。

将式（3-9）减去式（3-10），得到过盈配合中过盈的允许变动量，它称为过盈公差，用符号 T_{f} 表示，即

$$T_{\text{f}} = Y_{\min} - Y_{\max} = T_{\text{h}} + T_{\text{s}} \qquad (3-12)$$

式（3-12）左边的" $Y_{\min} - Y_{\max}$ "表示使用要求，右边的" $T_{\text{h}} + T_{\text{s}}$ "表示满足此要求的孔、轴应达到的精度。相互结合的孔与轴公差之和称为配合公差。

（3）过渡配合

过渡配合是指可能具有间隙或过盈的配合。此时，孔公差带与轴公差带相互交叠（如图 3-6 所示）。孔、轴的极限尺寸或极限偏差的关系为 $D_{\max} > d_{\min}$ 且 $D_{\min} < d_{\max}$，或 $\text{ES} > \text{ei}$ 且 $\text{EI} < \text{es}$。

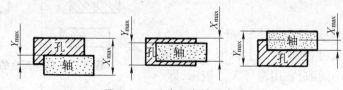

图 3-6　过渡配合的示意图

过渡配合中,孔的上极限尺寸减去轴的下极限尺寸所得的代数差称为最大间隙,其计算公式与式(3-5)相同。孔的下极限尺寸减去轴的上极限尺寸所得的代数差称为最大过盈,其计算公式与式(3-10)相同。

过渡配合中的平均间隙或平均过盈为

$$X_{av}(或 Y_{av}) = (X_{max} + Y_{max})/2 \qquad (3-13)$$

按式(3-13)计算所得的数值为正值时是平均间隙,为负值时是平均过盈。

过渡配合中的最大间隙减去最大过盈,得

$$T_f = X_{max} - Y_{max} = T_h + T_s \qquad (3-14)$$

式(3-14)左边和右边的含义与式(3-8)、式(3-12)相同。孔公差 T_h 与轴公差 T_s 之和称为配合公差,用符号 T_f 表示。

鉴于最大间隙总是大于最小间隙,最小过盈总是大于最大过盈(它们都带负号),所以配合公差是一个没有符号的绝对值。

式(3-8)、式(3-12)、式(3-14)表明,配合中间隙或过盈的允许变动量越小,则满足此要求的孔、轴公差就应越小,孔、轴的精度要求就越高。反之,则孔、轴的精度要求就越低。

例2 组成配合的孔和轴在零件图上标注的公称尺寸和上、下极限偏差分别为 $\phi 50^{+0.025}_{0}$ mm 和 $\phi 50^{+0.018}_{+0.002}$ mm。试计算该配合的最大间隙、最大过盈、平均间隙或平均过盈及配合公差,并画出孔、轴公差带示意图。

解 由式(3-5)计算最大间隙

$$X_{max} = ES - ei = (+0.025) - (+0.002) = +0.023 \text{mm}$$

由式(3-10)计算最大过盈

$$Y_{max} = EI - es = 0 - (+0.018) = -0.018 \text{mm}$$

由式(3-13)计算平均间隙或平均过盈

$$\frac{X_{max} + Y_{max}}{2} = \frac{(+0.023) + (-0.018)}{2} = +0.0025 \text{mm}(平均间隙)$$

由式(3-14)计算配合公差

$$T_f = X_{max} - Y_{max} = (+0.023) - (-0.018) = 0.041 \text{mm}$$

本例的孔、轴公差带示意图见图3-7。

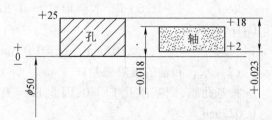

图3-7 过渡配合的孔、轴公差带示意图

4. 配合制

在机械产品中,有各种不同的配合要求,这就需要各种不同的孔、轴公差带来实现。为了获得最佳的技术经济效益,可以把其中孔公差带(或轴公差带)的位置固定,而改变轴公差带(或孔公差带)的位置,来实现所需要的各种配合。

用标准化的孔、轴公差带(即同一极限制的孔和轴)组成各种配合的制度称为配合制。GB/T 1800.1—2009 规定了两种配合制(基孔制和基轴制)来获得各种配合。

(1) 基孔制

基孔制是指基本偏差为一定的孔的公差带,与不同基本偏差的轴的公差带形成各种配合的一种制度(见图3-8)。基孔制的孔为基准孔,它的基本偏差(下极限偏差)为零。基孔制的轴为非基准轴。

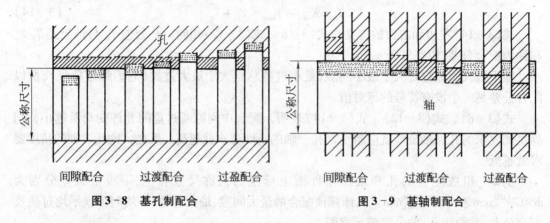

间隙配合 过渡配合 过盈配合	间隙配合 过渡配合 过盈配合
图3-8 基孔制配合	图3-9 基轴制配合

(2) 基轴制

基轴制是指基本偏差为一定的轴的公差带,与不同基本偏差的孔的公差带形成各种配合的一种制度(见图3-9)。基轴制的轴为基准轴,它的基本偏差(上极限偏差)为零。基轴制的孔为非基准孔。

例3 有一过盈配合,孔、轴的公称尺寸为 $\phi 45$ mm,要求过盈在 $-0.045 \sim -0.086$ mm 范围内。试应用式(3-12),并采用基孔制,取孔公差等于轴公差的 1.5 倍,确定孔和轴的极限偏差,画出孔、轴公差带示意图。

解

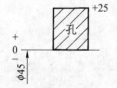

图3-10 过盈配合的孔、轴公差带示意图

(1) 求孔公差和轴公差

按式(3-12)得:$T_f = Y_{min} - Y_{max} = T_h + T_s = (-0.045) - (-0.086) = 0.041$ mm。为了使孔、轴的加工难易程度大致相同,一般取 $T_h = (1 \sim 1.6)T_s$,本例取 $T_h = 1.5T_s$,则 $1.5T_s + T_s = 0.041$ mm,因此

$$T_s = 0.016 \text{mm}, \quad T_h = 0.025 \text{mm}$$

(2) 求孔和轴的极限偏差

按基孔制,则基准孔 $EI = 0$,因此 $ES = T_h + EI = 0.025 + 0 = +0.025$ mm。

由式(3-9),$Y_{min} = ES - ei$,得非基准轴 $ei = ES - Y_{min} = (+0.025) - (-0.045) = +0.070$ mm,而 $es = ei + T_s = (+0.070) + 0.016 = +0.086$ mm。

孔、轴公差带示意图如图3-10所示。

§2 常用尺寸孔、轴《极限与配合》国家标准的构成

机械产品中,公称尺寸不大于 500mm 的尺寸段在生产中应用最广,该尺寸段称为常用尺寸。

由前一节的叙述可知,各种配合是由孔与轴的公差带之间的关系决定的,而孔、轴公差带是由它的大小和位置决定的,公差带的大小由标准公差确定,公差带的位置由基本偏差确定。为了使公差带的大小和位置标准化,GB/T 1800.1—2009 规定了孔和轴的标准公差系列与基本偏差系列。

一、孔、轴标准公差系列

标准公差为 GB/T 1800.1—2009《极限与配合》中所规定的任一公差。它的数值取决于孔或轴的标准公差等级和公称尺寸。

1. 标准公差等级及其代号

标准公差等级代号由符号 IT 和阿拉伯数字组成,例如 IT7、IT8。

孔、轴的标准公差等级各分为 20 个等级,它们分别用代号 IT01、IT0、IT1、IT2、…、IT18 表示。其中 IT01 最高,等级依次降低,IT18 最低。

在实际应用中,标准公差等级代号也用于表示标准公差数值。

2. 标准公差因子

标准公差因子是计算标准公差的基本单位,也是制定标准公差数值系列的基础。标准公差的数值不仅与标准公差等级的高低有关,而且与公称尺寸的大小有关。

生产实践表明,在相同的加工条件下加工一批零件(孔或轴),公称尺寸不同的孔或轴加工后产生的加工误差范围亦不同。利用统计分析发现,加工误差范围与公称尺寸的关系呈三次方抛物线的关系,如图 3-11 所示。

公差用于限制加工误差范围,而加工误差范围与公称尺寸有一定的关系,因此公差与公称尺寸亦应有一定的关系,这种关系可以用标准公差因子的形式来表示。

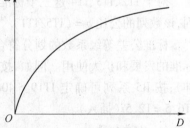

图 3-11 加工误差范围 ω 与公称尺寸 D 的关系

标准公差因子是以生产实践为基础,通过专门的试验和大量的统计数据分析,找出孔、轴的加工误差和测量误差随公称尺寸变化的规律来确定的。IT5 至 IT18 的标准公差因子 i 用下式表示:

$$i = 0.45 \sqrt[3]{D} + 0.001D \quad (\mu m) \tag{3-15}$$

式中 D——公称尺寸(mm)。

式(3-15)中第一项表示加工误差范围与公称尺寸大小的关系(抛物线关系);第二项表示测量误差(主要是测量时温度的变化产生的测量误差)与公称尺寸大小的关系(线性关系)。

3. 标准公差数值的计算

各个标准公差等级的标准公差数值计算公式见表 3-1。

表 3 - 1　标准公差数值的计算公式

标准公差等级	公　　式	标准公差等级	公　　式	标准公差等级	公　　式
IT01	$0.3 + 0.008D$	IT6	$10i$	IT13	$250i$
IT0	$0.5 + 0.012D$	IT7	$16i$	IT14	$400i$
IT1	$0.8 + 0.020D$	IT8	$25i$	IT15	$640i$
IT2	$(\text{IT1})(\text{IT5}/\text{IT1})^{1/4}$	IT9	$40i$	IT16	$1000i$
IT3	$(\text{IT1})(\text{IT5}/\text{IT1})^{1/2}$	IT10	$64i$	IT17	$1600i$
IT4	$(\text{IT1})(\text{IT5}/\text{IT1})^{3/4}$	IT11	$100i$	IT18	$2500i$
IT5	$7i$	IT12	$160i$		

对于 IT5 ~ IT18 的标准公差等级,标准公差数值 IT 用下列公式表示:

$$IT = a \cdot i \qquad (3 - 16)$$

式中　a——标准公差等级系数。

a 采用 R5 系列中的化整优先数(公比为 1.6)。标准公差等级越高,则 a 值越小;反之,标准公差等级越低,则 a 值越大。从 IT6 级开始,每增五个等级,a 值增大到 10 倍。

对于 IT01、IT0、IT1 这三个标准公差等级,在工业生产中很少用到,主要考虑测量误差的影响。因此,它们的标准公差数值与公称尺寸的关系为线性关系,并且这三个标准公差等级之间的常数和系数均采用优先系数的派生系列 R10/2 中的优先数。

对于 IT2、IT3、IT4 这三个标准公差等级,它们的标准公差数值在 IT1 与 IT5 间呈等比数列,该数列的公比 $q = (\text{IT5}/\text{IT1})^{1/4}$。

标准公差等级系数的划分符合优先数系的规律时,就具有延伸性和插入性,有利于国家标准的发展和扩大使用。例如,按 R10/2 系列可以确定 IT02 = 0.2 + 0.005D(向高精度延伸);按 R5 系列可确定 IT19 = 4000i(向低精度延伸);按 R10 系列(化整优先数)可确定 IT6.5 = 12.5i(插入)。

4. 尺寸分段

由于标准公差因子 i 是公称尺寸 D 的函数,如果按表 3 - 1 所列的公式计算标准公差数值,那么,对于每一个标准公差等级,给一个公称尺寸就可以计算对应的公差数值,这样编制的公差表格就非常庞大。为了把公差数值的数目减少到最低限度,统一公差数值,简化公差表格,方便实际生产应用,应按一定规律将常用尺寸分成若干段落,这叫做尺寸分段,见附表 3 - 2 至附表 3 - 8。

采用尺寸分段后,对每一个标准公差等级,同一尺寸分段范围内(大于 D_1 至 D_n)各个公称尺寸的标准公差相同。按式(3 - 15)计算标准公差因子 i 时,公式中的公称尺寸以尺寸分段首、末两个尺寸($D_{首}$、$D_{末}$)的几何平均值 D_j 代入,即

$$D_j = \sqrt{D_{首} \times D_{末}} \qquad (3 - 17)$$

按式(3 - 17)、式(3 - 15)及表 3 - 1 所列的计算公式,分别计算出各个尺寸段的各个标准公差等级的标准公差数值,并将尾数圆整,就编制成附表 3 - 2 和附表 3 - 3 所列的标

准公差数值。

例4 求公称尺寸为95mm 的 IT6 标准公差数值。

解 95mm 在大于80mm 至120mm 段内,这一尺寸分段的几何平均值 D_j 和标准公差因子 i 分别由式(3-17)和式(3-15)计算得到:

$$D_j = \sqrt{80 \times 120} \approx 97.98\text{mm}, \quad i = 0.45\sqrt[3]{D_j} + 0.001D_j \approx 2.173\mu\text{m}$$

由表 3-1 知 IT6 = $10i$,因此

$$\text{IT6} = 10i = 10 \times 2.173 = 21.73\mu\text{m}$$

经尾数圆整,则得 IT6 = 22μm。

在实际工作中,附表 3-2、附表 3-3 可以直接用来查取一定公称尺寸和标准公差等级的标准公差数值,还可以用来根据已知公称尺寸和公差数值,确定它们对应的标准公差等级。

二、孔、轴基本偏差系列

1. 基本偏差的定义

基本偏差是指 GB/T 1800.1—2009《极限与配合》中,用以确定公差带相对于零线的位置的那个极限偏差(上极限偏差或下极限偏差),一般为靠近零线或位于零线的那个极限偏差。

当孔或轴的标准公差和基本偏差数值确定后,它的另一极限偏差可以利用式(3-4)计算确定。

2. 基本偏差的代号

国标对孔和轴各规定了 28 种基本偏差,见图 3-12,构成了基本偏差系列。每种基本偏差的代号用一个或两个英文字母表示。孔用大写字母表示,轴用小写字母表示。

在 26 个英文字母中,去掉 5 个容易与其他符号含义混淆的字母 I(i)、L(l)、O(o)、Q(q)、W(w),增加由两个字母组成的 7 组字母 CD(cd)、EF(ef)、FG(fg)、JS(js)、ZA(za)、ZB(zb)、ZC(zc),共计 28 种。

参看图 3-12,孔和轴的 28 种基本偏差中有 24 种具有倒影关系,仅 J(j)、K(k)、M(m)和 N(n)基本偏差例外(详见图 3-13、图 3-14)。图 3-12 中所画的公差带是"开口"公差带,其封闭的一端是基本偏差。基本偏差只表示公差带的位置,而不表示公差带的大小。公差带"开口"的一端则由标准公差等级来确定,标准公差等级确定公差带的大小。

3. 轴的基本偏差的特征

参看图 3-12b。代号为 a~g 的基本偏差皆为上极限偏差 es(负值),按从 a 到 g 的顺序,基本偏差的绝对值依次逐渐减少。

代号为 h 的基本偏差为上极限偏差 es = 0,它是基轴制中基准轴的基本偏差代号。

基本偏差代号为 js 的轴的公差带相对于零线对称分布,基本偏差可取为上极限偏差 es = +IT/2(IT 为标准公差数值),也可取为下极限偏差 ei = -IT/2。根据 GB/T 1800.1—2009 的规定,当标准公差等级为 IT7~IT11 时,若公差数值是奇数,则按 ±(IT-1)/2 计算。

代号为 j~zc 的基本偏差皆为下极限偏差 ei(除 j 为负值外,其余皆为正值),按从 k 到 zc 的顺序,基本偏差的数值依次逐渐增大。

图 3-13 为轴的各种基本偏差和公差带的示意图。

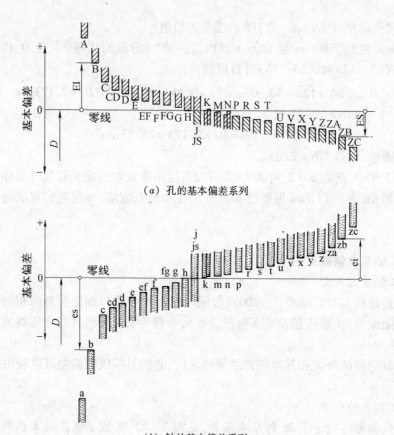

(a) 孔的基本偏差系列

(b) 轴的基本偏差系列

图 3-12   基本偏差系列示意图

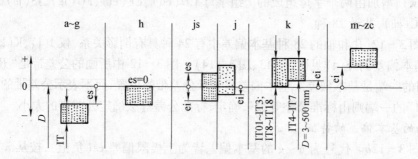

图 3-13   轴的各种基本偏差和公差带示意图

4. 孔的基本偏差的特征

参看图3-12a。代号为 A～G 的基本偏差皆为下极限偏差 EI(正值),按从 A 到 G 的顺序,基本偏差的数值依次逐渐减少。

代号为 H 的基本偏差为下极限偏差 EI=0,它是基孔制中基准孔的基本偏差代号。

基本偏差代号为 JS 的孔的公差带相对于零线对称分布,基本偏差可取为上极限偏差 ES = +IT/2(IT 为标准公差数值),也可取为下极限偏差 EI = -IT/2,根据 GB/T 1800.1——

2009 的规定,当标准公差等级为 IT7～IT11 时,若公差数值是奇数,则按 ±(IT－1)/2 计算。

代号为 J～ZC 的基本偏差皆为上极限偏差 ES(除 J、K 为正值外,其余皆为负值),按从 K 到 ZC 的顺序,基本偏差的绝对值依次逐渐增大。

图 3－14 为孔的各种基本偏差和公差带的示意图。

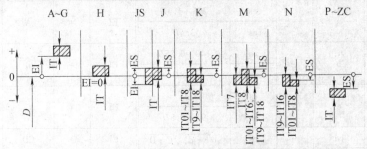

图 3－14 孔的各种基本偏差和公差带示意图

5. 各种基本偏差所形成的配合的特征

(1) 间隙配合

a～h(或 A～H)等 11 种基本偏差与基准孔基本偏差 H(或基准轴基本偏差 h)形成间隙配合。其中 a 与 H(或 A 与 h)形成的配合的最小间隙(孔与轴基本偏差的差值)最大。此后,最小间隙依次减小,基本偏差 h 与 H 形成的配合的最小间隙为零。

(2) 过渡配合

js、j、k、m、n(或 JS、J、K、M、N)等 5 种基本偏差与基准孔基本偏差 H(或基准轴基本偏差 h)形成过渡配合。其中 js 与 H(或 JS 与 h)形成的配合较松,获得间隙的概率较大。此后,配合依次变紧,n 与 H(或 N 与 h)形成的配合较紧,获得过盈的概率较大。而标准公差等级很高的 n 与 H(或 N 与 h)形成的配合则为过盈配合。

(3) 过盈配合

p～zc(或 P～ZC)等 12 种基本偏差与基准孔基本偏差 H(或基准轴基本偏差 h)形成过盈配合。其中 p 与 H(或 P 与 h)形成的配合的过盈最小。此后,过盈依次增大,zc 与 H(或 ZC 与 h)形成的配合的过盈最大。而标准公差等级不高的 p 与 H(或 P 与 h)形成的配合则为过渡配合。

6. 孔、轴公差带代号及配合代号

(1) 孔、轴公差带代号

把孔、轴基本偏差代号字母和标准公差等级代号中的阿拉伯数字组合,就构成孔、轴公差带代号。例如:孔的公差带代号 H7、F8,轴的公差带代号 h7、f6。

(2) 孔、轴配合代号

把孔和轴的公差带组合,就构成孔、轴配合代号。它用分数形式表示,分子为孔公差带,分母为轴公差带。例如:基孔制配合代号 $\phi 50 \dfrac{H7}{g6}$ 或 $\phi 50H7/g6$;基轴制配合代号 $\phi 50 \dfrac{G7}{h6}$ 或 $\phi 50G7/h6$。

7. 轴的基本偏差数值的确定

轴的各种基本偏差的数值按表 3－2 给出的公式计算。这些计算公式是通过生产实践和科学实验,经统计分析得到的。

表 3-2 常用尺寸轴和孔的基本偏差计算公式（GB/T 1800.1—2009）

公称尺寸(mm)		轴			计 算 公 式	孔			公称尺寸(mm)	
大于	至	基本偏差代号	符号	极限偏差		极限偏差	符号	基本偏差代号	大于	至
1	120	a	−	es	$265 + 1.3D$	EI	+	A	1	120
120	500			es	$3.5D$				120	500
1	160	b		es	$140 + 0.85D$	EI	+	B	1	160
160	500			es	$1.8D$				160	500
1	40	c		es	$52D^{0.2}$	EI	+	C	0	40
40	500			es	$95 + 0.8D$				40	500
0	10	cd	−	es	$\sqrt{c \cdot d},\ \sqrt{C \cdot D}$	EI	+	CD	0	10
0	500	d	−	es	$16D^{0.44}$	EI	+	D	0	500
0	500	e	−	es	$11D^{0.41}$	EI	+	E	0	500
0	10	ef	−	es	$\sqrt{e \cdot f},\ \sqrt{E \cdot F}$	EI	+	EF	0	10
0	500	f	−	es	$5.5D^{0.41}$	EI	+	F	0	500
0	10	fg	−	es	$\sqrt{f \cdot g},\ \sqrt{F \cdot G}$	EI	+	FG	0	10
0	500	g	−	es	$2.5D^{0.34}$	EI	+	G	0	500
0	500	h	无符号	es	基本偏差 =0	EI	无符号	H	0	500
0	500	j			无公式			J	0	500
0	500	js	+ −	es ei	$0.5\mathrm{IT}n$	ES EI	+ −	JS	0	500
0	500	k	+	ei	$0.6\sqrt[3]{D}$	ES	−	K	0	500
0	500	m	+	ei	IT7 − IT6	ES	−	M	0	500
0	500	n	+	ei	$5D^{0.34}$	ES	−	N	0	500
0	500	p	+	ei	IT7 + (0 至 5)	ES	−	P	0	500
0	500	r	+	ei	$\sqrt{p \cdot s},\ \sqrt{P \cdot S}$	ES	−	R	0	500
0	50	s	+	ei	IT18 + (1 至 4)	ES	−	S	0	50
50	500		+	ei	$IT7 + 0.4D$	ES	−		50	500
24	500	t	+	ei	$IT7 + 0.63D$	ES	−	T	24	500
0	500	u	+	ei	$IT7 + D$	ES	−	U	0	500
14	500	v	+	ei	$IT7 + 0.25D$	ES	−	V	14	500
0	500	x	+	ei	$IT7 + 1.6D$	ES	−	X	0	500
18	500	y	+	ei	$T17 + 2D$	ES	−	Y	18	500
0	500	z	+	ei	$IT7 + 2.5D$	ES	−	Z	0	500
0	500	za	+	ei	$IT8 + 3.15D$	ES	−	ZA	0	500

（续表）

公称尺寸(mm)		轴			计 算 公 式	孔			公称尺寸(mm)	
大于	至	基本偏差代号	符号	极限偏差		极限偏差	符号	基本偏差代号	大于	至
0	500	zb	+	ei	$IT9 + 4D$	ES	–	ZB	0	500
0	500	zc	+	ei	$IT10 + 5D$	ES	–	ZC	0	500

注：1. 公式中 D 是公称尺寸分段的几何平均值(mm)；基本偏差的计算结果以 μm 计。
2. j、J 只在附表 3–4、附表 3–5 中给出其值。
3. 轴的基本偏差 K 的计算公式仅适用于标准公差等级 IT4 至 IT7，其他标准公差等级的基本偏差 K = 0。
4. 孔的基本偏差 K 的计算公式仅适用于标准公差等级 ≤IT8(标准公差等级为 8 级或高于 8 级)，其他标准公差等级的基本偏差 K = 0。

利用轴的基本偏差计算公式，以尺寸分段的几何平均值代入这些公式求得数值，经尾数圆整后，就编制出轴的基本偏差数值表(见附表 3–4)。

例 5 利用标准公差数值表(见附表 3–2)和轴的基本偏差数值表(见附表 3–4)，确定 $\phi50f8$ 轴的极限偏差数值。

解 由附表 3–2 查得公称尺寸为 50mm 的标准公差数值 IT8 = 39μm；由附表 3–4 查得公称尺寸为 50mm，且代号为 f 的轴基本偏差为上极限偏差 es = –25μm。因此，轴的另一极限偏差为下极限偏差 ei = es – IT8 = –25 – 39 = –64μm；轴的极限偏差在图样上的标注为 $\phi50^{-0.025}_{-0.064}$ mm。

8. 孔的基本偏差数值的确定

孔的各种基本偏差的数值由表 3–2 给出的公式计算。

一般情况下，同一字母的孔的基本偏差与轴的基本偏差相对于零线是完全对称的。也就是说，孔与轴的基本偏差代号对应(例如 A 对应 a，F 对应 f)时，两者的基本偏差的绝对值相等，而符号相反，即

$$EI = -es \tag{3-18}$$

或

$$ES = -ei$$

该规则适用于所有的孔的基本偏差。但以下情况例外：

① 公称尺寸大于 3mm 至 500mm，标准公差等级 > IT8(标准公差等级为 9 级或 9 级以下)时，代号为 N 的孔基本偏差(ES)的数值等于零。

② 在公称尺寸大于 3mm 至 500mm 的同名基孔制和基轴制配合中，给定某一标准公差等级的孔与高一级的轴相配合(例如 H7/p6 和 P7/h6)，并要求两者的配合性质相同(具有相同的极限过盈或间隙)时，基轴制孔的基本偏差数值为按式(3–18)确定的数值加上一个 Δ 值(见图 3–15)，即

$$ES = -ei + \Delta \tag{3-19}$$

式中，Δ 为尺寸分段内给定的某一标准公差等级的孔的标准公差数值 ITn 与高一级的轴的标准公差数值 $IT(n-1)$ 的差值，即 $\Delta = ITn - IT(n-1) = T_h - T_s$。

例如，公称尺寸分段 18mm ~ 30mm 内的 P7：

$$\Delta = ITn - IT(n-1) = IT7 - IT6 = 21 - 13 = 8\mu m$$

应当指出，式(3–19)给出的特殊规则仅用于公称尺寸大于 3mm 至 500mm，标准公差

等级≤IT8(标准公差等级为8级或高于8级)的代号为K、M、N和标准公差等级≤IT7(标准
公差等级为7级或高于7级)的代号为P至ZC的孔基本偏差数值的计算。

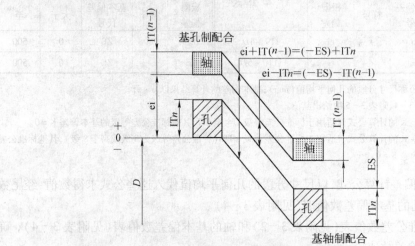

图3-15　孔、轴基本偏差换算的特殊规则
(ei为带正号的数值,ES为带负号的数值)

按式(3-18)和式(3-19)计算出孔的基本偏差数值,经尾数圆整后,就编制出孔的基
本偏差数值表(见附表3-5)。

例6　利用标准公差数值表(附表3-2)和轴的基本偏差数值表(附表3-4)及式
(3-19),确定ϕ30H8/k7和ϕ30K8/h7配合中孔和轴的极限偏差及极限间隙或过盈。

解　由附表3-2查得:公称尺寸为30mm的标准公差数值IT8=33μm,IT7=21μm。

(1)基孔制配合ϕ30H8/k7

ϕ30H8基准孔的基本偏差EI=0,另一极限偏差为ES=EI+IT8=+33μm。

由附表3-4查得ϕ30k7轴的基本偏差ei=+2μm,另一极限偏差为es=ei+IT7=
+23μm。

于是得ϕ30H8($^{+0.033}_{0}$)/k7($^{+0.023}_{+0.002}$),因此该配合的最大间隙X_{max}=ES-ei=(+33)-
(+2)=+31μm,最大过盈Y_{max}=EI-es=0-(+23)=-23μm。

(2)基轴制配合ϕ30K8/h7

ϕ30h7基准轴的基本偏差es=0,另一极限偏差为ei=es-IT7=0-21=-21μm。

利用式(3-19)由ϕ30k7轴的基本偏差数值换算ϕ30K8孔的基本偏差数值:非基准轴
ei=+2μm,Δ=IT8-IT7=33-21=12μm,因此非基准孔的基本偏差ES=-ei+Δ=-2+
12=+10μm,另一极限偏差为EI=ES-IT8=(+10)-33=-23μm。

于是得ϕ30K8($^{+0.010}_{-0.023}$)/h7($^{0}_{-0.021}$),因此该配合的最大间隙X_{max}=ES-ei=(+10)-
(-21)=+31μm,最大过盈Y_{max}=EI-es=(-23)-0=-23μm。

所以,ϕ30H8/k7与ϕ30K8/h7的配合性质相同。

例7　利用标准公差数值表(附表3-2)和孔的基本偏差数值表(附表3-5)确定
ϕ30P8/h8的极限偏差。

解　由附表3-2查得公称尺寸为30mm的标准公差数值IT8=33μm。

基轴制配合ϕ30P8/h8中的基准轴ϕ30h8的基本偏差es=0,另一极限偏差为ei=es-

IT8 = -33μm。

由附表 3-5 查得 φ30P8 孔的基本偏差 ES = -22μm, 另一极限偏差为 EI = ES - IT8 = -55μm。

于是得 $\phi30P8\left(^{-0.022}_{-0.055}\right)/h8\left(^{0}_{-0.033}\right)$。

例8　利用标准公差数值表(附表 3-2)和轴、孔的基本偏差数值表(附表 3-4、附表 3-5),确定 φ30H7/p6 和 φ30P7/h6 的极限偏差。

解　由附表 3-2 查得公称尺寸为 30mm 的标准公差数值 IT7 = 21μm, IT6 = 13μm。

(1) 基孔制配合 φ30H7/p6

φ30H7 基准孔的基本偏差 EI = 0, 另一极限偏差为 ES = EI + IT7 = +21μm。

由附表 3-4 查得 φ30p6 轴的基本偏差 ei = +22μm, 另一极限偏差为 es = ei + IT6 = +35μm。

于是得 $\phi30H7\left(^{+0.021}_{0}\right)/p6\left(^{+0.035}_{+0.022}\right)$。

(2) 基轴制配合 φ30P7/h6

φ30h6 基准轴的基本偏差 es = 0, 另一极限偏差为 ei = es - IT6 = -13μm。

由附表 3-5 查得 φ30P7 孔的基本偏差 ES = [(-22) + Δ]μm, 而 Δ = IT7 - IT6 = 8μm, 因此 ES = (-22) + 8 = -14μm; 另一极限偏差为 EI = ES - IT7 = (-14) - 21 = -35μm。

于是得 $\phi30P7\left(^{-0.014}_{-0.035}\right)/h6\left(^{0}_{-0.013}\right)$。

三、孔、轴公差与配合在图样上的标注

装配图上,在公称尺寸后面标注孔、轴配合代号,如 $\phi50\dfrac{H7}{f6}$、φ50H7/f6(见图 3-16a)。

零件图上,在公称尺寸后面标注孔或轴的公差带代号,如图 3-16b、c 分别所示的 φ50H7 和 φ50f6,或者标注上、下极限偏差数值,或者同时标注公差带代号及上、下极限偏差数值。例如:φ50H7 的标注可换为 $\phi50^{+0.025}_{0}$ 或 $\phi50H7\left(^{+0.025}_{0}\right)$;φ50f6 的标注可换为 $\phi50^{-0.025}_{-0.041}$ 或 $\phi50f6\left(^{-0.025}_{-0.041}\right)$。

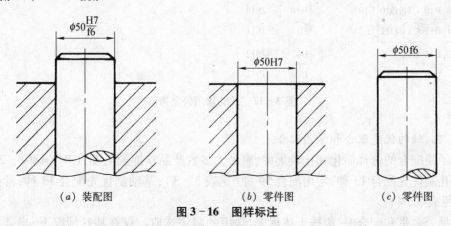

图 3-16　图样标注

在零件图上标注上、下极限偏差数值时,零偏差必须用数字"0"标出,不得省略,如 $\phi50^{+0.025}_{0}$、$\phi50^{0}_{-0.016}$。

当上、下极限偏差绝对值相等而符号相反时,则在偏差数值前面标注" ± "号,如 $\phi50 \pm 0.008$。

四、孔、轴的常用公差带和优先、常用配合

GB/T 1800.1—2009 规定了 20 个标准公差等级和 28 种基本偏差,这 28 种基本偏差中,j 仅保留 j5、j6、j7、j8;J 仅保留 J6、J7、J8。由此得到轴公差带可以有 $(28 - 1) \times 20 + 4 = 544$ 种,孔公差带可以有 $(28 - 1) \times 20 + 3 = 543$ 种。这些孔、轴公差带又可以组成数目更多的配合。若这些孔、轴公差带和配合都应用,显然是不经济的。为了获得最佳的技术经济效益,避免定值刀具、光滑极限量规以及工艺装备的品种和规格的不必要的繁杂,就有必要对公差带的选择加以限制,并选用适当的孔与轴公差带以组成配合。为此,GB/T 1801—2009 对孔和轴分别推荐了常用公差带和优先、常用配合。

1. 孔、轴的常用公差带

图 3 - 17 列出孔的常用公差带 105 种。选择时,应优先选用圆圈中的公差带(共 13 种),其次选用方框中的公差带(共 44 种),最后选用其他的公差带。

图 3 - 18 列出轴的常用公差带 116 种。选择时,应优先选用圆圈中的公差带(共 13 种),其次选用方框中的公差带(共 59 种),最后选用其他的公差带。

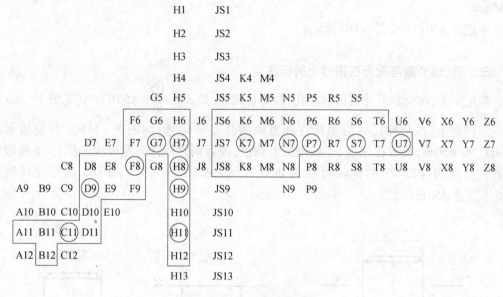

图 3 - 17　孔的常用公差带

2. 孔、轴的优先配合和常用配合

为了使配合的选择简化和比较集中,满足大多数产品功能的需要,GB/T 1801—2009 推荐了基孔制优先配合 13 种,常用配合 59 种(见表 3 - 3);基轴制优先配合 13 种,常用配合 47 种(见表 3 - 4)。

选择公差带和配合时,应按上述优先、常用的顺序选取。仅在特殊情况下,当常用公差带和常用配合不能满足要求时,才可以从 GB/T 1800.1—2009 规定的标准公差等级和基本偏差中选取所需的孔、轴公差带来组成配合。

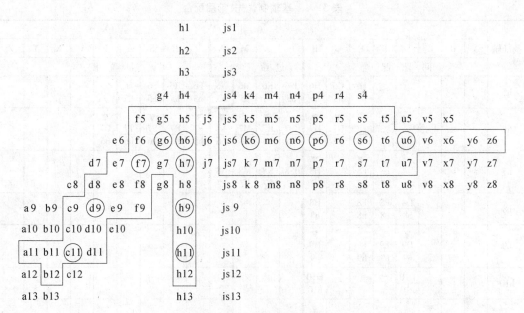

图3-18　轴的常用公差带

表3-3　基孔制优先、常用配合

基准孔	轴																				
	a	b	c	d	e	f	g	h	js	k	m	n	p	r	s	t	u	v	x	y	z
	间 隙 配 合								过 渡 配 合				过 盈 配 合								
H6						$\frac{H6}{f5}$	$\frac{H6}{g5}$	$\frac{H6}{h5}$	$\frac{H6}{js5}$	$\frac{H6}{k5}$	$\frac{H6}{m5}$	$\frac{H6}{n5}$	$\frac{H6}{p5}$	$\frac{H6}{r5}$	$\frac{H6}{s5}$	$\frac{H6}{t5}$					
H7						$\frac{H7}{f6}$▼	$\frac{H7}{g6}$	$\frac{H7}{h6}$▼	$\frac{H7}{js6}$	$\frac{H7}{k6}$▼	$\frac{H7}{m6}$	$\frac{H7}{n6}$▼	$\frac{H7}{p6}$▼	$\frac{H7}{r6}$	$\frac{H7}{s6}$▼	$\frac{H7}{t6}$	$\frac{H7}{u6}$▼	$\frac{H7}{v6}$	$\frac{H7}{x6}$	$\frac{H7}{y6}$	$\frac{H7}{z6}$
H8					$\frac{H8}{e7}$	$\frac{H8}{f7}$▼	$\frac{H8}{g7}$	$\frac{H8}{h7}$▼	$\frac{H8}{js7}$	$\frac{H8}{k7}$	$\frac{H8}{m7}$	$\frac{H8}{n7}$	$\frac{H8}{p7}$	$\frac{H8}{r7}$	$\frac{H8}{s7}$	$\frac{H8}{t7}$	$\frac{H8}{u7}$				
				$\frac{H8}{d8}$	$\frac{H8}{e8}$	$\frac{H8}{f8}$		$\frac{H8}{h8}$													
H9			$\frac{H9}{c9}$	$\frac{H9}{d9}$▼	$\frac{H9}{e9}$	$\frac{H9}{f9}$		$\frac{H9}{h9}$▼													
H10			$\frac{H10}{c10}$	$\frac{H10}{d10}$				$\frac{H10}{h10}$													
H11	$\frac{H11}{a11}$	$\frac{H11}{b11}$	$\frac{H11}{c11}$▼	$\frac{H11}{d11}$				$\frac{H11}{h11}$▼													
H12		$\frac{H12}{b12}$						$\frac{H12}{h12}$													

注：1. $\dfrac{H6}{n5}$、$\dfrac{H7}{p6}$在公称尺寸小于或等于3mm 和$\dfrac{H8}{r7}$在公称尺寸小于或等于100mm 时，为过渡配合。

　　2. 带▼的配合为优先配合。

表 3-4　基轴制优先、常用配合

基准轴	孔																				
	A	B	C	D	E	F	G	H	JS	K	M	N	P	R	S	T	U	V	X	Y	Z
	间　隙　配　合								过　渡　配　合				过　盈　配　合								
h5						F6/h5	G6/h5	H6/h5	JS6/h5	K6/h5	M6/h5	N6/h5	P6/h5	R6/h5	S6/h5	T6/h5					
h6						F7/h6	G7/h6	▼H7/h6	JS7/h6	K7/h6	M7/h6	▼N7/h6	▼P7/h6	R7/h6	▼S7/h6	T7/h6	▼U7/h6				
h7					E8/h7	▼F8/h7		▼H8/h7	JS8/h7	K8/h7	M8/h7	N8/h7									
h8				D8/h8	E8/h8	F8/h8		H8/h8													
h9				▼D9/h9	E9/h9	F9/h9		▼H9/h9													
h10				D10/h10				H10/h10													
h11	A11/h11	B11/h11	▼C11/h11	D11/h11				▼H11/h11													
h12		B12/h12						H12/h12													

注：带▼的配合为优先配合。

GB/T 1800.2—2009 列出了按 GB/T 1800.1—2009 中的标准公差和基本偏差数值计算出的孔和轴常用公差带的极限偏差数值,本书的附录列出了其中优先配合的孔和轴公差带的极限偏差数值表,分别见附表 3-6 和附表 3-7。

GB/T 1801—2009 列出了基孔制和基轴制优先、常用配合的极限间隙和极限过盈,本书的附录列出了其中优先配合的极限间隙和极限过盈数值表,见附表 3-8。

例 9　有一过盈配合,孔、轴的公称尺寸为 $\phi45\text{mm}$,要求过盈在 $-45\mu\text{m}$ 至 $-86\mu\text{m}$ 范围内。试查附表 3-6～3-8 确定孔、轴的配合代号和极限偏差数值。

解

(1) 采用基孔制

由附表 3-8 查得公称尺寸为 $\phi45\text{mm}$,且满足最小过盈为 $-45\mu\text{m}$,最大过盈为 $-86\mu\text{m}$ 要求的基孔制配合的代号为 $\phi45\text{H7/u6}$。

由附表 3-6 查得 $\phi45\text{H7}$ 孔的极限偏差为:$ES = +25\mu\text{m}, EI = 0$。

由附表 3-7 查得 $\phi45\text{u6}$ 轴的极限偏差为:$es = +86\mu\text{m}, ei = +70\mu\text{m}$。

比较本例查表结果和例 3 计算结果,两者相同。

(2) 采用基轴制

由附表 3-8 查得公称尺寸为 $\phi45\text{mm}$,且满足最小过盈为 $-45\mu\text{m}$,最大过盈为 $-86\mu\text{m}$ 要求的基轴制配合的代号为 $\phi45\text{U7/h6}$。

由附表 3-7 查得 $\phi45\text{h6}$ 轴的极限偏差为:$es = 0, ei = -16\mu\text{m}$。

由附表 3-6 查得 $\phi45\text{U7}$ 孔的极限偏差为:$ES = -61\mu\text{m}, EI = -86\mu\text{m}$。

§3 常用尺寸孔、轴公差与配合的选择

孔、轴公差与配合的选择是机械产品设计中的重要部分,这直接影响机械产品的使用精度、性能和加工成本。孔、轴公差与配合的选择包括配合制、标准公差等级和配合种类等三方面的选择。选择的原则是在满足使用要求的前提下,获得最佳的技术经济效益。标准公差等级和配合种类的选择方法有类比法、计算法和实验法。

类比法就是通过对同类机器和零部件以及它们的图样进行分析,参考从生产实践中总结出来的技术资料,把所设计产品的技术要求与之进行对比,来选择孔、轴公差与配合。这是应用较多的方法。

计算法是按照一定的理论和公式确定所需要的极限间隙或过盈,来确定孔、轴极限偏差。但由于影响因素较复杂,因此计算比较困难或麻烦。而随着科学技术的发展和计算机的广泛应用,计算法会日趋完善,其应用逐渐增多。

实验法是通过试验或统计分析确定所需要的极限间隙或过盈,来选择孔、轴公差与配合。此法较为可靠,但成本较高,只用于重要的配合。

一、配合制的选择

配合制包括基孔制和基轴制两种,这两种配合制都可以实现同样的配合要求。选择基孔制或基轴制,应从产品结构特点、加工工艺性和经济性等方面综合考虑。

1. 优先选用基孔制

一般情况下应优先选用基孔制。因为加工孔和检测孔时要使用钻头、铰刀、拉刀等定值刀具和光滑极限塞规(孔不便于使用普通计量器具测量),而每一种定值刀具和塞规只能加工和检验一种特定公称尺寸和公差带的孔。加工轴时使用车刀、砂轮等通用刀具,便于使用普通计量器具测量。所以,采用基孔制配合可以减少孔公差带的数量,从而可以减少定值刀具和塞规的数量,这显然是经济合理的。参看表3-5, 设某一公称尺寸的孔和轴要求三种

表 3-5 基孔制和基轴制所需刀具和量规的比较

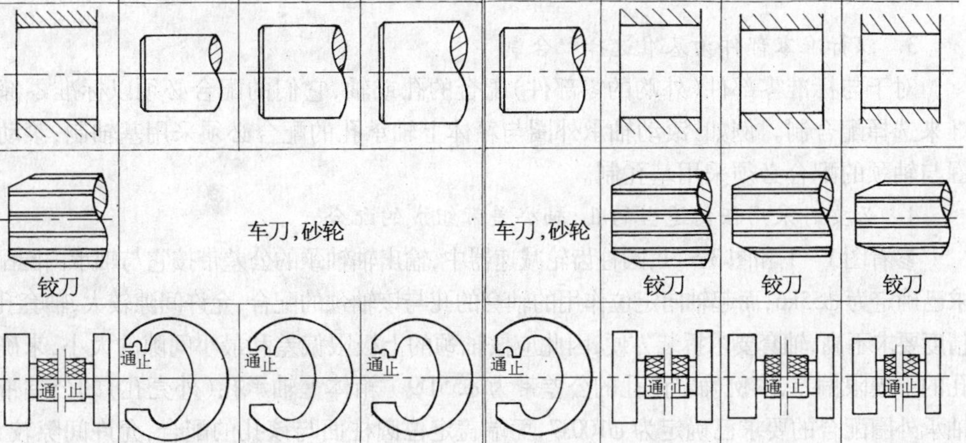

	基 孔 制				基 轴 制			
	孔	轴	轴	轴	轴	孔	孔	孔
工件								
刀具	铰刀	车刀,砂轮			车刀,砂轮	铰刀	铰刀	铰刀
光滑极限量规	塞规	卡规	卡规	卡规	卡规	塞规	塞规	塞规

配合,采用基孔制,则三种配合由一种孔公差带和三种轴公差带构成;而采用基轴制,则三种配合由一种轴公差带和三种孔公差带构成。可见,基孔制所需要的定值刀具比基轴制少。

2. 特殊情况下采用基轴制

对于下列情况,采用基轴制比较经济合理。

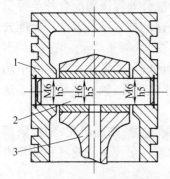

图 3-19　活塞、连杆机构中的三处配合

1—活塞;2—活塞销;3—连杆

（1）使用冷拉钢材直接作轴

在农业机械和纺织机械中,常使用具有一定精度(IT9～IT11)的冷拉钢材,不必切削加工而直接作轴来与其他零件的孔配合,因此应采用基轴制。

（2）结构上的需要

在结构上,轴的同一公称尺寸部分的不同部位上装配几个不同配合要求的孔的零件时,轴的这一部分与几个孔的配合应采用基轴制。参看图 3-19,在内燃机的活塞、连杆机构中,活塞销与活塞上的两个销孔的配合要求紧些(过渡配合性质),而活塞销与连杆小头孔的配合要求松些(最小间隙为零的间隙配合性质)。若采用基孔制(见图 3-20a),则活塞上的两个销孔和连杆小头孔的公差带相同(H6),而满足两种不同配合要求的活塞销要按两种公差带(h5、m5)加工成阶梯轴,这既不利于加工,又不利于装配(装配时会将连杆小头孔刮伤)。反之,采用基轴制(见图 3-20b),则活塞销按一种公差带加工,制成光轴,这样活塞销的加工和装配都方便。

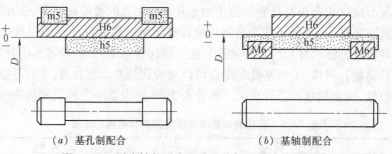

（a）基孔制配合　　　　　　　　　（b）基轴制配合

图 3-20　活塞销与活塞两孔及连杆小头孔的公差带

3. 以标准零部件为基准选择配合制

对于与标准零部件(外购的零部件)配合的孔或轴,它们的配合必须以标准零部件为基准来选择配合制。例如,滚动轴承外圈与箱体上轴承孔的配合必须采用基轴制,滚动轴承内圈与轴颈的配合必须采用基孔制。

4. 必要时采用任何适当的孔、轴公差带组成的配合

参看图 1-1 和图 3-21,圆柱齿轮减速器中,输出轴轴颈的公差带按它与轴承内圈配合的要求已确定为 $\phi 55k6$,而起轴向定位作用的轴套的孔与该轴颈的配合,允许间隙较大,轴套孔的尺寸精度要求不高,轴套要求拆装方便,因此应按轴颈的上极限偏差和最小间隙的大小,来确定轴套孔的下极限偏差,本例确定该孔的公差带为 $\phi 55D9$。箱体上轴承孔(外壳孔)的公差带按它与轴承外圈配合的要求已确定为 $\phi 100J7$,而端盖定位圆柱面与该孔的配合,允许间隙较大,该圆柱面尺寸精度要求不高,端盖要求拆装方便,因此端盖定位圆柱面的公差带可选取 $\phi 100e9$。

这样组成的配合 φ55D9/k6 和 φ100J7/e9 既满足使用要求,又获得最佳的技术经济效益。

上述两种特殊形式配合的孔、轴公差带示意图分别如图 3-22 和图 3-23 所示。

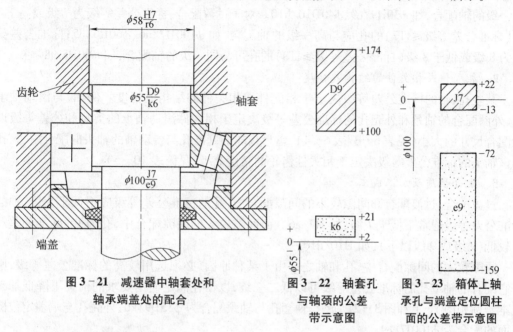

图 3-21　减速器中轴套处和
轴承端盖处的配合

图 3-22　轴套孔
与轴颈的公差
带示意图

图 3-23　箱体上轴
承孔与端盖定位圆柱
面的公差带示意图

二、标准公差等级的选择

选择标准公差等级时,要正确处理使用要求与制造工艺、加工成本之间的关系。因此,选择标准公差等级的基本原则是,在满足使用要求的前提下,尽量选取较低的标准公差等级。

标准公差等级可用类比法选择。各个标准公差等级的应用范围如下。

IT01~IT1 用于量块的尺寸公差。

IT1~IT7 用于量规的尺寸公差,这些量规常用于检验 IT6~IT16 的孔和轴(量规工作尺寸的标准公差等级比被测孔、轴高得多,详见第七章)。

IT2~IT5 用于精密配合,如滚动轴承各零件的配合。

IT5~IT10 用于有精度要求的重要和较重要配合。IT5 的轴和 IT6 的孔用于高精度的重要配合,例如精密机床主轴的轴颈与轴承、内燃机的活塞销与活塞上的两个销孔的配合。IT6 的轴与 IT7 的孔在机械制造业中的应用很广泛,用于较高精度的重要配合,例如普通机床的重要配合,内燃机曲轴的主轴颈与滑动轴承的配合。与普通级滚动轴承内、外圈配合的轴颈和箱体上轴承孔(外壳孔)的标准公差等级分别采用 IT6 和 IT7。而 IT7、IT8 的轴和孔通常用于中等精度要求的配合,例如通用机械中轴的轴颈与滑动轴承的配合以及重型机械和农业机械中重要的配合。IT8 与 IT9 分别用于普通平键宽度与键槽宽度的配合。IT9、IT10 的轴和孔用于一般精度要求的配合。

IT11、IT12 用于不重要的配合。

IT12~IT18 用于非配合尺寸。

用类比法选择标准公差等级时,还应考虑下列几个问题。

1. 同一配合中孔与轴的工艺等价性

工艺等价性是指同一配合中的孔和轴的加工难易程度大致相同。对于间隙配合和过渡配合,标准公差等级为 8 级或高于 8 级(标准公差等级≤IT8)的孔应与高一级的轴配合,例如 ϕ50H8/f7、ϕ40K7/h6;标准公差等级为 9 级或低于 9 级(标准公差等级≥IT9)的孔可与同一级的轴配合,如 ϕ30H9/e9、ϕ40D10/h10。对于过盈配合,标准公差等级为 7 级或高于 7 级(标准公差等级≤IT7)的孔应与高一级的轴配合,如 ϕ100H7/u6、ϕ60R6/h5;标准公差等级为 8 级或低于 8 级(标准公差等级≥IT8)的孔可与同一级的轴配合,如 ϕ60H8/t8。

2. 相配件或相关件的结构或精度

某些孔、轴的标准公差等级决定于相配件或相关件的结构或精度。例如,与滚动轴承内、外圈配合的轴颈和外壳孔的标准公差等级决定于相配件滚动轴承的类型和公差等级以及配合尺寸的大小(见表6-3、表6-4),盘形齿轮的基准孔与传动轴的轴头的配合中,该孔和该轴头的标准公差等级决定于相关件齿轮的精度等级(见附表10-5)。

3. 配合性质及加工成本

过盈配合、过渡配合和间隙较小的间隙配合中,孔的标准公差等级应不低于 8 级,轴的标准公差等级通常不低于 7 级,如 H7/g6。而间隙较大的间隙配合中,孔、轴的标准公差等级较低(9 级或 9 级以下),如 H10/d10。

间隙较大的间隙配合中,孔和轴之一由于某种原因,必须选用较高的标准公差等级,则与它配合的轴或孔的标准公差等级可以低二三级,以便在满足使用要求的前提下降低加工成本。例如图 1-1 和图 3-21 所示,轴套孔与轴颈配合为 ϕ55D9/k6;外壳孔与端盖定位圆柱面的配合为 ϕ100J7/e9。

对于特别重要的配合,若能根据使用要求确定极限间隙或过盈,则可以用计算法进行精度设计,如例 3 那样。

三、配合种类的选择

确定了配合制和孔、轴的标准公差等级之后,就是选择配合种类。选择配合种类实际上就是确定基孔制中的非基准轴或基轴制中的非基准孔的基本偏差代号。

1. 间隙配合的选择

工作时有相对运动或虽无相对运动而要求装拆方便的孔与轴配合,应该选用间隙配合。

要求孔与轴有相对运动的间隙配合中,相对运动速度越高,润滑油黏度越大,则配合应越松。对于一般工作条件的滑动轴承,可以选用由基本偏差 f(或 F)组成的配合,例如 H8/f7。若相对运动速度较高、支承数目较多,则可以选用由基本偏差 d、e(或 D、E)组成的间隙较大的配合,例如 H8/e7。对于孔与轴仅有轴向相对运动或相对运动速度很低且有对准中心要求的配合,可以选用由基本偏差 g(或 G)组成的间隙较小的配合,例如 H7/g6。

要求装拆方便而无相对运动的孔与轴配合,可以选用由基本偏差 h 与 H 组成的最小间隙为零的间隙配合,例如低精度配合 H9/h9 以及具有一定对中性的高精度配合 H7/h6。

2. 过渡配合的选择

对于既要求对中性,又要求装拆方便的孔与轴配合,应该选用过渡配合。这时,传递载荷(转矩或轴向力)必须加键或销等连接件。

过渡配合最大间隙 X_{max} 应小,以保证对中性,最大过盈 Y_{max} 也应小,以保证装拆方便,也就是说,配合公差($T_f = X_{max} - Y_{max}$)应小。因此,过渡配合的孔与轴的标准公差等级应较高(IT5～IT8)。当对中性要求高、不常装拆、传递的载荷大、冲击和振动大时,应选择较紧的配合,例如 H7/m6,H7/n6。反之,则可选择较松的配合,例如 H7/js6,H7/k6。

3. 过盈配合的选择

对于利用过盈来保证固定或传递载荷的孔与轴配合,应该选择过盈配合。

不传递载荷而只作定位用的过盈配合,可以选用由基本偏差 r、s(或 R、S)组成的配合。主要由连接件(键、销等)传递载荷的配合,可以选用小过盈的配合以增加联结的可靠性,如由基本偏差 p、r(或 P、R)组成的配合。利用过盈传递载荷的配合,可以选用由基本偏差 t、u(或 T、U)组成的配合。对于利用过盈传递载荷的配合,应经过计算以确定允许过盈的大小,来选择由适当的基本偏差组成的配合。尤其是要求过盈很大时,例如由基本偏差 x、y、z(或 X、Y、Z)组成的配合,还要经过试验,证明所选择的配合确实合理可靠,才可做出决定。

采用类比法选择孔或轴的基本偏差代号,应尽量采用 GB/T 1801—2009 推荐的优先配合。表 3-6 所列各种基本偏差的应用实例可供参考。

4. 孔、轴工作时的温度对配合选择的影响

如果相互配合的孔、轴工作时与装配时的温度差别较大,则选择配合要考虑热变形的影响。现以铝活塞与气缸钢套孔的配合为例加以说明,设配合的公称尺寸 D 为 $\phi110\text{mm}$,活塞的工作温度 t_1 为 $180℃$,线膨胀系数 α_1 为 $24\times10^{-6}℃^{-1}$;钢套的工作温度 t_2 为 $110℃$,线膨胀系数 α_2 为 $12\times10^{-6}℃^{-1}$。要求工作时间隙在 $+0.1\sim+0.28\text{mm}$ 范围内。装配时的温度 t 为 $20℃$,这时钢套孔与活塞的配合的种类可如下确定。

表 3-6 各种基本偏差的应用实例

配合	基本偏差	各 种 基 本 偏 差 的 特 点 及 应 用 实 例	
间 隙 配 合	a(A) b(B)	可得到特别大的间隙,很少采用。主要用于工作时温度高、热变形大的零件的配合,如内燃机中铝活塞与气缸钢套孔的配合为 H9/a9。 　右图:起重机吊钩的销轴与拉杆孔、叉头孔的配合为 H12/b12 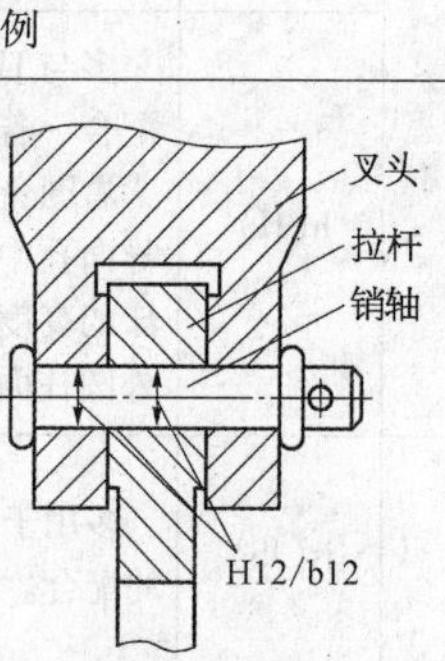	
	c(C)	可得到很大的间隙。一般用于工作条件较差(如农业机械)、工作时受力变形大及装配工艺性不好的零件的配合,也适用于高温工作的间隙配合。 　右图:内燃机排气阀杆与导管孔的配合为 H8/c7 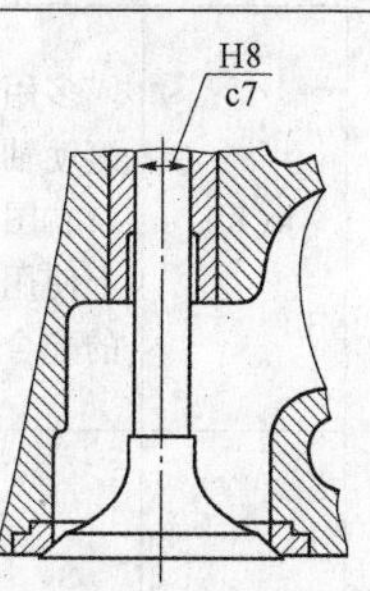	
	d(D)	与 IT7~IT11 对应,适用于较松的间隙配合(如滑轮、活套带轮的孔与轴的配合)以及大尺寸滑动轴承与轴颈的配合(如涡轮机、球磨机等的滑动轴承)。 　右图:活塞上的环形槽与活塞环在宽度上的配合可采用 H9/d9 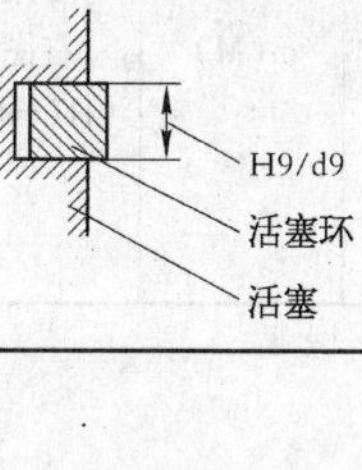	

（续表）

配合	基本偏差	各 种 基 本 偏 差 的 特 点 及 应 用 实 例
间隙配合	e(E)	与IT6～IT9对应,具有明显的间隙,用于大跨距及多支点的转轴轴颈与轴承的配合,以及高速、重载的大尺寸轴颈与轴承的配合,如大型电机、内燃机的重要轴承处的配合为H8/e7
	f(F)	多与IT6～IT8对应,用于一般的转动配合,受温度影响不大,采用普通润滑油的轴颈与滑动轴承的配合,如齿轮箱、小电机、泵等转轴轴颈与滑动轴承的配合为H7/f6。 右图:在爪形离合器中,固定爪的孔与主动轴间要求精确定位,无相对运动,大修时才拆卸,故固定爪的孔与主动轴的配合采用过渡配合H7/n6,而移动爪可在从动轴上自由移动,加键能传递一定的载荷,故移动爪的孔与从动轴的配合采用间隙配合H8/f7 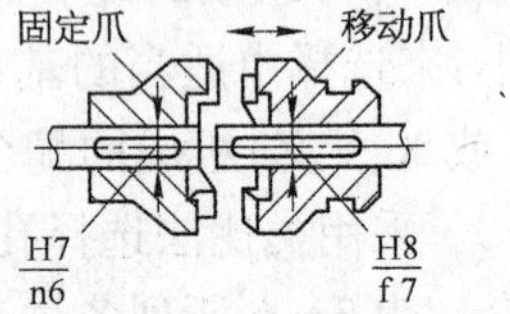
	g(G)	多与IT5～IT7对应,形成配合的间隙较小,用于轻载精密装置中的转动配合,用于插销的定位配合,滑阀、连杆销等处的配合。 右图:在钻床的钻模夹具中,衬套压入钻模板的孔中,要求精确定位,且不常拆卸,故衬套的外圆柱面与钻模板的孔的配合采用较紧的过渡配合H7/n6,而可换钻套需要定期更换,因此可换钻套的外圆柱面与衬套内孔的配合采用小间隙配合H7/g6,可换钻套的内孔与钻头之间应保证有一定间隙,以防止两者可能卡住或咬死,故钻套内孔尺寸公差带采用G7 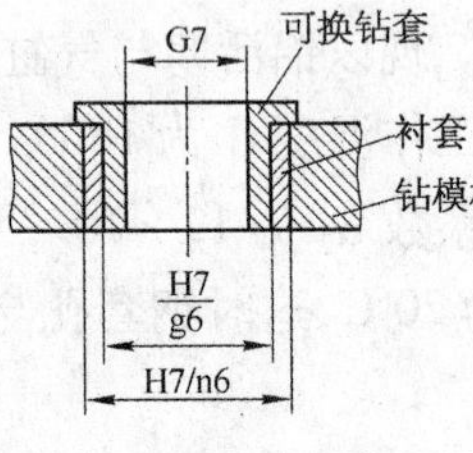
	h(H)	多与IT4～IT11对应,广泛用于无相对转动的配合、一般的定位配合。若没有温度、变形的影响,也可用于精密轴向移动部位。 右图:在车床尾座中,调整顶尖套筒的轴向位置时,它在尾座的导向孔中滑动,两者之间需要有间隙,同时还应保持顶尖相对于车床的高度的精度,两者之间的间隙不宜大,故尾座的导向孔与套筒外圆柱面的配合采用精度高而间隙小的间隙配合H6/h5 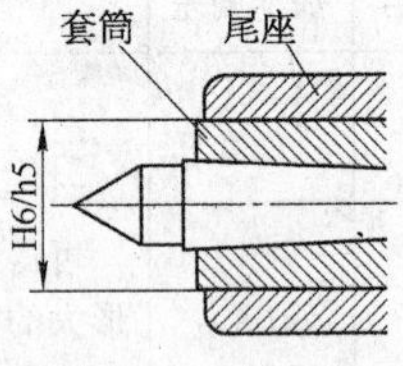
过渡配合	js(JS)	多用于IT4～IT7具有平均间隙的过渡配合,用于略有过盈的定位配合,如滚动轴承外圈与外壳孔的配合。一般用手或木槌装配
	k(K)	多用于IT4～IT7平均间隙接近于零的配合,用于定位配合,如滚动轴承的内、外圈分别与轴颈、外壳孔的配合。用木槌装配。 右图:在夹具的固定式定位销结构中,定位销直接安装在夹具体上使用,定位精度要求较高且不常拆卸,故定位销与夹具体上的孔的配合采用过渡配合H7/k6 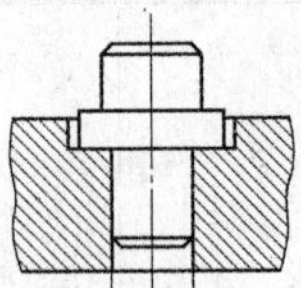
	m(M)	多用于IT4～IT7平均过盈较小的配合,用于精密的定位配合。 右图:蜗轮青铜轮缘的内孔与钢轮毂的凸缘的配合为H7/m6（H7/n6） 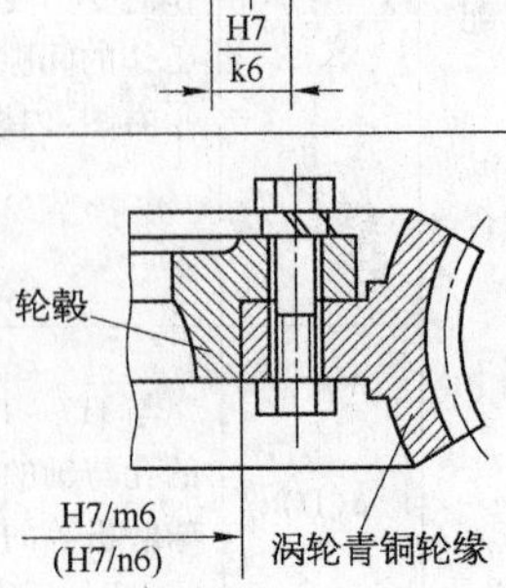

配合	基本偏差	各 种 基 本 偏 差 的 特 点 及 应 用 实 例
过渡配合	n(N)	多用于 IT4～IT7 平均过盈较大的配合,很少形成间隙。用于加键传递较大转矩的配合。用槌子或压力机装配。 右图:冲床上齿轮的基准孔与轴的配合为 H7/n6 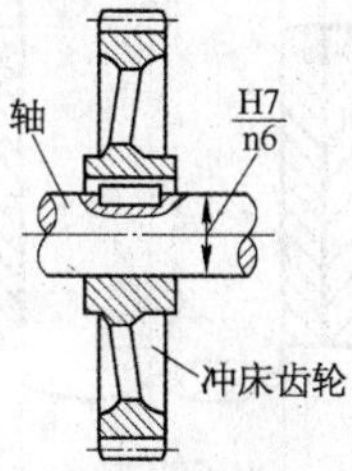
过盈配合	p(P)	用于过盈小的配合。与 H6 或 H7 孔形成过盈配合,与 H8 孔形成过渡配合。碳钢和铸铁零件形成的配合为标准压入配合,而合金钢零件的配合需要过盈小时可用 p(或 P)。 右图:在滑动轴承结构中,为了保证轴承工作时轴瓦孔与轴颈间形成液体摩擦状态,故轴瓦孔与轴颈间的配合选为 H7/f6,而轴瓦外圆柱面与轴承座之间不允许有相对运动,故后者的配合采用小过盈配合 H7/p6 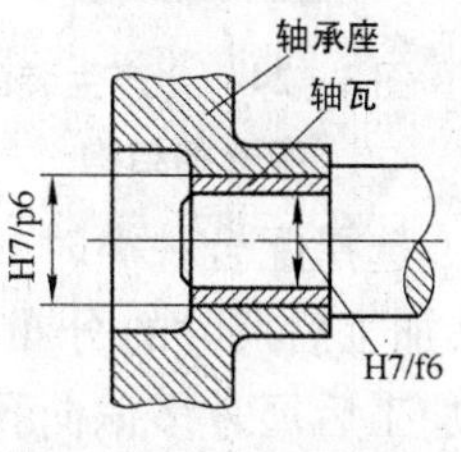
	r(R)	用于传递大转矩或承受冲击负荷而需要加键的配合。必须注意,H8/r7 配合在公称尺寸≤100mm 时,为过渡配合。 右图:蜗轮的基准孔与轴的配合为 H7/r6 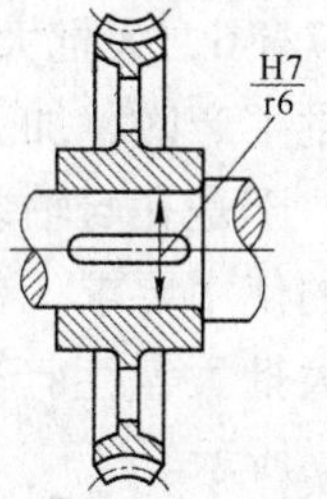
	s(S)	用于钢和铸铁零件的永久性和半永久性结合,可产生相当大的结合力,如套环压装在阀座孔中采用 H7/s6 配合
	t(T)	用于钢和铸铁零件的永久性结合,不用键就能传递转矩,需用热套法或冷轴法装配,如联轴器孔与轴的配合为 H7/t6
	u(U)	用于过盈大的配合,最大过盈需验算,用热套法进行装配,如火车车轮轮毂孔与轴的配合为 H6/u5
	v(V),x(X) y(Y),z(Z)	用于过盈特大的配合,目前使用的经验和资料很少,必须经过试验后才能应用。一般不推荐

由热变形引起的钢套孔与活塞间的间隙变化量为:$\Delta X = D[\alpha_2(t_2 - t) - \alpha_1(t_1 - t)] = 110 \times [12 \times 10^{-6}(110 - 20) - 24 \times 10^{-6}(180 - 20)] = -0.304$mm,即工作时装配间隙会减小 0.304mm。因此,装配时必须满足最小间隙 $X_{min} = 0.1 + 0.304 = +0.404$mm,最大间隙 $X_{max} = 0.28 + 0.304 = +0.584$mm,才能保证工作间隙在 +0.1 ～ +0.28mm 范围内。

根据式(3-8),$T_f = X_{max} - X_{min} = 0.584 - 0.404 = T_h + T_s = 0.18$mm,取钢套孔和活塞的标准公差等级相同,并采用基孔制,则 $T_h = T_s = 90\mu$m,孔的下极限偏差 EI = 0。由附表 3-2 和公差为 90μm 查得孔、轴的标准公差等级靠近 IT9,则取为 IT9。由 $X_{min} = EI - es$,得 es = $EI - X_{min} = 0 - 0.404 = -0.404$mm(轴的基本偏差数值)。由附表 3-4 选取轴的基本偏差代号为 a(其数值为 -410μm)。最后确定钢套孔与活塞的配合为 $\phi 110H9\left(^{+0.087}_{0}\right)/a9\left(^{-0.410}_{-0.497}\right)$。

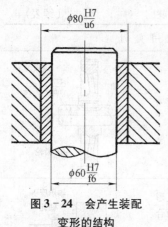

图 3-24 会产生装配
变形的结构

5. 装配变形对配合选择的影响

在机械结构中,有时会遇到薄壁套筒装配后变形的问题。例如图 3-24 所示,套筒外表面与机座孔的配合为过盈配合 $\phi80H7/u6$,套筒内孔与轴的配合为间隙配合 $\phi60H7/f6$。由于套筒外表面与机座孔的装配会产生过盈,当套筒压入机座孔后,套筒内孔会收缩,产生变形,使套筒孔径减小,而不能满足使用要求。因此,在选择套筒内孔与轴的配合时,应考虑变形量的影响。具体办法有两个:其一是预先将套筒内孔加工得比 $\phi60H7$ 稍大,以补偿装配变形;其二是用工艺措施保证,将套筒压入机座孔后,再按 $\phi60H7$ 加工套筒内孔。

6. 生产类型对配合选择的影响

选择配合种类时,应考虑生产类型(批量)的影响。在大批大量生产时,多用调整法加工,加工后尺寸的分布通常遵循正态分布。而在单件小批量生产时,多用试切法加工,孔加工后尺寸多偏向孔的下极限尺寸,轴加工后尺寸多偏向轴的上极限尺寸,即孔和轴加工后尺寸的分布皆遵循偏态分布。例如图 3-25a 所示,设计时给定孔与轴的配合为 $\phi50H7/js6$,大批大量生产时,孔与轴装配后形成的平均间隙为 $X_{av}=+12.5\mu m$。而单件小批生产时,加工后孔和轴的尺寸分布中心分别趋向孔的下极限尺寸和轴的上极限尺寸,于是孔与轴装配后形成的平均间隙 $X'_{av} < X_{av}$,且比 $+12.5\mu m$ 小得多。为了满足相同的使用要求,单件小批生产时采用的配合应比大批大量生产时松些。因此,为了满足大批大量生产时 $\phi50H7/js6$ 的要求,在单件小批生产时应选择 $\phi50H7/h6$,如图 3-25b 所示。

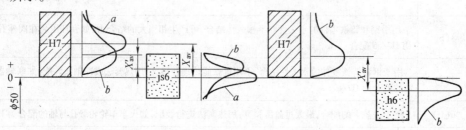

(*a*) 调整法和试切法加工后的尺寸分布　　　　(*b*) 试切法加工后的尺寸分布

图 3-25　生产类型对配合选择的影响

曲线 *a*—正态分布; 曲线 *b*—偏态分布

例 10　用类比法分析并确定图1-1所示减速器的从动齿轮 6 的 $\phi58mm$ 基准孔与输出轴 4 的 $\phi58mm$ 轴头的配合种类。

解　参看图 3-21,根据齿轮精度等级(见附表 10-5),齿轮基准孔的标准公差等级应选取为 IT7。本例采用基孔制,确定齿轮基准孔的公差带为 $\phi58H7$。由于要求齿轮能够传递较大的转矩,并要求有较高的定心精度,因此齿轮基准孔与轴头应采用过盈配合和键来联结,轴头的公差带取为 $\phi58r6$,此处的配合为 $\phi58H7/r6$。

例 11　分析并确定图3-26所示齿轮泵中,重要的孔、轴配合部位应采用的配合制、标准公差等级和配合种类。

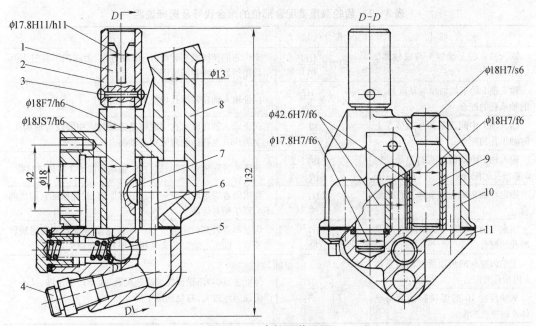

图 3-26 齿轮泵装配图

1—输入轴；2—联轴器；3—销钉；4—管接头；5—钢球；6—主动齿轮；
7—半圆键；8—泵体；9—固定心轴；10—从动齿轮；11—泵盖

解 齿轮泵是机床和某些机器润滑系统使用的输油装置。动力由联轴器2经销钉3使输入轴1利用半圆键7带动固定在其上的主动齿轮6旋转，主动齿轮6带动从动齿轮10绕固定心轴9旋转。主、从动齿轮的齿数和其他参数分别相同，它们的齿顶圆柱面直径的公称尺寸皆为φ42.6mm。

为了保证泵油的功能，要求主、从动齿轮的齿顶圆柱面和两个端面分别与泵体8内壁、泵盖11顶面之间有保证两个齿轮能够自由旋转所需的微小间隙。间隙过大则降低油压。

在主、从动齿轮的旋转过程中，润滑油从泵体8左侧的φ18mm进油孔吸入，通过齿轮副的齿侧间隙，由泵体8右上部的φ13mm出油孔压出，流入工作部位。当润滑油过多时，油压使钢球5向左移动，从而使油路畅通，缓解油压。多余的润滑油从管接头4流回油池。

输入轴1上的两个轴颈分别与泵体8和泵盖11上的轴承孔配合，在该轴上这两个轴颈中间安装主动齿轮6，该轴的上端轴头安装联轴器2。为了便于该轴的加工和装配，该轴上端轴头和下端轴颈的直径皆应稍小于该轴中间段的直径，中间段上与轴承孔配合的轴颈和安装主动齿轮6的轴头的直径取成相等。因此，中间段直径公称尺寸取为φ18mm，上端轴头和下端轴颈公称尺寸皆取为φ17.8mm。此外，该轴中间段与两个不同配合性质要求的孔相配合，以采用基轴制为宜。

固定心轴9上部的轴头与泵体8的孔固定联结成一体，下部的轴颈安装绕其高速旋转的从动齿轮10。为便于装配，固定心轴下部直径应稍小于上部直径，它们的公称尺寸皆取为φ18mm。

齿轮泵上八处重要的孔与轴配合部位应采用的配合制、标准公差等级和配合种类见表3-7。

表 3-7　齿轮泵重要配合部位的配合代号及选择说明

配　合　部　位	配合代号	说　　明
输入轴 1 的上端轴头与联轴器 2 的孔的配合	$\phi 17.8 \dfrac{H11}{h11}$	要求它们能够顺利装配(不出现过盈,但间隙不宜过大),然后用销钉 3 将它们紧固
输入轴 1 的下端轴颈与泵盖 11 上的轴承孔的配合	$\phi 17.8 \dfrac{H7}{f6}$	保证输入轴在轴承孔中能够高速旋转
输入轴 1 中间段轴颈与泵体 5 上的轴承孔的配合	$\phi 18 \dfrac{F7}{h6}$	保证输入轴在轴承孔中能够高速旋转。中间段与轴承孔、主动齿轮基准孔的配合采用基轴制
输入轴 1 中间段轴头与主动齿轮 6 基准孔的配合	$\phi 18 \dfrac{JS7}{h6}$	保证两者同轴线,联结成一体,采用半圆键 7 来传递载荷
固定心轴 9 轴头与泵体 8 孔的配合	$\phi 18 \dfrac{H7}{s6}$	要求两者固定联结成一体。不必加键,就能保证它们之间不会产生相对运动
固定心轴 9 轴颈与从动齿轮 10 基准孔的配合	$\phi 18 \dfrac{H7}{f6}$	满足两者较高的同轴度和从动齿轮能够绕心轴高速旋转的要求。固定心轴轴颈直径稍小于其上部轴头直径
主动齿轮 6 的齿顶圆柱面与泵体 8 内壁孔的配合	$\phi 42.6 \dfrac{H7}{f6}$	保证主、从动齿轮都能够高速转动,而不产生干涉,又不允许齿顶间隙过大,避免油压下降
从动齿轮 10 的齿顶圆柱面与泵体 8 内壁孔的配合		

注: 从动齿轮 10 基准孔是指从动齿轮内孔与耐磨套筒按过盈配合装配后的套筒孔。它们的结构与图 3-24 所示的结构类似。

§4　大尺寸孔、轴公差与配合

大尺寸是指公称尺寸大于 500mm 至 3150mm 的尺寸。大尺寸的与常用尺寸的孔、轴公差与配合相比较,它们既有联系,又有差别。

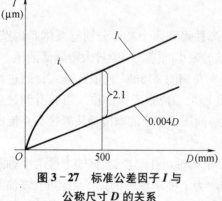

图 3-27　标准公差因子 I 与公称尺寸 D 的关系

在常用尺寸段中,标准公差因子 i 与公称尺寸 D 呈三次方抛物线关系,它反映构成总误差的主要部分是加工误差。但是,随着公称尺寸的增大,测量误差、温度及形状误差等因素的影响将显著增加,测量误差(包括温度的影响)在总误差中所占的比率将随公称尺寸的增大而增加,并逐步转化成主要部分,所以大尺寸的标准公差因子 I 与公称尺寸 D 呈线性关系,如图 3-27 所示。其关系式如下:

$$I = 0.004D + 2.1 \quad (\mu m) \tag{3-20}$$

式中,公称尺寸 D 的单位为 mm,以 D 所在尺寸分段的几何平均值代入。

按 GB/T 1800.1—2009 的规定,大尺寸孔、轴的标准公差等级各分为 18 个等级,即:IT1、IT2、…、IT18 级。标准公差数值 IT 由标准公差等级系数 a 和标准公差因子 I 确定,计算公式如下:

$$IT = a \cdot I \tag{3-21}$$

IT5~IT18 的计算公式中,大尺寸和常用尺寸的 a 值相同。IT1~IT4 的计算公式中,大尺寸的 a 值依次为 2、2.7、3.7、5。

由于大尺寸孔、轴的加工和测量都比较困难,因此选用大尺寸的标准公差等级时,以

IT6～IT18 为宜。

　　由于大尺寸孔的测量精度比轴更容易保证,故生产中多采用同级孔与轴相配合。大尺寸孔、轴的基本偏差各有 14 种,它们的代号见表 3-8。轴与孔的基本偏差数值按表 3-8 所列计算公式确定。利用这些计算公式,以公称尺寸分段的几何平均值代入这些公式求得数值,经尾数圆整后,就编制出大尺寸孔、轴基本偏差数值表(见附表 3-4、附表 3-5)。

表 3-8　公称尺寸大于 500 至 3150mm 的轴和孔的基本偏差计算公式(GB/T 1800.1—2009)

轴			计算公式(μm)	孔		
基本偏差代号	极限偏差	符　号		符　号	极限偏差	基本偏差代号
d	es	-	$16D^{0.44}$	+	EI	D
e	es	-	$11D^{0.41}$	+	EI	E
f	es	-	$5.5D^{0.41}$	+	EI	F
g	es	-	$2.5D^{0.34}$	+	EI	G
h	es	无符号	基本偏差 = 0	无符号	EI	H
js	es 或 ei	+ 或 -	$0.5\text{IT}n$	- 或 +	EI 或 ES	JS
k	ei	无符号	基本偏差 = 0	无符号	ES	K
m	ei	+	$0.024D + 12.6$		ES	M
n	ei	+	$0.04D + 21$		ES	N
p	ei	+	$0.072D + 37.8$		ES	P
r	ei	+	$\sqrt{\text{ps}}$ 或 $\sqrt{\text{PS}}$		ES	R
s	ei	+	$\text{IT7} + 0.4D$		ES	S
t	ei	+	$\text{IT7} + 0.63D$		ES	T
u	ei	+	$\text{IT7} + D$		ES	U

　　注:公式中 D 为公称尺寸分段的几何平均值(mm)。

　　GB/T 1801—2009 对大尺寸推荐了 31 种常用孔公差带(D8、D9、D10、D11、E8、E9、F7、F8、F9、G6、G7、H6、H7、H8、H9、H10、H11、H12、JS6、JS7、JS8、JS9、JS10、JS11、JS12、K6、K7、M6、M7、N6、N7)和 41 种常用轴公差带(d8、d9、d10、d11、e8、e9、f7、f8、f9、g6、g7、h6、h7、h8、h9、h10、h11、h12、js6、js7、js8、js9、js10、js11、js12、k6、k7、m6、m7、n6、n7、p6、p7、r6、r7、s6、s7、t6、t7、u6、u7)。

　　大尺寸孔与轴的配合一般采用基孔制配合,并且孔和轴采用相同的标准公差等级。

　　大尺寸孔、轴的标准公差等级及配合种类的选择方法可参考常用尺寸孔、轴的标准公差等级及配合种类的选择方法。

　　大尺寸孔和轴可按互换性原则加工。但单件小批生产时,标准公差等级较高的大尺寸孔和轴按互换性原则加工就不经济,在这种情况下,可采用配制配合。配制配合是指以相互配合的孔和轴中的孔或者轴的实际尺寸为基数,按照给定的配合公差要求,来配制与它配合的轴或者孔的工艺措施。

设计产品时,孔和轴应按互换性原则选取配合。当采用配制配合时,配制配合的极限间隙或极限过盈必须与按互换性原则选取的配合的极限间隙或极限过盈相符合。

采用配制配合时,通常选择相互配合的孔和轴中较难加工的那一件作为先加工件(通常取孔),按照比较容易达到的尺寸公差把它加工好,并且用尽可能准确的测量方法测出它的实际尺寸。然后,按设计所要求的配合公差,给定另一件即配制件(通常取轴)一个适当的尺寸公差,来加工它。配制件的极限尺寸以先加工件的实际尺寸为基数来确定。

在装配图上和在零件图上,配制配合要用代号 MF 表示。在装配图上的标注,需借用基准孔的基本偏差代号 H 或基准轴的基本偏差代号 h 表示先加工件,例如 $\phi1500\frac{H7}{f7}$MF 表示先加工件为孔,$\phi1500\frac{F7}{h7}$MF 表示先加工件为轴。此外,在装配图上要标明按互换性原则选取的配合代号,如图 3-28a 所示的 $\phi1500\frac{H7}{f7}$;在零件图上则标明配制加工的公差带代号,如图 3-28b 所示的先加工件(孔)按 $\phi1500$H9 加工,图 3-28c 所示的配制件(轴)按 $\phi1500$f8 加工。

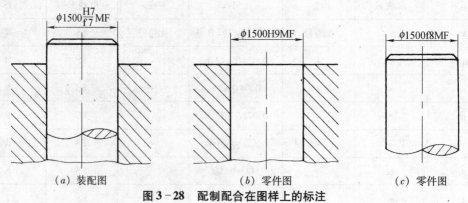

图 3-28 配制配合在图样上的标注

下面举例说明配制配合的设计方法。

例 12 有一间隙配合,孔与轴的公称尺寸为 $\phi1500$mm,要求间隙在 +0.105mm 至 +0.380mm 范围内。单件生产采用配制配合。确定先加工件和配制件的极限尺寸。

解 (1) 首先,根据使用要求,由式(3-8)、附表 3-2 和附表 3-4、附表 3-5,按互换性原则选用 $\phi1500$H7 ($^{+0.125}_{0}$)/f7 ($^{-0.110}_{-0.235}$)(或 F7/h7)配合。该配合的最小间隙 $X_{\min}$ 为 +0.110mm,最大间隙 $X_{\max}$ 为 +0.360mm,配合公差 T_f 为 0.250mm。本例采用基孔制,选取孔作为先加工件,轴作为配制件。在装配图上标注为 $\phi1500\frac{H7}{f7}$MF,如图 3-28a 所示。

(2) 对先加工件孔给定一个比较容易达到的标准公差等级 IT9,该孔的公差带代号为 H9。在零件图上该孔标注为 $\phi1500$H9MF(如图 3-28b 所示)或 $\phi1500^{+0.310}_{0}$MF。

(3) 由于本例配制配合为间隙配合,因此配制件轴的基本偏差为上极限偏差 es,而 es $= -X_{\min} = -0.110$mm。

配制件轴的公差 T_s 的大小应满足 $\phi1500$H7/f7 的配合公差要求,即 IT7 $< T_s \leqslant T_f$,取 $T_s = T_f = 0.250$mm。因此,该轴的下极限偏差 ei = es $- T_s =$ (-0.110) $- 0.250 = -0.360$mm。

根据该轴的公称尺寸为 $\phi1500$mm，上、下极限偏差分别为 -0.110mm、-0.360mm，从附表3－2和附表3－4查得近似符合的标准化公差带 $\phi1500\mathrm{f}8\left(^{-0.110}_{-0.305}\right)$。这样可以获得的最小间隙为 $+0.110$mm，最大间隙为 $+0.305$mm，该极限间隙在题目给定的范围内。在零件图上配制件轴标注为 $\phi1500\mathrm{f}8\mathrm{MF}$（如图 3－28$c$ 所示）或 $\phi1500^{-0.110}_{-0.305}\mathrm{MF}$。在这种情况下，配制件轴的 IT8 公差数值大于轴按互换性原则确定的 IT7 公差数值。

（4）若先加工件孔的实际尺寸为 D_a，则配制件轴相对于以孔实际尺寸为零线的公差带的代号为 $\phi D_a\mathrm{f}8\left(^{-0.110}_{-0.305}\right)$。

设先加工件孔按 $\phi1500\mathrm{H}9$ 加工后测得它的实际尺寸 D_a 为 $\phi1500.210$mm，该孔与配制件轴的公差带示意图如图 3－29 所示。这时，该轴的上、下极限尺寸为

$$d_{max} = 1500.210 + (-0.110) = 1500.100\text{mm}$$
$$d_{min} = 1500.210 + (-0.305) = 1499.905\text{mm}$$

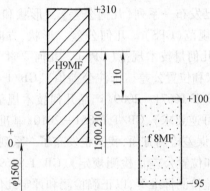

图 3－29 配制配合的孔、轴公差带示意图

§5 未注公差线性尺寸的一般公差

零件图上所有的尺寸原则上都应受到一定公差的约束。为了简化制图，节省设计时间，对不重要的尺寸和精度要求很低的非配合尺寸，在零件图上通常不标注它们的公差。为了保证使用要求，避免在生产中引起不必要的纠纷，GB/T 1804—2000 对未注公差的线性尺寸规定了一般公差。

一般公差是指在车间一般加工条件能够保证的公差。

GB/T 1804—2000 对线性尺寸和倒圆半径、倒角高度尺寸的一般公差各规定了四个公差等级，即 f 级（精密级）、m 级（中等级）、c 级（粗糙级）和 v 级（最粗级），并制定了相应的极限偏差数值，分别见附表3－9 和附表3－10。但在零件图上这些数值不必注出，而由车间在加工时加以控制。

未注公差线性尺寸的一般公差要求应写在零件图上的技术要求中或者技术文件上，按 GB/T 1804 的标准号和公差等级代号的先后顺序（中间用短横线"—"分开）写出。例如，选用中等级时，表示为

$$\text{GB/T 1804—m}$$

第四章 几何公差与几何误差检测

机械零件的几何精度(几何要素的形状、方向和位置精度)是该零件的一项主要质量指标,在很大程度上影响着该零件的质量和互换性,因而也影响整个机械产品的质量。为了保证机械产品的质量,保证机械零件的互换性,就应该在零件图上给出几何公差(以往称为形位公差),规定零件加工时产生的几何误差(以往称为形位误差)的允许变动范围,并按零件图上给出的几何公差来检测加工后零件的几何误差是否符合设计要求。

为了保证互换性,我国已发布一系列《几何公差》、《形状和位置公差》国家标准:GB/T 1182—2008《产品几何技术规范(GPS) 几何公差 形状、方向、位置和跳动公差标注》、GB/T 18780.1—2002《产品几何量技术规范(GPS) 几何要素 第1部分:基本术语和定义》、GB/T 1184—1996《形状和位置公差 未注公差值》、GB/T 4249—2009《产品几何技术规范(GPS) 公差原则》、GB/T 16671—2009《产品几何技术规范(GPS) 几何公差 最大实体要求、最小实体要求和可逆要求》、GB/T 17851—2010《基准和基准体系》等,以正确确定和标注几何公差。在几何误差检测方面,我国也发布了一系列国家标准和机械工业标准,如 GB/T 1958—2004《形状和位置公差 检测规定》、GB/T 8069—1998《功能量规》和直线度、平面度、圆度、同轴度误差检测标准等,以正确检测和评定几何误差。

§1 零件几何要素和几何公差的特征项目

一、零件几何要素及其分类

机械零件是由构成其几何特征的若干点、线、面构成的,这些点、线、面统称为几何要素,简称要素。例如图 4-1a 所示的零件上,点要素有圆锥顶点 5 和球心 8;线要素有素线 6 和轴线 7;面要素有圆球 1、圆锥面 2、环状端平面 3 和圆柱面 4。几何公差的研究对象就是构成零件几何特征的要素。

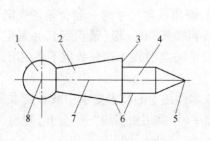
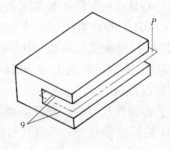

(a) 点、线、面　　　　　　　　(b) 中心平面

图 4-1 零件几何要素

1—圆球;2—圆锥面;3—端平面;4—圆柱面;5—圆锥顶点;
6—素线;7—轴线;8—球心;9—两平行平面;P—中心平面

为了研究几何公差和几何误差,有必要从下列不同的角度把要素加以分类。

1. 要素按结构特征分类

(1) 组成要素

组成要素(轮廓要素)是指零件的表面和表面上的线,例如图4-1a 所示零件上的圆球1、圆锥面2、圆柱面4、环状端平面3 和圆锥面、圆柱面的素线6 以及图4-1b所示零件上的相互平行的两个平面9。

组成要素中,按是否具有定形尺寸可分为

——尺寸要素,它是由一定大小的定形尺寸确定的几何形状,可以是具有一定直径定形尺寸的圆柱面、圆球、圆锥面和具有一定厚度(或槽宽距离)定形尺寸的两平行平面,例如图4-1 中的圆柱面4、圆球1、圆锥面2 和两平行平面9。

——非尺寸要素,它是不具有定形尺寸的几何形状,例如图4-1a 中的环状端平面3(它具有表示外形大小的直径尺寸,却不具有厚度定形尺寸)。

(2) 导出要素

导出要素(中心要素)是指由一个或几个尺寸要素的对称中心得到的中心点、中心线或中心平面,例如图4-1a 所示零件上的圆柱面4 的轴线7、圆球1 的球心8 和图4-1b 所示两平行平面9 的中心平面 P。应当指出,导出要素依存于对应的尺寸要素;离开了对应的尺寸要素,便不存在导出要素,例如没有尺寸要素圆球1,就没有导出要素球心8;没有尺寸要素圆柱面4,就没有导出要素轴线7。

2. 要素按存在状态分类

(1) 理想要素

理想要素是指具有几何学意义的要素,即几何的点、线、面。它们不存在任何误差。零件图上表示的要素均为理想要素。

(2) 实际要素

实际要素是指加工后零件上实际存在的要素。在测量和评定几何误差时,通常以测得要素代替实际要素。测得要素也称提取要素,是指按规定的方法,由实际要素提取有限数目的点所形成的近似实际要素。

3. 要素按检测关系分类

(1) 被测要素

被测要素是指图样上给出了几何公差的要素,也称注有公差的要素,是检测的对象。

(2) 基准要素

基准要素是指图样上规定用来确定被测要素的方向或位置关系的要素。基准则是检测时用来确定实际被测要素方向或位置关系的参考对象,它是理想要素。基准由基准要素建立。

必须指出,由于实际基准要素存在加工误差,因此应对基准要素规定适当的几何公差。此外,基准要素除了作为确定被测要素方向或位置关系的参考对象的基础以外,在零件使用上还有本身的功能要求,而对它给出几何公差。所以,基准要素同时也是被测要素。

4. 要素按功能关系分类

(1) 单一要素

单一要素是指按本身功能要求而给出形状公差的被测要素。

（2）关联要素

关联要素是指对基准要素有功能关系而给出方向、位置或跳动公差的被测要素。

应当指出,基准要素按本身功能要求可以是单一要素或是关联要素。

二、几何公差的特征项目及符号

根据迄今的研究成果,GB/T 1182—2008 规定的几何公差的特征项目分为形状公差、方向公差、位置公差和跳动公差四大类,共有 19 个,它们的名称和符号见表 4 - 1。其中,形状公差特征项目有 6 个,它们没有基准要求;方向公差特征项目有 5 个,位置公差特征项目有 6 个,跳动公差特征项目有 2 个,它们都有基准要求。没有基准要求的线、面轮廓度公差属于形状公差,而有基准要求的线、面轮廓度公差则属于方向、位置公差。

表 4 - 1　几何公差的分类、特征项目及符号

公差类型	特征项目	符号	公差类型	特征项目	符号
形状公差	直线度	——	位置公差	同心度（用于中心点）	◎
	平面度	▱		同轴度（用于轴线）	◎
	圆度	○		对称度	═
	圆柱度	⌀		位置度	⊕
	线轮廓度	⌒		线轮廓度	⌒
	面轮廓度	⌓		面轮廓度	⌓
方向公差	平行度	∥	跳动公差	圆跳动	↗
	垂直度	⊥		全跳动	⌁
	倾斜度	∠			
	线轮廓度	⌒			
	面轮廓度	⌓			

§2 几何公差在图样上的标注方法

一、几何公差框格和基准符号

零件要素的公差要求应按规定的方法标注在图样上。对被测要素提出特定的几何公差要求时,采用水平绘制的矩形框格的形式给出该要求。这种框格由两格或多格组成。

1. 形状公差框格

形状公差框格共有两格。用带箭头的指引线将框格与被测要素相连。框格中的内容,从左到右第一格填写公差特征项目符号,第二格填写用以毫米为单位表示的公差值和有关符号,如图4-2所示。

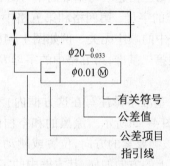

图4-2 形状公差框格中的内容填写示例
(圆柱面轴线的直线度公差)

带箭头的指引线从框格的一端(左端或右端)引出,并且必须垂直于该框格,用它的箭头与被测要素相连。它引向被测要素时,允许弯折,通常只弯折一次。

2. 方向、位置和跳动公差框格

方向、位置和跳动公差框格有三格、四格和五格等几种。用带箭头的指引线将框格与被测要素相连。框格中的内容,从左到右第一格填写公差特征项目符号,第二格填写用以毫米为单位表示的公差值和有关符号,从第三格起填写被测要素的基准所使用的字母和有关符

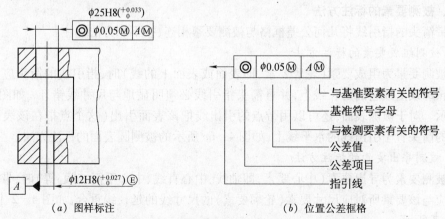

(a) 图样标注   (b) 位置公差框格

图4-3 采用单一基准的三格几何公差框格中的内容填写示例
(圆柱面轴线的同轴度公差)

（a）四格   （b）五格

图4-4 采用多基准的四格、五格几何公差框格中的内容填写示例

号，如图4-3和图4-4所示。这三类公差框格的指引线与形状公差框格的指引线的标注方法相同。

方向、位置和跳动公差有基准要求。被测要素的基准在图样上用英文大写字母表示，如图4-3和图4-4所示。为了避免混淆和误解，基准所使用的字母不得采用 E、F、I、J、L、M、O、P、R 等九个字母。

必须指出，从几何公差框格第三格起填写基准的字母时，基准的顺序在该框格中是固定的，总是第三格中填写第一基准的字母，第四格和第五格中分别填写第二基准和第三基准的字母，而与这些字母在字母表中的顺序无关。例如图4-4b中，第三格中的字母 C 代表第一基准，第四格中的字母 A 代表第二基准，第五格中的字母 B 代表第三基准。

3. 基准符号

基准符号由一个基准方框（基准字母注写在这方框内）和一个涂黑的或空白的基准三角形，用细实线连接而构成，如图4-5所示。涂黑的和空白的基准三角形的含义相同。表示基准的字母也要注写在相应被测要素的方向、位置或跳动公差框格内。基准符号引向基准要素时，无论基准符号在图面上的方向如何，其方框中的字母都应水平书写。

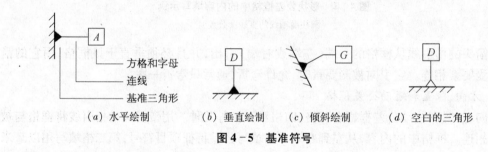

（a）水平绘制   （b）垂直绘制   （c）倾斜绘制   （d）空白的三角形

图4-5 基准符号

二、被测要素的标注方法

用带箭头的指引线将几何公差框格与被测要素相连，按下列方法标注。

1. 被测组成要素的标注方法

当被测要素为组成要素（轮廓要素，即表面或表面上的线）时，指引线的箭头应置于该要素的轮廓线上或它的延长线上，并且箭头指引线必须明显地与尺寸线错开，如图4-6a和b所示。对于被测表面，还可以用带点的引出线把该表面引出（这个点指在该表面上），指引线的箭头置于引出线的水平线上，如图4-6c所示的被测圆表面的标注方法。

2. 被测导出要素的标注方法

当被测要素为导出要素（中心要素，即轴线、中心直线、中心平面、球心等）时，带箭头的指引线应与该要素所对应尺寸要素（轮廓要素）的尺寸线的延长线重合，如图4-2、图4-3和图4-7所示。

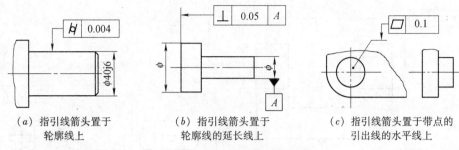

(a) 指引线箭头置于　　　　(b) 指引线箭头置于　　　　(c) 指引线箭头置于带点的
　　轮廓线上　　　　　　　　　轮廓线的延长线上　　　　　引出线的水平线上

图 4-6　被测组成要素的标注示例

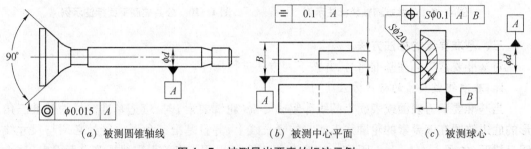

(a) 被测圆锥轴线　　　　　　(b) 被测中心平面　　　　　　(c) 被测球心

图 4-7　被测导出要素的标注示例

3. 指引线箭头的指向

指引线的箭头应指向几何公差带的宽度方向或直径方向。当指引线的箭头指向公差带的宽度方向时,公差框格中的几何公差值只写出数字,该方向垂直于被测要素(如图 4-8a 所示),或者与给定的方向相同(如图 4-8b 所示)。当指引线的箭头指向圆形或圆柱形公差带的直径方向时,需要在几何公差值的数字前面标注符号"ϕ",例如图 4-8c 所示孔心(点)的位置度的圆形公差带和图 4-2 所示轴线直线度的圆柱形公差带。当指引线的箭头指向圆球形公差带的直径方向时,需要在几何公差值的数字前面标注符号"$S\phi$",例如图 4-7c 所示球心的圆球形公差带。

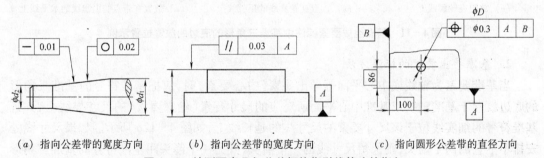

(a) 指向公差带的宽度方向　　(b) 指向公差带的宽度方向　　(c) 指向圆形公差带的直径方向

图 4-8　被测要素几何公差框格指引线箭头的指向

4. 公共被测要素的标注方法

对于公共轴线、公共平面和公共中心平面等由几个同类要素构成的公共被测要素,应采用一个公差框格标注。这时应在公差框格第二格内公差值后面加注公共公差带的符号 CZ,在该框格的一端引出一条指引线,并由该指引线引出几条带箭头的连线,分别与这几个同类要素相连。例如,图 4-9 中两个孔的轴线要求共线而构成公共被测轴线,图 4-10 中三个表面要求共面而构成的公共被测平面。

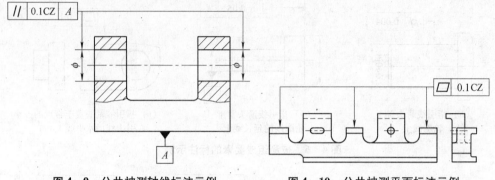

图 4-9 公共被测轴线标注示例   图 4-10 公共被测平面标注示例

三、基准要素的标注方法

对基准要素应标注基准符号,并按下列方法进行标注。

1. 基准组成要素的标注方法

当基准要素为表面或表面上的线等组成要素(轮廓要素)时,应把基准符号的基准三角形的底边放置在该要素的轮廓线上或它的延长线上,并且基准三角形放置处必须与尺寸线明显错开,如图 4-11a 和 b 所示。对于基准表面,可以用带点的引出线把该表面引出(这个点指在该表面上),基准三角形的底边放置于该基准表面引出线的水平线上,如图 4-11c 所示的圆环形基准表面的标注方法。

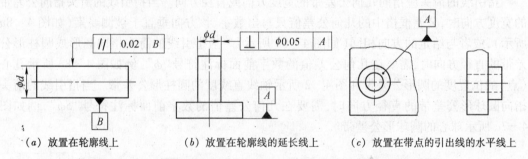

(a) 放置在轮廓线上   (b) 放置在轮廓线的延长线上   (c) 放置在带点的引出线的水平线上

图 4-11 基准组成要素标注中基准三角形的底边的放置位置示例

2. 基准导出要素的标注方法

当基准要素为轴线或中心平面等导出要素(中心要素)时,应把基准符号的基准三角形的底边放置于基准轴线或基准中心平面所对应的尺寸要素(轮廓要素)的尺寸界线上,并且基准符号的细实线位于该尺寸要素的尺寸线的延长线上,如图 4-12a 所示。如果尺寸线处安排不下它的两个箭头,则保留尺寸线的一个箭头,其另一个箭头用基准符号的基准三角形代替,如图 4-12b 所示。

当基准要素为圆锥轴线时,基准符号的细实线应位于圆锥直径尺寸线的延长线上,如图 4-13a所示。若圆锥采用角度标注,则基准符号的基准三角形应放置在对应圆锥的角度的尺寸界线上,且基准符号的细实线正对该圆锥的角度尺寸线,如图 4-13b 所示。

3. 公共基准的标注方法

对于由两个同类要素构成而作为一个基准使用的公共基准轴线、公共基准中心平面等公共基准,应对这两个同类要素分别标注基准符号(采用两个不同的基准字母),并且在被测要素方向、位置或跳动公差框格第三格或其以后某格中填写用短横线隔开的这两个字母,如图4-14a、b 所示。

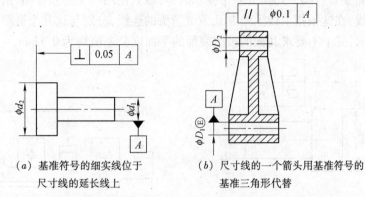

(a) 基准符号的细实线位于
尺寸线的延长线上

(b) 尺寸线的一个箭头用基准符号的
基准三角形代替

图4-12 基准导出要素标注中基准符号的基准三角形的置放位置示例

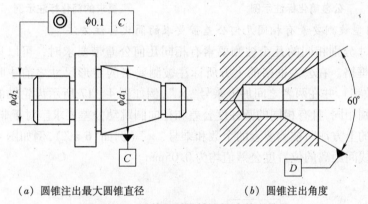

(a) 圆锥注出最大圆锥直径

(b) 圆锥注出角度

图4-13 对基准圆锥轴线标注基准符号

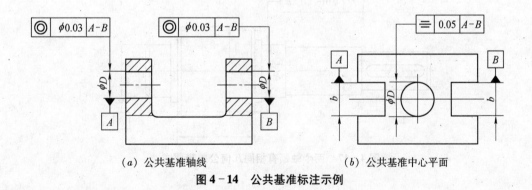

(a) 公共基准轴线

(b) 公共基准中心平面

图4-14 公共基准标注示例

四、几何公差的简化标注方法

为了减少图样上几何公差框格或指引线的数量,简化绘图,在保证读图方便和不引起误解的前提下,可以简化几何公差的标注。

1. 同一被测要素有几项几何公差要求的简化标注方法

同一被测要素有几项几何公差要求时,可以将这几项要求的公差框格重叠绘出,只用一条指引线引向被测要素。图4-15的标注表示对左端面有垂直度和平面度公差要求。

2. 几个被测要素有同一几何公差带要求的简化标注方法

几个被测要素有同一几何公差带要求时,可以只使用一个公差框格,由该框格的一端引出一条指引线,在这条指引线上绘制几条带箭头的连线,分别与这几个被测要素相连。例如图4-16所示,三个不要求共面的被测表面的平面度公差值均为0.1mm。

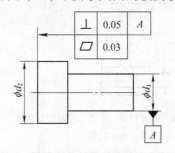
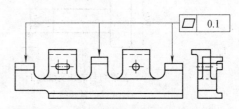

图4-15　同一被测要素的几项几何　　　　图4-16　几个被测要素有同一几何公差带
公差简化标注示例　　　　　　　　　　要求的简化标注示例

3. 几个同型被测要素有相同几何公差带要求的简化标注方法

结构和尺寸分别相同的几个被测要素有相同几何公差带要求时,可以只对其中一个要素绘制公差框格,在公差框格的上方所标注被测要素的定形尺寸之前注明被测要素的个数(阿拉伯数字),并在两者之间加上乘号"×",例如图4-17所示齿轮轴的两个轴颈的结构和尺寸分别相同,且有相同的圆柱度公差和径向圆跳动公差要求。对于非尺寸要素,可以在公差框格的上方注明被测要素的个数和乘号"×"(例如"6×"),例如图4-18所示三条刻线的中心线间距离的位置度公差值均为0.05mm。

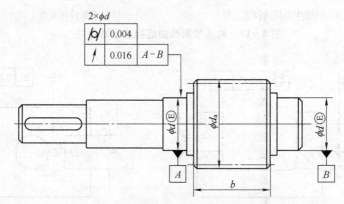

图4-17　两个轴颈有相同几何公差带要求

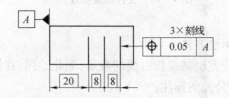

图4-18　三条刻线有同一位置度公差带要求

§3 几何公差带

一、几何公差的含义和几何公差带的特性

几何公差是指实际被测要素对图样上给定的理想形状、理想方位的允许变动量。形状公差是指实际单一要素的形状所允许的变动量。方向、位置和跳动公差是指实际关联要素相对于基准的方位所允许的变动量。

几何公差带是用来限制实际被测要素变动的区域。这个区域可以是平面区域或空间区域。除非另有要求,实际被测要素在公差带内可以具有任何形状和方位。只要实际被测要素能全部落在给定的公差带内,就表明该实际被测要素合格。

几何公差带具有形状、大小和方位等特性。几何公差带的形状取决于被测要素的几何形状、给定的几何公差特征项目和标注形式。表4-2列出了几何公差带的九种主要形状,它们都是几何图形。几何公差带的大小用它的宽度或直径来表示,由给定的公差值决定。几何公差带的方位则由给定的几何公差特征项目和标注形式确定。

表4-2 几何公差带的九种主要形状

形　状	说　明	形　状	说　明
	两平行直线之间的区域		圆柱面内的区域
	两等距曲线之间的区域		
	两同心圆之间的区域		两同轴线圆柱面之间的区域
	圆内的区域		两平行平面之间的区域
	圆球内的区域		两等距曲面之间的区域

几何公差带是按几何概念定义的(但跳动公差带除外),与测量方法无关,所以在实际生产中可以采用任何测量方法来测量和评定某一实际被测要素是否满足设计要求。而跳动是按特定的测量方法定义的,其公差带的特性则与该测量方法有关。

被测要素的形状、方向和位置精度可以用一个或几个几何公差特征项目来控制。

二、形状公差带

形状公差涉及的要素是线和面,一个点无所谓形状。形状公差有直线度、平面度、圆度和圆柱度等几个特征项目。它们不涉及基准,它们的理想被测要素的形状不涉及尺寸,公差带的方位可以浮动(用公差带判断实际被测要素是否位于它的区域内时,它的方位可以随实际被测要素的方位的变动而变动)。也就是说,形状公差带只有形状和大小的要求,而没

有方位的要求。例如图 4-19 所示平面度公差特征项目中,理想被测要素的形状为平面,因此限制实际被测要素在空间变动的区域(公差带)的形状为两平行平面,公差带可以上下移动或朝任意方向倾斜,只控制实际被测要素的形状误差(平面度误差)。

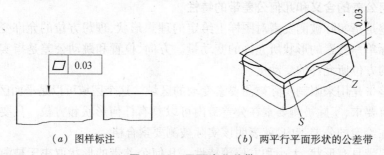

（a）图样标注　　　　　　　　　　（b）两平行平面形状的公差带

图 4-19　平面度公差带

S—实际被测要素；Z—公差带

直线度、平面度、圆度和圆柱度公差带的定义和标注示例见表 4-3。

表 4-3　直线度、平面度、圆度和圆柱度公差带的定义和标注示例

特征项目	公 差 带 定 义	标 注 示 例 和 解 释
直线度公差	公差带为在给定平面内和给定方向上,间距等于公差值 t 的两平行直线所限定的区域 a—任一距离	在任一平行于图示投影面的平面内,上表面的实际线应限定在间距等于 0.1mm 的两平行直线之间
	在给定方向上,公差带为间距等于公差值 t 的两平行平面所限定的区域	实际棱线应限定在间距等于 0.1mm 的两平行直线之间
	在任意方向上,公差带为直径等于公差值 ϕt 的圆柱面所限定的区域	外圆柱面的实际轴线应限定在直径等于 $\phi 0.08mm$ 的圆柱面内

特征项目	公 差 带 定 义	标 注 示 例 和 解 释
平面度公差	公差带为间距等于公差值 t 的两平行平面所限定的区域 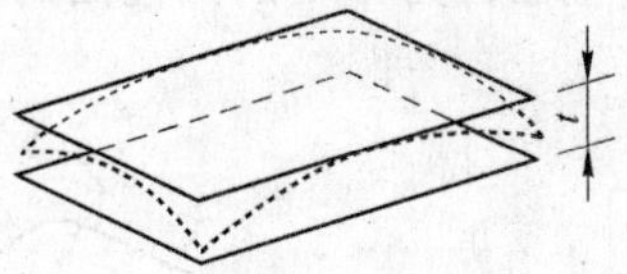	实际表面应限定在间距等于 0.08mm 的两平行平面之间 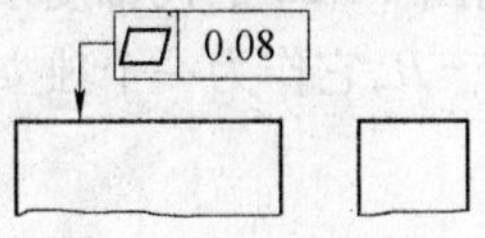
圆 度	公差带为在给定横截面内，半径差等于公差值 t 的两同心圆所限定的区域 a—任一横截面	在圆柱面的任意横截面内，实际圆周应限定在半径差等于 0.03mm 的两共面同心圆之间 在圆锥面的任意横截面内，实际圆周应限定在半径差等于 0.1mm 的两共面同心圆之间
圆柱度公差	公差带为半径差等于公差值 t 的两同轴线圆柱面所限定的区域 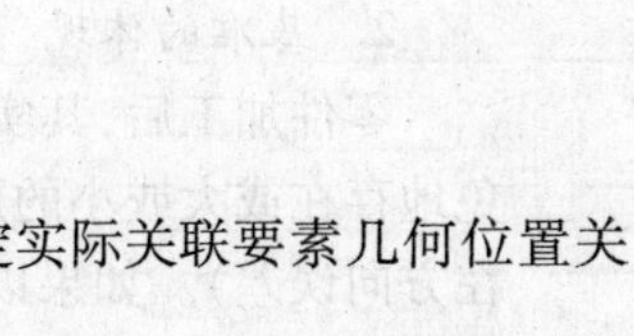	实际圆柱面应限定在半径差等于 0.1mm 的两同轴线圆柱面之间 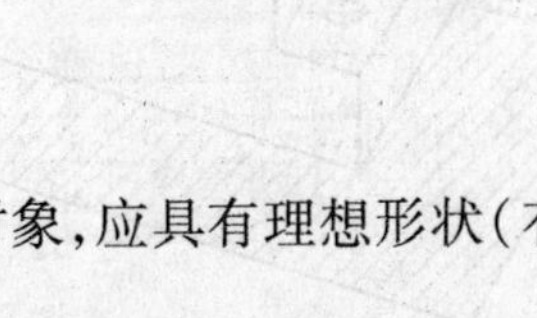

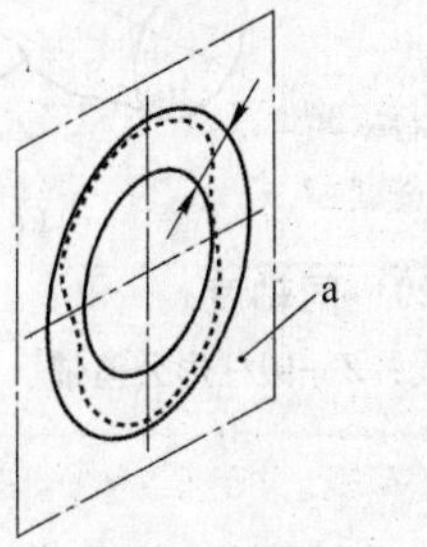

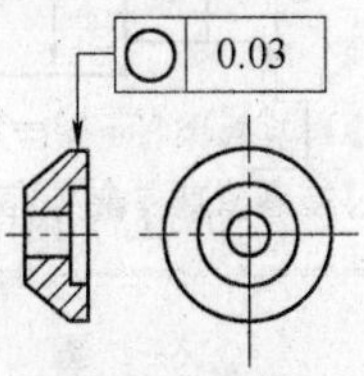

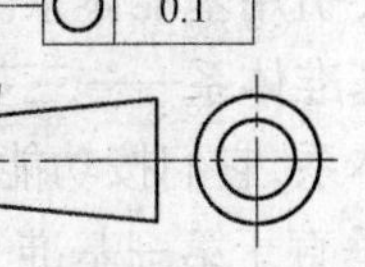

三、基准

1. 基准的种类

基准是用来确定实际关联要素几何位置关系的参考对象，应具有理想形状（有时还应具有理想方向）。

基准有基准点、基准直线（包括基准轴线）和基准平面（包括基准中心平面）等几种形式。基准点用得极少，基准直线和基准平面则得到广泛应用。按需要，关联要素的方位可以根据单一基准、公共基准或三基面体系来确定。

（1）单一基准

　　单一基准是指由一个基准要素建立的基准。例如图 4-8b 所示,由一个平面要素建立基准平面 A;再如图 4-3a 所示,由 ϕ12H8 圆柱面轴线(基准导出要素)建立基准轴线 A。

　　(2) 公共基准

　　公共基准是指由两个或两个以上的同类基准要素建立的一个独立的基准,又称组合基准。例如图 4-20 的同轴度示例中,由两个直径皆为 ϕd_1 的圆柱面的轴线 A、B 建立公共基准轴线 A-B,它作为一个独立的基准使用。

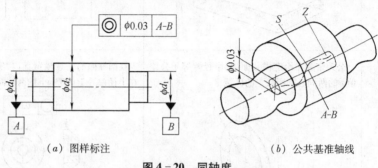

(a) 图样标注	(b) 公共基准轴线

图 4-20　同轴度

S—实际被测轴线；Z—圆柱形公差带

　　(3) 三基面体系

　　当单一基准或一个独立的公共基准不能对关联要素提供完整而正确的方向或位置时,就有必要引用基准体系。为了与空间直角坐标系一致,规定以三个互相垂直的基准平面构成一个基准体系——三基面体系。参看图 4-21,三个互相垂直的平面 A、B、C 构成了一个三基面体系,它们按功能要求分别称为第一、第二、第三基准平面(基准的顺序)。第二基准平面 B 垂直于第一基准平面 A,第三基准平面 C 垂直于第一基准平面 A,且垂直于第二基准平面 B。

　　三基面体系中每两个基准平面的交线构成一条基准轴线,三条基准轴线的交点构成基准点。确定关联要素的方位时,可以使用三基面体系中的三个基准平面,也可以使用其中的两个基准平面或一个基准平面(单一基准平面),或者使用一个基准平面和一条基准轴线。

　　2. 基准的体现

　　零件加工后,其实际基准要素不可避免地存在或大或小的形状误差(有时还存在方向误差)。如果以存在形状误差的实际基准要素作为基准,则难以确定实际关联要素的方位。例如图 4-8b 和图 4-22

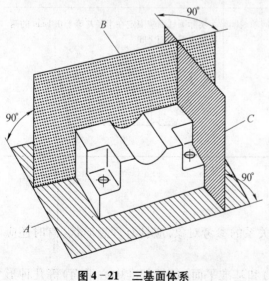

图 4-21　三基面体系

所示,上表面(被测表面)对底平面有平行度要求,实际基准表面 1 存在形状误差,用两点法测得实际尺寸 $H_1 = H_2 = H_i = \cdots = H_n$,则平行度误差值似乎为零;但实际上,该上表面相对于具有理想形状的基准平面(平板工作面 2)来说,却有平行度误差,其数值为指示表最大与最小示值的差值f。

再如图4-23a所示,ϕD孔的轴线相对于基准平面A和B有位置度要求。参看图4-23b,由于两个实际基准要素存在形状误差,它们之间还存在方向误差(互不垂直),因此根据实际基准要素就很难评定该孔轴线的位置度误差值。显然,当两个基准分别为理想平面A和B,并且它们互相垂直时,就不难确定该孔轴线的实际位置S对其理想位置O的偏移量Δ,进而确定位置度误差值$\phi f_U = \phi(2\Delta)$。如果$\phi f_U \leqslant \phi t$,则表示合格。

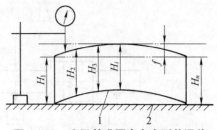

图4-22 实际基准要素存在形状误差

1—实际基准表面;2—平板工作平面

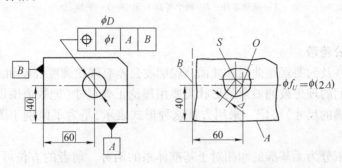

(a) 图样标注 　　　　(b) 两个实际基准要素存在方向误差

图4-23 实际基准要素存在形状误差和方向误差

S—孔轴线的实际位置;O—孔轴线的理想位置

从上述可知,在加工和检测中,实际基准要素的形状误差较大时,不宜直接使用实际基准要素作为基准。基准通常用形状足够精确的表面来模拟体现。例如,基准平面可用平台、平板的工作面来模拟体现(见图4-22),孔的基准轴线可用与孔成无间隙配合的心轴或可膨胀式心轴的轴线来模拟体现(见图4-24),轴的基准轴线可用V形块来体现(见图4-25),三基面体系中的基准平面可用平板和方箱的工作面来模拟体现。

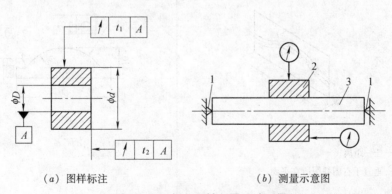

(a) 图样标注 　　　　(b) 测量示意图

图4-24 径向和轴向圆跳动测量

1—顶尖;2—被测零件;3—心轴

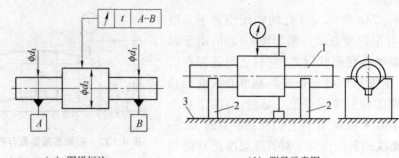

（a）图样标注　　　　　　　　　　　（b）测量示意图

图 4－25　径向圆跳动测量

1—被测零件；2—两个等高 V 形块；3—平板

四、轮廓度公差带

轮廓度公差涉及的要素是曲线和曲面。轮廓度公差有线轮廓度公差和面轮廓度公差两个特征项目。它们的理想被测要素的形状需要用理论正确尺寸（把数值围以方框表示的没有公差而绝对准确的尺寸）决定。采用方框这种形式表示，是为了区别于图样上的未注公差尺寸。

轮廓度公差带分为无基准的和相对于基准体系的两种。前者的方位可以浮动，而后者的方位是固定的。

线、面轮廓度公差带的定义和标注示例见表 4－4。

表 4－4　线、面轮廓度公差带的定义和标注示例

特征项目	公差带定义	标注示例和解释
无基准的线轮廓度公差	公差带为直径等于公差值 t、圆心位于被测要素理论正确几何形状上的一系列圆的两包络线所限定的区域 a—任一距离； b—垂直于右图视图所在平面	在任一平行于图示投影面的截面内，实际轮廓线应限定在直径等于 0.04mm、圆心位于被测要素理论正确几何形状上的一系列圆的两等距包络线之间

特 征 项 目	公 差 带 定 义	标 注 示 例 和 解 释
相对于基准体系的线轮廓度公差	公差带为直径等于公差值 t、圆心位于由基准平面 A 和基准平面 B 确定的被测要素理论正确几何形状上的一系列圆的两包络线所限定的区域 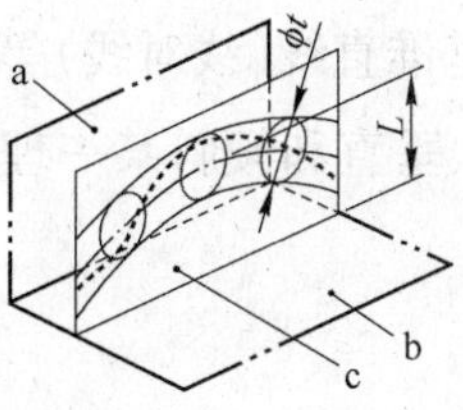 a、b—基准平面 A、基准平面 B; c—平行于基准平面 A 的平面	在任一平行于图示投影面的截面内,实际轮廓线应限定在直径等于 0.04mm、圆心位于由基准平面 A 和基准平面 B 确定的被测要素理论正确几何形状上的一系列圆的两等距包络线之间 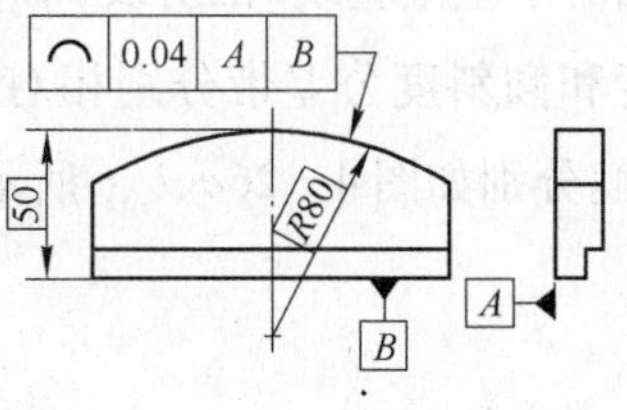
无基准的面轮廓度公差	公差带为直径等于公差值 t、球心位于被测要素理论正确几何形状上的一系列圆球的两包络面所限定的区域 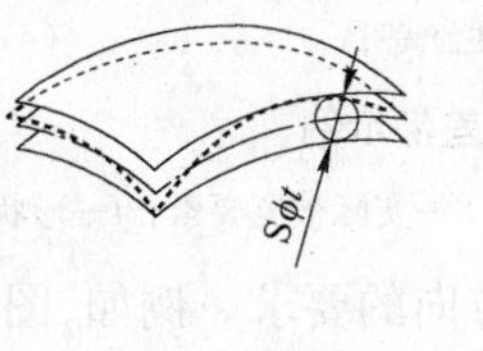 	实际轮廓面应限定在直径等于 0.02mm、球心位于被测要素理论正确几何形状上的一系列圆球的两等距包络面之间 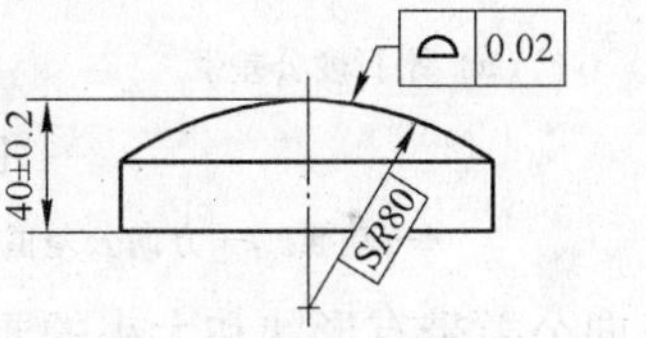
相对于基准体系的面轮廓度公差	公差带为直径等于公差值 t、球心位于由基准平面 A 确定的被测要素理论正确几何形状上的一系列圆球的两包络面所限定的区域 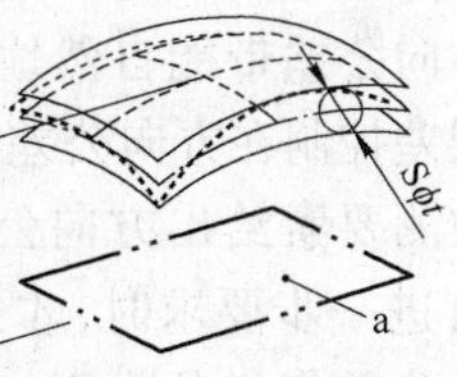 a—基准平面 A; L—理论正确几何图形的顶点至基准平面 A 的距离	实际轮廓面应限定在直径等于 0.1mm、球心位于由基准平面 A 确定的被测要素理论正确几何形状上的一系列圆球的两等距包络面之间 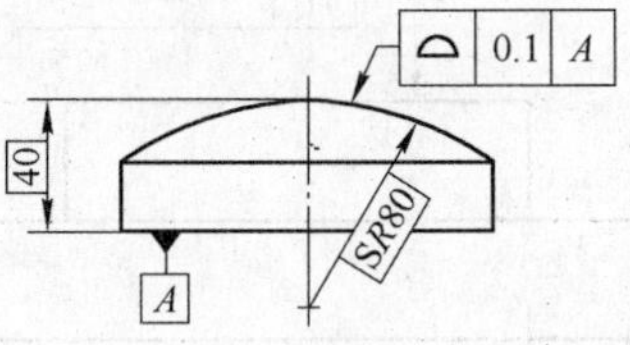

五、方向公差带

方向公差涉及的要素是线和面,一个点无所谓形状和方向。方向公差有平行度、垂直度和倾斜度公差等几个特征项目。方向公差是指实际关联要素相对于基准的实际方向对理想方向的允许变动量。

平行度、垂直度和倾斜度公差的被测要素和基准要素各有平面和直线之分,因此,它们的公差各有被测平面相对于基准平面(面对面)、被测直线相对于基准平面(线对面)、被测平面相对于基准直线(面对线)和被测直线相对于基准直线(线对线)等四种形式。平行度、垂直度和倾斜度公差带分别相对于基准保持平行、垂直和倾斜某一理论正确角度 $\boxed{\alpha}$ 的关系,它们分别如图 4-26a、b、c 所示。

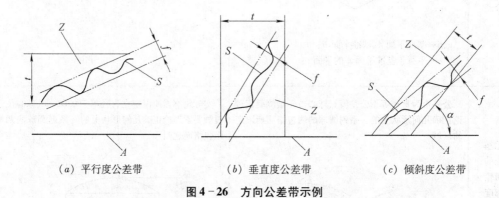

(a) 平行度公差带　　　　(b) 垂直度公差带　　　　(c) 倾斜度公差带

图 4-26　方向公差带示例

A—基准; t—方向公差值; Z—方向公差带; S—实际被测要素; f—形状误差值

方向公差带有形状和大小的要求,还有特定方向的要求。例如,图 4-8b 所示的平行度公差特征项目中,理想被测要素的形状为平面,因而公差带的形状为两平行平面(见图 4-26a),该公差带可以平行于基准平面 A 移动,既控制实际被测要素的平行度误差(面对面的平行度误差),同时又自然地在 t = 0.03mm 平行度公差带的范围内控制该实际被测要素的平面度误差 $f(f \leqslant t)$。

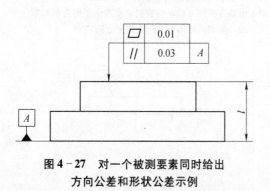

**图 4-27　对一个被测要素同时给出
方向公差和形状公差示例**

方向公差带能自然地把同一被测要素的形状误差控制在方向公差带范围内。因此,对某一被测要素给出方向公差后仅在对其形状精度有进一步要求时,才另行给出形状公差,而形状公差值必须小于方向公差值。例如图 4-27 所示,对被测表面给出 0.03mm 平行度公差和 0.01mm 平面度公差。

典型平行度、垂直度和倾斜度公差带的定义和标注示例见表 4-5。

表 4 – 5　典型平行度、垂直度和倾斜度公差带的定义和标注示例

特征项目		公　差　带　定　义	标　注　示　例　和　解　释
平 行 度 公 差	面对面平行度公差	公差带为间距等于公差值 t 且平行于基准平面的两平行平面所限定的区域 a—基准平面	实际表面应限定在间距等于 0.01mm 且平行于基准平面 D 的两平行平面之间 $\boxed{//}\boxed{0.01}\boxed{D}$
	线对面平行度公差	公差带为间距等于公差值 t 且平行于基准平面的两平行平面所限定的区域 a—基准平面	被测孔的实际轴线应限定在间距等于0.01mm且平行于基准平面 B 的两平行平面之间 ϕD $\boxed{//}\boxed{0.01}\boxed{B}$
	面对线平行度公差	公差带为间距等于公差值 t 且平行于基准轴线的两平行平面所限定的区域 a—基准轴线	实际表面应限定在间距等于 0.1mm 且平行于基准轴线 C 的两平行平面之间 $\boxed{//}\boxed{0.1}\boxed{C}$ ϕD
	线对线平行度公差	公差带为直径等于公差值 ϕt 且轴线平行于基准轴线的圆柱面所限定的区域 任意方向上 a—基准轴线	被测孔的实际轴线应限定在直径等于 $\phi0.03$mm 且平行于基准轴线 A 的圆柱面内 ϕD_1 $\boxed{//}\boxed{\phi0.03}\boxed{A}$ ϕD_2

特征项目			公　差　带　定　义	标　注　示　例　和　解　释
平行度公差	线对线平行度公差	互相垂直的方向上	公差带为互相垂直的间距分别等于公差值 t_1 和 t_2，且平行于基准轴线的两组平行平面所限定的区域 a—基准轴线	被测孔的实际轴线应限定在间距分别等于 0.2mm 和 0.1mm，在给定的相互垂直方向上且平行于基准轴线 A 的两组平行平面之间
垂直度公差	面对面垂直度公差		公差带为间距等于公差值 t 且垂直于基准平面的两平行平面所限定的区域 a—基准平面	实际表面应限定在间距等于 0.08mm 且垂直于基准平面 A 的两平行平面之间
	面对线垂直度公差		公差带为间距等于公差值 t 且垂直于基准轴线的两平行平面所限定的区域 a—基准轴线	实际表面应限定在间距等于 0.08mm 且垂直于基准轴线 A 的两平行平面之间

（续表）

特征项目		公 差 带 定 义	标 注 示 例 和 解 释
垂 直 度 公 差	线 对 线 垂 直 度 公 差	公差带为间距等于公差值 t 且垂直于基准轴线的两平行平面所限定的区域 a—基准轴线	被测孔的实际轴线应限定在间距等于0.06mm且垂直于基准轴线 A 的两平行平面之间 ⊥ | 0.06 | A
	线 对 面 垂 直 度 公 差	在任意方向上,公差带为直径等于公差值 ϕt 且轴线垂直于基准平面的圆柱面所限定的区域 a—基准平面	被测圆柱面的实际轴线应限定在直径等于 $\phi 0.01$mm且轴线垂直于基准平面 A 的圆柱面内 ⊥ | φ0.01 | A
倾 斜 度 公 差	面 对 面 倾 斜 度 公 差	公差带为间距等于公差值 t 的两平行平面所限定的区域。该两平行平面按给定角度倾斜于基准平面 a—基准平面	实际表面应限定在间距等于0.08mm的两平行平面之间。该两平行平面按理论正确角度40°倾斜于基准平面 A ∠ | 0.08 | A 40°

（续表）

特征项目	公 差 带 定 义	标 注 示 例 和 解 释
倾斜度公差（线对线倾斜度公差）	被测直线与基准直线在同一平面上 公差带为间距等于公差值 t 的两平行平面所限定的区域。该两平行平面按给定角度倾斜于基准轴线 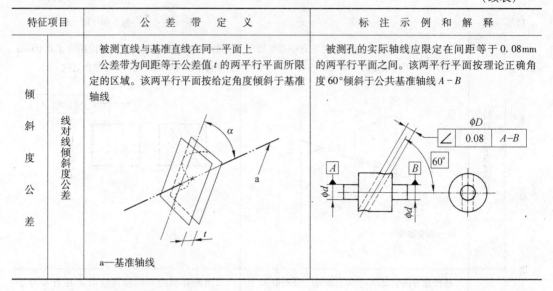 a—基准轴线	被测孔的实际轴线应限定在间距等于 0.08mm 的两平行平面之间。该两平行平面按理论正确角度 60°倾斜于公共基准轴线 $A-B$

六、位置公差带

位置公差有同心度、同轴度、对称度和位置度公差等几个特征项目。下面分别说明有关同心度、同轴度、对称度和位置度公差带的概念。

1. 同心度公差带

同心度公差涉及的要素是点。同心度是指被测点应与基准点重合的精度要求。

同心度公差是指实际被测点对基准点（被测点的理想位置）的允许变动量。同心度公差带是指直径等于公差值，且与基准点同心的圆内的区域。该公差带的方位是固定的。

同心度公差带和同心度公差标注示例见表 4-6 第一栏。

2. 同轴度公差带

同轴度公差涉及的要素是圆柱面和圆锥面的轴线。同轴度是指被测轴线应与基准轴线（或公共基准轴线）重合的精度要求。

同轴度公差是指实际被测轴线对基准轴线（被测轴线的理想位置）的允许变动量。同轴度公差带是指直径等于公差值，且与基准轴线同线的圆柱面内的区域。例如图 4-20a 所示的图样标注，ϕd_2 圆柱面的被测轴线应与公共基准轴线 $A-B$ 重合，理想被测要素的形状为直线，以公共基准轴线 $A-B$ 为中心在任意方向上控制实际被测轴线的变动范围，因此公差带应是以公共基准轴线 $A-B$ 为轴线，直径等于公差值 $\phi0.03$mm 的圆柱面内的区域（图 4-20b）。该公差带的方位是固定的。

3. 对称度公差带

对称度公差涉及的要素是中心平面（或公共中心平面）和轴线（或公共轴线、中心直线）。对称度是指被测导出要素应与基准导出要素重合，或者应通过基准导出要素的精度要求。

对称度公差是指实际被测导出要素的位置对基准的允许变动量，有被测中心平面相对于基准中心平面（面对面）、被测中心平面相对于基准轴线（面对线）、被测轴线相对于基准中心平面（线对面）和被测轴线相对于基准轴线（线对线）等四种形式。对称度公差带是指间距等于公差值，且相对于基准对称配置的两平行平面之间的区域。例如图 4-28a 所示的图样标注,宽度为 b 的槽的被测中心平面应与宽度为 B 的两平行平面的基准中心平面 A 重合。理想被测要素的形状为平面,以基准中心平面 A 为中心在给定方向上控制实际被测要素的变动范围。因此,公差带应是间距等于 0.02mm 且相对于基准中心平面 A 对称配置的两平行平面之间的区域,如图 4-28b 所示。该公差带的方位是固定的。

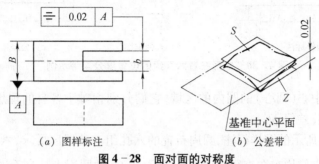

(a) 图样标注 (b) 公差带

图 4-28 面对面的对称度

S—实际被测中心平面;Z—两平行平面形状的公差带

4. 位置度公差带

位置度公差涉及的被测要素有点、线、面,而涉及的基准要素通常为线和面。位置度是指被测要素应位于由基准和理论正确尺寸确定的理想位置上的精度要求。

位置度公差是指被测要素所在的实际位置对其理想位置的允许变动量。位置度公差带是指以被测要素的理想位置为中心来限制实际被测要素变动的区域,该区域相对于理想位置对称配置,该区域的宽度或直径等于公差值。例如图 4-29a 所示的图样标注,理想被测要素的形状为平面,它应位于平行于基准平面 A 且至该基准平面的距离(定位尺寸)为理论正确尺寸 $\boxed{l}$ 的理想位置 P_0 上(图 4-29b)。以这理想位置为中心在给定方向上控制实际被测要素的变动范围。因此,公差带应是间距等于 0.05mm 且相对于上述理想位置对称配置的两平行平面之间的区域(图 4-29b)。该公差带的方位是固定的。

对于尺寸和结构分别相同的几个被测要素(称为成组要素,如孔组),用由理论正确尺寸按确定的几何关系把它们联系在一起作为一个整体而构成的几何图框,来给出它们的理想位置。例如图 4-30a 所示的图样标注,矩形布置的六孔组有位置度要求,六个孔心之间的相对位置关系由保持垂直关系的理论正确尺寸 $\boxed{x_1}$、$\boxed{x_2}$ 和 $\boxed{y}$ 确定;图 4-30b 为六孔组的几何图框;图 4-30c 所示为该几何图框的理想位置由基准 A、B(后者垂直于前者)和定位的理论正确尺寸 $\boxed{L_x}$、$\boxed{L_y}$ 来确定。各孔心位置度公差带(图 4-30c 所示带网点的圆)是分别以

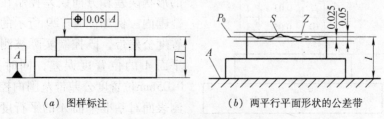

(a) 图样标注 (b) 两平行平面形状的公差带

图 4-29 平面的位置度公差带

S—实际被测要素;Z—公差带;P_0—被测表面的理想位置

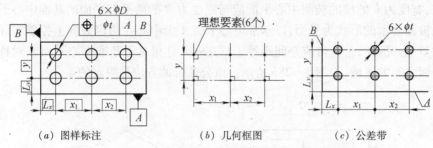

(a) 图样标注　　　　　(b) 几何框图　　　　　(c) 公差带

图4-30　矩形布置六孔组的位置度公差带示例

各孔的理想位置为中心(圆心)的圆内的区域,它们分别相对于各自的理想位置对称配置,公差带的直径等于公差值 ϕt。

再如图4-31a 所示的图样标注,圆周布置的六孔组有位置度要求,六个孔的轴线之间的相对位置关系是它们均布在直径为理论正确尺寸 $\boxed{\phi L}$ 的圆周上。参看图4-31b,六孔组的几何图框就是这个圆周及均布的六条轴线,该几何图框的中心与基准轴线 A 重合,其定位的理论正确尺寸为零。各孔轴线的位置度公差带是以由基准轴线 A 和几何图框确定的各自理想位置(按 $\boxed{60°}$ 均匀分布)为中心的圆柱面内的区域,它们分别相对于各自的理想位置对称分布,公差带的直径等于公差值 ϕt。

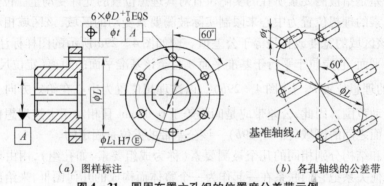

(a) 图样标注　　　　　　　(b) 各孔轴线的公差带

图4-31　圆周布置六孔组的位置度公差带示例

综上所述,位置公差带不仅有形状和大小的要求,而且相对于基准的定位尺寸为理论正确尺寸,因此还有特定方位的要求,即位置公差带的中心具有确定的理想位置,且以该理想位置来对称配置公差带。

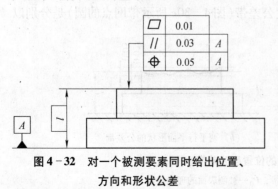

图4-32　对一个被测要素同时给出位置、方向和形状公差

位置公差带能自然地把同一被测要素的形状误差和方向误差控制在位置公差带范围内。例如图4-29所示的被测表面位置度公差带,既控制实际被测表面距基准平面 A 的位置度误差;同时又自然地在0.05mm位置度公差带范围内控制该实际被测表面对基准平面 A 的平行度误差和它本身的平面度误差。

因此,对某一被测要素给出位置公差

后,仅在对其方向精度或(和)形状精度有进一步要求时,才另行给出方向公差或(和)形状公差,而方向公差值必须小于位置公差值,形状公差值必须小于方向公差值。例如图 4-32 所示,对被测表面同时给出0.05mm位置度公差、0.03mm 平行度公差和0.01mm 平面度公差。

典型同心度、同轴度、对称度和位置度公差带的定义和标注示例见表4-6。

表4-6 典型同心度、同轴度、对称度和位置度公差带的定义和标注示例

特征项目		公 差 带 定 义	标 注 示 例 和 解 释
同心度与同轴度公差	点的同心度公差	公差带为直径等于公差值 ϕt 的圆周所限定的区域。该圆周的圆心与基准点重合 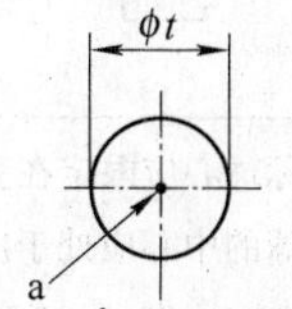 a—基准点	在任意截面内(用符号 ACS 标注在几何公差框格的上方),内圆的实际中心点应限定在直径等于 $\phi 0.1$mm 且以基准点为圆心的圆周内 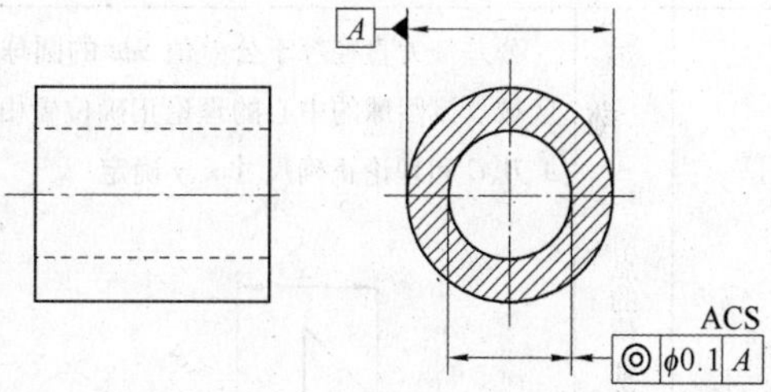
	线的同轴度公差	公差带为直径等于公差值 ϕt 且轴线与基准轴线重合的圆柱面所限定的区域 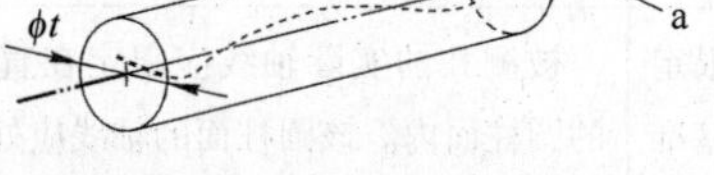 a—基准轴线	被测圆柱面的实际轴线应限定在直径等于 $\phi 0.04$mm 且轴线与基准轴线 A 重合的圆柱面内 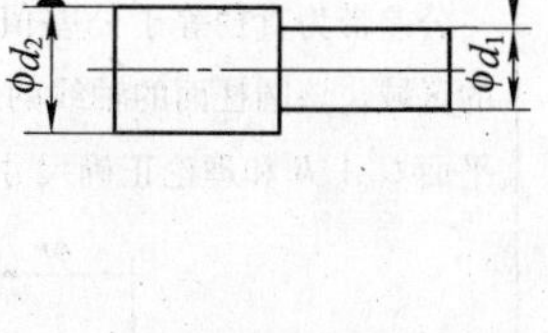
对称度公差	面对面对称度公差	公差带为间距等于公差值 t 且对称于基准中心平面的两平行平面所限定的区域 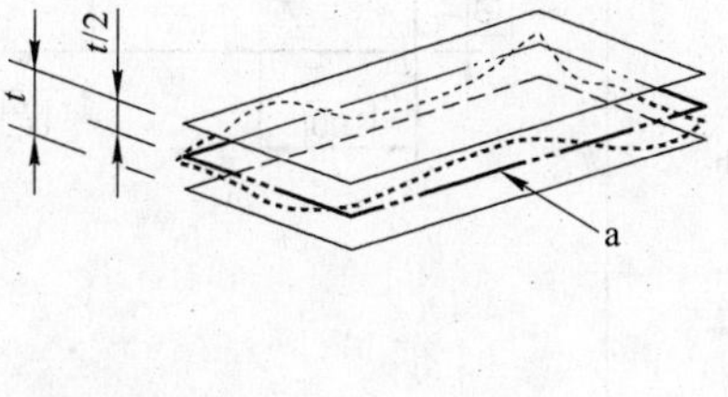 a—基准中心平面	两端为半圆的被测槽的实际中心平面应限定在间距等于0.08mm且对称于公共基准中心平面 $A-B$ 的两平行平面之间 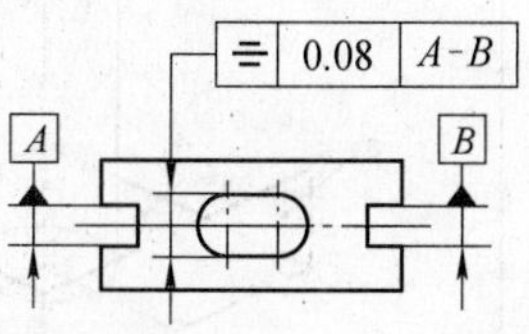

（续表）

特征项目		公　差　带　定　义	标　注　示　例　和　解　释
对称度公差	面对线对称度公差	公差带为间距等于公差值 t 且对称于基准轴线的两平行平面所限定的区域 a—基准轴线； P_0—通过基准轴线的理想平面	宽度为 b 的被测键槽的实际中心平面应限定在间距为 0.05mm 的两平行平面之间。该两平行平面对称于基准轴线 B，即对称于通过基准轴线 B 的理想平面 P_0
位置度公差	点的位置度公差	公差带为直径等于公差值 $S\phi t$ 的圆球所限定的区域。该圆球的中心的理论正确位置由基准平面 A、B、C 和理论正确尺寸 x、y 确定 a、b、c—基准平面 A、B、C	实际球心应限定在直径等于 $S\phi0.3$mm 的圆球内。该圆球的中心应处于由基准平面 A、B、C 和理论正确尺寸 30mm、25mm 确定的理论正确位置上
	线的位置度公差	公差带为直径等于公差值 ϕt 的圆柱面所限定的区域。该圆柱面的轴线的理论正确位置由基准平面 C、A、B 和理论正确尺寸 x、y 确定 a、b、c—基准平面 A、B、C	被测孔的实际轴线应限定在直径等于 $\phi0.08$mm 的圆柱面内。该圆柱面的轴线应处于由基准平面 C、A、B 和理论正确尺寸 100mm、68mm 确定的理论正确位置上

（续表）

特征项目		公　差　带　定　义	标　注　示　例　和　解　释
位置度公差	面的位置度公差	公差带为间距等于公差值 t 且对称于被测表面理论正确位置的两平行平面所限定的区域。该理论正确位置由基准平面、基准轴线和理论正确尺寸 L、理论正确角度 α 确定 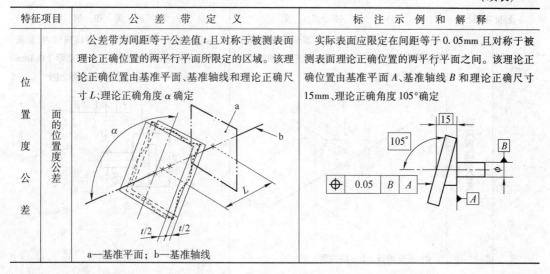 a—基准平面；b—基准轴线	实际表面应限定在间距等于 0.05mm 且对称于被测表面理论正确位置的两平行平面之间。该理论正确位置由基准平面 A、基准轴线 B 和理论正确尺寸 15mm、理论正确角度 105°确定

七、跳动公差带

　　跳动公差是按特定的测量方法定义的位置公差。跳动公差涉及的被测要素为圆柱面、圆形端平面、环状端平面、圆锥面和曲面等组成要素（轮廓要素），涉及的基准要素为轴线。

　　跳动公差有圆跳动公差和全跳动公差两个特征项目。圆跳动是指实际被测要素在无轴向移动的条件下绕基准轴线旋转一转过程中，由位置固定的指示表在给定的测量方向上对该实际被测要素测得的最大与最小示值之差，圆跳动公差的标注和圆跳动的测量如图4－24所示。全跳动是指实际被测要素在无轴向移动的条件下绕基准轴线连续旋转过程中，指示表与实际被测要素作相对直线运动，指示表在给定的测量方向上对该实际被测要素测得的最大与最小示值之差。

　　测量跳动时的测量方向就是指示表测杆轴线相对于基准轴线的方向。根据测量方向，跳动分为径向跳动（测杆轴线与基准轴线垂直且相交）、轴向跳动（测杆轴线与基准轴线平行）和斜向跳动（测杆轴线与基准轴线倾斜某一给定角度且相交）。

　　典型跳动公差带的定义和标注示例见表4－7。

　　跳动公差带有形状和大小的要求，还有方位的要求，即公差带相对于基准轴线有确定的方位。例如，某一横截面径向圆跳动公差带的中心点在基准轴线上；径向全跳动公差带的轴线（中心线）与基准轴线同轴线（重合）；轴向全跳动公差带（两平行平面）垂直于基准轴线。此外，跳动公差带能综合控制同一被测要素的方位和形状误差。例如，径向圆跳动公差带综合控制同轴度误差和圆度误差；径向全跳动公差带综合控制同轴度误差和圆柱度误差；轴向全跳动公差带综合控制端面对基准轴线的垂直度误差和平面度误差。

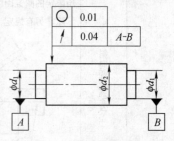

图4－33　跳动公差和形状公差同时标注示例

　　采用跳动公差时，若综合控制被测要素不能满足功能要求，则可进一步给出相应的形状公差（其数值应小于跳动公差值），如图4－33所示。

表 4-7   典型跳动公差带的定义和标注示例

特征项目	公 差 带 定 义	标 注 示 例 和 解 释
圆 跳 动 公 差 — 径向圆跳动公差	公差带为在任一垂直于基准轴线的横截面内、半径差等于公差值 t、圆心在基准轴线上的两同心圆所限定的区域 a—基准轴线；b—横截面	在任一垂直于基准轴线 A 的横截面内，被测圆柱面的实际圆周应限定在半径差等于0.1mm且圆心在基准轴线 A 上的两同心圆之间
轴向圆跳动公差	公差带为与基准轴线同轴线的任一直径的圆柱截面上，间距等于公差值 t 的两个等径圆所限定的圆柱面区域 a—基准轴线；b—公差带；c—任意直径	在与基准轴线 D 同轴线的任一直径的圆柱截面上，实际圆周应限定在轴向距离等于0.1mm的两个等径圆之间
斜向圆跳动公差	公差带为与基准轴线同轴线的某一圆锥截面上，间距等于公差值 t 的直径不相等的两个圆所限定的圆锥面区域。 除非另有规定，测量方向应垂直于被测表面 a—基准轴线；b—圆锥截面；c—公差带	在与基准轴线 C 同轴线的任一圆锥截面上，实际线应限定在素线方向间距等于0.1mm的直径不相等的两个圆之间

（续表）

特征项目		公 差 带 定 义	标 注 示 例 和 解 释
全 跳 动 公 差	径向全跳动公差	公差带为半径差等于公差值 t 且轴线与基准轴线重合的两个圆柱面所限定的区域 a—基准轴线	被测圆柱面的整个实际表面应限定在半径差等于 0.1mm，且轴线与公共基准轴线 $A-B$ 重合的两个圆柱面之间
	轴向全跳动公差	公差带为间距等于公差值 t 且垂直于基准轴线的两平行平面所限定的区域 a—基准轴线；b—被测表面	实际端表面应限定在间距等于 0.1mm 且垂直于基准轴线 D 的两平行平面之间

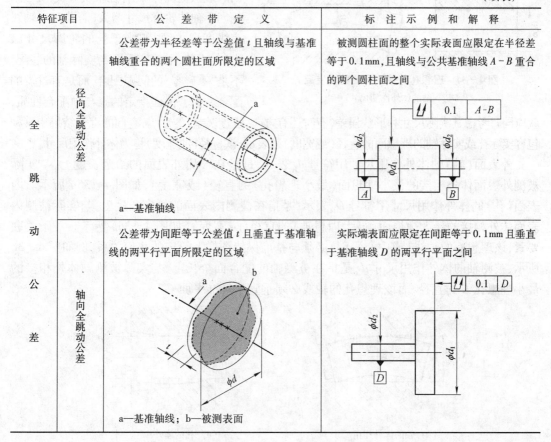

§4 公差原则

零件几何要素既有尺寸公差的要求，又有几何公差的要求。它们都是对同一要素的精度要求。因此有必要研究几何公差与尺寸公差的关系。确定几何公差与尺寸公差之间的相互关系应遵循的原则称为公差原则。公差原则分为独立原则（同一要素的尺寸公差与几何公差彼此无关的公差要求）和相关要求（同一要素的尺寸公差与几何公差相互有关的公差要求），而相关要求又分为包容要求、最大实体要求、最小实体要求和可逆要求。设计时，从功能要求（配合性质、装配互换及其他功能要求等）出发，来合理地选用独立原则或不同的相关要求。

一、有关公差原则的一些术语及定义

1. 体外作用尺寸

由于零件实际要素存在形状误差，还可能存在方向、位置误差，因而不能单从实际尺寸这一个因素来判断该零件实际要素与另一零件实际要素之间的配合性质或装配状态。例如，孔、轴配合 $\phi20H7({}^{+0.021}_{0})/h6({}^{0}_{-0.013})$ 属于最小间隙为零的间隙配合，但实际孔与实际轴的装配是否间隙配合，不能单从它们的实际尺寸的大小来判断。参看图 4-34，加工后孔具有正确的形状，且实际尺寸处处皆为 20mm，而轴的实际尺寸虽然处处也为 20mm，且横截

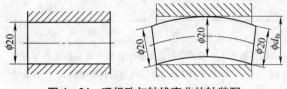

图4-34　理想孔与轴线弯曲的轴装配

d_{fe}—轴的体外作用尺寸

面的形状正确,但是存在轴线直线度误差,相当于轴的轮廓尺寸增大(若孔存在轴线直线度误差,则相当于孔的轮廓尺寸减小)。因此,上述实际孔与实际轴的装配,不是"零碰零"的间隙配合,而是有过盈的配合。为了保证指定的孔与轴配合性质,就应同时考虑其实际尺寸和形状误差(有时还有方向、位置误差)的影响,它们的综合结果用某种包容实际孔或实际轴的理想面的直径(或宽度)来表示,该直径(或宽度)称为体外作用尺寸。

外表面(轴)的体外作用尺寸用符号 d_{fe} 表示,是指在被测外表面的给定长度上,与实际被测外表面体外相接的最小理想面(最小理想孔)的直径(或宽度),如图4-35a 所示。内表面(孔)的体外作用尺寸用符号 D_{fe} 表示,是指在被测内表面的给定长度上,与实际被测内表面体外相接的最大理想面(最大理想轴)的直径(或宽度),如图4-35b 所示。对于关联要素,该理想面的轴线(或中心平面)必须与基准保持图样上给定的几何关系,例如图4-36所示,被测轴的体外作用尺寸 d_{fe} 是指在被测轴的配合面全长上,与实际被测轴体外相接的最小理想孔 K 的直径,而该理想孔的轴线必须垂直于基准平面 G。

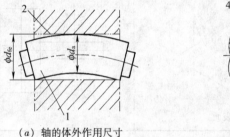

（a）轴的体外作用尺寸　　　　　（b）孔的体外作用尺寸

图4-35　单一尺寸要素的体外作用尺寸

1—实际被测轴；2—最小的外接理想孔；3—实际被测孔；4—最大的外接理想轴；

d_a—轴的实际尺寸；D_a—孔的实际尺寸

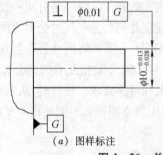 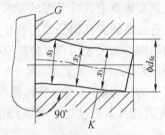

（a）图样标注　　　　　（b）最小理想孔的轴线垂直于基准平面

图4-36　关联尺寸要素轴的体外作用尺寸

s_1、s_2、s_3—轴的实际尺寸

对于按同一图样加工后的一批轴或孔来说,各个实际轴或孔的体外作用尺寸不相同或者不尽相同。

轴或孔在加工后可能出现的情况称为状态。在轴或孔的尺寸公差范围内,有最大和最小实体状态两种极限情况。考虑到由轴或孔得到的导出要素(轴线、中心平面)的形状公差或方向、位置公差,还有最大和最小实体实效状态两种极限情况。

2. 最大实体状态和最大实体尺寸

最大实体状态 MMC 是指实际要素在给定长度上处处位于尺寸公差带内并具有实体最大(即材料量最多)的状态。实际要素在最大实体状态下的极限尺寸称为最大实体尺寸 MMS。外表面(轴)的最大实体尺寸用符号 d_M 表示,它等于轴的上极限尺寸 d_{max};内表面(孔)的最大实体尺寸用符号 D_M 表示,它等于孔的下极限尺寸 D_{min}。

3. 最小实体状态和最小实体尺寸

最小实体状态 LMC 是指实际要素在给定长度上处处位于尺寸公差带内并具有实体最小(即材料量最少)的状态。实际要素在最小实体状态下的极限尺寸称为最小实体尺寸 LMS。外表面(轴)的最小实体尺寸用符号 d_L 表示,它等于轴的下极限尺寸 d_{min};内表面(孔)的最小实体尺寸用符号 D_L 表示,它等于孔的上极限尺寸 D_{max}。

4. 最大实体实效状态和最大实体实效尺寸

最大实体实效状态 MMVC 是指实际要素在给定长度上处于最大实体状态(具有最大实体尺寸),且其对应导出要素的几何误差等于图样上标注的几何公差时的综合极限状态(图样上该几何公差的数值后面标注了符号 Ⓜ,如图4-2和图4-3所示)。此综合极限状态下的体外作用尺寸称为最大实体实效尺寸 MMVS。外表面(轴)和内表面(孔)的最大实体实效尺寸分别用符号 d_{MV} 和 D_{MV} 表示。

被测要素的最大实体实效尺寸是最大实体尺寸与标注了符号 Ⓜ 的几何公差的综合结果,按下列公式计算:

$$d_{MV} = 轴的上极限尺寸 d_{max} + 该轴所对应导出要素的带 Ⓜ 的几何公差值 t \qquad (4-1)$$

$$D_{MV} = 孔的下极限尺寸 D_{min} - 该孔所对应导出要素的带 Ⓜ 的几何公差值 t \qquad (4-2)$$

5. 边界

设计时,为了控制被测要素的实际尺寸和几何误差的综合结果,需要对该综合结果规定允许的极限。这极限用边界的形式表示。边界是由设计给定的具有理想形状的极限包容面(极限圆柱面或两平行平面)。单一要素的边界没有方位的约束,而关联要素的边界应与基准保持图样上给定的几何关系。该极限包容面的直径或宽度称为边界尺寸。对于外表面(轴)来说,它的边界相当于一个具有理想形状的内表面(孔),轴的边界尺寸用符号 BS_s 表示;对于内表面(孔)来说,它的边界相当于一个具有理想形状的外表面(轴),孔的边界尺寸用符号 BS_h 表示。被测轴和被测孔的边界分别用环规和塞规模拟体现,如图4-37所示。

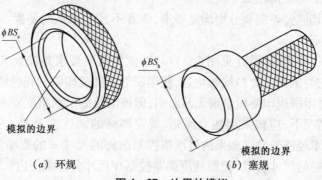

(a) 环规　　　　　　　　(b) 塞规

图4-37 边界的模拟

根据设计要求,可以给出不同的边界。当要求某要素遵守特定的边界时,该要素的实际轮廓不得超出这特定的边界。

二、独立原则

1. 独立原则的含义和在图样上的标注方法

独立原则是指图样上对某要素注出或未注的尺寸公差与几何公差各自独立,彼此无关,分别满足各自要求的公差原则。

采用独立原则时,应在图样上标注下列文字说明:

公差原则按 GB/T 4249

这表示图样上给定的每一个尺寸公差要求和几何公差(形状、方向或位置公差)要求均是独立的,应分别满足要求。如果对尺寸公差与几何公差之间的相互关系有特定要求,应在图样上予以规定。

2. 采用独立原则时尺寸公差和几何公差的职能

(1) 尺寸公差的职能

尺寸公差仅控制被测要素的实际尺寸的变动量(把实际尺寸控制在给定的极限尺寸范围内),不控制该要素本身的形状误差(如圆柱要素的圆度和轴线直线度误差,两平行平面要素的平面度误差)。

(2) 几何公差的职能

几何公差控制实际被测要素对其理想形状、方向或位置的变动量,而与该要素的实际尺寸的大小无关。因此,不论要素的实际尺寸的大小如何,该实际被测要素应能全部落在给定的几何公差带内,几何误差值应不大于图样上标注的几何公差值。

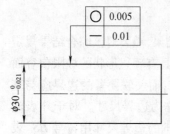

图 4-38 为按独立原则注出尺寸公差和圆度公差、素线直线度公差的示例。零件加工后,其实际尺寸应在 29.979~30mm 范围内,任一横截面的圆度误差应不大于 0.005mm,素线直线度误差应不大于0.01mm。圆度和素线直线度误差的允许值与零件实际尺寸的大小无关。实际尺寸和圆度误差、素线直线度误差皆合格,该零件才合格,其中只要有一项不合格,则该零件就不合格。

被测要素采用独立原则时,其实际尺寸用两点法测量,其几何误差使用普通计量器具来测量。

图 4-38 按独立原则标注公差示例

3. 独立原则的主要应用范围

① 尺寸公差与几何公差需要分别满足要求,两者不发生联系的要素,不论两者数值的大小,均采用独立原则。

例如,印刷机或印染机的滚筒(见图 4-39a)精度的重要要求是控制其圆柱度误差,以保证印刷或印染时它与纸面或面料接触均匀,使印刷的图文或印染的花色清晰,而滚筒尺寸(直径)d 的变动量对印刷或印染质量则无甚影响,即该滚筒的形状精度要求高,而尺寸精度要求不高。在这种情况下,应该采用独立原则,规定严格的圆柱度公差 t 和较大的尺寸公差,以获得最佳的技术经济效益。如果通过严格控制滚筒的尺寸 d 的变动量来保证圆柱度要求,就需要规定严格的尺寸公差(把圆柱度误差控制在尺寸公差范围内),因而增加尺寸加工的难度,仍需要使用高精度机床,以保证被加工零件形状精度的要求,这显然是不经济的。

再如,零件上的通油孔(见图4-39b),它不与其他零件配合。只要能控制通油孔尺寸的大小,就能保证规定的油流量,而该孔的轴线弯曲并不影响油的流量。因此,按独立原则规定通油孔的尺寸公差较严而轴线直线度公差较大是经济而合理的。

② 对于除配合要求外,还有极高几何精度要求的要素,其尺寸公差与几何公差的关系应采用独立原则。

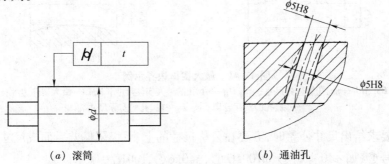

(a) 滚筒　　　　　　　　(b) 通油孔

图4-39　独立原则的应用示例

例如汽车空气压缩机连杆的小头孔(见图4-40),它与活塞销配合,功能上要求该孔圆柱度误差不大于0.003mm。若用尺寸公差控制只允许这样小的形状误差,将造成尺寸加工极为困难。考虑到汽车的产量颇大,可以对该孔规定适当大小的尺寸公差 $\phi12.5^{+0.008}_{-0.007}$mm和严格的圆柱度公差0.003mm,采用把实际尺寸分组装配来满足配合要求和功能要求。这样,该孔的尺寸公差和圆柱度公差按独立原则给出,就经济而合理了。

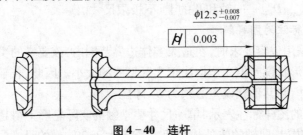

图4-40　连杆

③ 对于未注尺寸公差的要素,由于它们仅有装配方便、减轻重量等要求,而没有配合性质等特殊要求,因此它们的尺寸公差与几何公差的关系应采用独立原则,不需要它们的尺寸公差与几何公差相互有关。通常,这样的几何公差是不标注的(即采用本章§5所述的未注几何公差)。

独立原则可以应用于各种功能要求,但公差值是固定不变的。对于功能上允许几何公差与尺寸公差相关的要素,采用独立原则就不经济。这种要素的尺寸公差与几何公差的关系可以根据具体情况采用不同的相关要求。

三、包容要求

1. 包容要求的含义和图样上的标注方法

包容要求适用于单一尺寸要素(如圆柱面、对应的两平行平面),是指设计时应用边界尺寸为最大实体尺寸的边界(称为最大实体边界 MMB),来控制单一尺寸要素的实际尺寸和形状误差的综合结果,要求该要素的实际轮廓不得超出这边界(即体外作用尺寸应不超出最大实体尺寸),并且实际尺寸不得超出最小实体尺寸。

图 4-41 为轴和孔的最大实体边界示例。要求轴或孔遵守包容要求时,其实际轮廓 S 应控制在最大实体边界 MMB 范围内,且其实际尺寸 d_a 或 D_a 应不超出最小实体尺寸。

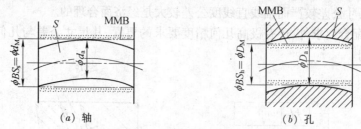

（a）轴　　　　　　　　　　　　　　　（b）孔

图 4-41　最大实体边界示例

BS_s、BS_h—轴、孔的边界尺寸; d_M、D_M—轴、孔的最大实体尺寸; MMB—最大实体边界;
S—轴、孔的实际轮廓; d_a、D_a—轴、孔的实际尺寸

按包容要求给出尺寸公差时,需要在公称尺寸的上、下极限偏差后面或尺寸公差带代号后面标注符号Ⓔ,如 $\phi40^{+0.018}_{+0.002}$Ⓔ、$\phi100H7$Ⓔ、$\phi40k6$Ⓔ、$100H7(^{+0.035}_{0})$Ⓔ。

图样上对轴或孔标注了符号Ⓔ,就应满足下列要求:

对于轴　　　　　　　　　$d_{fe} \leq d_{max}$　　且　　$d_a \geq d_{min}$

对于孔　　　　　　　　　$D_{fe} \geq D_{min}$　　且　　$D_a \leq D_{max}$

式中　　　　　　　d_{fe}、D_{fe}——轴、孔的体外作用尺寸;

　　　　　　　　　d_a、D_a——轴、孔的实际尺寸;

d_{max}、d_{min} 和 D_{max}、D_{min}——轴和孔的上、下极限尺寸。

2. 按包容要求标注的图样解释

单一尺寸要素采用包容要求时,在最大实体边界范围内,该要素的实际尺寸和形状误差相互依赖,所允许的形状误差值完全取决于实际尺寸的大小。因此,若轴或孔的实际尺寸处处皆为最大实体尺寸,则其形状误差必须为零,才能合格。

例如图 4-42a 的图样标注表示,单一尺寸要素轴的实际轮廓不得超过边界尺寸 BS_s 为 $\phi20$mm 的最大实体边界,即轴的体外作用尺寸应不大于 20mm 的最大实体尺寸(轴的上极限尺寸)。轴的实际尺寸应不小于 19.979mm 的最小实体尺寸(轴的下极限尺寸)。由于轴受到最大实体边界 MMB 的限制,当轴处于最大实体状态时,不允许存在形状误差(见图4-42b);当轴处于最小实体状态时,其轴线直线度误差允许值可达到 0.021mm(见图4-42c,设轴横截面形状正确)。图 4-42d 给出了表达上述关系的动态公差图,该图表示轴线直线度误差允许值 t 随轴实际尺寸 d_a 变化的规律。

单一尺寸要素孔、轴采用包容要求时,应该用光滑极限量规检验。这量规的通规模拟体现孔、轴的最大实体边界,用来检验该孔、轴的实际轮廓是否在最大实体边界范围内;止规则

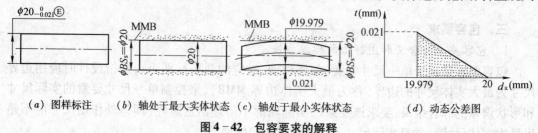

（a）图样标注　　（b）轴处于最大实体状态　（c）轴处于最小实体状态　　　　（d）动态公差图

图 4-42　包容要求的解释

体现两点法测量,用来判断该孔、轴的实际尺寸是否超出最小实体尺寸。

3. 包容要求的主要应用范围

包容要求常用于保证孔与轴的配合性质,特别是配合公差较小的精密配合要求,用最大实体边界保证所需要的最小间隙或最大过盈。

例如,$\phi20H7(^{+0.021}_{0})$ⓔ孔与$\phi20h6(^{0}_{-0.013})$ⓔ轴的间隙定位配合中,所需要最小间隙为零的间隙配合性质是通过孔和轴各自遵守最大实体边界来保证的,不会因为孔和轴的形状误差而产生过盈。而图4-34所示采用独立原则的$\phi20H7$孔和$\phi20h6$轴的装配却可能产生过盈。

采用包容要求时,基孔制配合中轴的上极限偏差数值即为最小间隙或最大过盈;基轴制配合中孔的下极限偏差数值即为最小间隙或最大过盈。应当指出,对于最大过盈要求不严而最小过盈必须保证的配合,其孔和轴不必采用包容要求,因为最小过盈的大小取决于孔和轴的实际尺寸,是由孔和轴的最小实体尺寸控制的,而不是由它们的最大实体边界控制的,在这种情况下,可以采用独立原则。

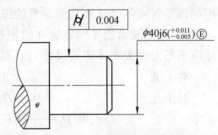

图4-43 单一尺寸要素采用包容要求并对形状精度提出更高要求的标注示例

按包容要求给出单一尺寸要素孔、轴的尺寸公差后,若对该孔、轴的形状精度有更高的要求,还可以进一步给出形状公差值,这形状公差值必须小于给出的尺寸公差值,如图4-43所示的与滚动轴承内圈配合的轴颈的形状精度要求。

四、最大实体要求

最大实体要求适用于尺寸要素的尺寸及其导出要素几何公差的综合要求,是指设计时应用边界尺寸为最大实体实效尺寸的边界(称为最大实体实效边界 MMVB),来控制被测要素的实际尺寸和几何误差的综合结果,要求该要素的实际轮廓不得超出这边界,并且实际尺寸不得超出极限尺寸。

图4-44为轴和孔的最大实体实效边界的示例。关联要素的最大实体实效边界应与基准

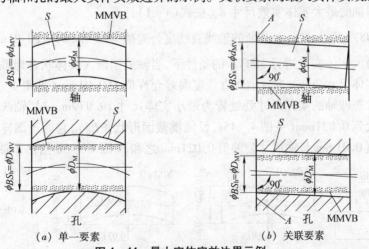

(a) 单一要素　　　　　　　　　(b) 关联要素

图4-44 最大实体实效边界示例

S—轴或孔的实际轮廓;MMVB—最大实体实效边界;BS_s、BS_h—轴、孔的边界尺寸;

d_M、D_M 和 d_{MV}、D_{MV}—轴、孔的最大实体尺寸和最大实体实效尺寸

保持图样上给定的几何关系,图4-44b所示关联要素的最大实体实效边界垂直于基准平面A。

当要求轴线、中心平面等导出要素的几何公差与其对应的尺寸要素(圆柱面、对应的两平行平面等)的尺寸公差相关时,可以采用最大实体要求。

1. 最大实体要求应用于被测要素

(1) 最大实体要求应用于被测要素的含义和在图样上的标注方法

最大实体要求应用于被测要素时,应在被测要素几何公差框格中的公差值后面标注符号Ⓜ,如图4-2和图4-3所示。它包含以下三项内容。

① 图样上标注的几何公差值是被测要素处于最大实体状态时给出的公差值,并且给出控制该要素实际尺寸和几何误差的综合结果(实际轮廓)的最大实体实效边界。

② 被测要素的实际轮廓在给定长度上不得超出最大实体实效边界(即其体外作用尺寸应不超出最大实体实效尺寸),且其实际尺寸不得超出极限尺寸。这可用下式表示:

对于轴　　　　　　　　$d_{fe} \leqslant d_{MV}$ 且 $d_{max} \geqslant d_a \geqslant d_{min}$

对于孔　　　　　　　　$D_{fe} \geqslant D_{MV}$ 且 $D_{max} \geqslant D_a \geqslant D_{min}$

式中　　　　　　d_{fe} 和 D_{fe}——轴和孔的体外作用尺寸;

　　　　　　　　d_a 和 D_a——轴和孔的实际尺寸;

　　　　　　　　d_{MV} 和 D_{MV}——轴和孔的最大实体实效尺寸;

　　　　　　　　d_{max}、d_{min} 和 D_{max}、D_{min}——轴和孔的上、下极限尺寸。

③ 当被测要素的实际轮廓偏离其最大实体状态时,即其实际尺寸偏离最大实体尺寸时($d_a < d_{max}$ 时,$D_a > D_{min}$ 时),在被测要素的实际轮廓不超出最大实体实效边界的条件下,允许几何误差值大于图样上标注的几何公差值,即此时的几何公差值可以增大(允许用被测要素的尺寸公差补偿其几何公差)。

(2) 被测要素按最大实体要求标注的图样解释

图4-45为最大实体要求应用于单一尺寸要素的示例。图4-45a的图样标注表示$\phi20_{-0.021}^{\ 0}$mm轴的轴线直线度公差与尺寸公差的关系采用最大实体要求。当轴处于最大实体状态时,其轴线直线度公差值为0.01mm。实际尺寸应在19.979~20mm范围内。轴的边界尺寸BS_s即轴的最大实体实效尺寸d_{MV}按式(4-1)计算:

$$BS_s = d_{MV} = d_{max} + 带Ⓜ的轴线直线度公差值 = 20 + 0.01 = 20.01 mm$$

在遵守最大实体实效边界MMVB的条件下,当轴处于最大实体状态即轴的实际尺寸处处皆为最大实体尺寸20mm时,轴线直线度误差允许值为0.01mm(见图4-45b);当轴处于最小实体状态即轴的实际尺寸处处皆为最小实体尺寸19.979mm时,轴线直线度误差允许值可以增大到0.031mm(见图4-45c,设轴横截面形状正确),它等于图样上标注的轴线直线度公差值0.01mm与轴尺寸公差值0.021mm之和。图4-45d给出了轴线直线度误差

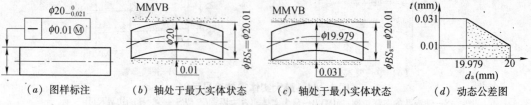

　(a) 图样标注　　　(b) 轴处于最大实体状态　　　(c) 轴处于最小实体状态　　　(d) 动态公差图

图4-45　最大实体要求应用于单一尺寸要素的示例及其解释

允许值 t 随轴的实际尺寸 d_a 变化的规律的动态公差图。

图 4-46 为最大实体要求应用于关联尺寸要素的示例。图 4-46a 的图样标注表示 $\phi 50^{+0.13}_{0}$ mm 孔的轴线对基准平面 A 的垂直度公差与尺寸公差的关系采用最大实体要求,当孔处于最大实体状态时,其轴线垂直度公差值为 0.08mm,实际尺寸应在 50~50.13mm 范围内。孔的边界尺寸 BS_h 即孔的最大实体实效尺寸 D_{MV} 按式(4-2)计算:

$$BS_h = D_{MV} = D_{min} - \text{带Ⓜ的轴线垂直度公差值} = 50 - 0.08 = 49.92mm$$

在遵守最大实体实效边界 MMVB 的条件下,当孔的实际尺寸处处皆为最大实体尺寸 50mm 时,轴线垂直度误差允许值为 0.08mm(见图 4-46b);当孔的实际尺寸处处皆为最小实体尺寸 50.13mm 时,轴线垂直度误差允许值可以增大到 0.21mm(见图 4-46c),它等于图样上标注的轴线垂直度公差值 0.08mm 与孔尺寸公差值 0.13mm 之和。图 4-46d 给出了轴线垂直度误差允许值 t 随孔实际尺寸 D_a 变化的规律的动态公差图。

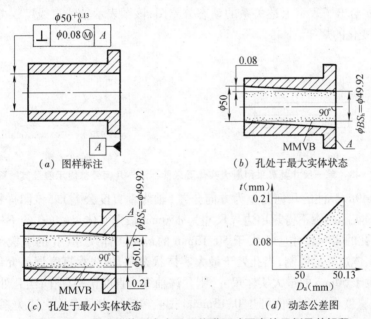

图 4-46 最大实体要求应用于关联尺寸要素的示例及其解释

图 4-47 为关联尺寸要素采用最大实体要求并限制最大方向、位置误差值的示例。图 4-47a 的图样标注表示,上公差框格按最大实体要求标注孔处于最大实体状态时给出的轴线垂直度公差值 0.08mm;下公差框格规定孔的轴线垂直度误差允许值应不大于 0.12mm。因此,无论孔的实际尺寸偏离其最大实体尺寸到什么程度,即使孔处于最小实体状态,其轴线垂直度误差值也不得大于 0.12mm。图 4-47b 给出了轴线垂直度误差允许值 t 随孔的实际尺寸 D_a 变化的规律的动态公差图。

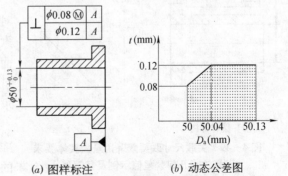

图 4-47 采用最大实体要求并限制最大位置误差值的示例

（3）最大实体要求应用于被测要素而标注的几何公差值为零

最大实体要求应用于被测要素时，可以给出被测要素处于最大实体状态下的几何公差值为零，而在几何公差框格第二格中的几何公差值用"0Ⓜ"的形式注出（如图4－48a和图4－49a所示），这是最大实体要求应用于被测要素的特例。在这种情况下，被测要素的最大实体实效边界就是最大实体边界，这边界尺寸等于最大实体尺寸。

下面用两个示例加以说明。参看图4－48a，标注的几何公差为形状公差（轴线直线度公差）。这时标注的"0Ⓜ"与"$\phi20 ^{\ 0}_{-0.021}$Ⓔ"意义相同：单一尺寸要素轴的实际轮廓不得超出边界尺为$\phi20$mm 最大实体尺寸的最大实体边界；轴的实际尺寸应不小于 19.979mm 最小实体尺寸（轴的下极限尺寸）。由于轴受最大实体边界的限制，当轴处于最大实体状态时，轴线直线度误差允许值为零；如果轴的实际尺寸小于 20mm 的最大实体尺寸，则允许轴线直线度误差存在；当轴处于最小实体状态时，则轴线直线度误差允许值可达 0.021mm（尺寸公差值）。图4－48b 给出了表示上述关系的动态公差图，该图表示轴线直线度误差允许值 t 随轴实际尺寸 d_a 变化的规律。

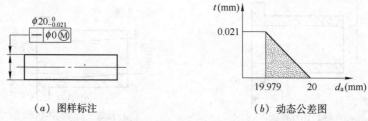

（a）图样标注　　　　　　　　　　（b）动态公差图

图4－48　单一尺寸要素采用最大实体要求而标注零几何公差值示例及其解释

参看图4－49a，标注的几何公差为方向公差（轴线垂直度公差）。该图样标注表示：关联尺寸要素孔的实际轮廓不得超出边界尺寸为 $\phi50$mm 最大实体尺寸（孔的下极限尺寸）的最大实体边界；孔的实际尺寸应不大于 50.13mm 的最小实体尺寸（孔的上极限尺寸）。由于孔受到最大实体边界的限制，当孔处于最大实体状态时，轴线垂直度误差允许值为零；如果孔实际尺寸大于 50mm 的最大实体尺寸，则允许轴线垂直度误差存在；当孔处于最小实体状态时，轴线垂直度误差允许值可达 0.13mm。图4－49b给出了表达上述关系的动态公差图，该图表示垂直度误差允许值 t 随孔实际尺寸 D_a 变化的规律。

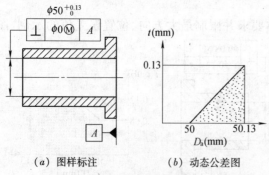

（a）图样标注　　　　（b）动态公差图

图4－49　关联尺寸联要素采用最大实体要求而标注零几何公差值示例及其解释

2. 最大实体要求应用于基准要素

基准要素是确定被测要素方位的参考对象的基础。基准要素尺寸公差与被测要素方向、位置公差的关系可以是彼此无关而独立的，或者是相关的。基准要素本身可以采用独立原则、包容要求、最大实体要求或其他相关要求。

最大实体要求应用于基准要素是指基准要素尺寸公差与被测要素方向、位置公差的关系采用最大实体要求。这时必须在被测要素几何公差框格中的基准字母后面标注符号Ⓜ（如图4－3a和图4－50 所示），以表示被测要素的方向、位置公差与基准要素的尺寸公差相关。

最大实体要求应用于基准要素的含义如下：

（1）基准要素的实际轮廓也受相应的边界控制

当基准要素的导出要素注有几何公差，且几何公差值后面标注符号Ⓜ时（如图4-50a所示），基准要素的边界为最大实体实效边界，边界尺寸为最大实体实效尺寸，它等于最大实体尺寸加上（对于外尺寸要素）或减去（对于内尺寸要素）该几何公差值。在这种情况下，基准符号应标注在形成该最大实体实效边界的几何公差框格的下方。

当基准要素的导出要素没有标注几何公差（如图4-50b所示），或者注有几何公差，但几何公差值后面没有标注符号Ⓜ时，基准要素的边界为最大实体边界，边界尺寸为最大实体尺寸。

（2）在一定的条件下，允许基准要素的尺寸公差补偿被测要素的方向、位置公差

当基准要素的实际轮廓处于基准要素遵守的边界上时，实际基准要素的体外作用尺寸就等于基准要素遵守的边界的尺寸。

在基准要素遵守的边界的范围内，当实际基准要素的体外作用尺寸偏离这边界的尺寸时（对于实际基准外要素，前者小于后者时；对于实际基准内要素，前者大于后者时），允许该实际基准要素在这边界范围内浮动，允许浮动量的大小等于体外作用尺寸与边界尺寸两者的差值。当实际基准要素的体外作用尺寸等于其最小实体尺寸时，浮动量可达到其尺寸公差值。这种浮动就允许被测要素相对于基准的方向、位置公差值增大，即允许基准要素的尺寸公差补偿被测要素的方向、位置公差，前提是基准要素和被测要素的实际轮廓都不得超出各自应遵守的边界，并且基准要素的实际尺寸应在其极限尺寸范围内。

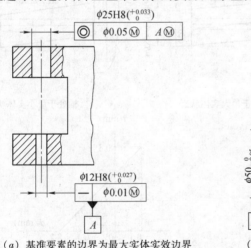
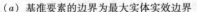
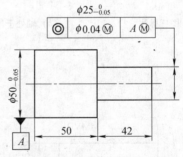

（a）基准要素的边界为最大实体实效边界　　　（b）基准要素的边界为最大实体边界

图4-50　基准要素的边界示例

3. 可逆要求用于最大实体要求

可逆要求是最大实体要求的附加要求。可逆要求是指在不影响零件功能的前提下，当被测轴线、被测中心平面等被测导出要素的几何误差值小于图样上标注的几何公差值时，允许对应被测尺寸要素的尺寸公差值大于图样上标注的尺寸公差值。

（1）可逆要求用于最大实体要求的含义和在图样上的标注方法

可逆要求用于最大实体要求时，应在被测要素几何公差框格中的公差值后面标注双重符号ⓂⓇ（如图4-51a所示）。这表示在被测要素的实际轮廓不超出其最大实体实效边界

的条件下,允许被测要素的尺寸公差补偿其几何公差,并允许被测要素的几何公差补偿其尺寸公差;当被测要素的几何误差值小于图样上标注的几何公差值或等于零时,允许被测要素的实际尺寸超出其最大实体尺寸,甚至可以等于其最大实体实效尺寸。这可用下列公式表示:

对于轴 　　　　　$d_{fe} \leqslant d_{MV}$ 　且 　$d_{MV} \geqslant d_a \geqslant d_{min}$

对于孔 　　　　　$D_{fe} \geqslant D_{MV}$ 　且 　$D_{max} \geqslant D_a \geqslant D_{MV}$

式中　d_{fe}、d_a 和 D_{fe}、D_a——轴和孔的体外作用尺寸、实际尺寸;

　　　　d_{MV} 和 D_{MV}——轴和孔的最大实体实效尺寸;

　　　　d_{min} 和 D_{max}——轴的下极限尺寸和孔的上极限尺寸即它们的最小实体尺寸。

(2) 被测要素按可逆要求用于最大实体要求标注的图样解释

图4-51为可逆要求用于最大实体要求的示例。图4-51a 的图样标注表示 $\phi 20_{-0.1}^{\ 0}$ mm 轴的轴线垂直度公差与尺寸公差两者可以相互补偿。该轴应遵守边界尺寸 BS_s 为 20.2mm 最大实体实效尺寸 d_{MV} 的最大实体实效边界 MMVB。在遵守该边界的条件下,轴的实际尺寸 d_a 在其上极限尺寸与下极限尺寸 20~19.9mm 范围内变动时,其轴线垂直度误差允许值 t 应在 0.2~0.3mm 之间(见图4-51b 和 c)。如果轴的轴线垂直度误差值 f 小于 0.2mm 甚至为零,则该轴的实际尺寸 d_a 允许大于 20mm,并可达到 20.2mm(见图4-51d),即允许该轴的轴线垂直度公差补偿其尺寸公差。图4-51e 给出了表达上述关系的动态公差图。

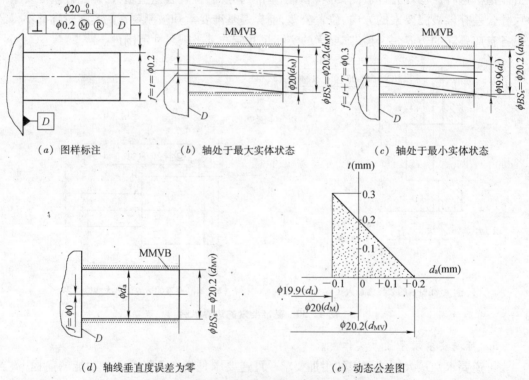

(a) 图样标注　　　　(b) 轴处于最大实体状态　　　　(c) 轴处于最小实体状态

(d) 轴线垂直度误差为零　　　　(e) 动态公差图

图4-51　可逆要求用于最大实体要求的示例

d_{MV}、d_M、d_L、d_a—最大实体实效尺寸、最大实体尺寸、最小实体尺寸、实际尺寸;

MMVB—最大实体实效边界;　T—尺寸公差值;　t—轴线垂直度公差值;　f—轴线垂直度误差值

最大实体要求应用于被测要素时,被测要素的实际轮廓是否超出最大实体实效边界,应该使用功能量规的检验部分(它模拟体现被测要素的最大实体实效边界)来检验;其实际尺寸是否超出极限尺寸,用两点法测量。最大实体要求应用于被测要素对应的基准要素时,可以使用同一功能量规的定位部分(它模拟体现基准要素应遵守的边界),来检验基准要素的实际轮廓是否超出这边界;或者使用光滑极限量规通规或另一功能量规,来检验基准要素的实际轮廓是否超出这边界。

4. 最大实体要求的主要应用范围

只要求装配互换的要素,通常采用最大实体要求。例如,用螺栓或螺钉连接的圆盘零件上圆周布置的通孔的位置度公差广泛采用最大实体要求,以便充分利用图样上给出的通孔尺寸公差,获得最佳的技术经济效益。

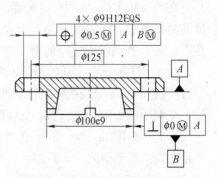

图 4−52 端盖(最大实体要求应用示例)

无论单一尺寸要素或关联尺寸要素,其几何公差值标注为"0Ⓜ"时,皆能获得包容要求的效果。图 4−52 为减速器的端盖(参看第一章图 1−1 中的零件 2 和第三章图 3−21),用四个螺钉把它紧固在箱体上。端盖上圆周布置的四个通孔的位置只要求满足装配互换,因此 4×φ9H12 通孔的位置度公差按最大实体要求给出(φ0.5Ⓜ)。此外,φ100e9 圆柱面(第二基准 B)用于端盖在箱体轴承孔中定位,在保证端盖的基准端面(第一基准 A)与箱体轴承孔端面贴合的前提下,φ100e9 圆柱面的轴线应垂直于基准端面 A。为了保证基准轴线 B 相对于基准端面 A 的垂直度要求,还要充分利用 φ100e9 圆柱面的尺寸公差,因此轴线垂直度公差采用最大实体要求而标注零几何公差值(φ0Ⓜ,获得包容要求的效果),且被测要素即四个通孔 4×φ9H12 的位置度公差与第二基准即 φ100e9 圆柱面的尺寸公差的关系应该采用最大实体要求(在四个通孔位置度公差框格的第四格中标注 B Ⓜ)。

参看图 4−53a,立式电动机的凸缘与机座孔的间隙定位配合采用 φ180H8/h7 配合,要求在电动机定位平面与机座定位平面贴合状态下保持指定的配合性质。如果机座孔和凸缘(轴)分别采用包容要求 φ180H8Ⓔ 和 φ180h7Ⓔ(不考虑定位平面,见图 4−53b),则当孔或(和)轴相对于各自的定位平面分别有垂直度误差而拧紧螺栓使这两个定位平面贴合时,孔与轴之间就可能产生局部过盈,使装配发生困难。因此,上述孔和轴应按关联尺寸要素采用最大实体要求而标注零垂直度公差值"0Ⓜ"(见图 4−53c),从而保证指定的间隙定位配合性质(获得包容要求的效果)和垂直度精度。

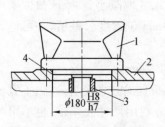
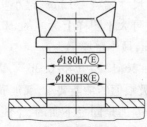
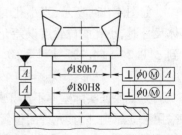

(a) 最小间隙为零的间隙配合 　　(b) 采用包容要求 　　(c) 采用最大实体要求而标注零几何公差值

图 4−53 电动机凸缘与机座孔的配合

1—电动机;2—机座;3—联轴器;4—定位平面

五、最小实体要求

最小实体要求适用于尺寸要素的尺寸及其导出要素几何公差的综合要求。这种公差要求的提出,是基于在产品和零件设计中获取最佳技术经济效益的需要。

在产品和零件设计中,有时要涉及保证同一零件上相邻内、外组成要素间的最小壁厚这样的功能要求。例如图 4-54 所示,零件上 $\phi 4^{+0.12}_{0}$ mm 小孔有特定的位置要求,还要求该孔孔壁与 ϕD_2 孔两端面之间的壁厚不得小于某个极限值。

图 4-54 示例中小孔的最不利状态是:小孔的实际尺寸等于它的 4.12mm 最小实体尺寸,并且它的实际轴线在位置度公差带范围内从理想位置偏移 0.12mm,到达最靠近 ϕD_2 孔的一个端面的极限位置,同时 ϕD_2 孔两端面之间的距离为最小极限值。这时小孔与该端面之间的最小壁厚 C_{min} 等于 ϕD_2 孔两端面之间的最小距离减去小孔最小实体尺寸与其位置度公差之和所得差值的一半。即:

$$C_{min} = \{[(50 - 0.12) - (36 + 0.12)] - (4.12 + 0.24)\}/2 = 4.7\text{mm}$$

当小孔的实际尺寸偏离(小于)最小实体尺寸时,它就不再处于最不利状态,即使它的位置度误差大于图样上标注的位置度公差,只要它的实际尺寸和位置度误差的综合结果不超出最不利状态,就仍然能够保证实际壁厚不小于最小极限值的功能要求。

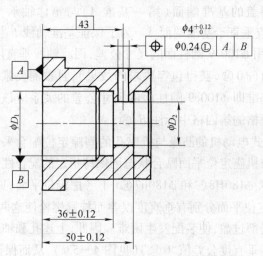

图 4-54 应用最小实体要求保证最小壁厚示例

如图 4-54 所示,当小孔的实际尺寸偏离 4.12mm 最小实体尺寸而减小到 4mm 最大实体尺寸时,小孔的位置度误差允许值可大于图样上标注的 $\phi 0.24$mm 位置度公差值,并可达到 $\phi[0.24 + (4.12 - 4)] = \phi 0.36$mm,最小壁厚仍为

$$C_{min} = [(49.88 - 36.12) - (4 + 0.36)]/2 = 4.7\text{mm}$$

为了保证实际壁厚不小于最小极限值的功能要求,又能获得最佳的技术经济效益,不宜采用独立原则,因其允许的位置度公差值是固定不变的,不能充分利用尺寸公差带;也不可能采用最大实体要求来实现同时保证被测要素所要求的位置度精度和最小壁厚;而应采用最小实体要求,设计时应使被测要素的位置度公差与尺寸公差相关,在图样上规定并标注最小实体状态下的位置度公差。

最小实体要求也用于在获得最佳的技术经济效益的前提下,控制同一零件上特定表面至理想导出要素的最大距离等功能要求。

1. 有关最小实体要求的术语及定义

(1) 体内作用尺寸

外表面(轴)的体内作用尺寸用符号 d_{fi} 表示,是指在被测外表面的给定长度上,与实际外表面体内相接的最大理想面的直径或宽度,如图 4-55a 所示。内表面(孔)的体内作用尺寸用符号 D_{fi} 表示,是指在被测内表面的给定长度上,与实际内表面体内相接的最小理想面的直径或宽度,如图 4-55b 所示。对于关联尺寸要素,该理想面的轴线或中心平面应与基准保持图样上给定的几何关系。

对于按同一图样加工的一批轴或孔来说,各个实际轴或实际孔的体内作用尺寸不相同或者不尽相同。

(2) 最小实体实效状态和最小实体实效尺寸

最小实体实效状态 LMVC 是指实际要素在给定长度上处于最小实体状态(具有最小实体尺寸),且对应导出要素的几何误差等于图样上标注的几何公差时的综合极限状态(图样上该几何公差的数值后面标注了符号Ⓛ,如图 4-54 所示)。此综合极限状态下的体内作用尺寸称为最小实体实效尺寸 LMVS。外表面(轴)和内表面(孔)的最小实体实效尺寸分别用符号 d_{LV} 和 D_{LV} 表示。它们分别按下列公式计算:

$$d_{LV} = \text{轴的下极限尺寸 } d_{min} - \text{该轴所对应导出要素的带Ⓛ的几何公差值 } t \qquad (4-3)$$

$$D_{LV} = \text{孔的上极限尺寸 } D_{max} + \text{该孔所对应导出要素的带Ⓛ的几何公差值 } t \qquad (4-4)$$

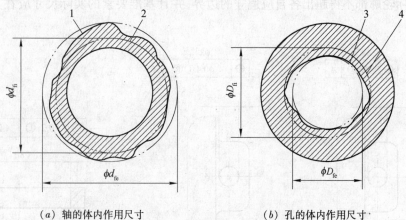

(a) 轴的体内作用尺寸   (b) 孔的体内作用尺寸

图 4-55 单一尺寸要素的体内作用尺寸

1—实际被测轴;2—最大的内接理想面;3—实际被测孔;4—最小的内接理想面;
d_{fi}、d_{fe}—轴的体内、体外作用尺寸;D_{fi}、D_{fe}—孔的体内、体外作用尺寸

(3) 最小实体边界和最小实体实效边界

最小实体边界 LMB 是指边界尺寸为最小实体尺寸的边界。最小实体实效边界 LMVB 是指边界尺寸为最小实体实效尺寸的边界。关联尺寸要素的最小实体边界、最小实体实效边界应与基准要素保持图样上给定的几何关系。

2. 最小实体要求应用于被测要素和基准要素的含义

(1) 最小实体要求应用于被测要素

最小实体要求应用于被测要素时,应在被测要素几何公差框格中公差值后面标注符号Ⓛ,如图4-54所示。这表示图样上标注的几何公差值是被测要素处于最小实体状态下给出的公差值,在被测要素的实际轮廓不超出其最小实体实效边界的条件下,允许被测要素的尺寸公差补偿其几何公差,其实际尺寸应在其极限尺寸范围内。

当最小实体要求应用于被测要素而给出的最小实体状态下的几何公差值为零时,则被测要素几何公差框格第二格中的几何公差值用"0Ⓛ"的形式注出(如图4-56所示),这是最小实体要求应用于被测要素的特例。在这种情况下,被测要素的最小实体实效边界就是最小实体边界,其边界尺寸等于最小实体尺寸。

(2) 可逆要求用于最小实体要求

可逆要求附加用于最小实体要求时,应在被测要素几何公差框格中的公差值后面标注双重符号Ⓛ Ⓡ(如图4-57所示)。这表示在被测要素的实际轮廓不超出其最小实体实效边界的条件下,允许被测要素的尺寸公差补偿其几何公差,同时也允许被测要素的几何公差补偿其尺寸公差。

(3) 最小实体要求应用于基准要素

最小实体要求应用于基准要素,是指基准要素的尺寸公差与被测要素的方向、位置公差的关系采用最小实体要求。这时必须在被测要素几何公差框格中的基准字母的后面标注符号Ⓛ (图4-58),以表示被测要素的方向、位置公差与基准要素的尺寸公差相关。这表示在基准要素遵守的最小实体边界的范围内,当实际基准要素的体内作用尺寸偏离这边界的尺寸时,允许基准要素的尺寸公差补偿被测要素的方向、位置公差,前提是基准要素和被测要素的实际轮廓都不得超出各自应遵守的边界,并且基准要素的实际尺寸应在其极限尺寸范围内。

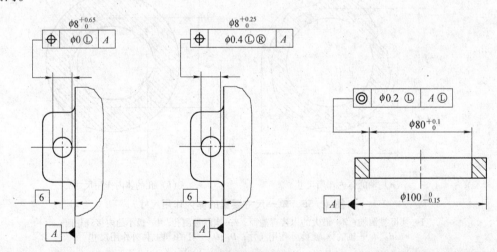

图4-56　采用最小实体要求　　图4-57　可逆要求用于最小　　图4-58　最小实体要求应用基准
而标注零几何公差值示例　　　实体要求的标注示例　　　　要素的标注示例

当基准要素的导出要素注有几何公差,且几何公差值后面标注符号Ⓛ 时,基准要素的边界为最小实体实效边界,边界尺寸为最小实体实效尺寸,它等于最小实体尺寸减去(对于外尺寸要素)或加上(对于内尺寸要素)该几何公差值。在这种情况下,基准符号建议标注在形成该最小实体实效边界的几何公差框格的下方(类似图4-50a的标注)。

当基准要素的导出要素没有标注几何公差,或者注有几何公差,但几何公差值后面没有标注符号 ⓛ 时,基准要素的边界为最小实体边界,边界尺寸为最小实体尺寸。

虽然最小实体要求属于相关要求,但是它没有类似能够体现最大实体要求那样的量规。因为最小实体实效边界是自最小实体状态朝着入体方向叠加而形成的(而最大实体实效边界是自最大实体状态朝着体外方向叠加而形成的),所以设计不出随外表面实际尺寸由最小实体尺寸增大或内表面实际尺寸由最小实体尺寸减小而允许其几何误差相应增大的量规。对于采用最小实体要求的要素,其几何误差使用普通计量器具来测量,其实际尺寸则用两点法测量。

§5 几何公差的选择

绘制零件图并确定该零件的几何精度时,对于那些对几何精度有特殊要求的要素,应在图样上注出出它们的几何公差。一般来说,零件上对几何精度有特殊要求的要素只占少数;而零件上对几何精度没有特殊要求的要素则占大多数,它们的几何精度用一般加工工艺就能够达到,因此在图样上不必单独注出它们的几何公差,以简化图样标注。

几何公差的选择包括下列内容:几何公差特征项目及基准要素的选择、公差原则的选择和几何公差值的选择。

一、几何公差特征项目及基准要素的选择

几何公差特征项目的选择主要从被测要素的几何特征、功能要求、测量的方便性和特征项目本身的特点等几方面来考虑。

例如,对圆柱面的形状精度,根据其几何特征,可以规定圆柱度公差(标注如图 4-43 所示)或者规定圆度公差、素线直线度公差和相对素线间的平行度公差(标注在同一视图上,如图 4-59 所示)。再如,对减速器齿轮轴的两个轴颈的几何精度,由于在功能上它们是齿轮轴在减速器箱体上的安装基准,因此要求它们同轴线,可以规定它们分别对它们的公共轴线的同轴度公差或径向圆跳动公差。考虑到测量径向圆跳动比较方便,而轴颈本身的形状精度颇高,通常都规定两个轴颈分别对它们的公共轴线的径向圆跳动公差(标注如图 4-60 所示)。

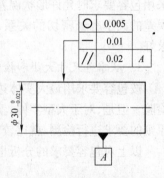

图 4-59 三项几何公差代替圆柱度公差

在确定被测要素的方向、位置公差的同时,必须确定基准要素。根据需要,可以采用单一基准、公共基准或三面基准体系。基准要素的选择主要根据零件在机器上的安装位置、作用、结构特点以及加工和检测要求来考虑。

基准要素通常应具有较高的形状精度,它的长度较大、面积较大、刚度较大。在功能上,基准要素应该是零件在机器上的安装基准或工作基准。

二、公差原则的选择

公差原则主要根据被测要素的功能要求、零件尺寸大小和检测方便来选择,并应考虑充

分利用给出的尺寸公差带,还应考虑用被测要素的几何公差补偿其尺寸公差的可能性。

按独立原则给出的几何公差值是固定的,不允许几何误差值超出图样上标注的几何公差值。而按相关要求给出的几何公差是可变的,在遵守给定边界的条件下,允许几何公差值增大。有时独立原则、包容要求和最大实体要求都能满足某种同一功能要求,但在选用它们时应注意到它们的经济性和合理性。独立原则、包容要求、最大实体要求的主要应用范围业已分别在本章§4第二、三、四小节中叙述。

对于保证最小壁厚不小于某个极限值和表面至理想中心的最大距离不大于某个极限值等功能要求,不可能应用最大实体要求来同时满足此功能要求和位置精度要求,也不适宜应用独立原则来满足,而应该选用最小实体要求来满足。

下面就单一尺寸要素孔、轴配合的几个方面来分析独立原则与包容要求的选择。

1. 从尺寸公差带的利用分析

孔或轴采用包容要求时,它的实际尺寸与形状误差之间可以相互调整(补偿),从而使整个尺寸公差带得到充分利用,技术经济效益较高。

但另一方面,包容要求所允许的形状误差的大小,完全取决于实际尺寸偏离最大实体尺寸的数值。如果孔或轴的实际尺寸处处皆为最大实体尺寸或者趋近于最大实体尺寸,那么,它必须具有理想形状或者接近于理想形状才合格,而实际上极难加工出这样精确的形状。

2. 从配合均匀性分析

按独立原则对孔或轴给出一定的形状公差和尺寸公差。后者的数值小于按包容要求给出的尺寸公差数值,使按独立原则加工的该孔或轴的体外作用尺寸允许值等于按包容要求确定的孔或轴最大实体边界尺寸(即最大实体尺寸),以使独立原则和包容要求都能满足指定的同一配合性质。由于采用独立原则时不允许形状误差值大于某个确定的形状公差值,采用包容要求时允许形状误差值达到尺寸公差数值,而孔与轴的配合均匀性与它们的形状误差的大小有着密切的关系,因此从保证配合均匀性来看,采用独立原则比采用包容要求好。

3. 从零件尺寸大小和检测方便分析

按包容要求用最大实体边界控制形状误差,对于中、小型零件,便于使用光滑极限量规检验。但是,对于大型零件,就难于使用笨重的光滑极限量规检验。在这种情况下,按独立原则的要求进行检测,就比较容易实现。

以上对包容要求的分析也适用于最大实体要求。

三、几何公差值的选择

几何公差值主要根据被测要素的功能要求和加工经济性等来选择。在零件图上,被测要素的几何精度要求有两种表示方法:一种是用几何公差框格的形式单独注出几何公差值;另一种是按 GB/T 1184—1996 的规定,统一给出未注几何公差(在技术要求中用文字说明)。

1. 注出几何公差的确定

几何公差值可以采用计算法或类比法确定。计算法是指对于某些方向、位置公差值,可以用尺寸链分析计算来确定;对于用螺栓或螺钉连接两个零件或两个以上的零件上孔组的各个孔位置度公差,可以根据螺栓或螺钉与通孔间的最小间隙确定。

用螺栓连接时,各个被连接零件上的孔均为通孔,位置度公差值 t 按下式确定:

$$t = X_{min} \qquad (4-5)$$

式中 X_{min}——通孔与螺栓间的最小间隙。

用螺钉连接时,各个被连接零件中有一个零件上的孔为螺孔,而其余零件上的孔则为通孔,位置度公差值 t 按下式确定:

$$t = 0.5 X_{min} \qquad (4-6)$$

式中 X_{min}——通孔与螺钉间的最小间隙。

类比法是指将所设计的零件与具有同样功能要求且经使用表明效果良好而资料齐全的类似零件进行对比,经分析后确定所设计零件有关要素的几何公差值。

对已有专门标准规定的几何公差,例如与滚动轴承配合的轴颈和箱体孔(外壳孔)的几何公差、矩形花键的位置度公差、对称度公差以及齿轮坯的几何公差和齿轮箱体上两对轴承孔的公共轴线之间的平行度公差等,分别按各自的专门标准确定[分别见附表 6-1、附表 11-3、附表 11-4、附表 10-5 和式(10-7)、式(10-8)]。

GB/T 1184—1996 的附录中,对直线度、平面度、圆度、圆柱度、平行度、垂直度、倾斜度、同轴度、对称度、圆跳动和全跳动公差等 11 个特征项目分别规定了若干公差等级及对应的公差值(见附表 4-1、附表 4-2)。这 11 个特征项目中,GB/T 1184—1996 将圆度和圆柱度的公差等级分别规定了 13 个级,它们分别用阿拉伯数字 0、1、2、…、12 表示,其中 0 级最高,等级依次降低,12 级最低。其余 9 个特征项目的公差等级分别规定了 12 个级,它们分别用阿拉伯数字 1、2、…、12 表示,其中 1 级最高,等级依次降低,12 级最低。此外,还规定了位置度公差值数系(见附表 4-3)。

表 4-8 至表 4-11 列出了 11 个几何公差特征项目的部分公差等级的应用场合,供选择几何公差等级时参考,根据所选择的公差等级从公差表格查取几何公差值。

表 4-8　直线度、平面度公差等级的应用实例

公差等级	应　用　举　例
5	1 级平板,2 级宽平尺,平面磨床的纵导轨、垂直导轨、立柱导轨及工作台,液压龙门刨床和六角车床床身导轨,柴油机进气、排气阀门导杆
6	普通机床导轨,如普通车床、龙门刨床、滚齿机、自动车床等的床身导轨和立柱导轨,柴油机壳体
7	2 级平板,机床主轴箱,摇臂钻床底座和工作台,镗床工作台,液压泵盖,减速器壳体结合面
8	机床传动箱体,交换齿轮箱体,车床溜板箱体,连杆分离面,汽车发动机缸盖与气缸体结合面,液压管件和法兰连接面
9	3 级平板,自动车床床身底面,摩托车曲轴箱体,汽车变速箱壳体,手动机械的支承面

表 4-9　圆度、圆柱度公差等级的应用实例

公差等级	应　用　举　例
5	一般计量仪器主轴、测杆外圆柱面,陀螺仪轴颈,一般机床主轴轴颈及主轴轴承孔,柴油机、汽油机活塞、活塞销,与 6 级滚动轴承配合的轴颈

(续表)

公差等级	应 用 举 例
6	仪表端盖外圆柱面,一般机床主轴及前轴承孔,泵、压缩机的活塞、气缸,汽油发动机凸轮轴,纺机锭子,减速器转轴轴颈,高速船用柴油机、拖拉机曲轴主轴颈,与6级滚动轴承配合的外壳孔,与0级滚动轴承配合的轴颈
7	大功率低速柴油机的曲轴轴颈、活塞、活塞销、连杆和气缸,高速柴油机箱体轴承孔,千斤顶或压力油缸活塞,机车传动轴,水泵及通用减速器转轴轴颈,与0级滚动轴承配合的外壳孔
8	大功率低速发动机曲轴轴颈,压气机的连杆盖、连杆体,拖拉机的气缸、活塞,炼胶机冷铸轴辊,印刷机传墨辊,内燃机曲轴轴颈,柴油机凸轮轴轴颈、轴承孔,拖拉机、小型船用柴油机气缸套
9	空气压缩机缸体,液压传动筒,通用机械杠杆与拉杆用的套筒销,拖拉机的活塞环和套筒孔

表 4-10　平行度、垂直度、倾斜度、轴向跳动公差等级的应用实例

公差等级	应 用 举 例
4,5	普通车床导轨、重要支承面,机床主轴轴承孔对基准的平行度,精密机床重要零件,计量仪器、量具、模具的基准面和工作面,机床主轴箱箱体重要孔,通用减速器壳体孔,齿轮泵的油孔端面,发动机轴与离合器的凸缘,气缸支承端面,安装精密滚动轴承的壳体孔的凸肩
6,7,8	一般机床的基准面和工作面,压力机和锻锤的工作面,中等精度钻模的工作面,机床一般轴承孔对基准的平行度,变速器箱体孔,主轴花键对定心表面轴线的平行度,重型机械滚动轴承端盖,卷扬机、手动传动装置中的传动轴,一般导轨,主轴箱箱体孔,刀架、砂轮架、气缸配合面对基准轴线以及活塞销孔对活塞轴线的垂直度,滚动轴承内、外圈端面对基准轴线的垂直度
9,10	低精度零件,重型机械滚动轴承端盖,柴油机、煤气发动机箱体曲轴孔、曲轴轴颈,花键轴和轴肩端面,带式运输机法兰盘等端面对基准轴线的垂直度,手动卷扬机及传动装置中轴承孔端面,减速器壳体平面

表 4-11　同轴度、对称度、径向跳动公差等级的应用实例

公差等级	应 用 举 例
5,6,7	这是应用范围较广的公差等级。用于几何精度要求较高、尺寸的标准公差等级为IT8及高于IT8的零件。5级常用于机床主轴轴颈,计量仪器的测杆,涡轮机主轴,柱塞油泵转子,高精度滚动轴承外圈,一般精度滚动轴承内圈。7级用于内燃机曲轴、凸轮轴、齿轮轴、水泵轴、汽车后轮输出轴、电机转子、印刷机传墨辊的轴颈、键槽
8,9	常用于几何精度要求一般、尺寸的标准公差等级为IT9至IT11的零件。8级用于拖拉机发动机分配轴轴颈,与9级精度以下齿轮相配的轴,水泵叶轮,离心泵体,棉花精梳机前后滚子,键槽等。9级用于内燃机气缸套配合面,自行车中轴

2. 未注几何公差的确定

图样上没有单独注出几何公差的要素也有几何精度要求,但要求偏低,同一要素的未注几何公差与尺寸公差的关系采用独立原则。

应当指出,方向公差能自然地用其公差带控制同一要素的形状误差。因此,对于注出方向公差的要素,就不必考虑该要素的未注形状公差。位置公差能自然地用其公差带控制同一要素的形状误差和方向误差。因此,对于注出位置公差的要素,就不必考虑该要素的未注形状公差和未注方向公差。此外,对于采用相关要求的要素,要求该要素的实际轮廓不得超出给定的边界,因此所有未对该要素单独注出的几何公差都应遵守这边界。

GB/T 1184—1996 对未注几何公差作了如下规定:

　　直线度、平面度、垂直度、对称度和圆跳动以及同轴度的未注公差各分 H、K 和 L 三个公差等级（它们的数值分别见附表 4 - 4 至附表 4 - 7），其中 H 级最高，L 级最低。

　　圆度的未注公差值等于直径尺寸的公差值。圆柱度的未注公差可用圆柱面的圆度、素线直线度和相对素线间的平行度的未注公差三者综合代替，因为圆柱度误差由圆度、素线直线度和相对素线间的平行度误差等三部分组成，其中每一项误差可分别由各自的未注公差控制。

　　平行要素的平行度的未注公差值等于要求平行的两个要素间距离的尺寸公差值，或者等于该要素的平面度或直线度未注公差值，取值应取这两个公差值中的较大值，基准要素则应选取要求平行的两个要素中的较长者；如果这两个要素的长度相等，则其中任何一个要素都可作为基准要素。

　　此外，倾斜度的未注公差，可以采用适当的角度公差代替。对于轮廓度和位置度要求，若不标注理论正确尺寸和几何公差，而标注坐标尺寸，则按坐标尺寸的规定处理。

　　未注几何公差值应根据零件的特点和生产单位的具体工艺条件，由生产单位自行选定，并在有关技术文件中予以明确。采用 GB/T 1184—1996 规定的未注几何公差值时，应在图样上标题栏附近或技术要求中注出标准号和所选用公差等级的代号（中间用短横线"—"分开）。例如，选用 K 级时标注：

未注几何公差按 GB/T 1184—K

　　下面以圆柱齿轮减速器中的齿轮轴、轴套和齿轮等 3 个零件为例，说明几何公差的选择和标注。

　　例1　图 4 - 60 为减速器的齿轮轴（图 1 - 1 中的零件 8）。两个 $\phi40k6$ 轴颈分别与两个相同规格的 0 级滚动轴承内圈配合，$\phi30m7$ 轴头与带轮或其他传动件的孔配合，两个 $\phi48mm$ 轴肩的端面分别为这两个滚动轴承的轴向定位基准，并且这两个轴颈是齿轮轴在箱体上的安装基准。

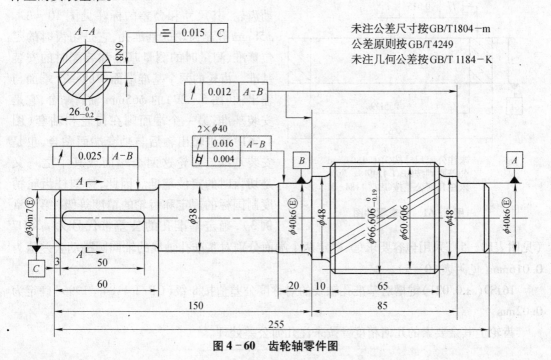

图 4 - 60　齿轮轴零件图

为了保证指定的配合性质,对两个轴颈和轴头都按包容要求给出尺寸公差(它们的公差带代号分别按第六章表 6 - 3 和类比法确定),在它们的尺寸公差带代号后面标注符号 Ⓔ。按滚动轴承有关标准的规定,应对两个轴颈的形状精度提出更高的要求。按滚动轴承的公差等级为 0 级,因此选取轴颈圆柱度公差值为 0.004mm(见附表 6 - 1)。

为了保证齿轮轴的使用性能,两个轴颈和轴头应同轴线,因此按圆柱齿轮精度制国标的规定和小齿轮的精度等级(第十章例 3),确定两个轴颈分别对它们的公共基准轴线 $A - B$ 的径向圆跳动公差值为 0.016mm(见附表 10 - 5);用类比法确定轴头对公共基准轴线 $A - B$ 的径向圆跳动公差值为 0.025mm。

为了保证滚动轴承在齿轮轴上的安装精度,按滚动轴承有关标准的规定,选取两个轴肩的端面分别对公共基准轴线 $A - B$ 的轴向圆跳动公差值为 0.012mm(见附表 6 - 1)。

为了避免键与轴头键槽、传动件轮毂键槽装配困难,应规定键槽对称度公差。该项公差通常按 8 级(GB/T 1184—1996)选取。确定轴头的 8N9($_{-0.036}^{0}$)键槽相对于轴头轴线 C 的对称度公差值为 0.015mm。

齿轮轴上其余要素的几何精度皆按未注几何公差处理。

此外,减速器的输出轴(图 1 - 1 中的零件 4)各要素几何公差的选择和标注与上述齿轮轴类似。输出轴零件图见图 5 - 29。

例 2　参看图 4 - 61 所示的减速器中的轴套(图 1 - 1 中的零件 7),并参看图 3 - 21,该轴套的 φ55D9 孔与输出轴的 φ55k6 轴颈配合。它的两个端面都是安装基准,分别与齿轮端面及滚动轴承内圈端面贴合,因此这两个端面应保持平行。参照与滚动轴承端面贴合的轴肩端面的轴向圆跳动公差值(见附表 6 - 1),确定端面的平行度公差为 0.015mm。

轴套上其余要素的几何精度皆按未注几何公差处理。

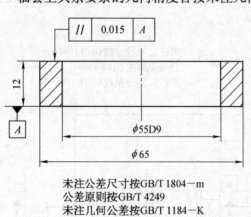

未注公差尺寸按GB/T 1804－m
公差原则按GB/T 4249
未注几何公差按GB/T 1184－K

图 4 - 61　轴套零件图

例 3　图 1 - 1 所示减速器的零件 6 为从动齿轮,其尺寸和公差的标注见图 10 - 37。φ58mm 孔是齿轮的基准孔,它是切齿时的定位基准、测量时的测量基准和装配时的安装基准。齿轮的两个基准端面中的一个端面与输出轴(图 5 - 29)的 φ65mm 轴肩贴合,它是安装基准;另一个端面则在齿轮和轴套(图 4 - 61)装进输出轴后与轴套端面贴合,也是安装基准。齿轮这两个端面或其中之一又是切齿时的定位基准。因此,按圆柱齿轮精度制国标的规定和齿轮的精度等级(第十章例 3),确定基准孔的公差带代号为 φ58H7(见附表 10 - 5),采用包容要求 Ⓔ;确定两个端面分别对基准孔轴线的轴向圆跳动公差值为 0.016mm(见附表 10 - 5)。

16JS9(±0.021)键槽对基准孔轴线的对称度公差值按 8 级(GB/T 1184—1996)确定为 0.02mm。

齿轮上其余要素的几何精度皆按未注几何公差处理。

§6 几何误差及其检测

一、实际要素的体现

测量几何误差时,难于测遍整个实际要素来取得无限多测点的数据,而是考虑现有计量器具及测量本身的可行性和经济性,采用均匀布置测点的方法,测量一定数量的离散测点来代替整个实际要素。此外,为了测量方便与可能,尤其是测量方向、位置误差时,实际导出要素(中心要素)常用模拟的方法体现。例如,用与实际孔成无间隙配合的心轴的轴线模拟体现该实际孔的轴线(见图4-24b);用V形块体现实际轴颈的轴线(见图4-25b)。用模拟法体现实际尺寸要素(轮廓要素)对应的导出要素时,排除了实际导出要素的形状误差。

二、几何误差及其评定

几何误差是指实际被测要素对其理想要素的变动量,是几何公差的控制对象。几何误差值不大于相应的几何公差值,则认为合格。

1. 形状误差及其评定

形状误差是指实际单一要素对其理想要素的变动量,理想要素的位置应符合最小条件。什么叫最小条件呢?就是理想要素处于符合最小条件的位置时,实际单一要素对理想要素的最大变动量为最小。对于实际单一组成要素(如实际表面、轮廓线),这理想要素位于该实际要素的实体之外且与

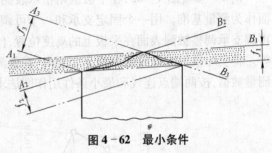

图4-62 最小条件

它接触。对于实际单一导出要素(如实际轴线),这理想要素位于该实际要素的中心位置。

参看图4-62的示例,评定给定平面内的轮廓线的直线度误差时,有许多条位于不同位置的理想直线 A_1B_1、A_2B_2、A_3B_3,用它们评定的直线度误差值分别为 f_1、f_2、f_3。这些理想直线中必有一条(也只有一条)理想直线即直线 A_1B_1 能使实际被测轮廓线对它的最大变动量为最小($f_1 < f_2 < f_3$),因此理想直线 A_1B_1 的位置符合最小条件,实际被测轮廓线的直线度误差值为 f_1。

评定形状误差时,按最小条件的要求,用最小包容区域(简称最小区域)的宽度或直径来表示形状误差值。所谓最小包容区域,是指包容实际单一要素时具有最小宽度或直径的包容区域。各个形状误差项目的最小包容区域的形状分别与各自的公差带形状相同,但前者的宽度或直径则由实际单一要素本身决定。

此外,在满足零件功能要求的前提下,也允许采用其他评定方法来评定形状误差值。但这样评定的形状误差值将大于,至少等于按最小条件评定的形状误差值,因此有可能把合格品误评为废品,这是不经济的。

(1)给定平面内直线度误差值的评定

直线度误差值应该采用最小包容区域来评定,其判别准则如图4-63所示:由两条平行直线包容实际被测直线 S 时,S 上至少有高、低、高相间(或者低、高、低相间)三个极点分别与这两条平行直线接触,则这两条平行直线之间的区域 U 即为最小包容区域,该区域的宽度 f_{MZ} 即为符合定义的直线度误差值。

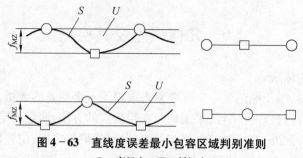

图 4 - 63　直线度误差最小包容区域判别准则

○—高极点；□—低极点

直线度误差值还可以用两端点连线来评定。参看图 4 - 64，以实际被测直线 S 首、末两点 B 和 E 的连线 l_{BE}（称为两端点连线）作为评定基准，取各测点相对于它的偏离值中最大偏离值 h_{max} 与最小偏离值 h_{min} 之差 f_{BE} 作为直线度误差值。测点在它的上方，偏离值取正值；测点在它的下方，偏离值取负值。即：

$$f_{BE} = h_{max} - h_{min} \tag{4-7}$$

例 4　参看图 4 - 65，在平板上用指示表测量窄长表面的直线度误差，以该平板的工作面作为测量基准。用一个固定支承和一个可调支承来支持工件。测量时，首先用指示表和可调支承调整被测表面在平板上的高度位置，使指示表在被测表面两端测得的示值大致相等。将实际被测直线等距布置 9 个测点，在各测点处指示表的示值列于表 4 - 12。根据这些测量数据，按两端点连线和最小条件用作图法求解直线度误差值。

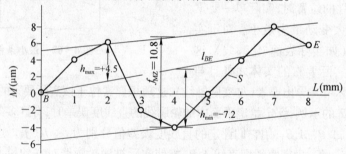

图 4 - 64　直线度误差值的评定

S—实际被测直线（测得要素）；B、E—被测直线的两个端点；

L—测量长度；M—指示表对各测点测得的示值

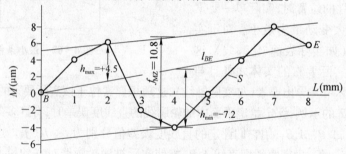

图 4 - 65　用指示表测量直线度误差

表4-12 直线度误差测量数据

测点序号 i	0	1	2	3	4	5	6	7	8
指示表示值 $M_i(\mu m)$	0	+4	+6	-2	-4	0	+4	+8	+6

解 作图求解时,以横坐标为被测直线的长度 L,纵坐标为指示表测得的示值 M。被测直线的长度采用缩小的比例,而指示表示值则采用放大的比例,以便把测得的示值在图上表示清楚,如图4-64所示。

在图4-64上,连接测点 $B(0,0)$ 和测点 $E(8,+6)$,得到两端点连线 l_{BE}。从高极点 $(2,+6)$ 和低极点 $(4,-4)$ 量得它们至 l_{BE} 的纵坐标距离分别为 $+4.5\mu m$ 和 $-7.2\mu m$,因此按 l_{BE} 评定的直线度误差值 f_{BE} 为

$$f_{BE} = (+4.5) - (-7.2) = 11.7\mu m$$

按最小条件评定时,过两个高极点 $(2,+6)$ 和 $(7,+8)$ 作一条直线,过低极点 $(4,-4)$ 作一条平行于上述直线的直线,则这两条平行线之间的区域即为最小包容区域,它们之间的纵坐标距离 f_{MZ} 即为最小包容区域的宽度,从图上量得按最小条件评定的直线度误差值 f_{MZ} 为

$$f_{MZ} = 10.8\mu m < f_{BE}$$

(2)平面度误差值的评定

平面度误差值应该采用最小包容区域来评定,其判别准则如图4-66所示:由两个平行平面包容实际被测表面 S 时,S 上至少有四个极点分别与这两个平行平面接触,且满足下列两个条件之一,那么这两个平行平面之间的区域 U 即为最小包容区域,该区域的宽度 f_{MZ} 即为符合定义的平面度误差值。

① 三角形准则:至少有三个高(低)极点与一个平面接触,有一个低(高)极点与另一个平面接触,并且这一个低(高)极点的投影落在上述三个高(低)极点连成的三角形内,或者落在该三角形的一条边上。

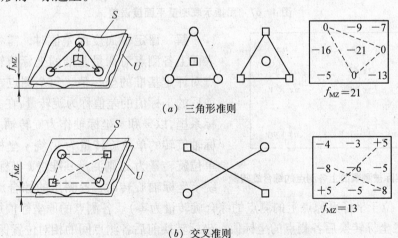

(a) 三角形准则

(b) 交叉准则

图4-66 平面度误差最小包容区域判别准则

○—高极点; □—低极点

② 交叉准则:至少有两个高极点和两个低极点分别与这两个平行平面接触,并且两个高极点的连线和两个低极点的连线在空间呈交叉状态,或者有两个高(低)极点与两个平行包容平面中的一个平面接触,还有一个低(高)极点与另一个平面接触,且该低(高)极点的

投影落在两个高(低)极点的连线上。

　　平面度误差值还可以用对角线平面来评定。这种评定方法是指以通过实际被测表面的一条对角线(两个角点的连线)且平行另一条对角线(其余两个角点的连线)的平面作为评定基准,取各测点相对于它的偏离值中最大偏离值(正值或零)与最小偏离值(零或负值)之差作为平面度误差值。

　　例5　参看图4-67a,在平板上以其工作面作为测量基准,用指示表测量小面积表面的平面度误差。用一个固定支承和两个可调支承来支持工件。测量时,首先用指示表和可调支承调整被测表面在平板上的高度位置,使指示表在被测表面上相距最远的三个点测得的示值大致相等。

　　参看图4-67b,将实际被测表面按 x 和 y 方向使相邻两测点皆等距布置9个测点,取第一个测点 a_1 为坐标系原点 O,测量基准为 Oxy 平面。用指示表分别对9个测点测取示值(空间直角坐标系里的 z 坐标值,μm)。它们的数值见本图方框中所列,分别是9个测点相对于平板工作面的高度差。

　　根据这些测量数据,按对角线平面和最小条件用坐标转换的方法求解平面度误差值。

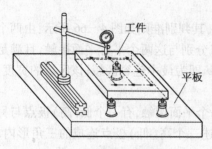

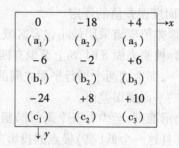

0	-18	$+4$	→x
(a_1)	(a_2)	(a_3)	
-6	-2	$+6$	
(b_1)	(b_2)	(b_3)	
-24	$+8$	$+10$	
(c_1)	(c_2)	(c_3)	
		↓y	

(a)测量示意图　　　　　　(b)测量数据(μm)

图4-67　用指示表测量平面度误差

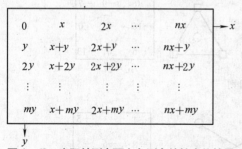

0	x	$2x$	$\cdots$	nx	→x
y	$x+y$	$2x+y$	$\cdots$	$nx+y$	
$2y$	$x+2y$	$2x+2y$	$\cdots$	$nx+2y$	
$\vdots$	$\vdots$	$\vdots$		$\vdots$	
my	$x+my$	$2x+my$	$\cdots$	$nx+my$	

↓y

图4-68　实际被测表面上各测点的综合旋转量

　　解　评定平面度误差值时,需将实际被测表面上各测点对测量基准的坐标值转换为各测点对评定基准的坐标值。每个测点在坐标转换前后的坐标值的差值称为旋转量,在空间直角坐标系里,以 x 和 y 坐标轴作为旋转轴。设绕 x 坐标轴旋转的单位旋转量为 y,绕 y 坐标轴旋转的单位旋转量为 x,则测量基准绕 x 坐标轴旋转,再绕 y 坐标轴旋转时,各测点的综合旋转量见图4-68所示(位于坐标系原点上的测点的综合旋转量为零)。各测点的原坐标值加上综合旋转量,就求得坐标转换后各测点的坐标值。坐标转换前后各测点间的相对位置保持不变。

　　以对角线平面作为评定基准,处理图4-67b 所列的测量数据时,测量基准旋转后应使实际被测表面上两个角点 a_1、c_3 等值和另两个角点 a_3、c_1 等值,因而得出下列方程组

$$\begin{cases} (+10)+2x+2y=0 \\ (+4)+2x=(-24)+2y \end{cases}$$

解这方程组,求得绕 y 轴和 x 轴的单位旋转量分别为(正、负号表示旋转方向):$x = -9.5\mu m, y = +4.5\mu m$,9 个测点的综合旋转量见图 4-69$a$ 框中所列。把图 4-67b 和图 4-69a 对应测点的数据相加,则求得旋转后 9 个测点的坐标值,见图 4-69b 框中所列。因此,按对角线平面评定的平面度误差值 f_{DL} 为:

$$f_{DL} = (+7.5) - (-27.5) = 35\mu m$$

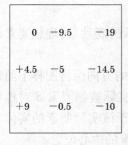 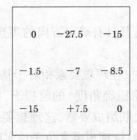 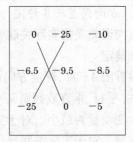

(a) 各测点的综合旋转量(μm) (b) 第一次坐标转换后的数据(μm) (c) 第二次坐标转换后的数据(μm)

图 4-69 用坐标转换的方法求解平面度误差值

进一步按最小条件评定平面度误差值时,从图 4-69b 所列的数据判断,实际被测表面呈马鞍形,取 $a_1(0)$、$c_2(+7.5)$ 为高极点,$a_2(-27.5)$、$c_1(-15)$ 为低极点,两高极点连线与两低极点连线在空间呈交叉状态。对图 4-69b 框中所列的数据作坐标转换,使 a_1、c_2 两点和 a_2、c_1 两点在旋转后分别等值,因而得出下列方程组:

$$\begin{cases} x + 2y + 7.5 = 0 \\ x - 27.5 = 2y - 15 \end{cases}$$

解方程组,求得绕 y 轴和 x 轴旋转的单位旋转量分别为 $x = +2.5\mu m, y = -5\mu m$。再次旋转后 9 个测点的坐标值列于图 4-69$c$ 框中,它们符合交叉准则。因此,按最小条件评定的平面度误差值 f_{MZ}:

$$f_{MZ} = 0 - (-25) = 25\mu m < f_{DL}$$

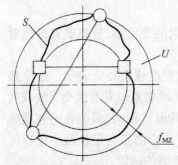

图 4-70 圆度误差最小包容区域判别准则

〇—外极点; □—内极点

应当指出,在图 4-69b 所示数据的基础上,本例仅进行一次坐标转换,就获得符合最小包容区域判别准则的平面度误差值。而在实际工作中常常由于极点选择不准确,需要进行几次坐标转换,才能获得符合最小包容区域判别准则的平面度误差值。

(3)圆度误差值的评定

圆度误差值应该采用最小包容区域来评定,其判别准则如图 4-70 所示:由两个同心圆包容实际被测圆 S 时,S 上至少有 4 个极点内、外相间地与这两个同心圆接触(至少有两个内极点与内圆接触,两个外极点与外圆接触),则这两个同心圆之间的区域 U 即为最小包容区域,该区域的宽度即这两个同心圆的半径差 f_{MZ} 就是符合定义的圆度误差值。

圆度误差值也可以用由实际被测圆确定的最小二乘圆作为评定基准来评定圆度误差值，取最小二乘圆圆心至实际被测圆的轮廓的最大距离与最小距离之差作为圆度误差值。

圆度误差值还可以用由实际被测圆确定的最小外接圆(仅用于轴)或最大内接圆(仅用于孔)作为评定基准来评定圆度误差值。

2. 方向误差及其评定

方向误差是指实际关联要素对其具有确定方向的理想要素的变动量，理想要素的方向由基准确定。

参看图 4-71，评定方向误差时，在理想要素相对于基准 A 的方向保持图样上给定的几何关系(平行、垂直或倾斜某一理论正确角度)的前提下，应使实际被测要素 S 对理想要素的最大变动量为最小。对于实际关联组成要素，这理想要素位于该实际要素的实体之外且与它接触。对于实际关联导出要素，这理想要素位于该实际要素的中心位置。

　(a) 平行度误差　　　　　(b) 垂直度误差　　　　　(c) 倾斜度误差

图 4-71　面对面方向误差的定向最小包容区域判别准则

方向误差值用对基准保持所要求方向的定向最小包容区域 U(简称定向最小区域)的宽度 f_U 或直径 ϕf_U 来表示。定向最小包容区域的形状与方向公差带的形状相同，但前者的宽度或直径则由实际关联要素本身决定。

面对面方向误差的定向最小包容区域判别准则如图 4-71 所示：由具有确定方向的两平行平面包容实际关联要素 S 时，S 上至少有两个极点(高、低极点或左、右极点)分别与这两平行平面接触，则这两平行平面之间的区域 U 即为定向最小包容区域，该区域的宽度 f_U 即为符合定义的方向误差值。

3. 位置误差及其评定

位置误差是指实际关联要素对其具有确定位置的理想要素的变动量，理想要素的位置由基准和理论正确尺寸确定。

位置误差值用定位最小包容区域(简称定位最小区域)的宽度或直径来表示。定位最小包容区域是指以理想要素的位置为中心来对称地包容实际关联要素时具有最小宽度或最小直径的包容区域。定位最小包容区域的形状与位置公差带的形状相同，但前者的宽度或直径则由实际关联要素本身决定。通常，实际关联要素上只有一个测点与定位最小包容区域接触。位置误差值等于这个接触点至理想要素所在位置的距离的两倍。

例如图 4-72a 所示，评定图 4-29 所示零件的位置度误差时，理想平面所在的位置 P_0(评定基准)由基准平面 A 和理论正确尺寸 $\boxed{l}$ 确定(P_0 平行于 A 且至 A 的距离为 l)。定位最小包容区域 U 为对称配置于 P_0 的两平行平面之间的区域，实际被测要素 S 上只有一个

测点与 U 接触。位置度误差值 f_U 为这一点至 P_0 的距离的两倍。

又如图 4-72b 所示,测量和评定图 4-30a 所示零件上第一个孔的轴线的位置度误差时,设该孔的实际轴线用心轴轴线模拟体现,这实际轴线用一个点 S 表示;理想轴线的位置(评定基准)由基准 A、B 和理论正确尺寸 $\boxed{L_x}$、$\boxed{L_y}$ 确定,用点 O 表示。以点 O 为圆心,以 OS 为半径作圆,则该圆内的区域就是定位最小包容区域 U。位置度误差值 $\phi f_U = \phi(2 \times OS)$。

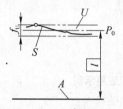 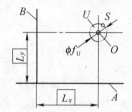

(a) 由两平行平面构成的定位最小包容区域　　(b) 由一个圆构成的定位最小包容区域

图 4-72　定位最小包容区域示例

三、几何误差的检测原则

由于被测零件的结构特点、尺寸大小和被测要素的精度要求以及检测设备条件的不同,同一几何误差项目可以用不同的检测方法来检测。从检测原理上可以将常用的几何误差检测方法概括为下列五种检测原则。

1. 与理想要素比较原则

与理想要素比较原则是指将实际被测要素与其理想要素作比较,在比较过程中获得测量数据,然后按这些数据评定几何误差值。

例如图 4-73 所示,将实际被测轮廓线与模拟理想直线的刀口尺刀刃相比较,根据它们接触时光隙的大小来确定直线度误差值。

再如图 4-67a 所示,将实际被测表面与模拟理想平面的平板工作面相比较(平板工作面也是测量基准),用指示表测出该实际被测表面上各测点的数据(指示表示值),然后处理这些数据,来评定平面度误差值。

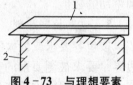

图 4-73　与理想要素比较原则应用示例

1—刀口尺;2—被测零件

2. 测量坐标值原则

测量坐标值原则是指利用计量器具的坐标系,测出实际被测要素上各测点对该坐标系的坐标值,再经过计算评定几何误差值。

例如图 4-23 所示,将被测零件安放在坐标测量仪上,使前者的基准 A 和 B 分别与后者测量系统的 x 和 y 坐标轴方向一致。然后,测量出孔轴线的实际位置 S 的坐标值 (x, y),将该坐标值按 x、y 方向分别减去孔轴线的理想位置 O 的坐标值 $(60, 40)$,得到实际坐标值对理想坐标值的偏差 $\Delta x = x - 60, \Delta y = y - 40$,于是被测轴线的位置度误差值 f_U 可按下式求得:

$$f_U = 2 \cdot OS = 2\sqrt{(\Delta x)^2 + (\Delta y)^2}$$

3. 测量特征参数原则

测量特征参数原则是指测量实际被测要素上具有代表性的参数,用它表示几何误差值。应用这种检测原则测得的几何误差值通常不是符合定义的误差值,而是近似值。

例如图 4-74 所示用两点法测量圆柱面的圆度误差,在同一横截面内的几个方向上测量直径,取相互垂直的两直径的差值中的最大值之半作为该截面内的圆度误差值。这样评定的圆度误差值不符合图4-70的定义。

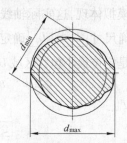

图4-74　测量特征参数原则应用示例

$d_{\max}$—最大直径；$d_{\min}$—最小直径

4. 测量跳动原则

跳动是按特定的测量方法来定义的位置误差项目。测量跳动原则是针对测量圆跳动和全跳动的方法而概括的检测原则。

参看图4-24所示的径向和轴向圆跳动测量示意图,被测零件2以其基准孔安装在心轴3上(它们之间成无间隙配合),再将心轴3安装在同轴线两个顶尖1之间。这两个顶尖的公共轴线模拟体现基准轴线,也是测量基准。实际被测圆柱面绕基准轴线回转一转过程中,前者的同轴度误差和圆度误差使位置固定的指示表的测头沿被测圆周作径向移动,指示表最大与最小示值之差即为径向圆跳动的数值。实际被测端面绕基准轴线回转一转的过程中,位置固定的指示表的测头沿被测端面作轴向移动,指示表最大与最小示值之差即为轴向圆跳动的数值。

5. 边界控制原则

按包容要求或最大实体要求给出几何公差时,就给定了最大实体边界或最大实体实效边界,要求被测要素的实际轮廓不得超出该边界。边界控制原则是指用光滑极限量规的通规或功能量规的检验部分模拟体现图样上给定的边界,来检测实际被测要素。若被测要素的实际轮廓能被量规通过,则表示合格,否则不合格。当最大实体要求应用于被测要素对应的基准要素时,可以使用同一功能量规的定位部分来检验基准要素的实际轮廓是否超出它应遵守的边界。

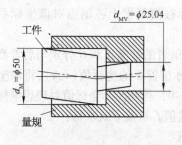

图4-75　边界控制原则应用示例

例如,图4-50b所示零件的同轴度误差用图4-75所示的同轴度量规检验,它是一种共同检验方式的功能量规。零件被测要素的最大实体实效边界尺寸$d_{MV} = \phi25.04\text{mm}$,因此量规检验部分(模拟最大实体实效边界)的孔径定形尺寸也为$\phi25.04\text{mm}$。零件基准要素本身虽采用独立原则,但在与被测要素的关系上,其边界为最大实体边界,其最大实体边界尺寸$d_M = \phi50\text{mm}$,故量规定位部分(模拟最大实体边界)的孔径定形尺寸也为$\phi50\text{mm}$。如果量规检验部分和定位部分能够同时自由通过工件实际被测圆柱表面和实际基准圆柱表面,则表示它们的实际轮廓皆未超出图样上给定的边界,工件同轴度误差合格(详见第七章§3第四小节例7所述)。

第五章 表面粗糙度轮廓及其检测

无论是机械加工的零件表面上,还是用铸、锻、冲压、热轧、冷轧等方法获得的零件表面上,都会存在着具有很小间距的微小峰、谷所形成的微观形状误差,这用表面粗糙度轮廓表示。零件表面粗糙度轮廓对该零件的功能要求、使用寿命、美观程度都有重大的影响。

为了正确地测量和评定零件表面粗糙度轮廓以及在零件图上正确地标注表面粗糙度轮廓的技术要求,以保证零件的互换性,我国发布了 GB/T 3505—2009《产品几何技术规范(GPS) 表面结构 轮廓法 术语、定义及表面结构参数》、GB/T 10610—2009《产品几何技术规范(GPS) 表面结构 轮廓法 评定表面结构的规则和方法》、GB/T 1031—2009《产品几何技术规范(GPS) 表面结构 轮廓法 粗糙度参数及其数值》和 GB/T 131—2006《产品几何技术规范(GPS) 技术产品文件中表面结构的表示法》等国家标准。

§1 表面粗糙度轮廓的基本概念

一、表面粗糙度轮廓的界定

为了研究零件的表面结构,通常用垂直于零件实际表面的平面与该零件实际表面相交所得到的轮廓作为评估对象。它称为表面轮廓,是一条轮廓曲线,如图 5–1 所示。

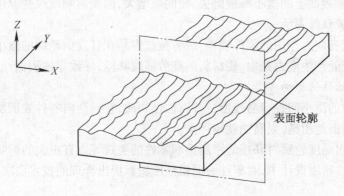

图 5–1 表面轮廓

一般来说,任何加工后的表面的实际轮廓总是包含着表面粗糙度轮廓、波纹度轮廓和宏观形状轮廓等构成的几何形状误差,它们叠加在同一表面上,如图 5–2 所示。粗糙度、波纹度、宏观形状通常按表面轮廓上相邻峰、谷间距的大小来划分:间距小于 1mm 的属于粗糙度;间距在 1~10mm 的属于波纹度;间距大于 10mm 的属于宏观形状。粗糙度叠加在波纹度上,在忽略由于粗糙度和波纹度引起的变化的条件下表面总体形状为宏观形状,其误差称为宏观形状误差或 GB/T 1182—2008 称谓的形状误差。

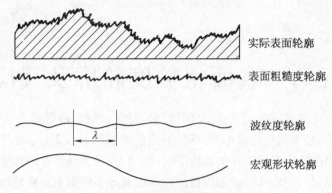

图 5-2　零件实际表面轮廓的形状和组成成分

λ—波长（波距）

二、表面粗糙度轮廓对零件工作性能的影响

零件表面粗糙度轮廓对该零件的工作性能有重大的影响。

1. 对耐磨性的影响

相互运动的两个零件表面越粗糙，则它们的磨损就越快。这是因为这两个表面只能在轮廓的峰顶接触，当表面间产生相对运动时，峰顶的接触将对运动产生摩擦阻力，使零件表面磨损。

2. 对配合性质稳定性的影响

相互配合的孔、轴表面上的微小峰被去掉后，它们的配合性质会发生变化。对于过盈配合，由于压入装配时孔、轴表面上的微小峰被挤平而使有效过盈减小；对于间隙配合，在零件工作过程中孔、轴表面上的微小峰被磨去，使间隙增大，因而影响或改变原设计的配合性质。

3. 对耐疲劳性的影响

对于承受交变应力作用的零件表面，疲劳裂纹容易在其表面轮廓的微小谷底出现，这是因为在微小谷底处产生应力集中，使材料的疲劳强度降低，导致零件表面产生裂纹而损坏。

4. 对抗腐蚀性的影响

在零件表面的微小凹谷容易残留一些腐蚀性物质，它们会向零件表面层渗透，使零件表面产生腐蚀。表面越粗糙，则腐蚀就越严重。

此外，表面粗糙度轮廓对联接的密封性和零件的美观等也有很大的影响。

因此，在零件精度设计中，对零件表面粗糙度轮廓提出合理的技术要求是一项不可缺少的重要内容。

§2　表面粗糙度轮廓的评定

零件加工后的表面粗糙度轮廓是否符合要求，应由测量和评定的结果来确定。测量和评定表面粗糙度轮廓时，应规定取样长度、评定长度、轮廓滤波器的截止波长、中线和评定参数。当没有指定测量方向时，测量截面方向与表面粗糙度轮廓幅度参数的最大值相一致，该方向垂直于被测表面的加工纹理，即垂直于表面主要加工痕迹的方向。

一、取样长度、评定长度及长波和短波轮廓滤波器的截止波长

1. 取样长度

鉴于实际表面轮廓包含着粗糙度、波纹度和宏观形状误差等三种几何形状误差,测量表面粗糙度轮廓时,应把测量限制在一段足够短的长度上,以抑制或减弱波纹度、排除宏观形状误差对表面粗糙度轮廓测量的影响。这段长度称为取样长度,它是用于判别被评定轮廓的不规则特征的 X 轴方向上(见图 5-1)的长度,用符号 lr 表示,如图 5-3 所示。表面越粗糙,则取样长度 lr 就应越大。取样长度的标准化值见附表 5-1。

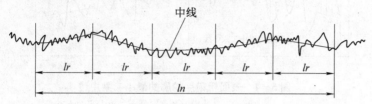

图 5-3　取样长度和评定长度

2. 评定长度

由于零件表面的微小峰、谷的不均匀性,在表面轮廓不同位置的取样长度上的表面粗糙度轮廓测量值不尽相同。因此,为了更可靠地反映表面粗糙度轮廓的特性,应测量连续的几个取样长度上的表面粗糙度轮廓。这些连续的几个取样长度称为评定长度,它是用于判别被评定轮廓特征的 X 轴方向上(见图 5-1)的长度,用符号 ln 表示,如图 5-3 所示。

应当指出,评定长度可以只包含一个取样长度或包含连续的几个取样长度。标准评定长度为连续的 5 个取样长度(即 $ln=5\times lr$)。评定长度的标准化值见附表 5-1。

3. 长波和短波轮廓滤波器的截止波长

为了评价表面轮廓(图 5-2 所示的实际表面轮廓)上各种几何形状误差中的某一几何形状误差,可以利用轮廓滤波器来呈现这一几何形状误差,过滤掉其他的几何形状误差。

轮廓滤波器是指能将表面轮廓分离成长波成分和短波成分的滤波器,它们所能抑制的波长称为截止波长。从短波截止波长至长波截止波长这两个极限值之间的波长范围称为传输带。

使用接触(触针)式仪器测量表面粗糙度轮廓时,为了抑制波纹度对粗糙度测量结果的影响,仪器的截止波长为 λc 的长波滤波器从实际表面轮廓上把波长较大的波纹度波长成分加以抑制或排除掉;截止波长为 λs 的短波滤波器从实际表面轮廓上抑制比粗糙度波长更短的成分,从而只呈现表面粗糙度轮廓,以对其进行测量和评定。其传输带则是从 λs 至 λc 的波长范围。长波滤波器的截止波长 λc 等于取样长度 lr,即 $\lambda c=lr$。截止波长 λs 和 λc 的标准化值由附表 5-1 查取。

二、表面粗糙度轮廓的中线

获得实际表面轮廓后,为了定量地评定表面粗糙度轮廓,首先要确定一条中线,它是具有几何轮廓形状并划分被评定轮廓的基准线。以中线为基础来计算各种评定参数的数值。通常采用下列的表面粗糙度轮廓中线。

1. 轮廓的最小二乘中线

轮廓的最小二乘中线如图 5-4 所示。在一个取样长度 lr 范围内,最小二乘中线使轮廓上各点至该线的距离的平方之和 $\int_0^{lr} Z^2 \mathrm{d}x$ 为最小，即 $z_1^2 + z_2^2 + z_3^2 + \cdots + z_i^2 + \cdots + z_n^2 = \min$。

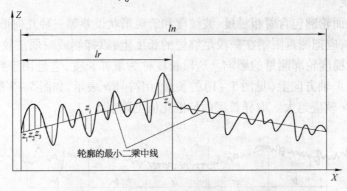

图 5 - 4　表面粗糙度轮廓的最小二乘中线

z_1、z_2、z_3、$\cdots$、z_i、$\cdots$、z_n—轮廓上各点至最小二乘中线的距离

　　2. 轮廓的算术平均中线

　　轮廓的算术平均中线如图 5 - 5 所示。在一个取样长度 lr 范围内，算术平均中线与轮廓走向一致，这条中线将轮廓划分为上、下两部分，使上部分的各个峰面积之和等于下部分的各个谷面积之和，即 $\sum_{i=1}^{n} F_i = \sum_{i=1}^{n} F_i'$。

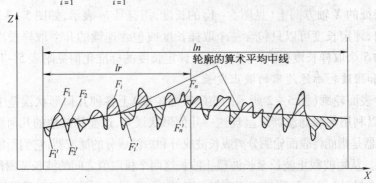

图 5 - 5　表面粗糙度轮廓的算术平均中线

三、表面粗糙度轮廓的评定参数

　　为了定量地评定表面粗糙度轮廓，必须用参数及其数值来表示表面粗糙度轮廓的特征。鉴于表面轮廓上的微小峰、谷的幅度和间距的大小是构成表面粗糙度轮廓的两个独立的基本特征，因此在评定表面粗糙度轮廓时，通常采用下列的幅度参数（高度参数）和间距参数、混合参数。

　　1. 轮廓的算术平均偏差（幅度参数）

　　参看图 5 - 4，轮廓的算术平均偏差是指在一个取样长度 lr 范围内，被评定轮廓上各点至中线的纵坐标值 $Z(x)$ 的绝对值的算术平均值，用符号 Ra 表示。它用公式表示为

$$Ra = \frac{1}{lr} \int_0^{lr} |Z(x)| \, \mathrm{d}x \tag{5 - 1}$$

或近似表示为

$$Ra = \frac{1}{n} \sum_{i=1}^{n} |Z(x_i)| = \frac{1}{n} \sum_{i=1}^{n} |z_i| \tag{5-2}$$

对加工后表面测得的 Ra 值越大,则表面越粗糙。

2. 轮廓的最大高度(幅度参数)

参看图 5-6,在一个取样长度 lr 范围内,被评定轮廓上各个高极点至中线的距离叫做轮廓峰高,用符号 Zp_i 表示,其中最大的距离叫做最大轮廓峰高 Rp(图中 $Rp = Zp_6$);被评定轮廓上各个低极点至中线的距离叫做轮廓谷深,用符号 Zv_i 表示,其中最大的距离叫做最大轮廓谷深,用符号 Rv 表示(图中 $Rv = Zv_2$)。

轮廓的最大高度是指在一个取样长度 lr 范围内,被评定轮廓的最大轮廓峰高 Rp 与最大轮廓谷深 Rv 之和的高度,用符号 Rz 表示,即

$$Rz = Rp + Rv \tag{5-3}$$

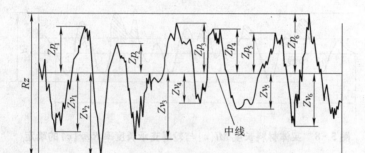

图 5-6　表面粗糙度轮廓的最大高度

对加工后表面测得的 Rz 值越大,则表面越粗糙。

设计时,在零件图上,对零件某一表面的表面粗糙度轮廓要求,按需要选择 Ra 或 Rz 标注。

3. 轮廓单元的平均宽度(间距参数)

对于表面轮廓上的微小峰、谷的间距特征,通常采用轮廓单元的平均宽度来评定。参看图 5-7,一个轮廓峰与相邻的轮廓谷的组合叫做轮廓单元,在一个取样长度 lr 范围内,中线与各个轮廓单元相交线段的长度叫做轮廓单元的宽度,用符号 Xs_i 表示。

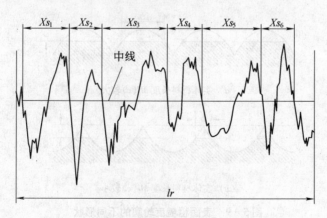

图 5-7　轮廓单元的宽度与轮廓单元的平均宽度

轮廓单元的平均宽度是指在一个取样长度 lr 范围内所有轮廓单元的宽度 Xs_i 的平均值,用符号 Rsm 表示,即

$$Rsm = \frac{1}{m} \sum_{i=1}^{m} Xs_i \qquad (5-4)$$

Rsm 属于附加评定参数,设计时,它与 Ra 或 Rz 同时选用,不能独立采用。

4. 轮廓的支承长度率(混合参数)

参看图 5-8,在评定长度 ln 范围内,一条平行于 X 轴(图 5-1)的直线从峰顶线向下移动,在给定水平截面高度 c 上,与轮廓单元相截所得的各段截线长度之和,称为实体材料长度 $Ml(c)$,即

$$Ml(c) = b_1 + b_2 + \cdots + b_i + \cdots + b_n = \sum_{i=1}^{n} b_i$$

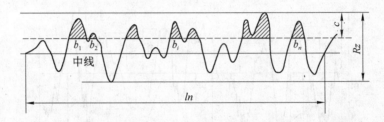

图 5-8　实体材料长度 $Ml(c)$ 与轮廓支承长度率 $Rmr(c)$ 的确定

表面粗糙度轮廓的形状特性用轮廓支承长度率 $Rmr(c)$ 表示,它是轮廓实体材料长度 $Ml(c)$ 与评定长度 ln 的比率,即

$$Rmr(c) = \frac{Ml(c)}{ln} = \frac{1}{ln} \sum_{i=1}^{n} b_i \qquad (5-5)$$

$Rmr(c)$ 对应于 c 给出,c 用 μm 或用占轮廓最大高度 Rz 的百分比来表示。

$Rmr(c)$ 属于附加评定参数,设计时它与 Ra 或 Rz 同时选用,不能独立采用。

$Rmr(c)$ 与零件的实际表面轮廓形状有关,是反映表面耐磨性能的指标。对于不同的实际表面轮廓形状,在相同的评定长度 ln 内并给出相同的水平截面高度 c,$Rmr(c)$ 越大,则表示表面凸起的实体部分越大,承载面积就越大,因而表面耐磨性能就越好。例如图 5-9a 和图 5-9b 所示,前者的耐磨性能比后者好。

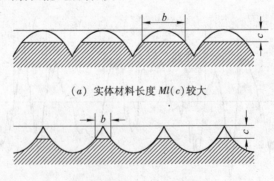

(a) 实体材料长度 $Ml(c)$ 较大

(b) 实体材料长度 $Ml(c)$ 较小

图 5-9　表面粗糙度轮廓的不同形状

§3　表面粗糙度轮廓的技术要求

一、表面粗糙度轮廓技术要求的内容

在零件图上规定表面粗糙度轮廓的技术要求时,必须标注幅度参数符号及极限值,同时还应标注传输带、取样长度、评定长度的数值(若采用标准化值,则可以不标注,而予以默认)、极限值判断规则(若采用特定的某一规则,而予以默认,也可以不标注)。必要时可以标注补充要求。补充要求包括表面纹理及方向、加工方法、加工余量和附加其他的评定参数(如 Rsm)。

表面粗糙度轮廓的评定参数及极限值应根据零件的功能要求和经济性来选择。

二、表面粗糙度轮廓幅度参数的选择

在机械零件精度设计中,对于表面粗糙度轮廓的技术要求,通常只给出幅度参数符号(Ra 或 Rz)及极限值,而其他要求采用默认的标准化值。参数 Ra 的概念颇直观, Ra 值反映表面粗糙度轮廓特性的信息量大,而且 Ra 值用触针式轮廓仪测量比较容易。因此,对于光滑表面和半光滑表面,普遍采用 Ra 作为评定参数。但由于触针式轮廓仪功能的限制,它不宜测量极光滑和粗糙的表面,因此对于极光滑和粗糙的表面,采用 Rz 作为评定参数。

三、表面粗糙度轮廓参数极限值的选择

表面粗糙度轮廓参数的数值已标准化。设计时表面粗糙度轮廓参数极限值应从GB/T 1031—2009 规定的参数值系列(见附表5－2)中选取。必要时可采用其补充系列中的数值。

一般来说,零件表面粗糙度轮廓幅度参数值越小,它的工作性能就越好,使用寿命也越长。但不能不顾及加工成本来追求过小的幅度参数值。因此,在满足零件功能要求的前提下,应尽量选用较大的幅度参数值,以获得最佳的技术经济效益。此外,零件运动表面过于光滑,不利于在该表面上储存润滑油,容易使运动表面间形成半干摩擦或干摩擦,从而加剧该表面磨损。

间距参数 Rsm 和混合参数 $Rmr(c)$ 仅附加选用于少数零件的有特殊要求的重要表面。例如,对密封性要求高的表面可规定 Rsm ,对耐磨性要求高的表面可规定 $Rmr(c)$ 。

设计时,表面粗糙度轮廓参数允许值通常采用类比法来确定。

表面粗糙度轮廓幅度参数极限值的选用原则如下:

① 同一零件上,工作表面的粗糙度轮廓幅度参数值通常比非工作表面小。但对于特殊用途的非工作表面,如机械设备上的操作手柄的表面,为了美观和手感舒服,其表面粗糙度轮廓幅度参数值应予以特殊考虑。

② 摩擦表面的粗糙度轮廓幅度参数值应比非摩擦表面小。

③ 相对运动速度高、单位面积压力大、承受交变应力作用的表面的粗糙度轮廓幅度参数极限值都应小。

④ 对于要求配合性质稳定的小间隙配合和承受重载荷的过盈配合,它们的孔、轴的表

面粗糙度轮廓幅度参数极限值都应小。

⑤ 在确定表面粗糙度轮廓幅度参数极限值时,应注意它与尺寸公差、形状公差协调。这可参考表 5 – 1 所列的比例关系来确定。一般来说,孔、轴尺寸的标准公差等级越高,则该孔或轴的表面粗糙度轮廓幅度参数值就应越小。对于同一标准公差等级的不同尺寸的孔或轴,小尺寸的孔或轴的表面粗糙度轮廓幅度参数值应比大尺寸的小一些。

⑥ 凡有关标准业已对表面粗糙度轮廓技术要求作出具体规定的特定表面(例如,与滚动轴承配合的轴颈和外壳孔,见附表 6 – 2),应按该标准的规定来确定其表面粗糙度轮廓幅度参数极限值。

⑦ 对于防腐蚀、密封性要求高的表面以及要求外表美观的表面,其表面粗糙度轮廓幅度参数极限值应小。

确定表面粗糙度轮廓参数极限值,除有特殊要求的表面外,通常采用类比法。表 5 – 2 列出了各种不同的表面粗糙度轮廓幅度参数值的选用实例。

表 5 – 1   表面粗糙度轮廓幅度参数值与尺寸公差值、形状公差值的一般关系

形状公差值 t 对尺寸公差值 T 的百分比 t/T(%)	表面粗糙度轮廓幅度参数值对尺寸公差值的百分比	
	Ra/T(%)	Rz/T(%)
约 60	≤5	≤30
约 40	≤2.5	≤15
约 25	≤1.2	≤7

表 5 – 2   表面粗糙度轮廓幅度参数值的选用实例

表面粗糙度轮廓幅度参数 Ra 值(μm)	表面粗糙度轮廓幅度参数 Rz 值(μm)	表面形状特征		应 用 举 例
>20	>125	粗糙表面	明显可见刀痕	未标注公差(采用一般公差)的表面
>10 ~20	>63 ~125		可见刀痕	半成品粗加工的表面、非配合的加工表面,如轴端面、倒角、钻孔、齿轮和带轮侧面、垫圈接触面等
>5 ~10	>32 ~63	半光表面	微见加工痕迹	轴上不安装轴承或齿轮的非配合表面,键槽底面,紧固件的自由装配表面,轴和孔的退刀槽等
>2.5 ~5	>16.0 ~32		微见加工痕迹	半精加工表面,箱体、支架、盖面、套筒等与其他零件结合而无配合要求的表面等
>1.25 ~2.5	>8.0 ~16.0		看不清加工痕迹	接近于精加工表面,箱体上安装轴承的镗孔表面、齿轮齿面等
>0.63 ~1.25	>4.0 ~8.0	光表面	可辨加工痕迹方向	圆柱销、圆锥销,与滚动轴承配合的表面,普通车床导轨表面,内、外花键定心表面、齿轮齿面等
>0.32 ~0.63	>2.0 ~4.0		微辨加工痕迹方向	要求配合性质稳定的配合表面,工作时承受交变应力的重要表面,较高精度车床导轨表面、高精度齿轮齿面等
>0.16 ~0.32	>1.0 ~2.0		不可辨加工痕迹方向	精密机床主轴圆锥孔,顶尖圆锥面,发动机曲轴轴颈表面和凸轮轴的凸轮工作表面等

（续表）

表面粗糙度轮廓幅度参数 Ra 值（μm）	表面粗糙度轮廓幅度参数 Rz 值（μm）	表面形状特征		应 用 举 例
>0.08 ~ 0.16	>0.5 ~ 1.0	极光表面	暗光泽面	精密机床主轴轴颈表面，量规工作表面，气缸套内表面，活塞销表面等
>0.04 ~ 0.08	>0.25 ~ 0.5		亮光泽面	精密机床主轴轴颈表面，滚动轴承滚珠的表面，高压油泵中柱塞和柱塞孔的配合表面等
>0.01 ~ 0.04			镜状光泽面	
≤0.01			镜面	高精度量仪、量块的测量面，光学仪器中的金属镜面等

§4　表面粗糙度轮廓技术要求在零件图上的标注

确定零件表面粗糙度轮廓评定参数及极限值和其他技术要求后，应按照 GB/T 131—2006 的规定，把表面粗糙度轮廓技术要求正确地标注在表面粗糙度轮廓完整图形符号上和零件图上。

一、表面粗糙度轮廓的基本图形符号和完整图形符号

为了标注表面粗糙度轮廓各种不同的技术要求，GB/T 131—2006 规定了一个基本图形符号（见图 5-10a）和三个完整图形号（见图 5-10b、c、d）。

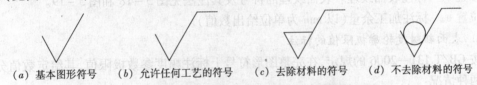

（a）基本图形符号　　（b）允许任何工艺的符号　　（c）去除材料的符号　　（d）不去除材料的符号

图 5-10　表面粗糙度轮廓的基本图形符号和完整图形符号

参看图 5-10a，基本图形符号由两条不等长的相交直线构成，这两条直线的夹角成 60°。基本图形符号仅用于简化标注（见图 5-26 和图 5-29），不能单独使用。

在基本图形符号的长边端部加一条横线，或者同时在其三角形部位增加一段短横线或一个圆圈，就构成用于三种不同工艺要求的完整图形符号。图 5-10b 所示的符号表示表面可以用任何工艺方法获得。图 5-10c 所示的符号表示表面用去除材料的方法获得，例如车、铣、钻、刨、磨、抛光、电火花加工、气割等方法获得的表面。图 5-10d 所示的符号表示表面用不去除材料的方法获得，例如铸、锻、冲压、热轧、冷轧、粉末冶金等方法获得的表面。

二、表面粗糙度轮廓技术要求在完整图形符号上的标注

1. 表面粗糙度轮廓各项技术要求在完整图形符号上的标注位置

在完整图形符号的周围标注评定参数的符号及极限值和其他技术要求。各项技术要求应标注在图 5-11 所示的指定位置上，此图为在去除材料的完整图形符号上的标注。在允许任何工艺的完整图形符号和不去除材料的完整图形符号上，也按照图 5-11 所示的指定位置标注。

在周围注写了技术要求的完整图形符号称为表面粗糙度轮廓代号，简称粗糙度代号。

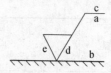

图 5-11　在表面粗糙度轮廓完整图形符号上各项技术要求的标注位置

在完整图形符号周围的各个指定位置上分别标注下列技术要求：

位置 a　标注幅度参数符号（Ra 或 Rz）及极限值（单位为 μm）和有关技术要求。在位置 a 依次标注下列的各项技术要求的符号及相关数值：

上、下限值符号　传输带数值／幅度参数符号　评定长度值　极限值判断规则（空格）　幅度参数极限值

必须注意：① 传输带数值后面有一条斜线"／"，若传输带数值采用默认的标准化值而省略标注，则此斜线不予注出。② 评定长度值是用它所包含的取样长度个数（阿拉伯数字）来表示的，如果默认为标准化值 5（即 $ln = 5 \times lr$），同时极限值判断规则采用默认规则，而都省略标注，则为了避免误解，幅度参数符号与幅度参数极限值之间应插入空格，否则可能把该极限值的首位数误读为表示评定长度值的取样长度个数（数字）。③ 倘若极限值判断规则采用默认规则而省略标注，则为了避免误解，评定长度值与幅度参数极限值之间应插入空格，否则可能把表示评定长度值的取样长度个数误读为极限值的首位数。

位置 b　标注附加评定参数的符号及相关数值（如 Rsm，其单位为 mm）。

位置 c　标注加工方法、表面处理、涂层或其他工艺要求，如车、磨、镀等加工的表面。

位置 d　标注表面纹理。表面纹理的符号及其注法见图 5-18 和图 5-19。

位置 e　标注加工余量（以 mm 为单位给出数值）。

2. 表面粗糙度轮廓极限值的标注

按 GB/T 131—2006 的规定，在完整图形符号上标注幅度参数极限值，其给定数值分为下列两种情况：

（1）标注极限值中的一个数值且默认为上限值

在完整图形符号上，幅度参数的符号及极限值应一起标注。当只单向标注一个数值时，则默认为它是幅度参数的上限值。标注示例见图 5-12a、b（默认传输带，默认评定长度 $ln = 5 \times lr$，极限值判断规则默认为 16% 规则）。

（a）去除材料　　（b）不去除材料

图 5-12　幅度参数值默认为上限值的标注

（2）同时标注上、下限值

需要在完整图形符号上同时标注幅度参数上、下限值时，则应分成两行标注幅度参数符号和上、下限值。上限值标注在上方，并在传输带的前面加注符号"U"。下限值标注在下方，并在传输带的前面加注符号"L"。当传输带采用默认的标准化值而省略标注时，则在上方和下方幅度参数符号的前面分别加注符号"U"和"L"，标注示例见图 5-13（去除材料，默认传输带,默认 $ln = 5 \times lr$,默认 16% 规则)。

对某一表面标注幅度参数的上、下限值时,在不引起歧义的情况下,可以不加写 U、L。

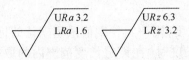

图 5 - 13 两个幅度参数值分别确认为上、下限值的标注

3．极限值判断规则的标注

按 GB/T 10610—2009 的规定,根据表面粗糙度轮廓代号上给定的极限值,对实际表面进行检测后判断其合格性时,可以采用下列两种判断规则。

（1）16% 规则

16% 规则是指在同一评定长度范围内幅度参数全部实测值中,大于上限值的个数不超过实测值总数的 16%,小于下限值的个数不超过实测值总数的 16%,则认为合格。

16% 规则是表面粗糙度轮廓技术要求标注中的默认规则,如图 5 - 12、图 5 - 13 所示。

（2）最大规则

在幅度参数符号的后面增加标注一个"max"的标记,则表示检测时合格性的判断采用最大规则。它是指整个被测表面上幅度参数所有的实测值皆不大于上限值,才认为合格。标注示例见图 5 - 14 和图 5 - 15（去除材料,默认传输带,默认 $ln = 5 \times lr$）。

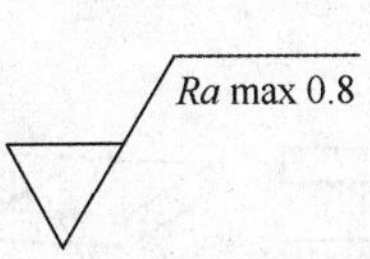

图 5 - 14 确认最大规则的单个幅度参数值 且默认为上限值的标注 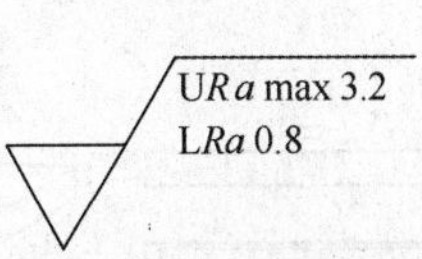　　**图 5 - 15 确认最大规则的上限值和默认 16% 规则的下限值的标注**

4．传输带和取样长度、评定长度的标注

如果表面粗糙度轮廓完整图形符号上没有标注传输带（如图 5 - 12 至图 5 - 15 所示）,则表示采用默认传输带,即默认短波滤波器和长波滤波器的截止波长（λs 和 λc）皆为标准化值。

需要指定传输带时,传输带标注在幅度参数符号的前面,并用斜线"/"隔开。传输带用短波和长波滤波器的截止波长（mm）进行标注,短波滤波器 λs 在前,长波滤波器 λc 在后（$\lambda c = lr$）,它们之间用连字号"－"隔开,标注示例见图 5 - 16a、b、c（去除材料,默认 $ln = 5 \times lr$,幅度参数值默认为上限值,默认 16% 规则）。

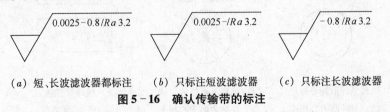

　（a）短、长波滤波器都标注　　（b）只标注短波滤波器　　（c）只标注长波滤波器
图 5 - 16 确认传输带的标注

图 5 - 16a 的标注中,传输带 $\lambda s = 0.0025\,\text{mm}$,$\lambda c = lr = 0.8\,\text{mm}$。在某些情况下,对传输带只标注两个滤波器中的一个,另一个滤波器则采用默认的截止波长标准化值。对于只标

注一个滤波器,应保留连字号"－"来区分是短波滤波器还是长波滤波器,例如图5－16b的标注中,传输带 $\lambda s = 0.0025mm$,λc 默认为标准化值;图5－16c的标注中,传输带 $\lambda c = 0.8mm$,λs 默认为标准化值。

设计时若采用标准评定长度,则评定长度值采用默认的标准化值5而省略标注(如图5－16所示)。需要指定评定长度时(在评定长度范围内的取样长度个数不等于5),则应在幅度参数符号的后面注写取样长度的个数,如图5－17a、b 所示(去除材料,评定长度 $ln \neq 5 \times lr$,幅度参数值默认为上限值)。图5－17a 的标注中,$ln = 3 \times lr$,$\lambda c = lr = 1mm$,λs 默认为标准化值 $0.0025mm$(见附表5－1),判断规则默认为16%规则。图5－17b 的标注中,$ln = 6 \times lr$,传输带为 $0.008mm \sim 1mm$,判断规则采用最大规则。

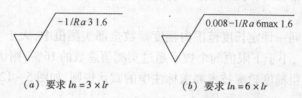

(a) 要求 $ln = 3 \times lr$　　　　　(b) 要求 $ln = 6 \times lr$

图5－17　评定长度的标注

5. 表面纹理的标注

各种典型的表面纹理及其方向用图5－18中规定的符号标注。它们的解释分别见各个

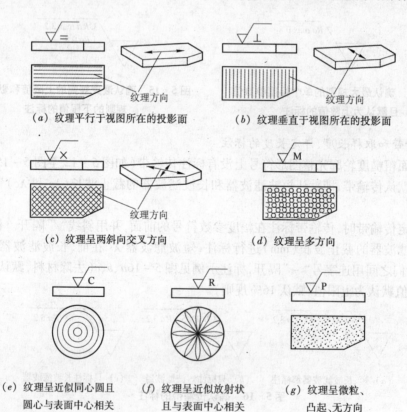

(a) 纹理平行于视图所在的投影面　　　　(b) 纹理垂直于视图所在的投影面

(c) 纹理呈两斜向交叉方向　　　　(d) 纹理呈多方向

(e) 纹理呈近似同心圆且　　(f) 纹理呈近似放射状　　(g) 纹理呈微粒、
　　圆心与表面中心相关　　　　且与表面中心相关　　　　凸起、无方向

图5－18　加工纹理方向的符号及其标注图例

分图题及图 5－18 各个分图中对应的图形。如果这些符号不能清楚地表示表面纹理要求，可以在零件图上加注说明。

6．附加评定参数和加工方法的标注

附加评定参数和加工方法的标注示例见图 5－19。该图亦为上述各项技术要求在完整图形符号上标注的示例：用磨削的方法获得的表面的幅度参数 Ra 上限值为 1.6 μm（采用最大规则），下限值为 0.2 μm（默认 16% 规则），传输带皆采用 $λs = 0.008$ mm，$λc = lr = 1$ mm，评定长度值采用默认的标准化值 5；附加了间距参数 Rsm 0.05（mm），加工纹理垂直于视图所在的投影面。

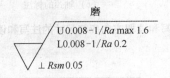

图 5－19　表面粗糙度轮廓各项技术　　**图 5－20　加工余量的标注**
要求标注的示例　　　　　　　　　　（其余技术要求皆采用默认）

7．加工余量的标注

在零件图上标注的表面粗糙度轮廓技术要求都是针对完工表面的要求，因此不需要标注加工余量。对于有多个加工工序的表面可以标注加工余量，例如图 5－20 所示车削工序的直径方向的加工余量为 0.4mm。

三、表面粗糙度轮廓代号在零件图上标注的规定和方法

1．一般规定

对零件任何一个表面的粗糙度轮廓技术要求一般只标注一次，并且用表面粗糙度轮廓代号（在周围注写了技术要求的完整图形符号）尽可能标注在注了相应的尺寸及其极限偏差的同一视图上。除非另有说明，所标注的表面粗糙度轮廓技术要求是对完工零件表面的要求。此外，粗糙度代号上的各种符号和数字的注写和读取方向应与尺寸的注写和读取方向一致，并且粗糙度代号的尖端必须从材料外指向并接触零件表面。

为了使图例简单，下述各个图例中的粗糙度代号上都只标注了幅度参数符号及上限值，其余的技术要求皆采用默认的标准化值。

2．常规标注方法

① 表面粗糙度轮廓代号可以标注在可见轮廓线或其延长线、尺寸界线上，可以用带箭头的指引线或用带黑端点（它位于可见表面上）的指引线引出标注。

图 5－21 为粗糙度代号标注在轮廓线、尺寸界线和带箭头的指引线上。图 5－22 为粗糙度代号标注在轮廓线，轮廓线的延长线和带箭头的指引线上。图 5－23 为粗糙度代号标注在带黑端点的指引线上。

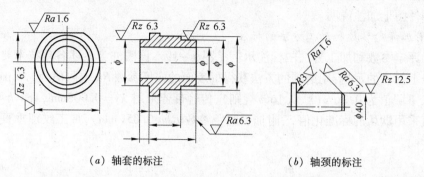

（a）轴套的标注   （b）轴颈的标注

图5−21   粗糙度代号上的各种符号和数字的注写和读取方向应与尺寸的注写和读取方向一致

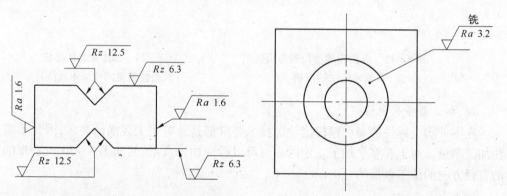

**图5−22   粗糙度代号标注在轮廓线、轮廓线的
延长线和带箭头的指引线上**

**图5−23   粗糙度代号标注在带黑端点的
指引线上**

② 在不引起误解的前提下,表面粗糙度轮廓代号可以标注在特征尺寸的尺寸线上。例如图5−24所示,粗糙度代号标注在孔、轴的直径定形尺寸线上和键槽的宽度定形尺寸的尺寸线上。

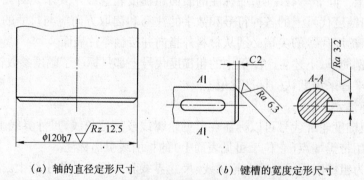

（a）轴的直径定形尺寸   （b）键槽的宽度定形尺寸

图5−24   粗糙度代号标注在特征尺寸的尺寸线上

③ 粗糙度代号可以标注在几何公差框格的上方,如图5−25所示。

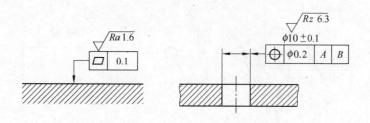

（*a*）标注在框格上方　　（*b*）标注在框格顶部注出了特征尺寸的上方

图 5－25　粗糙度代号标注在几何公差框格的上方

3. 简化标注的规定方法

① 当零件的某些表面（或多数表面）具有相同的表面粗糙度轮廓技术要求时,则对这些表面的技术要求可以统一标注在零件图的标题栏附近,省略对这些表面进行分别标注。

采用这种简化注法时,除了需要标注相关表面统一技术要求的粗糙度代号以外,还需要在其右侧画一个圆括号,在这括号内给出一个图 5－10*a* 所示的基本图形符号。标注示例见图 5－26 的右下角标注（它表示除了两个已标注粗糙度代号的表面以外的其余表面的粗糙度要求）和图 5－29 的标注。

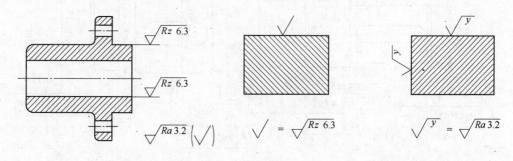

图 5－26　零件某些表面具有相同的表面　　图 5－27　用等式形式简化标注的示例
粗糙度轮廓技术要求时的简化标注

（*a*）用基本图形符号标注　　（*b*）用完整图形符号标注

② 当零件的几个表面具有相同的表面粗糙度轮廓技术要求或粗糙度代号直接标注在零件某表面上受到空间限制时,可以用基本图形符号或只带一个字母的完整图形符号标注在零件这些表面上,而在图形或标题栏附近,以等式的形式标注相应的粗糙度代号,如图 5－27 所示。

③ 当图样某个视图上构成封闭轮廓的各个表面具有相同的表面粗糙度轮廓技术要求时,可以采用图 5－28*a* 所示的表面粗糙度轮廓特殊符号（即在图 5－10 所示三个完整图形符号的长边与横线的拐角处加画一个小圆）,进行标注。标注示例见图 5－28*b*,特殊符号表示对视图上封闭轮廓周边的上、下、左、右 4 个表面的共同要求,不包括前表面和后表面。

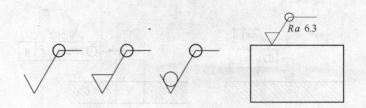

（a）表面粗糙度轮廓特殊符号　　　　　（b）标注示例

图5-28　有关表面具有相同的表面粗糙度轮廓技术要求时的简化注法

4. 在零件图上对零件各表面标注表面粗糙度轮廓代号的示例

图5-29为减速器的输出轴（图1-1中的零件4）的零件图，其上对各表面标注了尺寸及其公差带代号、几何公差和表面粗糙度轮廓技术要求。类似的图例见图10-37。

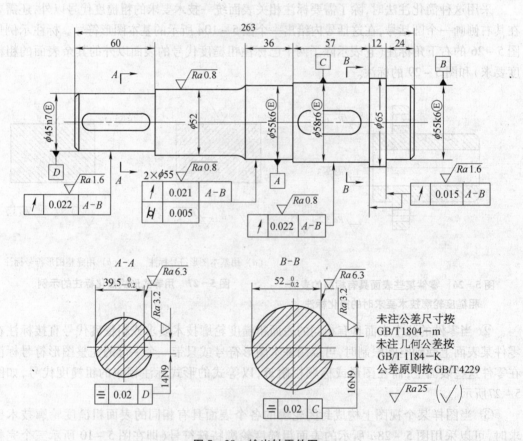

图5-29　输出轴零件图

§5　表面粗糙度轮廓的检测

表面粗糙度轮廓的检测方法主要有比较检测法、针描法、光切法和显微干涉法等几种。

一、比较检测法

比较检测法是指将被测表面与已知 Ra 值的表面粗糙度轮廓比较样块(图5-30)进行触觉和视觉比较的方法。所选用的样块和被测零件的加工方法必须相同,并且样块的材料、形状、表面色泽等应尽可能与被测零件一致。判断的准则是根据被测表面加工痕迹的深浅来决定其表面粗糙度轮廓是否符合零件图上规定的技术要求。若被测表面加工痕迹的深度相当于或小于样块加工痕迹的深度,则表示该被测表面粗糙度轮廓幅度参数 Ra 的数值不大于样块所标记的 Ra 值。这种方法简单易行,但测量精度不高。

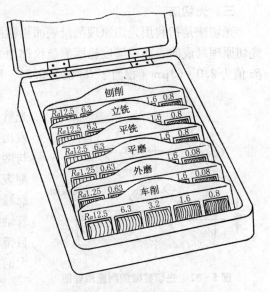

触觉比较是指用手指甲感触来判别,适宜于检测 Ra 值为 $1.25 \sim 10\mu m$ 的外表面。

图5-30 表面粗糙度轮廓比较样块

视觉比较是指靠目测或用放大镜、比较显微镜观察,适宜于检测 Ra 值为 $0.16 \sim 100\mu m$ 的外表面。

二、针描法

针描法是指利用触针划过被测表面,把表面粗糙度轮廓放大描绘出来,经过计算处理装置直接给出 Ra 值。采用针描法的原理制成的表面粗糙度轮廓测量仪称为触针式轮廓仪,它适宜于测量 Ra 值为 $0.04 \sim 5.0\mu m$ 的内、外表面和球形表面。

参看图5-31,量仪的驱动箱以恒速拖动传感器沿工件被测表面轮廓的 X 轴方向(图5-1)移动,传感器测杆上的金刚石触针与被测表面轮廓接触,触针把该轮廓上的微小峰、谷转换为垂直位移,这位移经传感器转换为电信号,然后经检波、放大路线分送两路,其中一路送至记录器,记录出实际表面粗糙度轮廓;另一路经滤波器消除(或减弱)波纹度的影响,由指示表显示出 Ra 值。

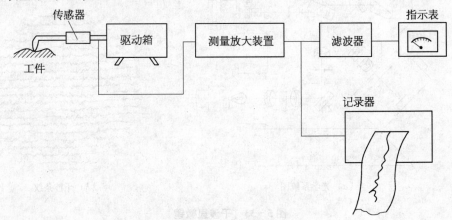

图5-31 触针式轮廓仪的基本结构

三、光切法

光切法是指利用光切原理测量表面粗糙度轮廓的方法,属于非接触测量的方法。采用光切原理制成的表面粗糙度轮廓测量仪称为光切显微镜(或称双管显微镜),它适宜于测量 Rz 值为 $2.0 \sim 63\mu m$(相当于 Ra 值为 $0.32 \sim 10\mu m$)的平面和外圆柱面。

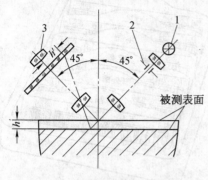

参看图 5-32,测量仪有两个轴线相互垂直的光管,左光管为观察管,右光管为照明管。由光源 1 发出的光线经狭缝 2 后形成平行光束。该光束以与两光管轴线夹角平分线成 45°的入射角投射到被测表面上,把表面轮廓切成窄长的光带。该被测轮廓峰尖与谷底之间的高度为 h。这光带以与两光管轴线夹角平分线成 45°的反射角反射到观察管的目镜 3。从目镜 3 中观察到放大的光带影像(即放大的被测轮廓影像),它的高度为 h'。

在一个取样长度范围内,找出同一光带所有的峰中最高的一个峰尖和所有的谷中最低的一个谷底,利用测量仪测微装置测出该峰尖与该谷底之间的距离(h'值),把它换算为 h 值,来求解 Rz 值。

图 5-32　光切显微镜测量原理图

1—光源; 2—狭缝; 3—目镜

四、显微干涉法

显微干涉法是指利用光波干涉原理和显微系统测量精密加工表面粗糙度轮廓的方法,属于非接触测量的方法。采用显微干涉法原理制成的表面粗糙度轮廓测量仪称为干涉显微镜,它适宜测量 Rz 值为 $0.063 \sim 1.0\mu m$(相当于 Ra 值为 $0.01 \sim 0.16\mu m$)的平面、外圆柱面和球形表面。

干涉显微镜的测量原理(图 5-33a)是基于由测量仪光源 1 发出的一束光线,经测量仪

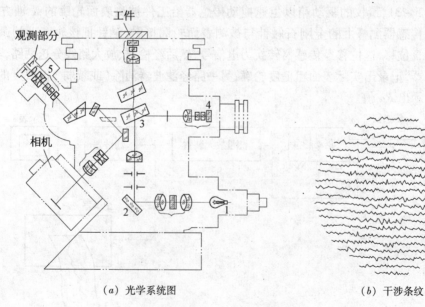

(a) 光学系统图　　　　　　　(b) 干涉条纹

图 5-33　干涉显微镜

1—光源; 2—反射镜; 3—分光镜; 4—标准镜; 5—目镜

反射镜2、分光镜3分成两束光线,其中一束光线投射到工件被测表面,再经原光路返回;另一束光线投射到测量仪的标准镜4,再经原光路返回。这两束返回的光线相遇叠加,产生干涉而形成干涉条纹,在光程差每相差半个光波波长处就产生一条干涉条纹。由于被测表面轮廓存在微小峰、谷,而峰、谷处的光程差不相同,因此造成干涉条纹的弯曲,如图5-33b所示。通过测量仪目镜5观察到这些干涉条纹(被测表面粗糙度轮廓的形状)。干涉条纹弯曲量的大小反映了被测部位微小峰、谷之间的高度。

在一个取样长度范围内,测出同一条干涉条纹所有的峰中最高的一个峰尖至所有的谷中最低的一个谷底之间的距离,求解 R_z 值。

第六章　滚动轴承的公差与配合

滚动轴承是由专业化的滚动轴承制造厂生产的标准部件,在机器中起着支承作用,可以减小运动副的摩擦、磨损,提高机械效率。滚动轴承的公差与配合方面的精度设计是指正确确定滚动轴承内圈与轴颈的配合、外圈与外壳孔的配合以及轴颈和外壳孔的尺寸公差带、几何公差和表面粗糙度轮廓幅度参数值,以保证滚动轴承的工作性能和使用寿命。

为了实现滚动轴承及其相配件的互换性,正确进行滚动轴承的公差与配合设计,我国发布了 GB/T 307.1—2005《滚动轴承　向心轴承　公差》、GB/T 307.3—2005《滚动轴承　通用技术规则》和 GB/T 275—1993《滚动轴承与轴和外壳的配合》等国家标准。

§1　滚动轴承的互换性和公差等级

一、滚动轴承的互换性

滚动轴承的基本结构如图 6-1 所示,一般由外圈 1、内圈 2(它们统称套圈)、滚动体(钢球或滚子)3 和保持架 4 组成。公称内径为 d 的轴承内圈与轴颈 5 配合,公称外径为 D 的轴承外圈与外壳 6 的孔配合。通常,内圈与轴颈一起旋转,外圈与外壳孔固定不动。但也有些机器的部分结构中要求外圈与外壳孔一起旋转,而内圈与轴颈固定不动。

为了便于在机器上安装轴承和更换新轴承,轴承内圈内孔和外圈外圆柱面应具有完全互换性。此外,基于技术经济上的考虑,对于轴承的装配,轴承某些零件的特定部位可以不具有完全互换性,而仅具有不完全互换性。

滚动轴承工作时应保证其工作性能,必须满足下列两项要求。

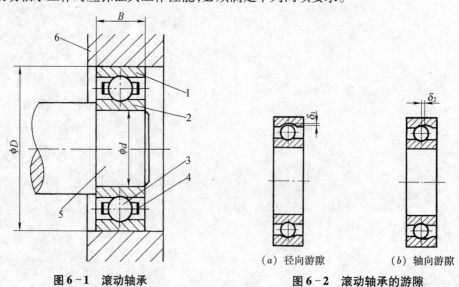

图 6-1　滚动轴承　　　　　（a）径向游隙　　（b）轴向游隙
　　　　　　　　　　　　　图 6-2　滚动轴承的游隙

1. 必要的旋转精度

轴承工作时轴承的内、外圈和端面的跳动应控制在允许的范围内,以保证传动零件的回转精度。

2. 合适的游隙

滚动体与内、外圈之间的游隙分为径向游隙 δ_1 和轴向游隙 δ_2(见图 6-2)。轴承工作时这两种游隙的大小皆应保持在合适的范围内,以保证轴承正常运转,寿命长。

二、滚动轴承的公差等级及其应用

1. 滚动轴承的公差等级

滚动轴承的公差等级由轴承的尺寸公差和旋转精度决定。前者是指轴承内径 d、外径 D、宽度 B 等的尺寸公差。后者是指轴承内、外圈作相对转动时跳动的程度,包括成套轴承内、外圈的径向跳动,成套轴承内、外圈端面对滚道的跳动,内圈基准端面对内孔的跳动等。

滚动轴承按其尺寸公差和旋转精度分级,GB/T 307.3—2005 对滚动轴承的公差等级分级如下(依次由高到低排列):

向心轴承(圆锥滚子轴承除外)分为 2、4、5、6、0 五级;圆锥滚子轴承分为 2、4、5、6X、0 五级。

推力轴承分为 4、5、6、0 四级。

2. 各个公差等级的滚动轴承的应用

各个公差等级的滚动轴承的应用范围参见表 6-1。

表 6-1　各个公差等级的滚动轴承的应用范围

轴承公差等级	应　用　示　例
0 级(普通级)	广泛用于旋转精度和运转平稳性要求不高的一般旋转机构中,如普通机床的变速机构、进给机构,汽车、拖拉机的变速机构,普通减速器、水泵及农业机械等通用机械的旋转机构
6 级、6X 级(中级) 5 级(较高级)	多用于旋转精度和运转平稳性要求较高或转速较高的旋转机构中,如普通机床主轴轴系(前支承采用 5 级,后支承采用 6 级)和比较精密的仪器、仪表、机械的旋转机构
4 级(高级)	多用于转速很高或旋转精度要求很高的机床和机器的旋转机构中,如高精度磨床和车床、精密螺纹车床和齿轮磨床等的主轴轴系
2 级(精密级)	多用于精密机械的旋转机构中,如精密坐标镗床、高精度齿轮磨床和数控机床等的主轴轴系

§2　滚动轴承内、外径及相配轴颈、外壳孔的公差带

一、滚动轴承内、外径公差带的特点

滚动轴承内圈与轴颈的配合应采用基孔制,外圈与外壳孔的配合应采用基轴制。

GB/T 307.1—2005 规定:轴承内圈基准孔公差带位于以公称内径 d 为零线的下方,且上偏差为零(见图 6-3)。这种特殊的基准孔公差带不同于 GB/T 1800.1—2009 中基本偏差代号为 H 的基准孔公差带。因此,当轴承内圈与基本偏差代号为 k、m、n 等的轴颈配合时就形成了具有小过盈的配合,而不是过渡配合。采用这种小过盈的配合是为了防止内圈与轴颈的配合面相对滑动而使配合面产生磨损,影响轴承的工作性能;而过盈较大则会使薄壁的内圈产生较大的变形,影响轴承内部的游隙的大小。因此,轴颈公差

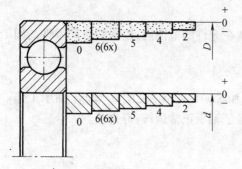

图6-3　滚动轴承内、外径公差带

带从 GB/T 1800.1—2009 中的轴常用公差带中选取,它们与轴承内圈基准孔公差带形成的配合,比 GB/T 1801—2009 中同名配合的配合性质稍紧。

　　轴承外圈安装在机器外壳孔中。机器工作时,温度升高会使轴热膨胀。若外圈不旋转,则应使外圈与外壳孔的配合稍微松一点,以便能够补偿轴热膨胀产生的微量伸长,允许轴连同轴承一起轴向移动。否则轴会弯曲,轴承内、外圈之间的滚动体就有可能卡死。

　　GB/T 307.1—2005 规定:轴承外圈外圆柱面公差带位于以公称外径 D 为零线的下方,且上偏差为零(见图6-3)。该公差带的基本偏差与一般基轴制配合的基准轴的公差带的基本偏差(其代号为 h)相同,但这两种公差带的公差数值不相同。因此,外壳孔公差带从 GB/T 1800.1—2009 中的孔常用公差带中选取,它们与轴承外圈外圆柱面公差带形成的配合,基本上保持 GB/T 1801—2009 中同名配合的配合性质。

　　薄壁零件型的轴承内、外圈无论在制造过程中或在自由状态下都容易变形。但是,当轴承与刚性零件轴、箱体的具有正确几何形状的轴颈、外壳孔装配后,这种变形容易得到矫正。因此,GB/T 307.1—2005 规定,在轴承内、外圈任一横截面内测得内孔、外圆柱面的最大与最小直径的平均值对公称直径的实际偏差分别在内、外径公差带内,就认为合格。

二、与滚动轴承配合的轴颈和外壳孔的常用公差带

　　由于滚动轴承内圈内径和外圈外径的公差带在生产轴承时已经确定,因此在使用轴承时,它与轴颈和外壳孔的配合面间所要求的配合性质必须分别由轴颈和外壳孔的公差带确定。为了实现各种松紧程度的配合性质要求,GB/T 275—1993 规定了 0 级和 6 级轴承与轴颈和外壳孔配合时轴颈和外壳孔的常用公差带。该国标对轴颈规定了 17 种公差带(见图

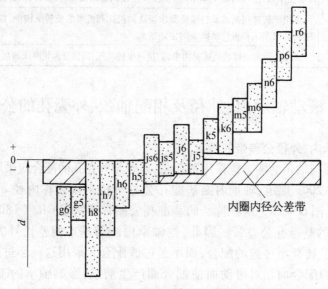

图6-4　与滚动轴承内圈配合的轴颈的常用公差带

6-4),对外壳孔规定了 16 种公差带(见图 6-5)。这些公差带分别选自 GB/T 1800.1—2009 中的轴公差带和孔公差带。

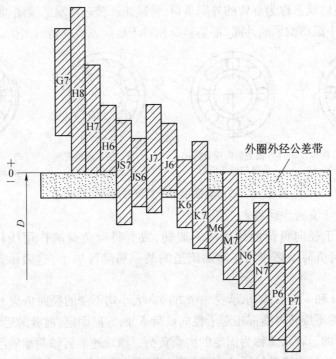

图 6-5 与滚动轴承外圈配合的外壳孔的常用公差带

由图 6-4 所示的公差带可以看出,轴承内圈与轴颈的配合与 GB/T 1801—2009 中基孔制同名配合相比较,前者的配合性质偏紧。h5、h6、h7、h8 轴颈与轴承内圈的配合为过渡配合,k5、k6、m5、m6、n6 轴颈与轴承内圈的配合为过盈较小的过盈配合,其余配合也有所偏紧。

由图 6-5 所示的公差带可以看出,轴承外圈与外壳孔的配合与 GB/T 1801—2009 中基轴制同名配合相比较,两者的配合性质基本一致。

§3 选择滚动轴承与轴颈、外壳孔的配合时应考虑的主要因素

由于滚动轴承内孔和外圆柱面的公差带在生产轴承时已经确定,因此,轴承与轴颈、外壳孔的配合的选择就是确定轴颈和外壳孔的公差带。选择时应考虑以下几个主要因素。

一、轴承套圈相对于负荷方向的运转状态

作用在轴承上的径向负荷,可以是定向负荷(如带轮的拉力或齿轮的作用力)或旋转负荷(如机件的转动离心力),或者是两者的合成负荷。它的作用方向与轴承套圈(内圈或外圈)存在着以下三种关系。

1. **套圈相对于负荷方向旋转**

当套圈相对于径向负荷的作用线旋转,或者径向负荷的作用线相对于轴承套圈旋转时,该径向负荷就依次作用在套圈整个滚道的各个部位上,这表示该套圈相对于负荷方向旋转。

例如图 6-6a 和 b 所示,轴承承受一个方向和大小均不变的径向负荷 F_r,图 a 中的旋转内圈和图 b 中的旋转外圈皆相对于径向负荷 F_r 的方向旋转,前者的运转状态称为旋转的内圈负荷,后者的运转状态称为旋转的外圈负荷,像减速器转轴两端的滚动轴承的内圈,汽车、拖拉机车轮轮毂中滚动轴承的外圈,都是套圈相对于负荷方向旋转的实例。

  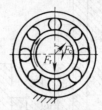 

(a) 旋转的内圈负荷和　　　(b) 固定的内圈负荷和　　　(c) 旋转的内圈负荷和　　　(d) 内圈承受摆动负荷
　　固定的外圈负荷　　　　　旋转的外圈负荷　　　　　外圈承受摆动负荷　　　和旋转的外圈负荷

图 6-6　轴承套圈相对于负荷方向的运转状态

2. 套圈相对于负荷方向固定

当套圈相对于径向负荷的作用线不旋转,或者径向负荷的作用线相对于轴承套圈不旋转时,该径向负荷始终作用在套圈滚道的某一局部区域上,这表示该套圈相对于负荷方向固定。

例如图 6-6a 和 b 所示,轴承承受一个方向和大小均不变的径向负荷 F_r,图 a 中的不旋转外圈和图 b 中的不旋转内圈都相对于径向负荷 F_r 的方向固定,前者的运转状态称为固定的外圈负荷,后者的运转状态称为固定的内圈负荷。像减速器转轴两端的滚动轴承的外圈,汽车、拖拉机车轮轮毂中滚动轴承的内圈,都是套圈相对于负荷方向固定的实例。

为了保证套圈滚道的磨损均匀,相对于负荷方向旋转的套圈与轴颈或外壳孔的配合应保证它们能固定成一体,以避免它们产生相对滑动,从而实现套圈滚道均匀磨损。相对于负荷方向固定的套圈与轴颈或外壳孔的配合应稍松些,以便在摩擦力矩的带动下,它们可以作非常缓慢的相对滑动,从而避免套圈滚道局部磨损。这样选择配合就能提高轴承的使用寿命。

3. 轴承套圈相对于负荷方向摆动

当大小和方向按一定规律变化的径向负荷依次往复地作用在套圈滚道的一段区域上时,这表示该套圈相对于负荷方向摆动。例如图 6-6c 和 d 所示,套圈承受一个大小和方向均固定的径向负荷 F_r 和一个旋转的径向负荷 F_c,两者合成的径向负荷的大小将由小逐渐增大,再由大逐渐减小,周而复始地周期性变化,这样的径向负荷称为摆动负荷。

参看图 6-7,当 $F_r > F_c$ 时,按照向量合成的平行四边形法则,F_r 与 F_c 的合成负荷 F 就在滚道 AB 区域内摆动。因此,不旋转的套圈就相对于负荷 F 的方向摆动,而旋转的套圈就相对于负荷 F 的方向旋转。前者的运转状态称为摆动的套圈负荷。

如果 $F_r < F_c$,则 F_r 与 F_c 的合成负荷 F 沿整个滚道圆周变动,因此,不旋转的套圈就相对于合成负荷的方向旋转,而旋转的套圈则相对于合成负荷的方向摆动。后者的运转状态称为摆

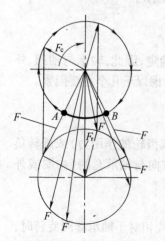

图 6-7　摆动负荷

动的套圈负荷。

归纳一下,当套圈相对负荷方向旋转时,该套圈与轴颈或外壳孔的配合应较紧,一般选用具有小过盈的配合或过盈概率大的过渡配合。

当套圈相对于负荷方向固定时,该套圈与轴颈或外壳孔的配合应稍松些,一般选用具有平均间隙较小的过渡配合或具有极小间隙的间隙配合。

当套圈相对于负荷方向摆动时,该套圈与轴颈或外壳孔的配合的松紧程度,一般与套圈相对负荷方向旋转时选用的配合相同或稍松一些。

二、负荷的大小

轴承与轴颈、外壳孔的配合的松紧程度跟负荷的大小有关。对于向心轴承,GB/T 275—1993 按其径向当量动负荷 P_r 与径向额定动负荷 C_r 的比值将负荷状态分为轻负荷、正常负荷和重负荷三类,见表 6-2。

表 6-2 向心轴承负荷状态分类

负 荷 状 态	轻 负 荷	正 常 负 荷	重 负 荷
P_r/C_r	≤0.07	>0.07~0.15	>0.15

P_r 和 C_r 的数值分别由计算公式求出和轴承产品样本查出。

轴承在重负荷作用下,套圈容易产生变形,将会使该套圈与轴颈或外壳孔配合的实际过盈减小而引起松动,影响轴承的工作性能。因此,承受轻负荷、正常负荷、重负荷的轴承与轴颈或外壳孔的配合应依次越来越紧。

三、径向游隙

GB/T 4604—2006《滚动轴承 径向游隙》规定,向心轴承的径向游隙共分五组:2 组,0 组,3 组,4 组,5 组,游隙的大小依次由小到大。其中,0 组为基本游隙组。

游隙过小,若轴承与轴颈、外壳孔的配合为过盈配合,则会使轴承中滚动体与套圈产生较大的接触应力,并增加轴承工作时的摩擦发热,导致降低轴承寿命。游隙过大,就会使转轴产生较大的径向跳动和轴向跳动,以致使轴承工作时产生较大的振动和噪声。因此,游隙的大小应适度。

具有 0 组游隙的轴承,在常温状态的一般条件下工作时,它与轴颈、外壳孔配合的过盈应适中。对于游隙比 0 组游隙大的轴承,配合的过盈应增大。对于游隙比 0 组游隙小的轴承,配合的过盈应减小。

四、轴承的工作条件

轴承工作时,由于摩擦发热和其他热源的影响,套圈的温度会高于相配件的温度。内圈的热膨胀会引起它与轴颈的配合变松,而外圈的热膨胀则会引起它与外壳孔的配合变紧。因此,轴承工作温度高于 100℃时,应对所选择的配合作适当的修正。

当轴承的旋转速度较高,又在冲击振动负荷下工作时,轴承与轴颈、外壳孔的配合最好都选用具有小过盈的配合或较紧的配合。

剖分式外壳和整体外壳上的轴承孔与轴承外圈的配合的松紧程度应有所不同,前者的配合应稍松些,以避免箱盖和箱座装配时夹扁轴承外圈。

§4 与滚动轴承配合的轴颈和外壳孔的精度的确定

与滚动轴承配合的轴颈和外壳孔的精度包括它们的尺寸公差带、几何公差和表面粗糙度轮廓幅度参数值。

一、轴颈和外壳孔的尺寸公差带的确定

所选择轴颈和外壳孔的标准公差等级应与轴承公差等级协调。与 0 级、6 级轴承配合的轴颈一般为 IT6,外壳孔一般为 IT7。对旋转精度和运转平稳性有较高要求的工作条件,轴颈应为 IT5,外壳孔应为 IT6。轴承游隙为 0 组游隙,轴为实心或厚壁空心钢制轴,外壳(箱体)为铸钢件或铸铁件,轴承的工作温度不超过 100℃ 时,确定轴颈和外壳孔的尺寸公差带可分别根据表 6 - 3 和表 6 - 4 进行选择。

二、轴颈和外壳孔的几何公差与表面粗糙度轮廓幅度参数值的确定

轴颈和外壳孔的尺寸公差带确定以后,为了保证轴承的工作性能,还应对它们分别确定几何公差和表面粗糙度轮廓幅度参数值,这可参照附表 6 - 1、附表 6 - 2 选取。

为了保证轴承与轴颈、外壳孔的配合性质,轴颈和外壳孔应分别采用包容要求和采用最大实体要求而标注零几何公差值。对于轴颈,在采用包容要求 Ⓔ 的同时, 为了保证同一根轴上两个轴颈的同轴度精度,还应规定这两个轴颈的轴线分别对它们的公共轴线的同轴度公差(图样标注如图 4 - 60 和图 5 - 29 所示的径向圆跳动公差)。

对于外壳上支承同一根轴的两个轴承孔,应按关联要素采用最大实体要求而标注零几何公差值 $\phi 0 \text{Ⓜ}$,来规定这两个孔的轴线分别对它们的公共轴线的同轴度公差(图样标注如图 10 - 38 所示),以同时保证指定的配合性质和同轴度精度。

此外,如果轴颈或外壳孔存在较大的形状误差,则轴承与它们安装后,套圈会产生变形而不圆,因此必须对轴颈和外壳孔规定严格的圆柱度公差。

轴的轴颈肩部和外壳上轴承孔的端面是安装滚动轴承的轴向定位面,若它们存在较大的垂直度误差,则滚动轴承与它们安装后,轴承套圈会产生歪斜,因此应规定轴颈肩部和外壳孔端面对基准轴线的轴向圆跳动公差。

三、轴颈和外壳孔精度设计举例

现以第一章图 1 - 1 所示斜齿圆柱齿轮减速器输出轴上的圆锥滚子轴承为例,说明如何确定与该轴承配合的轴颈和外壳孔的各项公差及它们在图样上的标注方法。

例 1 已知减速器的功率为 5kW,输出轴转速为 83r/min,其两端的轴承为 30211 圆锥滚子轴承($d = 55\text{mm}, D = 100\text{mm}$)。从动齿轮的齿数 $z = 79$,法向模数 $m_n = 3\text{mm}$,标准压力角 $\alpha_n = 20°$,分度圆螺旋角 $\beta = 8°6'34''$。试确定轴颈和外壳孔的尺寸公差带代号(上、下极限偏差)、几何公差值和表面粗糙度轮廓幅度参数值,并将它们分别标注在装配图和零件图上。

表6-3 与向心轴承配合的轴颈的尺寸公差带

运 转 状 态		负荷状态	深沟球轴承、调心球轴承和角接触球轴承	圆柱滚子轴承和圆锥滚子轴承	调心滚子轴承	尺寸公差带
说 明	举 例		轴 承 公 称 内 径 （mm）			
旋转的内圈负荷及摆动负荷	一般通用机械、电动机、机床主轴、泵、内燃机、正齿轮传动装置、铁路机车车辆轴箱、破碎机等	轻负荷	≤18	—	—	h5
			>18~100	≤40	≤40	j6①
			>100~200	>40~140	>40~140	k6①
				>140~200	>140~200	m6①
		正常负荷	≤18	—	—	j5、js5
			>18~100	≤40	≤40	k5②
			>100~140	>40~100	>40~65	m5②
			>140~200	>100~140	>65~100	m6
			>200~280	>140~200	>100~140	n6
			—	>200~400	>140~280	p6
					>280~500	r6
		重负荷		>50~140	>50~100	n6③
				>140~200	>100~140	p6
				>200	>140~200	r6
					>200	r7
固定的内圈负荷	静止轴上的各种轮子、张紧轮、绳轮、振动筛、惯性振动器	所有负荷	所 有 尺 寸			f6①
						g6
						h6
						j6
仅有轴向负荷			所 有 尺 寸			j6、js6

注：① 对精度有较高要求的场合，应该选用 j5、k5、m5、f5 以分别代替 j6、k6、m6、f6。
② 圆锥滚子轴承、角接触球轴承配合对游隙的影响不大，可以选用 k6、m6 分别代替 k5、m5。
③ 重负荷下轴承游隙应选用大于0组的游隙。

表6-4 与向心轴承配合的外壳孔的尺寸公差带

运 转 状 态		负荷状态	其 他 状 况		尺寸公差带①	
说 明	举 例				球轴承	滚子轴承
固定的外圈负荷	一般机械、铁路机车车辆轴箱、电动机、泵、曲轴主轴承	轻、正常、重负荷	轴向容易移动	轴处于高温度下工作	G7	
				采用剖分式外壳	H7	
		冲击负荷	轴向能移动，采用整体式或剖分式外壳		J7、JS7	
摆动负荷		轻、正常负荷				
		正常、重负荷			K7	
		冲击负荷			M7	
旋转的外圈负荷	张紧滑轮、轮毂轴承	轻负荷	轴向不移动，采用整体式壳		J7	K7
		正常负荷			K7、M7	M7、N7
		重负荷			—	N7、P7

注：① 并列尺寸公差带随尺寸的增大从左至右选择；对旋转精度要求较高时，可相应提高一个标准公差等级。

解

① 本例的减速器属于一般机械,轴的转速不高,所以选用0级轴承。

② 该轴承承受定向的径向负荷的作用,内圈与轴一起旋转,外圈安装在剖分式外壳的轴承孔中,不旋转。因此,内圈相对于负荷方向旋转,它与轴颈的配合应较紧;外圈相对于负荷方向固定,它与外壳孔的配合应较松。

③ 按照该轴承的工作条件,由《机械设计》教材和《机械工程手册第29篇　轴承》一书的计算公式,并经计量单位换算,求得该轴承的径向当量动负荷 P_r 为2401N,查得30211轴承的径向额定动负荷 C_r 为86410N,所以 $P_r/C_r = 0.028$,小于0.07。故该轴承负荷状态属于轻负荷。此外,减速器工作时该轴承有时承受冲击负荷。

④ 按轴承工作条件,从表6-3、表6-4分别选取轴颈尺寸公差带为 $\phi55$k6(基孔制配合),外壳孔尺寸公差带为 $\phi100$J7(基轴制配合)。

⑤ 按附表6-1选取几何公差值:轴颈圆柱度公差0.005mm,轴颈肩部的轴向圆跳动公差0.015mm;外壳孔圆柱度公差0.01mm。

⑥ 按附表6-2选取轴颈和外壳孔的表面粗糙度轮廓幅度参数值:轴颈 Ra 的上限值为0.8μm,轴颈肩部 Ra 的上限值为3.2μm;外壳孔 Ra 的上限值为3.2μm。

⑦ 将确定好的上述各项公差标注在图样上,见图6-8(亦参看图5-29、图10-38)。由于滚动轴承是外购的标准部件,因此,在装配图上只需注出轴颈和外壳孔的尺寸公差带代号。

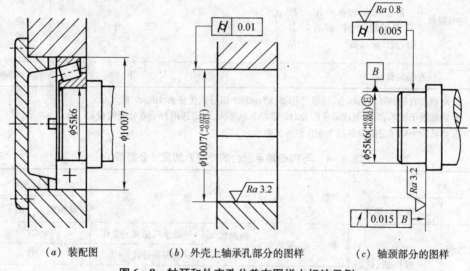

(a) 装配图　　　　　(b) 外壳上轴承孔部分的图样　　　　　(c) 轴颈部分的图样

图6-8　轴颈和外壳孔公差在图样上标注示例

第七章　孔、轴检测与量规设计基础

孔、轴(被测要素)的尺寸公差与几何公差的关系采用独立原则时,它们的实际尺寸和几何误差分别使用普通计量器具来测量。对于采用包容要求Ⓔ的孔、轴,它们的实际尺寸和形状误差的综合结果应该使用光滑极限量规检验。最大实体要求应用于被测要素和基准要素时,它们的实际尺寸和几何误差的综合结果应该使用功能量规检验。

孔、轴实际尺寸使用普通计量器具按两点法进行测量,测量结果能够获得实际尺寸的具体数值。几何误差使用普通计量器具测量,测量结果也能获得几何误差的具体数值。

量规是一种没有刻度而用以检验孔、轴实际尺寸和几何误差综合结果的专用计量器具,用它检验的结果可以判断实际孔、轴合格与否,但不能获得孔、轴实际尺寸和几何误差的具体数值。量规的使用极为方便,检验效率高,因而量规在机械产品生产中得到广泛应用。

我国发布了国家标准 GB/T 3177—2009《产品几何技术规范(GPS) 光滑工件尺寸的检验》和 GB/T 1957—2006《光滑极限量规 技术要求》、GB/T 8069—1998《功能量规》,作为贯彻执行《极限与配合》、《几何公差》以及《普通平键与键槽》、《矩形花键》等国家标准的技术保证。

§1　孔、轴实际尺寸的验收

一、孔、轴实际尺寸的验收极限

按图样要求,孔、轴的真实尺寸必须位于规定的上极限尺寸与下极限尺寸范围内才算合格。考虑到车间实际情况,通常,工件的形状误差取决于加工设备及工艺装备的精度,工件合格与否只按一次测量来判断,对于温度、压陷效应以及计量器具和标准器(如量块)的系统误差均不进行修正。因此,测量孔、轴实际尺寸时,由于诸多因素的影响而产生了测量误差,测得的实际尺寸通常不是真实尺寸,即测得的实际尺寸 = 真实尺寸 ± 测量误差,如图 7-1 所示。

鉴于上述情况,测量孔、轴实际尺寸时,首先应确定判断其合格与否的尺寸界限,即验收极限。如果根据测得的实际尺寸是否超出极限尺寸来判断其合格性,即以孔、轴的极限尺寸作为孔、轴实际尺寸的验收极限,则有可能把真实尺寸位于公差带上、下两端外侧附近的不合格品误判为合格品而接收,这称为误收。但也有可能把真实尺寸位于尺寸公差带上、下两端内侧附近的合格品误判为不合格品而报废,这称为误废。

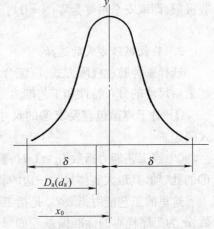

图 7-1　实际尺寸与真实尺寸的关系

x_0—真实尺寸;$D_a(d_a)$—测得的实际尺寸;
δ—测量极限误差

误收会影响产品质量,误废会造成经济损失。为了保证产品质量,可以把孔、轴实际尺寸的验收极限从它们的上极限尺寸和下极限尺寸分别向公差带内移动一段距离,这就能减小误收率或达到误收率为零,但会增大误废率。因此,正确地确定验收极限,具有重大的意义。

GB/T 3177—2009 对如何确定验收极限规定了两种方式,并对如何选用这两种验收极限方式,亦作了具体规定。该国标适用于使用通用计量器具,如游标卡尺、千分尺及车间使用的比较仪等量具量仪,对标准公差等级为 6 级至 18 级(IT6～IT18)、公称尺寸为 500mm以下的孔、轴的测量,也适用于对一般公差尺寸的测量。

1. 验收极限方式的确定

验收极限可以按照下列两种方式之一确定。

(1) 内缩方式

内缩方式的验收极限是从规定的上极限尺寸和下极限尺寸分别向工件尺寸公差带内移动一个安全裕度 A 的大小的距离来确定。

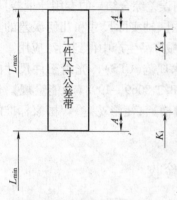

由于测量误差的存在,一批工件(孔或轴)的实际尺寸是随机变量。表示一批工件实际尺寸分散极限的测量误差范围用测量不确定度表示。测量孔或轴的实际尺寸时,应根据孔、轴公差的大小规定测量不确定度允许值,以作为保证产品质量的措施,此允许值称为安全裕度 A。GB/T 3177—2009 规定,A 值按工件尺寸公差 T 的 1/10 确定,即 $A = 0.1T$,其数值列于附表 7-1。令 K_s 和 K_i 分别表示上、下验收极限,L_{max} 和 L_{min} 分别表示工件的上极限尺寸和下极限尺寸,如图 7-2 所示,则

图 7-2 工件尺寸公差带及 内缩方式的验收极限

$$\left. \begin{array}{l} K_s = L_{max} - A \\ K_i = L_{min} + A \end{array} \right\} \qquad (7-1)$$

(2) 不内缩方式

不内缩方式的验收极限是以图样上规定的上极限尺寸和下极限尺寸分别作为上、下验收极限,即取安全裕度为零($A = 0$),因此

$$K_s = L_{max}, \quad K_i = L_{min}$$

2. 验收极限方式的选择

选择哪种验收极限方式,应综合考虑被测工件的不同精度要求、标准公差等级的高低、加工后尺寸的分布特性和工艺能力等因素来确定。具体原则如下:

① 对于遵循包容要求Ⓔ的尺寸和标准公差等级高的尺寸,其验收极限按双向内缩方式确定。

② 当工艺能力指数 $C_p \geqslant 1$ 时,验收极限可以按不内缩方式确定;但对于采用包容要求Ⓔ的孔、轴,其最大实体尺寸一边的验收极限应该按单向内缩方式确定。

这里的工艺能力指数 C_p 是指工件尺寸公差 T 与加工工序工艺能力 $c\sigma$ 的比值,c 为常数,σ 为工序样本的标准偏差。如果工序尺寸遵循正态分布,则该工序的工艺能力为 6σ。在这种情况下,$C_p = \dfrac{T}{6\sigma}$。

③ 对于偏态分布的尺寸(见图 3-25),其验收极限可以只对尺寸偏向的一边按单向内

缩方式确定。

④ 对于非配合尺寸和未注公差尺寸,其验收极限按不内缩方式确定。

确定工件尺寸验收极限后,还需正确选择计量器具以进行测量。

二、计量器具的选择

表示一批工件实际尺寸分散极限的测量误差范围用测量不确定度 u' 表示。根据测量误差的来源,测量不确定度 u' 是由计量器具的测量不确定度 u_1' 和测量条件引起的测量不确定度 u_2' 组成的。

u_1' 是表征由计量器具内在误差所引起的测得的实际尺寸对真实尺寸可能分散的一个范围,其中还包括使用的标准器(如调整比较仪标尺示值零位时使用的量块,调整千分尺标尺示值零位时使用的校正棒)的测量不确定度。

测量时的标准温度为 20℃,标准测量力为零。u_2' 是表征测量过程中由温度、压陷效应及工件形状误差等因素所引起的测得的实际尺寸对真实尺寸可能分散的一个范围。

u_1' 与 u_2' 均为独立随机变量,因此,它们之和(测量不确定度 u')也是随机变量。u' 是 u_1' 与 u_2' 的综合结果。

当验收极限采用内缩方式,且把安全裕度 A 取为工件尺寸公差 T 的 1/10 时,为了保证产品质量,测量不确定度允许值 u 应在安全裕度范围内,即 $u \leqslant A = 0.1T$。u 与计量器具的测量不确定度允许值 u_1 及测量条件引起的测量不确定度允许值 u_2 的关系,由独立随机变量合成规则,得 $u = \sqrt{u_1^2 + u_2^2}$。u_1 对 u 的影响比 u_2 大,一般按 2:1 的关系处理,因此,$u = \sqrt{u_1^2 + (0.5u_1)^2}$,得 $u_1 = 0.9u$,$u_2 = 0.45u$。

为了满足生产上对不同的误收、误废允许率的要求,GB/T 3177—2009 将测量不确定度允许值 u 与工件尺寸公差 T 的比值分成三档。它们分别是:I 档,$u = A = T/10$,$u_1 = 0.9u = 0.09T$;II 档,$u = T/6 > A$,$u_1 = 0.9u = 0.15T$;III 档,$u = T/4 > A$,$u_1 = 0.9u = 0.225T$。相应地,计量器具的测量不确定度允许值 u_1 也分档:对于 IT6 ~ IT11 的工件,u_1 分为 I、II、III 三档;对 IT12 ~ IT18 的工件,u_1 分为 I、II 两档。三个档次 u_1 的数值列于附表 7 - 1。

从附表 7 - 1 选用 u_1 时,一般情况下优先选用 I 档,其次选用 II 档、III 档。然后,按附表 7 - 2 ~ 7 - 4 所列普通计量器具的测量不确定度 u_1' 的数值,选择具体的计量器具。所选择的计量器具的 u_1' 值应不大于 u_1 值。

当选用 I 档的 u_1 且所选择的计量器具的 $u_1' \leqslant u_1$ 时,$u = A = 0.1T$,根据 GB/T 3177—2009 中的理论分析,误收率为零,产品质量得到保证,而误废率为 6.98%(工件实际尺寸遵循正态分布)~ 14.1%(工件实际尺寸遵循偏态分布)。

当选用 II 档、III 档的 u_1 且所选择的计量器具的 $u_1' \leqslant u_1$ 时,$u > A(A = 0.1T)$,误收率和误废率皆有所增大,u 对 A 的比值(大于 1)越大,则误收率和误废率的增大就越多。

当验收极限采用不内缩方式即安全裕度等于零时,计量器具的测量不确定度允许值 u_1 也分成 I、II、III 三档,从附表 7 - 1 选用,亦应满足 $u_1' \leqslant u_1$。在这种情况下,根据 GB/T 3177—2009 中的理论分析,工艺能力指数 C_p 越大,在同一工件尺寸公差的条件下,不同档次的 u_1 越小,则误收率和误废率就越小。

三、验收极限方式和相应计量器具的选择示例

例 1　试确定测量图 1−1 和图 4−60 所示减速器齿轮轴的 $\phi30\text{m7}\left(^{+0.008}_{-0.013}\right)$Ⓔ轴头时的验收极限,并选择相应的计量器具。

解

（1）确定验收极限

$\phi30\text{m7}\left(^{+0.008}_{-0.013}\right)$Ⓔ轴头采用包容要求,因此验收极限应按内缩方式确定。根据该轴头的尺寸公差 IT7 = 0.021mm,从附表 7−1 查得安全裕度 $A = 0.0021$mm。按式（7−1）确定上、下验收极限 K_s 和 K_i,得

$$K_s = L_{max} - A = 30.008 - 0.0021 = 30.0059\text{mm}$$

$$K_i = L_{min} + A = 29.987 + 0.0021 = 29.9891\text{mm}$$

$\phi30\text{m7}\left(^{+0.008}_{-0.013}\right)$Ⓔ轴的尺寸公差带及验收极限见图 7−3。

（2）按 Ⅰ 档选择计量器具

由附表 7−1 按优先选用 Ⅰ 档的计量器具测量不确定度允许值 u_1 的原则,确定 $u_1 = 0.0019$mm。

由附表 7−3 选用标尺分度值为 0.002mm 的比较仪,其测量不确定度 $u_1' = 0.0018\text{mm} < u_1$,能满足使用要求。

（3）按 Ⅱ 档选择计量器具

本例中,按 $A = 0.1T = 0.0021$mm 确定验收极限 $K_s = 30.0059\text{mm}$、$K_i = 29.9891\text{mm}$,现选用 Ⅱ 档的计量器具测量不确定度允许值 u_1,即 $u_1 = 0.0032\text{mm} > A$,则按附表 7−3 可以选用标尺分度值为 0.005mm 的比较仪进行测量,其测量不确定度 $u_1' = 0.003$mm,它小于 0.0032mm 允许值。但根据 GB/T 3177—2009 的理论分析,在这种情况下,若工件实际尺寸遵循正态分布,则误收率为 0.10% ,误废率为 8.23% 。

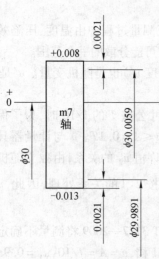

图 7−3　$\phi30\text{m7}$Ⓔ轴的验收极限

例 2　$\phi150\text{H9}\left(^{+0.1}_{0}\right)$Ⓔ孔的终加工工序的工艺能力指数 $C_p = 1.2$,试确定测量该孔时的验收极限,并选择相应的计量器具。

解

（1）确定验收极限

被测孔采用包容要求,但其 $C_p = 1.2$,因此其验收极限可以这样确定:最大实体尺寸(150mm)一边采用内缩方式,而最小实体尺寸(150.1mm)一边采用不内缩方式。

根据该孔的尺寸公差 IT9 = 0.1mm,从附表 7−1 查得安全裕度 $A = 0.01$mm。按式（7−1）确定下验收极限 $K_i = 150 + 0.01 = 150.01$mm,而上验收极限 $K_s = 150.1$mm。

$\phi150\text{H9}$Ⓔ孔的尺寸公差带及验收极限见图 7−4。

（2）选择计量器具

由附表 7−1 按优先选用 Ⅰ 档的计量器具测量不确定度

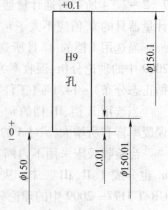

图 7−4　$\phi150\text{H9}$Ⓔ孔的验收极限

允许值 u_1 的原则,确定 $u_1 = 0.009$mm。

由附表 7-2 选用标尺分度值为 0.01mm 的内径千分尺,其测量不确定度 $u_1' = 0.008$mm $< u_1$,能满足使用要求。

例 3 $\phi 50h8\left(_{-0.039}^{0}\right)$ 轴加工后尺寸遵循偏态分布(偏向最大实体尺寸一边),试确定其验收极限,并选择相应的计量器具。

解

(1) 确定验收极限

被测轴加工后尺寸遵循偏态分布,因此其验收极限可以这样确定:其尺寸偏向 50mm 最大实体尺寸的一边采用内缩方式,而最小实体尺寸 (49.961mm)一边采用不内缩方式。

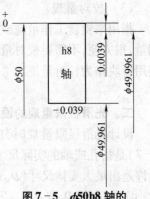

根据该轴的尺寸公差 IT8 = 0.039mm,从附表 7-1 查得安全裕度 $A = 0.0039$mm。按式(7-1)确定上验收极限 K_s = 50 − 0.0039 = 49.9961mm,而下验收极限 K_i = 49.961mm。

$\phi 50h8$ 轴的尺寸公差带及验收极限见图 7-5。

(2) 选择计量器具

由附表 7-1 按优先选用 I 档的计量器具测量不确定度允许值 u_1 的原则,确定 $u_1 = 0.0035$mm。

由附表 7-3 选用标尺分度值为 0.005mm 的比较仪,其测量不确定度 $u_1' = 0.003$mm $< u_1$,能满足使用要求。

图 7-5 $\phi 50h8$ 轴的验收极限

§2 光滑极限量规

一、光滑极限量规的功用和种类

孔、轴采用包容要求Ⓔ时,它们应该使用光滑极限量规(本节简称量规)来检验。它是没有刻度的长度计量器具。

光滑极限量规具有通规和止规,如图 7-6 和图 7-8 所示。通规用来模拟体现被测孔或轴的最大实体边界,检验孔或轴的实际轮廓(实际尺寸和形状误差的综合结果)是否超出其最大实体边界,即检验孔或轴的体外作用尺寸是否超出其最大实体尺寸。止规用来检验被测孔或轴的实际尺寸是否超出其最小实体尺寸。

检验孔的量规称为塞规,其测量面为外圆柱面。检验轴的量规称为环规或卡规,环规的

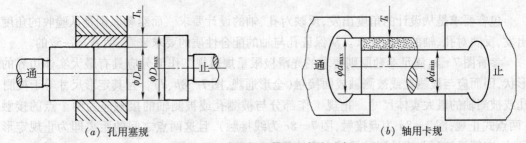

(a) 孔用塞规　　　　　　　　　　(b) 轴用卡规

图 7-6 光滑极限量规通规和止规

$D_{\max}$、$D_{\min}$—孔的上、下极限尺寸; T_h—孔公差; $d_{\max}$、$d_{\min}$—轴的上、下极限尺寸; T_s—轴公差

测量面为内圆柱面,卡规的测量面为两平行平面。

量规按用途可分为:

(1) 工作量规

指在零件制造过程中操作者所使用的量规。操作者应使用新的或磨损较少的量规。

(2) 验收量规

指在验收零件时检验人员或用户代表所使用的量规。一般不另行制造,而采用与操作者所用相同类型且已磨损较多但未超过磨损极限的通规。这样,由操作者自检合格的零件,检验人员验收时也一定合格。

(3) 校对量规

指用来检验工作量规或验收量规的量规。孔用量规(塞规)可以使用指示式计量器具测量,很方便,不需要校对量规。所以,只有轴用量规(环规)才使用校对量规(塞规),卡规使用量块作为校对量规。

二、光滑极限量规的设计原理

设计光滑极限量规时,应遵守泰勒原则(极限尺寸判断原则)的规定。泰勒原则(图7-7)是指孔或轴的实际尺寸与形状误差的综合结果所形成的体外作用尺寸(D_{fe}或d_{fe})不允许超出最大实体尺寸(D_M或d_M),在孔或轴任何位置上的实际尺寸(D_a或d_a)不允许超出最小实体尺寸(D_L或d_L)。即

对于孔 　　　　　　　　　$D_{fe} \geq D_{min}$ 　且 　$D_a \leq D_{max}$

对于轴 　　　　　　　　　$d_{fe} \leq d_{max}$ 　且 　$d_a \geq d_{min}$

式中　D_{max}与D_{min}——孔的上极限尺寸与下极限尺寸(孔的最小与最大实体尺寸);

　　　d_{max}与d_{min}——轴的上极限尺寸与下极限尺寸(轴的最大与最小实体尺寸)。

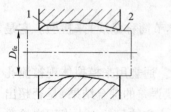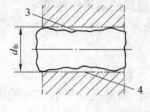

　　　　(a) 被测孔 　　　　　　　　　　　　　　(b) 被测轴

图7-7　孔、轴体外作用尺寸D_{fe}、d_{fe}与实际尺寸D_a、d_a

1—实际被测孔;2—最大的外接理想轴;3—实际被测轴;4—最小的外接理想孔

包容要求是从设计的角度出发,反映对孔、轴的设计要求。而泰勒原则是从验收的角度出发,反映对孔、轴的验收要求。从保证孔与轴的配合性质的要求来看,两者是一致的。

参看图7-8,满足泰勒原则要求的光滑极限量规通规工作部分应具有最大实体边界的形状,因而应与被测孔或被测轴成面接触(全形通规,图7-8b、d),且其定形尺寸等于被测孔或被测轴的最大实体尺寸。止规工作部分与被测孔或被测轴的接触应为两个点的接触(两点式止规,图7-8a为点接触,图7-8c为线接触),且这两点之间的距离即为止规定形尺寸,它等于被测孔或被测轴的最小实体尺寸。

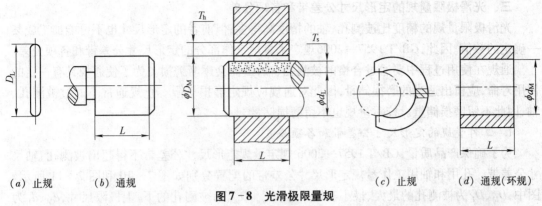

(a) 止规　　　　(b) 通规　　　　　　　　　　　　　(c) 止规　　　(d) 通规(环规)

图 7-8　光滑极限量规

D_M、D_L—孔最大、最小实体尺寸；d_M、d_L—轴最大、最小实体尺寸；T_h、T_s—孔、轴公差；L—配合长度

用光滑极限量规检验孔或轴时,如果通规能够在被测孔、轴的全长范围内自由通过,且止规不能通过,则表示被测孔或轴合格。如果通规不能通过,或者止规能够通过,则表示被测孔或轴不合格。参看图7-9,孔的实际轮廓超出了尺寸公差带,用量规检验应判定该孔不合格。该孔用全形通规检验,不能通过(a图);用两点式止规检验,虽然沿 x 方向不能通过,但沿 y 方向却能通过(c图);因此这就能正确地判定该孔不合格。反之,该孔若用两点式通规检验(b图),则可能沿 y 方向通过;若用全形止规检验,则不能通过(d图)。这样一来,由于使用工作部分形状不正确的量规进行检验,就会误判该孔合格。

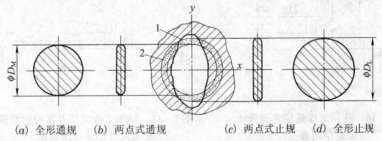

(a) 全形通规　　(b) 两点式通规　　　(c) 两点式止规　　(d) 全形止规

图 7-9　量规工作部分的形状对检验结果的影响

1—实际孔；2—尺寸公差带

在被测孔或轴的形状误差不致影响孔、轴配合性质的情况下,为了克服量规加工困难或使用符合泰勒原则的量规时的不方便,允许使用偏离泰勒原则的量规。例如,量规制造厂供应的统一规格的量规工作部分的长度不一定等于或近似于被测孔或轴的配合长度,但实际检验中却不得不使用这样的量规。大尺寸的孔和轴通常分别使用非全形通规(工作部分为非全形圆柱面的塞规、两平行平面的卡规)进行检验,以代替笨重的全形通规。由于曲轴"弓"字形特殊结构的限制,它的轴颈不能使用环规检验,而只能使用卡规检验。为了延长止规的使用寿命,止规不采用两点接触的形状,而制成非全形圆柱面。检验小孔时,为了增加止规的刚度和便于制造,可以采用全形止规。检验薄壁零件时,为了防止两点式止规容易造成该零件变形,也可以采用全形止规。

使用偏离泰勒原则的量规检验孔或轴的过程中,必须做到操作正确,尽量避免由于检验操作不当而造成的误判。例如,使用非全形通规检验孔或轴时,应在被测孔或轴的全长范围内的若干部位上分别围绕圆周的几个位置进行检验。

三、光滑极限量规的定形尺寸公差带和各项公差

光滑极限量规的精度比被测孔、轴的精度高得多,但前者的定形尺寸也不可能加工成某一确定的数值。因此,GB/T 1957—2006规定了量规工作部分的定形尺寸公差带和各项公差。

通规在使用过程中要通过合格的被测孔、轴,因而会逐渐磨损。为了使通规具有一定的使用寿命,应留出适当的磨损储量,因此对通规应规定磨损极限。止规通常不通过被测孔、轴,因此不留磨损储量。校对量规也不留磨损储量。

1. 工作量规的定形尺寸公差带和各项公差

为了确保产品质量,GB/T 1957—2006 规定量规定形尺寸公差带不得超出被测孔、轴尺寸公差带。孔用和轴用工作量规定形尺寸公差带的配置分别如图 7-10 和图 7-11 所示。图中,D_M、D_L 为被测孔的最大、最小实体尺寸,D_{min}、D_{max} 为被测孔的下、上极限尺寸,d_M、d_L 为被测轴的最大、最小实体尺寸,d_{max}、d_{min} 为被测轴的上、下极限尺寸;T_1 为量规定形尺寸公差,Z_1 为通规定形尺寸公差带中心到被测孔、轴最大实体尺寸之间的距离。通规的磨损极限为被测孔、轴的最大实体尺寸。

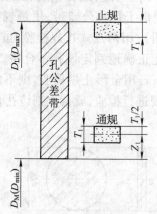

**图 7-10　孔用工作量规定形尺寸　　图 7-11　轴用工作量规及其校对量规
公差带示意图　　　　　　　定形尺寸公差带示意图**

测量极限误差一般取为被测孔、轴尺寸公差的 1/10～1/3。对于标准公差等级相同而公称尺寸不同的孔、轴,这个比值基本上相同。随着孔、轴的标准公差等级的降低,这个比值逐渐减小。量规定形尺寸公差带的大小和位置就是按照这一原则规定的。通规和止规定形尺寸公差和磨损储量的总和占被测孔、轴尺寸公差(标准公差 IT)的百分比见表 7-1。

表 7-1　量规定形尺寸公差和磨损储量的总和占标准公差的百分比

被测孔或轴的标准公差等级	IT6	IT7	IT8	IT9	IT10	IT11	IT12	IT13	IT14	IT15	IT16
$\dfrac{T_1 + (Z_1 + T_1/2)}{IT}$(%)	40	32.9	28	23.5	19.7	16.9	14.4	13.8	12.9	12	11.5

GB/T 1957—2006 对公称尺寸至 500mm、标准公差等级为 IT6～IT16 的孔和轴规定了通规和止规工作部分定形尺寸的公差及通规定形尺寸公差带中心到工件最大实体尺寸之间的距离。它们的数值见附表 7-5。此外,还规定了通规和止规的代号,它们分别为 T 和 Z。

量规工作部分的形状误差应控制在定形尺寸公差带的范围内,即采用包容要求。其几

何公差为定形尺寸公差的 50% 。考虑到制造和测量的困难,当量规定形尺寸公差小于或等于 0.002mm 时,其几何公差取为 0.001mm。

根据被测孔、轴的标准公差等级的高低和量规测量面定形尺寸的大小,量规测量面的表面粗糙度轮廓幅度参数 Ra 的上限值为 $0.05 \sim 0.8\mu m$,见附表 7-6。

2. 校对量规的定形尺寸公差带和各项公差

仅轴用环规才使用校对量规(塞规)。校对塞规有下列三种,它们的定形尺寸公差带如图 7-11 所示。轴用卡规通常使用量块测量。

(1) 制造新的通规时所使用的校对塞规

它称为"校通-通"塞规,代号为 TT。新的通规内圆柱测量面应能在其全长范围内被 TT 校对塞规整个长度通过,这样就能保证被测轴有足够的尺寸加工公差。

(2) 检验使用中的通规是否磨损到极限时所用的校对塞规

它称为"校通-损"塞规,代号为 TS。尚未完全磨损的通规内圆柱测量面应不能被 TS 校对塞规通过,并且应在该测量面的两端进行检验。如果通规被 TS 校对塞规通过,则表示这通规已磨损到极限,应予报废。

(3) 制造新的止规时所使用的校对塞规

它称为"校止-通"塞规,代号为 ZT。新的止规内圆柱测量面应能在其全长范围内被 ZT 校对塞规整个长度通过,这样就能保证被测轴的实际尺寸不小于其下极限尺寸。

校对量规的定形尺寸公差 T_p 为工作量规定形尺寸公差 T_1 的一半,其几何误差应控制在其定形尺寸公差带的范围内,即采用包容要求。其测量面的表面粗糙度轮廓幅度参数 Ra 值比工作量规小。

四、光滑极限量规工作部分极限尺寸的计算和各项公差的确定示例

光滑极限量规工作部分极限尺寸的计算通常按下列步骤进行:

① 根据零件图上标注的被测孔或轴的公差带代号,从国家标准《极限与配合》(见附表 3-2~附表 3-7 等)查出孔或轴的上、下极限偏差,并计算出其最大和最小实体尺寸,它们分别是通规和止规以及校对量规工作部分的定形尺寸;

② 从 GB/T 1957—2006(见附表 7-5)查出量规定形尺寸公差 T_1 和通规定形尺寸公差带中心到被测孔或轴的最大实体尺寸之间的距离 Z_1 值;

③ 按照图 7-10 和图 7-11 画量规定形尺寸公差带示意图,确定量规的上、下极限偏差,并计算量规工作部分的极限尺寸。

例 4　计算检验图 1-1 和图 10-37 所示减速器齿轮的 $\phi58H7$ ⑥基准孔的工作量规(塞规)工作部分的极限尺寸,并确定其几何公差和表面粗糙度轮廓幅度参数值,画出量规简图。

解　由附表 3-6 查出 $\phi58H7$ 孔的上、下极限偏差为 $\phi58^{+0.03}_{0}$ mm。因此,孔用工作量规通规和止规的定形尺寸分别为 $D_M = 58mm$ 和 $D_L = 58.03mm$。

由附表 7-5 查出量规定形尺寸公差 T_1 为 $3.6\mu m$,通规定形尺寸公差带中心到被测孔的最大实体尺寸之间的距离 Z_1 为 $4.6\mu m$。按图 7-10,通规定形尺寸的上极限偏差为 $+(Z_1 + T_1/2) = +6.4\mu m$,下极限偏差为 $+(Z_1 - T_1/2) = +2.8\mu m$。止规定形尺寸的上极限偏差为 0,下极限偏差为 $-T_1 = -3.6\mu m$。

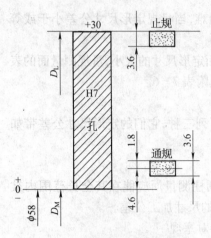

图 7-12　$\phi58H7$Ⓔ孔用工作量
规定形尺寸公差带示意图
D_M、D_L—孔的最大、最小实体尺寸

因此,检验 $\phi58H7$Ⓔ孔的通规工作部分按 $\phi58^{+0.0064}_{+0.0028}$Ⓔmm 即 $\phi58.0064^{\ 0}_{-0.0036}$Ⓔmm 制造,允许磨损到 $\phi58$mm;止规工作部分按 $\phi58.03^{\ 0}_{-0.0036}$Ⓔmm 制造。量规定形尺寸公差带示意图见图 7-12。

量规工作部分采用包容要求,还要给出更严格的几何公差。塞规圆柱形测量面的圆柱度公差值和相对素线间的平行度公差值皆不得大于塞规定形尺寸公差值的一半,即它们皆等于 $0.0036/2 = 0.0018$mm。

根据量规工作部分对表面粗糙度轮廓的要求,由附表 7-6 查得塞规测量面的轮廓算术平均偏差 Ra 的上限值不得大于 $0.1\mu m$。

检验 $\phi58H7$Ⓔ孔用的塞规工作部分各项公差的标注见图 7-13。

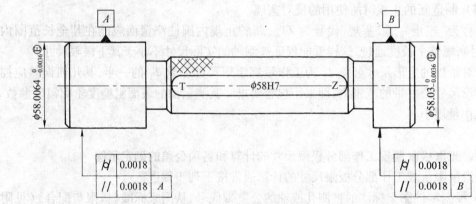

图 7-13　塞规简图

例 5　计算检验图 1-1 和图 4-60 所示减速器齿轮轴的 $\phi40k6$Ⓔ轴颈的工作量规(卡规)工作部分的极限尺寸,并确定其几何公差和表面粗糙度轮廓幅度参数值,画出量规简图。

解　由附表 3-7 查出 $\phi40k6$ 轴颈的上、下极限偏差为 $\phi40^{+0.018}_{+0.002}$mm。因此,轴颈用工作量规通规和止规的定形尺寸分别为 $d_M = 40.018$mm 和 $d_L = 40.002$mm。

由附表 7-5 查出量规定形尺寸公差 T_1 为 $2.4\mu m$,通规定形尺寸公差带中心到被测轴颈的最大实体尺寸之间的距离 Z_1 为 $2.8\mu m$。按图 7-11,通规定形尺寸的上极限偏差为 $-(Z_1 - T_1/2) = -1.6\mu m$,下极限偏差为 $-(Z_1 + T_1/2) = -4.0\mu m$。止规定形尺寸的上极限偏差为 $+T_1 = +2.4\mu m$,下极限偏差为 0。

因此,检验 $\phi40k6$Ⓔ轴颈的通规工作部分按 $40.018^{-0.0016}_{-0.0040}$Ⓔmm 即 $40.014^{+0.0024}_{0}$Ⓔmm 制造,允许磨损到 40.018mm;止规工作部分按 $40.002^{+0.0024}_{0}$Ⓔmm 制造。量规定形尺寸公差带示意图见图 7-14。

量规工作部分采用包容要求,还要给出更严格的几何公差。卡规两平行平面的平面度公差值和平行度公差值皆不得大于卡规定形尺寸公差值的一半,即它们皆等于 $0.0024/2 =$

0.0012mm。

根据量规工作部分对表面粗糙度轮廓的要求,由附表7-6查得卡规测量面的轮廓算术平均偏差 Ra 的上限值不得大于0.1μm。

检验 φ40k6Ⓔ轴颈用的卡规工作部分各项公差的标注见图7-15。

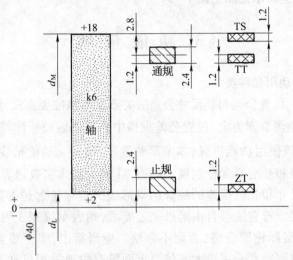

图7-14   φ40k6Ⓔ轴颈用工作量规及其校对量规

定形尺寸公差带示意图

d_M、d_L—轴颈的最大、最小实体尺寸

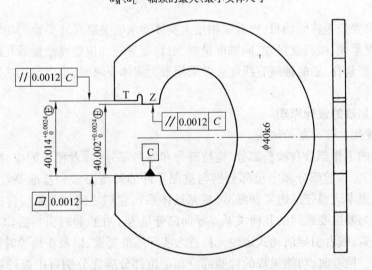

图7-15   卡规简图

例6   计算 φ40k6Ⓔ轴颈用工作环规的三种校对量规(塞规)工作部分的极限尺寸。

解   φ40k6Ⓔ轴颈用工作环规的校对量规的定形尺寸公差 $T_p = T_1/2 = 1.2$μm。按图7-11,TT 和 TS 校对量规的定形尺寸皆为40.018mm,ZT 校对量规的定形尺寸为40.002mm;相对于量规定形尺寸,TT 校对量规的上极限偏差为 $-Z_1 = -2.8$μm,下极限偏差为 $-(Z_1 + T_p) = -4.0$μm;TS 校对量规的上极限偏差为0,下极限偏差为 $-T_p = -1.2$μm;ZT 校对量

规的上极限偏差为 $+T_\mathrm{p} = +1.2\mu\mathrm{m}$；下极限偏差为 0。

因此，TT 校对量规按 $40.018_{-0.0040}^{-0.0028}$ Ⓔmm 即 $40.0152_{-0.0012}^{0}$ Ⓔmm 制造。TS 校对量规按 $40.018_{-0.0012}^{0}$ Ⓔmm 制造。ZT 校对量规按 $40.002_{0}^{+0.0012}$ Ⓔmm 即 $40.0032_{-0.0012}^{0}$ Ⓔmm 制造。校对量规定形尺寸公差带示意图见图 7-14。

§3　功　能　量　规

一、功能量规的功用和种类

被测要素的方向、位置公差与其尺寸公差的关系及与基准要素尺寸公差的关系皆采用最大实体要求时，即被测要素方向、位置公差框格中公差值后面标注符号 Ⓜ 和基准字母后面标注符号 Ⓜ 时，应该使用功能量规（本节简称量规）检验。功能量规的工作部分模拟体现图样上对被测要素和基准要素分别规定的边界（最大实体实效边界或最大实体边界），检验完工要素实际尺寸和几何误差的综合结果形成的实际轮廓是否超出该边界。因此，功能量规是全形通规。若它能够自由通过完工要素，则表示该完工要素的实际轮廓在规定的边界范围内，该实际轮廓合格，否则不合格。应当指出，完工要素合格与否，还需检测其实际尺寸。当被测要素采用最大实体要求而没有附加采用可逆要求时，实际尺寸应限制在最大与最小实体尺寸范围内。当被测要素采用最大实体要求并附加采用可逆要求时，实际尺寸允许超出最大实体尺寸，甚至允许达到最大实体实效尺寸，但不允许超出最小实体尺寸。

按方向、位置公差特征项目，检验采用最大实体要求的关联尺寸要素的功能量规有平行度量规、垂直度量规、倾斜度量规、同轴度量规、对称度量规和位置度量规等几种。

单一尺寸要素孔、轴的轴线直线度公差采用最大实体要求时，也应使用功能量规检验。

二、功能量规的设计原理

1. 功能量规工作部分的组成

功能量规的工作部分有检验部分、定位部分和导向部分（或者相应的检验元件、定位元件和导向元件）。检验部分和定位部分别与被测零件的被测要素和基准要素相对应，分别模拟体现被测要素应遵守的边界和基准（或基准体系），它们之间的关系应保持零件图上所给定被测要素与基准要素间的几何关系。导向部分是为了在检验时引导活动式检验元件进入实际被测要素，或者引导活动式定位元件进入实际基准要素，以及在检验时便于被测零件定位而设置的。检验时，功能量规的检验部分和定位部分应能分别自由通过被测零件的实际被测要素和实际基准要素，这样才认为所检验的方向、位置精度是合格的。

功能量规的结构有两种类型：固定式类型和活动式类型。没有导向部分的功能量规的结构为固定式类型，其检验部分和定位部分属于同一个整体。带导向部分的功能量规的结构为活动式类型。

2. 功能量规检验部分的形状和尺寸

功能量规检验部分与被测零件的被测要素相对应。量规检验部分的形状应与被测要素应遵守的边界的形状相同，其定形尺寸（直径或宽度）应等于被测要素的边界尺寸，其长度应不小于被测要素的长度。

例如,图 7-16 所示的两孔同轴度量规(塞规)为固定式量规,它由检验圆柱 I 和定位圆柱 II 组成。检验圆柱 I 模拟体现 $\phi25H8$ 孔的最大实体实效边界,定位圆柱 II 模拟现 $\phi12H8$ Ⓔ基准孔的最大实体边界,前者相对于后者应同轴线。

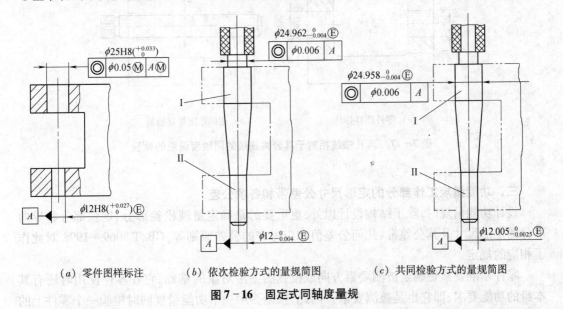

| (a) 零件图样标注 | (b) 依次检验方式的量规简图 | (c) 共同检验方式的量规简图 |

图 7-16　固定式同轴度量规

量规检验部分相对于定位部分的方向、位置和位置尺寸,应按照零件图上规定的被测要素与基准要素间的方向、位置关系及位置尺寸来确定。

3. 功能量规定位部分的形状和尺寸

功能量规定位部分与被测零件的基准要素相对应。零件基准要素通常为平面、基准轴线对应的圆柱面和基准中心平面对应的两平行平面。

零件基准要素为平面时,量规定位部分也为平面。量规定位平面本身无厚度尺寸,不必考虑其定形尺寸,只要求其长度、宽度或直径不小于对应基准要素的尺寸。三基面体系中各个定位平面间应保持互相垂直的几何关系。

零件基准要素为圆柱面或两平行平面时,量规定位部分的形状应与基准要素应遵守的边界的形状相同(如图 7-16b、c 所示同轴度量规的定位圆柱 II),其定形尺寸应等于该边界的尺寸,其长度应不小于基准要素的长度。当基准要素本身采用最大实体要求(几何公差值后面标注符号Ⓜ)时,量规定位部分的定形尺寸等于基准要素的最大实体实效尺寸;当基准要素本身采用包容要求(如图 7-16a 所示)或独立原则时,量规定位部分的定形尺寸等于基准要素的最大实体尺寸。

如果零件图上标注的某项位置公差中基准要素同时也是被测要素,例如图 7-17 所示的箱体零件上支承同一根轴的两个轴承孔的轴线分别相对于它们的公共轴线的同轴度公差项目中,这两个轴承孔既是被测要素,也是基准要素,则量规定位部分也就是其检验部分,两者的定形尺寸相同。

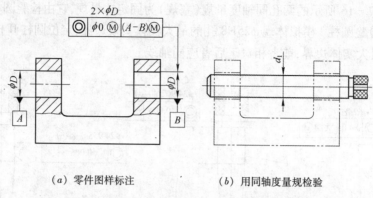

（a）零件图样标注　　　　　　　　　（b）用同轴度量规检验

图 7 - 17　两孔轴线相对于其公共轴线的同轴度误差的检验

三、功能量规工作部分的定形尺寸公差带和各项公差

设计功能量规时,除了结构设计以外,更重要的是确定量规检验部分、定位部分和导向部分的定形尺寸及其公差带、几何公差值和应遵守的公差原则等。GB/T 8069—1998 对此作了相应的规定。

零件基准要素是确定被测要素方向或位置的参考对象的基础,它在零件使用时还有其本身的功能要求,即它也是被测要素。因此,按是否用一个功能量规同时检验一个零件上的实际被测要素和对应的实际基准要素,功能量规分为共同检验方式的量规和依次检验方式的量规两类。

共同检验是指功能量规检验部分用来检验实际被测要素的轮廓是否超出它应遵守的边界,该量规的定位部分既用来模拟体现基准(或基准体系),又用来检验实际基准要素的轮廓是否超出它应遵守的边界。例如图 7 - 16c 所示,同轴度量规的定位圆柱 II 既用来模拟体现基准孔,又用来代替光滑极限量规的通规,检验实际基准孔的轮廓是否超出它应遵守的最大实体边界。

依次检验是指功能量规检验部分用来检验实际被测要素的轮廓是否超出它应遵守的边界,该量规的定位部分只用来模拟体现基准(或基准体系)。至于实际基准要素的轮廓是否超出它应遵守的边界,则用另一个功能量规或光滑极限量规通规来检验。

1. 功能量规检验部分的定形尺寸公差带和极限尺寸

功能量规检验部分模拟体现被测要素应遵守的边界。参看图 7 - 18,为了确保产品质量,GB/T 8069—1998 规定:量规检验部分的定形尺寸公差带及允许磨损量以被测要素应遵守的边界的尺寸为零线,配置于该边界之内。它的位置由量规检验部分的基本偏差 F_1 确定。对于被测内表面(量规检验部分为外表面),该基本偏差为上极限偏差;对于被测外表面(量规检验部分为内表面),该基本偏差为下极限偏差。

量规检验部分的基本偏差 F_1 是指用于确定功能量规检验部分定形尺寸公差带相对于以被测要素应遵守边界的尺寸为零线的位置的那个极限偏差。

功能量规检验部分极限尺寸(含磨损极限尺寸)的计算公式列于表 7 - 2。

表7-2 功能量规检验部分极限尺寸的计算公式

被测表面 \ 检验部分 \ 对应表面		量规检验部分极限尺寸的计算公式(参看图7-18)	
被测内表面(孔)	量规的外检验表面	极限尺寸:$d_I = (BS_h + F_I)_{-T_I}^{0}$	(7-2)
		磨损极限尺寸:$d_{IW} = (BS_h + F_I) - (T_I + W_I)$	
被测外表面(轴)	量规的内检验表面	极限尺寸:$D_I = (BS_s - F_I)_{0}^{+T_I}$	(7-3)
		磨损极限尺寸:$D_{IW} = (BS_h - F_I) + (T_I + W_I)$	

注: 1. F_I 和 T_I、W_I 的数值按被测要素的综合公差 T_t 分别由附表7-7和附表7-8查取。

2. 当被测要素采用最大实体要求时,T_t 等于被测要素的尺寸公差与对应的带 Ⓜ 的方向公差或位置公差之和。当最大实体要求应用于被测要素而标注零几何公差值时,T_t 等于被测要素的尺寸公差。

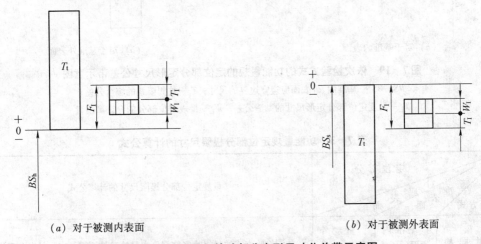

(a) 对于被测内表面   (b) 对于被测外表面

图7-18 功能量规检验部分定形尺寸公差带示意图

BS_h、BS_s—被测内、外表面应遵守边界的尺寸;T_t—被测要素的综合公差;F_I—量规检验部分的
基本偏差;T_I—量规检验部分定形尺寸的制造公差;W_I—量规检验部分的允许磨损量

2. 功能量规定位部分的定形尺寸公差带和极限尺寸

(1) 共同检验方式的功能量规定位部分的极限尺寸

这类量规的定位部分也是检验被测零件实际基准要素用的检验部分,因此其定形尺寸公差带的配置采用量规检验部分的方式(见图7-18),可以利用表7-2所列的计算公式来计算其极限尺寸和磨损极限尺寸。

在这种情况下,定位部分的基本偏差 F_L、制造公差 T_L 和允许磨损量 W_L 分别采用相当于量规检验部分的基本偏差 F_I、制造公差 T_I 和允许磨损量 W_I。它们的数值按基准要素的综合公差 T_t 分别由附表7-7和附表7-8查取。

应当指出,共同检验方式的功能量规的检验部分和定位部分相当于两个皆无基准要求的检验部分,按特定的几何关系(如平行、同轴线、对称)构成一个整体或联结在一起。

(2) 依次检验方式的功能量规定位部分的极限尺寸

这类量规的定位部分仅用于模拟体现基准或基准体系,其定形尺寸公差带和允许磨损量配置于基准要素应遵守的边界之外,如图7-19所示。这样配置就使按照零件图上给定的尺寸公差和几何公差检测合格的实际基准要素都能顺利地被量规定位部分通过。在这种情况下,量规定位部分的基本偏差 F_L 为零。

这类量规定位部分极限尺寸(含磨损极限尺寸)的计算公式列于表 7-3。

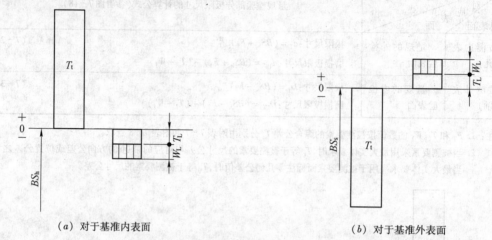

(*a*) 对于基准内表面   (*b*) 对于基准外表面

图 7-19   依次检验方式的功能量规的定位部分定形尺寸公差带示意图

BS_h、BS_s—基准内、外表面应遵守边界的尺寸;T_t—被测要素的综合公差;

T_L—量规定位部分定形尺寸的制造公差;W_L—量规定位部分的允许磨损量

表 7-3   功能量规定位部分极限尺寸的计算公式

检验方式	基准对应表面	定位部分	量规定位部分极限尺寸的计算公式
共同检验(参看图 7-18)	基准内表面(孔)	量规外表面	共同检验方式的量规的定位部分也是检验被测零件实际基准要素用的检验部分。因此,这类量规定位部分的极限尺寸和磨损极限尺寸的确定皆与量规检验部分相同
	基准外表面(轴)	量规内表面	
依次检验(参看图 7-19)	基准内表面(孔)	量规外表面	极限尺寸: $d_L = BS_h {}_{-T_L}^{\ \ 0}$ 　　　　　　(7-4) 磨损极限尺寸: $d_{LW} = BS_h - (T_L + W_L)$
	基准外表面(轴)	量规内表面	极限尺寸: $D_L = BS_s {}_{\ 0}^{+T_L}$ 　　　　　　(7-5) 磨损极限尺寸: $D_{LW} = BS_s + (T_L + W_L)$

注:1. 对于共同检验,当基准要素本身采用最大实体要求时,T_t 等于基准要素的尺寸公差与对应的带 Ⓜ 的几何公差之和。当基准要素本身采用最大实体要求而标注零几何公差值、包容要求或独立原则时,T_t 等于基准要素的尺寸公差。

2. 对于依次检验,T_L 和 W_L 的数值皆按被测要素的综合公差 T_t 由附表 7-8 查取。

3. 功能量规工作部分的几何公差和表面粗糙度轮廓要求

功能量规工作部分为圆柱面或两平行平面时,其形状公差与定形尺寸公差的关系应采用包容要求 Ⓔ。

功能量规检验、定位、导向部分的方向、位置公差 t_I、t_L、t_G,按对应被测要素或基准要素的综合公差 T_t 由附表 7-8 查取,通常采用独立原则。

功能量规定位平面的平面度公差可取为量规检验部分方向、位置公差 t_I 的 1/3 ~ 1/2。

功能量规工作部分的表面粗糙度轮廓要求可由附表 7-6 查取,轮廓算术平均偏差 Ra 的上限值为 0.05~0.8μm。

四、功能量规设计计算示例

功能量规的设计计算通常按下列步骤进行:

① 按被测零件的结构及被测要素和基准要素的技术要求确定量规的结构(选择固定式量规或活动式量规,确定相应的检验部分、定位部分和导向部分);

② 选择检验方式(共同检验或依次检验);

③ 按 GB/T 8069—1998 利用式(7-2)~式(7-5)和附表 7-7、附表 7-8 计算量规工作部分的极限尺寸,并确定它们的几何公差和应遵守的公差原则;按附表 7-6 确定表面粗糙度轮廓幅度参数值。

此外,还要确定量规非工作部分的各项公差。

下面以同轴度量规为例,阐述功能量规的设计计算和使用。

例7 同轴度量规的设计计算

图 7-16a 所示的零件图上,标注 ϕ25H8 被测孔的轴线对 ϕ12H8 ⓔ基准孔的轴线的同轴度公差,最大实体要求应用于被测要素和基准要素,基准要素本身采用包容要求。

图 7-16b 和 c 为所使用固定式同轴度量规的简图。它的检验圆柱 I 与定位圆柱 II 应同轴线。用这量规检验时,如果其定位圆柱 II 和检验圆柱 I 能够同时自由通过被测零件的实际基准孔和实测被测孔,则表示该零件的同轴度误差合格。

解 下面分别按依次检验方式和共同检验方式的功能量规进行设计,它们的各个工作部分的极限尺寸和几何公差如下确定。

(1) 依次检验方式的同轴度量规

① 检验圆柱 I 的极限尺寸 d_I

由式(7-2),$d_I = (BS_h + F_I)_{-T_I}^{0}$。按图 7-16a 的标注,被测孔最大实体实效边界的尺寸 $BS_h = 25 - 0.05 = 24.95$mm,被测要素综合公差 $T_t = 0.033 + 0.05 = 0.083$mm。从附表 7-7 查得:$F_I = 0.012$mm(注④,序号 2);从附表 7-8 查得:$T_I = W_I = 0.004$mm。因此,$d_I = \phi 24.962_{-0.004}^{0}$ⓔmm。磨损极限尺寸 $d_{IW} = (BS_h + F_I) - (T_I + W_I) = 24.962 - (0.004 + 0.004) = 24.954$mm。

② 定位圆柱 II(仅用来模拟体现 ϕ12H8 ⓔ基准孔)的极限尺寸 d_L

由式(7-4),$d_L = BS_h{}_{-T_L}^{0}$(基本偏差 F_L 为零)。按图 7-16a 的标注,基准孔最大实体尺寸 $BS_h = 12$mm。从附表 7-8,按被测要素综合公差 $T_t = 0.083$mm 查得:$T_L = W_L = 0.004$mm。因此,$d_L = \phi12_{-0.004}^{0}$ⓔmm。磨损极限尺寸 $d_{LW} = BS_h - (T_L + W_L) = 12 - (0.004 + 0.004) = 11.992$mm。

③ 检验圆柱 I 轴线对定位圆柱 II 轴线的同轴度公差 t_I

按被测要素综合公差 $T_t = 0.083$mm,从附表 7-8 查得:$t_I = 0.006$mm。

依次检验方式的同轴度量规各项主要公差的标注如图 7-16b 所示。在这种情况下,被测零件的实际基准孔需要用光滑极限塞规检验。

(2) 共同检验方式的同轴度量规

① 检验圆柱 I 的极限尺寸 d_I

由式(7-2)，$d_I = (BS_h + F_I)_{-T_I}^{0}$。按图 7-16a 的标注，被测孔最大实体实效边界的尺寸 $BS_h = 25 - 0.05 = 24.95\text{mm}$，被测要素综合公差 $T_t = 0.033 + 0.05 = 0.083\text{mm}$。从附表 7-7 查得：$F_I = 0.008\text{mm}$(注②，序号 0)；从附表 7-8 查得：$T_I = W_I = 0.004\text{mm}$。因此，$d_I = \phi 24.958_{-0.004}^{0}$ Ⓔmm。磨损极限尺寸 $d_{IW} = (BS_h + F_I) - (T_I + W_I) = 24.958 - (0.004 + 0.004) = 24.95\text{mm}$。

② 定位圆柱 II(不仅用来模拟体现基准孔，而且是检验实际基准孔的光滑极限量规通规)的极限尺寸 d_L

由式(7-2)，$d_L = (BS_h + F_L)_{-T_L}^{0}$。按图 7-16a 的标注，基准孔最大实体边界的尺寸 $BS_h = 12\text{mm}$，基准要素综合公差 $T_t = 0.027\text{mm}$。从附表 7-7 查得：$F_L = F_I = 0.005\text{mm}$(序号 0)；从附表 7-8 查得：$T_L = W_L = 0.0025\text{mm}$。因此，$d_L = \phi 12.005_{-0.0025}^{0}$ Ⓔmm。磨损极限尺寸 $d_{LW} = (BS_h + F_L) - (T_L + W_L) = 12.005 - (0.0025 + 0.0025) = 12\text{mm}$。

③ 检验圆柱 I 轴线对定位圆柱 II 轴线的同轴度公差 t_I

按被测要素综合公差 $T_t = 0.083\text{mm}$，从附表 7-8 查得：$t_I = 0.006\text{mm}$。

共同检验方式的同轴度量规各项主要公差的标注如图 7-16c 所示。

第八章　圆锥公差与检测

圆锥结合是机器、仪器及工具结构中常用的典型结合。圆锥配合与圆柱配合相比较,前者具有同轴度精度高、紧密性好、间隙或过盈可以调整、可利用摩擦力来传递转矩等优点。但是,圆锥配合在结构上比较复杂,影响其互换性的参数较多,加工和检测也较困难。为了满足圆锥配合的使用要求,保证圆锥配合的互换性,我国发布了一系列有关圆锥公差与配合及圆锥公差标注方法的标准,它们分别是 GB/T 157—2001《产品几何量技术规范(GPS) 圆锥的锥度和角度系列》、GB/T 11334—2005《产品几何量技术规范(GPS) 圆锥公差》、GB/T 12360—2005《产品几何量技术规范(GPS) 圆锥配合》、GB/T 15754—1995《技术制图 圆锥的尺寸和公差注法》等国家标准。

§1　圆锥公差与配合的基本术语和基本概念

一、圆锥的主要几何参数

圆锥分内圆锥(圆锥孔)和外圆锥(圆锥轴)两种,其主要几何参数为圆锥角、圆锥直径和圆锥长度,见图8-1。

圆锥角 α 是指在通过圆锥轴线的截面内,两条素线间的夹角。圆锥直径是指圆锥在垂直于其轴线的截面上的直径,常用的圆锥直径有最大圆锥直径 D、最小圆锥直径 d。圆锥长度 L 是指最大圆锥直径截面与最小圆锥直径截面之间的轴向距离。

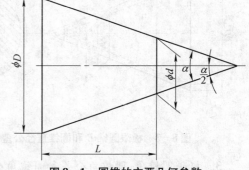

图8-1　圆锥的主要几何参数

圆锥角的大小有时用锥度表示。锥度 C 是指两个垂直于圆锥轴线的截面上的圆锥直径之差与该两截面间的轴向距离之比,例如最大圆锥直径 D 与最小圆锥直径 d 之差对圆锥长度 L 之比,即

$$C = (D - d)/L \qquad (8-1)$$

锥度 C 与圆锥角 α 的关系为

$$C = 2\tan\frac{\alpha}{2} = 1 : \frac{1}{2}\cot\frac{\alpha}{2} \qquad (8-2)$$

锥度一般用比例或分数表示,例如 $C = 1:5$ 或 $C = 1/5$。光滑圆锥的锥度已标准化(GB/T 157—2001 规定了一般用途和特殊用途的锥度与圆锥角系列)。

在零件图上,锥度用特定的图形符号和比例(或分数)来标注,如图8-2所示。图形符号配置在平行于圆锥轴线

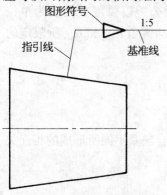

图8-2　锥度的标注方法

的基准线上,并且其方向与圆锥方向一致,在基准线上面标注锥度的数值。用指引线将基准线与圆锥素线相连。在图样上标注了锥度,就不必标注圆锥角,两者不应重复标注。

此外,对圆锥只要标注了最大圆锥直径 D 和最小圆锥直径 d 中的一个直径及圆锥长度 L、圆锥角 α(或锥度 C),则该圆锥就完全确定。

二、圆锥公差的术语

1. 公称圆锥

公称圆锥是指设计时给定的理想形状的圆锥。它所有的尺寸分别为公称圆锥直径、公称圆锥角(或公称锥度)和公称圆锥长度。

2. 极限圆锥、圆锥直径公差和圆锥直径公差区

极限圆锥是指与公称圆锥共轴线且圆锥角相等、直径分别为上极限直径和下极限直径的两个圆锥,如图 8-3 所示。在垂直于圆锥轴线的所有截面上,这两个圆锥的直径差都相等。直径为上极限直径(D_{max}、d_{max})的圆锥称为最大极限圆锥,直径为下极限直径(D_{min}、d_{min})的圆锥称为最小极限圆锥。

圆锥直径公差 T_D 是指圆锥直径允许的变动量,圆锥直径公差在整个圆锥长度内都适用。两个极限圆锥 B 所限定的区域称为圆锥直径公差区 Z,也可称为圆锥直径公差带。

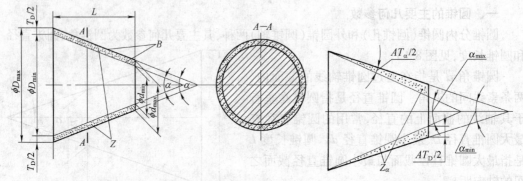

图 8-3　极限圆锥 B 和圆锥直径公差区 Z　　　　图 8-4　极限圆锥角和圆锥角公差区 Z_α

3. 极限圆锥角、圆锥角公差和圆锥角公差区

极限圆锥角是指允许的上极限圆锥角和下极限圆锥角,它们分别用符号 α_{max} 和 α_{min} 表示,见图 8-4。圆锥角公差是指圆锥角的允许变动量。当圆锥角公差以弧度或角度为单位时,用代号 AT_α 表示;以长度为单位时,用代号 AT_D 表示。极限圆锥角 α_{max} 和 α_{min} 所限定的区域称为圆锥角公差区 Z_α,也可称为圆锥角公差带。

三、圆锥配合的术语和圆锥配合的形成

1. 圆锥配合及其种类

圆锥配合是指公称圆锥直径相同的内、外圆锥之间,由于结合松紧不同所形成的相互关系。圆锥配合分为下列三种配合。

(1) 间隙配合

间隙配合是指具有间隙的配合。间隙的大小可以在装配时和在使用中通过内、外圆锥

的轴向相对位移来调整。间隙配合主要用于有相对转动的机构中,如圆锥滑动轴承。

（2）过盈配合

过盈配合是指具有过盈的配合。过盈的大小也可以通过内、外圆锥的轴向相对位移来调整。在承载情况下利用内、外圆锥间的摩擦力自锁,可以传递很大的转矩。

（3）过渡配合

过渡配合是指可能具有间隙,也可能具有过盈的配合。其中,要求内、外圆锥紧密接触,间隙为零或稍有过盈的配合称为紧密配合,它用于对中定心或密封。为了保证良好的密封性,对内、外圆锥的形状精度要求很高,通常将它们配对研磨。

2. 圆锥配合的形成

圆锥配合的间隙或过盈的大小可用改变内、外圆锥间的轴向相对位置来调整。因此,内、外圆锥的最终轴向相对位置是圆锥配合的重要特征。按照确定内、外圆锥间最终的轴向相对位置采用的方式,圆锥配合的形成可以分为下列两种形成方式。

（1）结构型圆锥配合

结构型圆锥配合是指由内、外圆锥本身的结构或基面距（内、外圆锥基准平面之间的距离）确定它们之间最终的轴向相对位置,来获得指定配合性质的圆锥配合。这种形成方式可获得间隙配合、过渡配合和过盈配合。

例如图 8-5 所示,用内、外圆锥的结构即内圆锥端面 1 与外圆锥台阶 2 接触来确定装配时最终的轴向相对位置,以获得指定的圆锥间隙配合。又如图 8-6 所示,用内圆锥大端基准平面 1 与外圆锥大端基准圆平面 2 之间的距离 a（基面距）确定装配时最终的轴向相对位置,以获得指定的圆锥过盈配合。

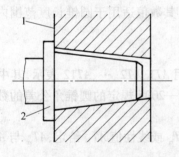
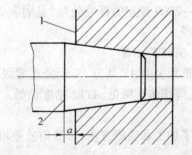

图 8-5　由结构形成的圆锥间隙配合　　　　图 8-6　由基面距形成的圆锥过盈配合

（2）位移型圆锥配合

位移型圆锥配合是指由规定内、外圆锥的轴向相对位移或规定施加一定的装配力（轴向力）产生轴向位移,确定它们之间最终的轴向相对位置,来获得指定配合性质的圆锥配合。

例如图 8-7 所示,在不受力的情况下内、外圆锥相接触,由实际初始位置 P_a 开始,内圆锥向右作轴向位移 E_a,到达终止位置 P_f,以获得指定的圆锥间隙配合。又如图8-8所示,在不受力的情况下内、外圆锥相接触,由实际初始位置 P_a 开始,对内圆锥施加一定的装配力 F_s,使内圆锥向左作轴向位移 E_a,达到终止位置 P_f,以获得指定的圆锥过盈配合。

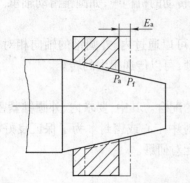
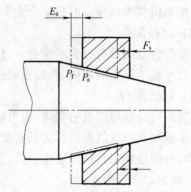

图 8－7　由轴向位移形成圆锥间隙配合　　　图 8－8　由施加装配力形成圆锥过盈配合

轴向位移 E_a 与间隙 X（或过盈 Y）的关系如下：

$$E_a = X(或 Y)/C \qquad\qquad (8-3)$$

式中　C——内、外圆锥的锥度。

§2　圆锥公差的给定方法和圆锥直径公差带（公差区）的选择

一、圆锥公差项目

为了保证内、外圆锥的互换性和满足使用要求，对内、外圆锥规定的公差项目如下。

1. 圆锥直径公差

圆锥直径公差 T_D 以公称圆锥直径（一般取最大圆锥直径 D）为公称尺寸，按 GB/T 1800.1—2009 规定的标准公差（见附表 3－2）选取。其数值适用于圆锥长度范围内的所有圆锥直径。

2. 圆锥角公差

圆锥角公差 AT 共分 12 个公差等级，它们分别用 $AT1$、$AT2$、…、$AT12$ 表示，其中 $AT1$ 精度最高，等级依次降低，$AT12$ 精度最低。GB/T 11334—2005 规定的圆锥角公差的数值见附表 8－1。

为了加工和检测方便，圆锥角公差可用角度值 AT_α 或线性值 AT_D 给定，AT_α 与 AT_D 的换算关系为：

$$AT_D = AT_\alpha \cdot L \cdot 10^{-3} \qquad\qquad (8-4)$$

式中，AT_D、AT_α 和圆锥长度 L 的单位分别为 μm、μrad 和 mm。

$AT4 \sim AT12$ 的应用举例如下：$AT4 \sim AT6$ 用于高精度的圆锥量规和角度样板；$AT7 \sim AT9$ 用于工具圆锥、圆锥销、传递大转矩的摩擦圆锥；$AT10$、$AT11$ 用于圆锥套、圆锥齿轮之类的中等精度零件；$AT12$ 用于低精度零件。

圆锥角的极限偏差可按单向取值（$\alpha\,{}^{+AT_\alpha}_{0}$ 或 $\alpha\,{}^{0}_{-AT_\alpha}$）或者双向对称取值（$\alpha \pm AT_\alpha/2$）。为了保证内、外圆锥接触的均匀性，圆锥角公差带通常采用对称于公称圆锥角分布。

3. 圆锥的形状公差

圆锥的形状公差包括素线直线度公差和横截面圆度公差。在图样上可以标注圆锥的这两项形状公差或其中某一项公差，或者标注圆锥的面轮廓度公差。

二、圆锥公差的给定和标注

在图样上标注有配合要求的内、外圆锥的尺寸和公差时,内、外圆锥必须具有相同的公称圆锥角(或公称锥度),同时在内、外圆锥上标注直径公差的圆锥直径必须具有相同的公称尺寸。圆锥公差的标注方法有下列三种。

1. 面轮廓度法

面轮廓度法是指给出圆锥的理论正确圆锥角 $\boxed{\alpha}$(或锥度 $\boxed{C}$)、理论正确圆锥直径($\boxed{D}$ 或 $\boxed{d}$)和圆锥长度 L,标注面轮廓度公差,如图 8-9 所示。它是常用的圆锥公差给定方法,由面轮廓度公差带确定最大与最小极限圆锥把圆锥的直径偏差、圆锥角偏差、素线直线度误差和横截面圆度误差等都控制在面轮廓度公差带内。这相当于包容要求。

面轮廓度法适用于有配合要求的结构型内、外圆锥。

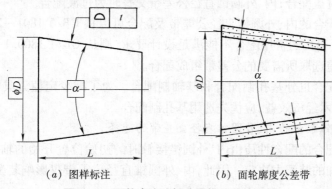

(a) 图样标注　　　　(b) 面轮廓度公差带

图 8-9　面轮廓度法标注圆锥公差的示例

2. 基本锥度法

基本锥度法是指给出圆锥的理论正确圆锥角 $\boxed{\alpha}$ 和圆锥长度 L,标注公称圆锥直径(D 或 d)及其极限偏差(按相对于该直径对称分布取值),如图 8-10 所示。其特征是按圆锥直径为最大和最小实体尺寸构成的同轴线圆锥面,来形成两个具有理想形状的包容面公差带。实际圆锥处处不得超出这两个包容面。

基本锥度法适用于有配合要求的结构型和位移型内、外圆锥。

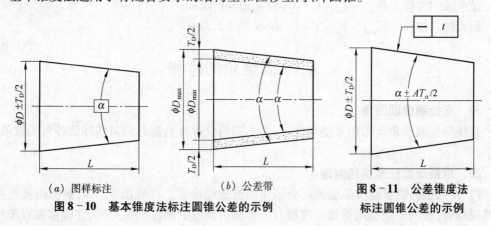

(a) 图样标注　　　　(b) 公差带

图 8-10　基本锥度法标注圆锥公差的示例

图 8-11　公差锥度法标注圆锥公差的示例

3. 公差锥度法

公差锥度法是指同时给出圆锥直径(最大或最小圆锥直径)极限偏差和圆锥角极限偏

差,并标注圆锥长度。它们各自独立,分别满足各自的要求,标注方法如图 8-11 所示。按独立原则解释。

公差锥度法适用于非配合圆锥;也适用于对某给定截面直径有较高精度要求的圆锥。

应当指出,无论采用哪种标注方法,若有需要,可附加给出更高的素线直线度、圆度精度要求;对于面轮廓度法和基本锥度法,还可附加给出严格的圆锥角公差。

三、圆锥直径公差带(公差区)的选择

1. 结构型圆锥配合的内、外圆锥直径公差带的选择

结构型圆锥配合的配合性质由相互结合的内、外圆锥直径公差带之间的关系决定。内圆锥直径公差带在外圆锥直径公差带之上时为间隙配合;内圆锥直径公差带在外圆锥直径公差带之下时为过盈配合;内、外圆锥直径公差带交叠时为过渡配合。

结构型圆锥配合的内、外圆锥直径公差带及配合可以从 GB/T 1801—2009 选取。倘若 GB/T 1801—2009 给出的常用配合不能满足设计要求,则从 GB/T 1800.1—2009 规定的标准公差和基本偏差选取所需要的公差带组成配合。

结构型圆锥配合也分基孔制配合和基轴制配合。为了减少定值刀具、量规的品种、规格,获得最佳的技术经济效益,应优先选用基孔制配合。

2. 位移型圆锥配合的内、外圆锥直径公差带的选择

位移型圆锥配合的配合性质由内、外圆锥接触时的初始位置开始的轴向位移或者由在该初始位置上施加的装配力决定。因此,内、外圆锥直径公差带仅影响装配时的初始位置,不影响配合性质。

位移型圆锥配合的内、外圆锥直径公差带的基本偏差,采用 H/h 或 JS/js。其轴向位移的极限值按极限间隙或极限过盈来计算。

例　有一位移型圆锥配合,锥度 C 为 1:30,内、外圆锥的公称圆锥直径为 60mm,要求装配后得到 H7/u6 的配合性质。试计算由初始位置开始的最小与最大轴向位移。

解　按 ϕ60H7/u6,由附表 3-8 查得 $Y_{min} = -0.057mm$,$Y_{max} = -0.106mm$。

按式(8-3)计算得:

最小轴向位移　$E_{amin} = Y_{min}/C = 0.057 \times 30 = 1.71mm$

最大轴向位移　$E_{amax} = Y_{max}/C = 0.106 \times 30 = 3.18mm$

§3　圆锥角的检测

一、直接测量圆锥角

直接测量圆锥角是指用万能角度尺、光学测角仪等计量器具测量实际圆锥角的数值。

二、用量规检验圆锥角偏差

内、外圆锥的圆锥角实际偏差可分别用圆锥量规检验。参看图 8-12,被测内圆锥用圆锥塞规检验,被测外圆锥用圆锥环规检验。检验内圆锥的圆锥角偏差时,在圆锥塞规工作表面素线全长上,涂 3~4 条极薄的显示剂;检验外圆锥的圆锥角偏差时,在被测外圆锥表面素线全长上,涂 3~4 条极薄的显示剂,然后把量规与被测圆锥对研(来回旋转应小于 180°)。

根据被测圆锥上的着色或量规上擦掉的痕迹,来判断被测圆锥角的实际值合格与否。

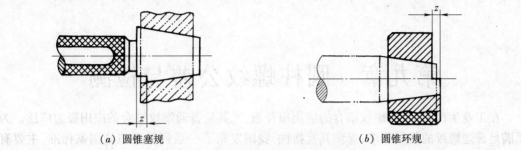

(a) 圆锥塞规   (b) 圆锥环规

图 8－12　用圆锥量规检验圆锥角偏差

此外,在量规的基准端部刻有两条刻线(凹缺口),它们之间的距离为 z,用以检验被测圆锥的实际直径偏差、圆锥角的实际偏差和形状误差的综合结果产生的基面距偏差。若被测圆锥的基准平面位于量规这两条线之间,则表示该综合结果合格。

三、间接测量圆锥角

间接测量圆锥角是指测量与被测圆锥角有一定函数关系的若干线性尺寸,然后计算出被测圆锥角的实际值。通常使用指示式计量器具和正弦尺、量块、滚子、钢球进行测量。

图 8－13 为利用钢球和指示式计量器具测量内圆锥角的示例,把两个直径分别 D_2 和 D_1 的钢球 2 和 1 先后放入被测工件 3 的内圆锥面,以被测内圆锥的大头端面作为测量基准面,分别测出两个钢球顶点至该测量基准面的距离 L_2 和 L_1,按下式求解内圆锥半角 $\alpha/2$ 的数值:

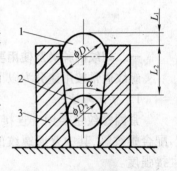

图 8－13　双钢球测量内圆锥角

$$\sin \frac{\alpha}{2} = \frac{D_1 - D_2}{\pm 2L_1 + 2L_2 - D_1 + D_2} \qquad (8-5)$$

当大球突出于测量基准面时,式(8－5)中 $2L_1$ 前面的符号取"＋"号;反之取"－"号。根据 $\sin \dfrac{\alpha}{2}$ 值,可确定被测圆锥角的实际值。

第九章 圆柱螺纹公差与检测

在工业生产中,圆柱螺纹结合的应用很普遍,尤其是普通螺纹结合的应用极为广泛。为了满足普通螺纹的使用要求,保证其互换性,我国发布了一系列普通螺纹国家标准,主要有GB/T 14791—1993《螺纹术语》、GB/T 192—2003《普通螺纹 基本牙型》、GB/T 193—2003《普通螺纹 直径与螺距系列》、GB/T 197—2003《普通螺纹 公差》。为了满足机械行业的需要,国家发展和改革委员会发布了 JB/T 2886—2008《机床梯形丝杠、螺母 技术条件》。

本章结合上述标准,介绍普通螺纹的公差、配合与检测以及机床梯形丝杠、螺母的精度和公差。

§1 概 述

一、螺纹的种类及使用要求

螺纹通常按用途分为以下三类。

1. 紧固螺纹

紧固螺纹主要用于连接和紧固各种机械零件,包括普通螺纹、过渡配合螺纹和过盈配合螺纹等,其中普通螺纹的应用最为普遍。紧固螺纹的使用要求是保证旋合性和连接强度。

2. 传动螺纹

传动螺纹用于传递动力和位移,包括梯形螺纹和锯齿形螺纹等,如机床传动丝杠和量仪的测微螺杆上的螺纹。传动螺纹的使用要求是传递动力的可靠性和传递位移的准确性。

3. 管螺纹

管螺纹主要用于管道系统中的管件连接,包括非螺纹密封的管螺纹和螺纹密封的管螺纹,如水管和煤气管道中的管件连接。管螺纹的使用要求是连接强度和密封性。

二、普通螺纹的基本牙型和主要几何参数

普通螺纹的基本牙型如图 9-1 中的粗实线所示,它是按规定的削平高度,将高度为 H 的原始等边三角形的顶部和底部削去后所形成的内、外螺纹共有的理论牙型,是规定螺纹极限偏差的基础。

普通螺纹的主要几何参数(见图 9-1 和图 9-2)如下。

1. 大径

大径是指与外螺纹牙顶或内螺纹牙底相切的假想圆柱的直径。内、外螺纹的基本大径分别用代号 D 和 d 表示,且 $D=d$,是内、外螺纹的公称直径。

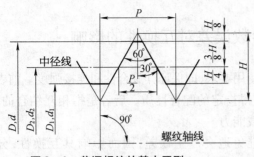

图 9 - 1 普通螺纹的基本牙型

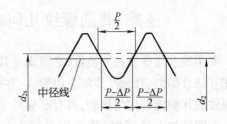

图 9 - 2 中径与单一中径

2. 小径

小径是指与外螺纹牙底或内螺纹牙顶相切的假想圆柱的直径。内、外螺纹的基本小径分别用代号 D_1 和 d_1 表示,且 $D_1 = d_1$。

外螺纹的大径和内螺纹的小径统称为顶径;外螺纹的小径和内螺纹的大径统称为底径。

3. 中径

中径是一个假想圆柱的直径,该圆柱的母线通过牙型上沟槽和凸起宽度相等的地方。内、外螺纹的基本中径分别用代号 D_2 和 d_2 表示,且 $D_2 = d_2$。

4. 螺距

螺距是指相邻两牙在中径线上对应两点间的轴向距离。螺距的基本值用代号 P 表示。

5. 单一中径

单一中径是一个假想圆柱的直径,该圆柱的母线通过牙型上沟槽宽度等于螺距基本值一半($P/2$)的地方,见图 9 - 2。内、外螺纹的单一中径分别用代号 D_{2s} 和 d_{2s} 表示。

单一中径可以用三针法测得(详见§4),以表示中径实际尺寸的数值。

6. 牙型角和牙侧角

牙型角是指在螺纹牙型上,相邻的两牙侧间的夹角,用代号 α 表示,如图 9 - 3a 所示。牙型角的一半称为牙型半角。普通螺纹牙型半角为 30°。

牙侧角是指在螺纹牙型上,牙侧与螺纹轴线的垂线间的夹角,左、右牙侧角分别用代号 α_1 和 α_2 表示,如图 9 - 3b 所示。普通螺纹牙侧角的基本值为 30°。

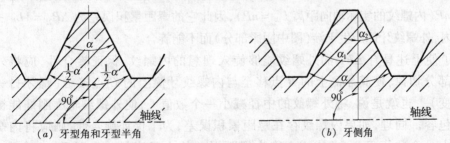

(a) 牙型角和牙型半角   **(b) 牙侧角**

图 9 - 3 牙型角、牙型半角与牙侧角

7. 螺纹接触高度

螺纹接触高度是指在相互结合的内、外螺纹的牙型上,它们的牙侧重合部分在垂直于螺纹轴线方向上的距离。普通螺纹的接触高度的基本值等于 $5H/8$,见图 9 - 1。

8. 螺纹旋合长度

螺纹旋合长度是指相互结合的内、外螺纹沿螺纹轴线方向相互旋合部分的长度。

§2 普通螺纹几何参数误差对互换性的影响

要实现普通螺纹的互换性,必须满足其使用要求,即保证其旋合性和连接强度。前者是指相互结合的内、外螺纹能够自由旋入,并获得指定的配合性质。后者是指相互结合的内、外螺纹的牙侧能够均匀接触,具有足够的承载能力。

在螺纹加工过程中,其几何参数不可避免地会产生误差,因而影响其互换性,分析如下。

一、螺纹直径偏差的影响

螺纹直径(包括大径、小径和中径)的偏差是指螺纹加工后直径的实际尺寸与螺纹直径的基本尺寸之差。由于相互结合的内、外螺纹直径的基本尺寸相等,因此,如果外螺纹直径的偏差大于内螺纹对应直径的偏差,则不能保证它们的旋合性;倘若外螺纹直径的偏差比内螺纹对应直径的偏差小得多,那么,虽然它们能够旋入,但会使它们的接触高度减小,从而削弱它们的连接强度。由于螺纹的配合面是牙侧面,故中径偏差对螺纹互换性的影响比大径偏差、小径偏差的更大。

鉴于此,必须控制螺纹直径的实际尺寸,对直径规定适当的上、下极限偏差。

相互结合的内、外螺纹在顶径处和底径处应分别留有适当的间隙,以保证它们能够自由旋合。为了保证螺纹的连接强度,螺纹的牙底应制成圆弧形状。

二、螺距误差的影响

螺距误差分为螺距偏差 ΔP 和螺距累积误差 ΔP_Σ。ΔP 是指螺距的实际值与其基本值之差。ΔP_Σ 是指在规定的螺纹长度内,任意两同名牙侧与中径线交点间的实际轴向距离与其基本值之差中的最大绝对值。ΔP_Σ 对螺纹互换性的影响比 ΔP 更大。

参看图 9-4,相互结合内、外螺纹的螺距的基本值为 P,假设内螺纹为理想螺纹,其所有的几何参数皆无误差;而外螺纹仅存在螺距误差,它的 n 个螺距的实际轴向距离 $L_外$ 大于其基本值 nP(内螺纹的实际轴向距离 $L_内 = nP$),因此它的螺距累积误差为 $\Delta P_\Sigma = |L_外 - nP|$。$\Delta P_\Sigma$ 使内、外螺纹牙侧产生干涉(图中阴影部分)而不能旋合。

为了使上述具有 ΔP_Σ 的外螺纹能够旋入理想的内螺纹,保证旋合性,应将外螺纹的干涉部分切掉,使其牙侧上的 B 点移至与内螺纹牙侧上的 C 点接触(螺牙另一侧的间隙不变)。也就是说,将外螺纹的中径减小一个数值 f_p,使外螺纹轮廓刚好能被内螺纹轮廓包容。同理,如果内螺纹存在螺距累积误差,为了保证旋合性,则应将内螺纹的中径增大一个数值 F_p。f_p(或 F_p)称为螺距误差的中径当量。由图 9-4 中的 $\triangle ABC$ 可求出:

$$f_p(或 F_p) = \Delta P_\Sigma \cot 30° = 1.732 \cdot \Delta P_\Sigma \tag{9-1}$$

应当指出,虽然增大内螺纹中径或(和)减小外螺纹中径可以消除 ΔP_Σ 对旋合性的不利影响,但 ΔP_Σ 会使内、外螺纹实际接触的螺牙减少,载荷集中在接触部位,造成接触压力增大,降低螺纹的连接强度。

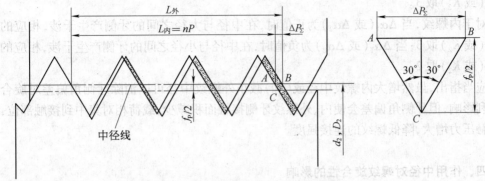

图9-4 螺距累积误差对旋合性的影响

三、牙侧角偏差的影响

牙侧角偏差是指牙侧角的实际值与其基本值之差,它包括螺纹牙侧的形状误差和牙侧相对于螺纹轴线的垂线的位置误差。

参看图9-5,相互结合的内、外螺纹的牙侧角的基本值为30°,螺距的基本值为P,假设内螺纹1(粗实线)为理想螺纹,而外螺纹2(细实线)仅存在牙侧角偏差(左牙侧角偏差$\Delta\alpha_1<0$,右牙侧角偏差$\Delta\alpha_2>0$),使内、外螺纹牙侧产生干涉(图中画斜线部分)而不能旋合。

为了使上述具有牙侧角偏差的外螺纹能够旋入理想的内螺纹,保证旋合性,应将外螺纹的干涉部分切掉,把外螺纹螺牙径向移至虚线3处,使外螺纹轮廓刚好能被内螺纹轮廓包容。也就是说,将外螺纹的中径减小一个数值f_α。同理,当内螺纹存在牙侧角偏差时,为了保证旋合性,应将内螺纹中径增大一个数值F_α。f_α(或F_α)称为牙侧角偏差的中径当量。

由图9-5可以看出,由于牙侧角偏差$\Delta\alpha_1$和$\Delta\alpha_2$的大小和符号各不相同,因此左、右牙侧干涉区的最大径向干涉量不相同($AA'>DD'$),通常取它们的平均值作为$f_\alpha/2$,即

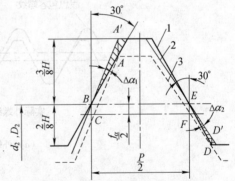

图9-5 牙侧角偏差对旋合性的影响

$$\frac{f_\alpha}{2}=\frac{AA'+DD'}{2}$$

$\triangle ABC$的边长$BC=AA'$,$\triangle DEF$的边长$EF=DD'$,在$\triangle ABC$和$\triangle DEF$中应用正弦定理,并注意到牙型半角为30°时,$H=\sqrt{3}P/2$,经整理、运算并进行单位换算后得:

$$f_\alpha=0.073P(3|\Delta\alpha_1|+2\Delta\alpha_2)\quad(\mu m)$$

式中,螺距基本值P的单位为mm;牙侧角偏差$\Delta\alpha_1$、$\Delta\alpha_2$的单位是分(′)。

考虑到左、右牙侧角偏差均有可能为正值或负值,并且考虑内螺纹F_α的计算,将上式写成通式如下:

$$f_\alpha(\text{或}F_\alpha)=0.073P(K_1|\Delta\alpha_1|+K_2|\Delta\alpha_2|) \tag{9-2}$$

式中,系数K_1、K_2的数值分别取决于$\Delta\alpha_1$、$\Delta\alpha_2$的正、负号。

对于外螺纹,当$\Delta\alpha_1$(或$\Delta\alpha_2$)为正值时,在中径与小径之间的牙侧产生干涉,相应的系数K_1(或K_2)取2;当$\Delta\alpha_1$(或$\Delta\alpha_2$)为负值时,在中径与大径之间的牙侧产生干涉,相应的系

数 K_1（或 K_2）取 3。

对于内螺纹,当 $\Delta\alpha_1$（或 $\Delta\alpha_2$）为正值时,在中径与大径之间的牙侧产生干涉,相应的系数 K_1（或 K_2）取 3;当 $\Delta\alpha_1$（或 $\Delta\alpha_2$）为负值时,在中径与小径之间的牙侧产生干涉,相应的系数 K_1（或 K_2）取 2。

应当指出,虽然增大内螺纹中径或（和）减小外螺纹中径可以消除牙侧角偏差对旋合性的不利影响,但牙侧角偏差会使内、外螺纹牙侧接触面积减少,载荷相对集中到接触部位,造成接触压力增大,降低螺纹的连接强度。

四、作用中径对螺纹旋合性的影响

从以上的分析可知:影响螺纹旋合性的主要因素是中径偏差、螺距误差和牙侧角偏差。它们的综合结果可以用作用中径表示。

前已述及,当外螺纹存在螺距累积误差和牙侧角偏差时,需将它的中径减小（$f_\mathrm{p} + f_\alpha$）,它方能与理想的内螺纹旋合。若不减小它的中径,则它只能与一个中径较大的内螺纹相旋合。同理,存在螺距累积误差和牙侧角偏差的实际内螺纹,只能与一个中径较小的外螺纹旋合。

参看图 9-6,在规定的旋合长度内,恰好包容实际外螺纹的假想内螺纹的中径,称为该外螺纹的作用中径,用代号 $d_{2\mathrm{m}}$ 表示;恰好包容实际内螺纹的假想外螺纹的中径,称为该内螺纹的作用中径,用代号 $D_{2\mathrm{m}}$ 表示。这假想螺纹具有理想的螺距、牙侧角和牙型高度,并且分别能够在牙顶处和牙底处留有间隙,以保证它包容实际螺纹时两者的大径、小径处不发生干涉。

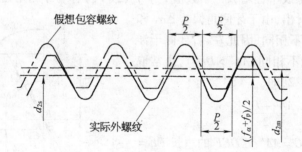

（a）外螺纹作用中径 $d_{2\mathrm{m}}$

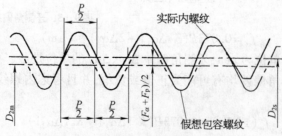

（b）内螺纹作用中径 $D_{2\mathrm{m}}$

图 9-6　螺纹作用中径

$d_{2\mathrm{s}}$、$D_{2\mathrm{s}}$—外螺纹、内螺纹的单一中径

单一中径、螺距误差、牙侧角偏差是独立的,外螺纹和内螺纹的作用中径可分别按下式计算:

$$d_{2m} = d_{2s} + (f_p + f_\alpha) \tag{9-3}$$
$$D_{2m} = D_{2s} - (F_p + F_\alpha) \tag{9-4}$$

显然,内、外螺纹能够自由旋合的条件是:$d_{2m} \leqslant D_{2m}$,或者外螺纹 d_{2m} 不大于其中径的上极限尺寸,内螺纹 D_{2m} 不小于其中径的下极限尺寸。

五、普通螺纹合格性的判断

螺纹的检测手段是多种多样的,应根据螺纹的不同使用场合及螺纹加工条件,由产品设计者自己决定采用何种检测手段,来判断被测螺纹合格与否。

对于生产批量不大的螺纹,或者为了查找螺纹加工误差的产生原因,可以用工具显微镜、螺纹千分尺、三针法等分别测出螺纹的单一中径(d_{2s}、D_{2s})、螺距误差和牙侧角偏差。对于生产批量较大的螺纹,可以按泰勒原则使用螺纹量规检验,来判断被测螺纹的旋合性和连接强度合格与否。

参看图9-7,泰勒原则是指为了保证旋合性,实际螺纹的作用中径应不超出最大实体牙型的中径;为了保证连接强度,该实际螺纹任何部位的单一中径应不超出最小实体牙型的中径。

所谓最大和最小实体牙型是指在螺纹中径公差范围内,分别具有材料量最多和最少且具有与基本牙型一致的螺纹牙型。外螺纹的最大和最小实体牙型中径分别等于其中径的上极限尺寸和下极限尺寸 d_{2max}、d_{2min},内螺纹的最大和最小实体牙型中径分别等于其中径的下极限尺寸和上极限尺寸 D_{2min}、D_{2max}。

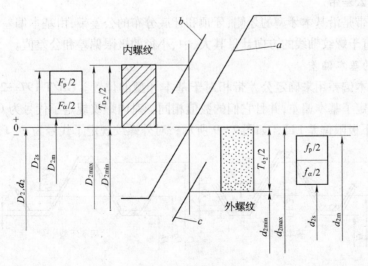

图9-7 泰勒原则

a—内、外螺纹最大实体牙型;b—内螺纹最小实体牙型;c—外螺纹最小实体牙型;D_{2max}、D_{2min}—内螺纹中径的上、下极限尺寸;d_{2max}、d_{2min}—外螺纹中径的上、下极限尺寸;T_{D_2}、T_{d_2}—内、外螺纹中径公差

按泰勒原则,螺纹中径的合格条件如下:

对于外螺纹

$$d_{2m} \leqslant d_{2max} \quad 且 \quad d_{2s} \geqslant d_{2min}$$

对于内螺纹

$$D_{2m} \geqslant D_{2min} \quad 且 \quad D_{2s} \leqslant D_{2max}$$

§3   普通螺纹的公差与配合

GB/T 197—2003 对公称直径为 1 ~ 355mm、螺距基本值为 0.2 ~ 8mm 的普通螺纹规定了配合最小间隙为零以及具有保证间隙的螺纹公差带、旋合长度和公差精度。螺纹的公差带由公差带的位置和公差带的大小决定;螺纹的公差精度则由公差带和旋合长度决定,如图 9-8 所示。

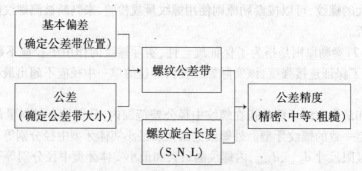

图 9-8   普通螺纹公差带与公差精度的构成

一、螺纹公差带

螺纹公差带是沿基本牙型的牙侧、牙顶和牙底分布的公差带,由基本偏差和公差两个要素构成,在垂直于螺纹轴线的方向计量其大、中、小径的极限偏差和公差值。

1. 螺纹的基本偏差

螺纹的基本偏差用来确定公差带相对于基本牙型的位置。GB/T 197—2003 对螺纹的中径和顶径规定了基本偏差,并且它们的数值相同。对内螺纹规定了代号为 G、H 的两种基本偏差(皆为下极限偏差 EI),如图 9-9 所示;对外螺纹规定了代号为 e、f、g、h 的四种

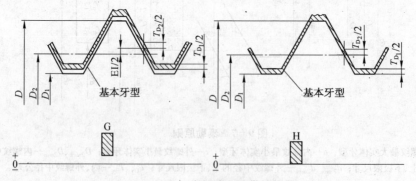

图 9-9   内螺纹公差带的位置

T_{D_1}—内螺纹小径公差; T_{D_2}—内螺纹中径公差; EI—内螺纹中径基本偏差

基本偏差(皆为上极限偏差 es),如图 9–10 所示(图中 d_{3max} 为外螺纹实际小径的最大允许值)。内、外螺纹基本偏差的数值见附表 9–2。

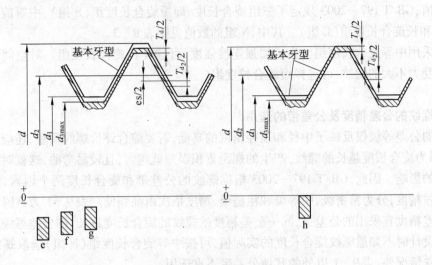

图 9–10　外螺纹公差带的位置
T_d—外螺纹大径公差；T_{d_2}—外螺纹中径公差；es—外螺纹中径基本偏差

2. 螺纹的公差

螺纹公差用来确定公差带的大小,它表示螺纹直径的尺寸允许变动范围。GB/T 197—2003 对螺纹中径和顶径分别规定了若干公差等级,其代号用阿拉伯数字表示,具体规定如下。其中,3 级最高,数字越大,表示公差等级越低。

螺纹直径	公差等级
内螺纹中径 D_2	4、5、6、7、8
内螺纹小径 D_1	4、5、6、7、8
外螺纹中径 d_2	3、4、5、6、7、8、9
外螺纹大径 d	4、6、8

内、外螺纹顶径的公差值 T_{D_1}、T_d 见附表 9–2。内、外螺纹中径的公差值 T_{D_2}、T_{d_2} 见附表 9–3。

应当说明,按泰勒原则使用螺纹量规检验被测螺纹合格与否时,螺纹中径公差是一项综合公差,螺纹最大和最小实体牙型的中径分别控制了作用中径和单一中径,而作用中径又是单一中径、螺距误差和牙侧角偏差的综合结果,因此中径公差就具有三个功能:控制中径本身的尺寸偏差,还控制螺距误差和牙侧角偏差。这就无需单独规定螺距公差和牙侧角公差。当螺纹的单一中径偏离最大实体牙型中径时,允许存在螺距误差和牙侧角偏差。

将螺纹的中径和顶径的公差等级代号和基本偏差代号组合,就构成了它们的公差带代号。标注时中径公差带代号在前,顶径公差带代号在后。例如,5H6H 表示内螺纹中径公差带代号为 5H、顶径(小径)公差带代号为 6H。如果中径公差带代号和顶径公差带代号相同,则标注时只写一个,例如 6f 表示外螺纹中径与顶径(大径)公差带代号相同。

二、螺纹的旋合长度

内、外螺纹的旋合长度是螺纹精度设计时应考虑的一个因素。根据螺纹的公称直径和螺距基本值,GB/T 197—2003 规定了三组旋合长度,即短旋合长度组(S 组)、中等旋合长度组(N 组)和长旋合长度组(L 组)。其中,N 组的数值见附表 9-3。

通常采用中等旋合长度组。为了加强连接强度,可选择长旋合长度组。对空间位置受到限制或受力不大的螺纹,可选择短旋合长度组。

三、螺纹的公差精度及公差带的选用

螺纹的公差等级仅反映了中径和顶径精度的高低,若要综合评价螺纹质量,还应考虑旋合长度,因为旋合长度越长的螺纹,产生的螺距累积误差就越大,且较易弯曲,这就对互换性产生不利的影响。因此,GB/T 197—2003 根据螺纹的公差带和旋合长度两个因素,规定了螺纹的公差精度,分为精密级、中等级和粗糙级,精度依次由高到低。表 9-1 为该国标推荐的不同公差精度宜采用的公差带,同一公差精度的螺纹的旋合长度越长,则公差等级就应越低。如果设计时不知道螺纹旋合长度的实际值,可按中等旋合长度组(N 组)选取螺纹公差带。除特殊情况外,表 9-1 以外的其他公差带不宜选用。

选择螺纹公差精度时,对一般用途的螺纹多采用中等级。对配合性质要求稳定或有定心精度要求的螺纹连接,应采用精密级。对于螺纹加工较困难的零件部位,例如在深盲孔内加工螺纹,则应采用粗糙级。

表 9-1 所列内、外螺纹的公差带可以任意选择组合成各种螺纹配合。为了保证螺纹副有足够的螺纹接触高度,以保证螺纹的连接强度,螺纹副宜优先选用 H/g、H/h 或 G/h 配合。对于公称直径不大于 1.4mm 的螺纹,应采用 5H/6h、4H/6h 或更精密的配合。

表 9-1　普通螺纹的推荐公差带

公差精度	内 螺 纹 公 差 带			外 螺 纹 公 差 带		
	S 组	N 组	L 组	S 组	N 组	L 组
精 密 级	4H	5H	6H	(3h4h)	**4h** (4g)	(5h4h) (5g4g)
中 等 级	**5H** (5G)	**6H** 6G	**7H** (7G)	(5g6g) (5h6h)	6e 6f **6g** 6h	(7e6e) (7g6g) (7h6h)
粗 糙 级	—	7H (7G)	8H (8G)	—	(8e) 8g	(9e8e) (9g8g)

　注:1. 选用顺序依次为:粗字体公差带、一般字体公差带、括弧内的公差带。
　　　2. 带方框的粗字体公差带用于大量生产的紧固件螺纹。
　　　3. 推荐公差带也适用于薄涂镀层的螺纹,例如电镀螺纹。所选择的涂镀前公差带应满足涂镀后螺纹实际轮廓上的任何点不超出按公差带位置 H 或 h 确定的最大实体牙型。

四、螺纹标记

完整的螺纹标记依次由普通螺纹特征代号(M)、尺寸代号(公称直径 × 螺距基本值,单位为 mm)、公差带代号及其他信息(旋合长度组代号、旋向代号)组成,并且尺寸代号、公差带代号、旋合长度组代号和旋向代号之间各用短横线"—"分开。例如:

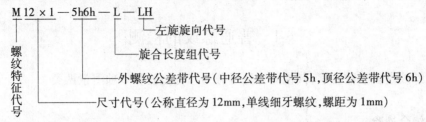

表示内、外螺纹配合时,内螺纹公差带代号在前,外螺纹公差带代号在后,中间用斜线分开。例如,M20×2—7H/7g6g—L。

标注螺纹标记时应注意:①粗牙螺纹不标注其螺距基本值;②中等旋合长度组代号 N 不标注;③右旋螺纹不标注旋向代号;④对于中等公差精度螺纹,公称直径 D(或 d)≥ 1.6mm 的 6H、6g 公差带的代号和公称直径 D(或 d)≤1.4mm 的 5H、6h 公差带的代号不标注。

五、螺纹的表面粗糙度轮廓要求

螺纹牙侧表面粗糙度轮廓要求主要根据中径公差等级确定,附表 9-4 列出了牙侧表面粗糙度轮廓幅度参数 Ra 的推荐上限值,供设计时参考。

六、例题

有一普通外螺纹 M12×1(中径、顶径公差带代号 6g 和中等旋合长度组代号均省略标注,右旋旋向也省略标注),加工后测量得单一中径 d_{2s} = 11.275mm,螺距累积误差 ΔP_Σ = |-30|μm,左、右牙侧角偏差 $\Delta\alpha_1$ = +40′,$\Delta\alpha_2$ = -30′。试计算该螺纹的作用中径 d_{2m},并按泰勒原则判断该螺纹的中径合格与否。

解

(1) 确定中径的极限尺寸

由附表 9-1 查得基本中径 d_2 = 11.350mm;由附表 9-3 和附表 9-2 分别查得中径公差 T_{d_2} = 118μm 和基本偏差 es = -26μm。由此可得中径的上、下极限尺寸为:

$$d_{2max} = d_2 + es = 11.350 - 0.026 = 11.324\text{mm}$$
$$d_{2min} = d_{2max} - T_{d_2} = 11.324 - 0.118 = 11.206\text{mm}$$

(2) 计算作用中径

由式(9-1)计算螺距误差中径当量:

$$f_p = 1.732\Delta P_\Sigma = 1.732 \times 0.03 = 0.052\text{mm}$$

由式(9-2)计算牙侧角偏差中径当量:

$$f_\alpha = 0.073P(K_1|\Delta\alpha_1| + K_2|\Delta\alpha_2|)$$
$$= 0.073 \times 1(2 \times |+40'| + 3 \times |-30'|)$$
$$= 12.4\mu m = 0.012\text{mm}$$

由式(9-3)计算作用中径:

$$d_{2m} = d_{2s} + (f_p + f_\alpha) = 11.275 + (0.052 + 0.012) = 11.339\text{mm}$$

(3) 判断被测螺纹的中径合格与否

若不考虑大径、小径偏差的影响,$d_{2s} = 11.275\text{mm} > d_{2\min} = 11.206\text{mm}$,该螺纹的连接强度合格;但 $d_{2m} = 11.339\text{mm} > d_{2\max} = 11.324\text{mm}$,该外螺纹的旋合性不合格。

§4　普通螺纹的检测

普通螺纹是多参数要素,其检测方法可分为综合检验和单项测量两类。

一、综合检验

综合检验是指按泰勒原则使用螺纹量规检验被测螺纹各个几何参数的误差的综合结果,用该量规的通规检验被测螺纹的作用中径(含底径),用止规检验被测螺纹的单一中径,还要用光滑极限量规检验被测螺纹顶径的实际尺寸。

检验内螺纹的量规称为螺纹塞规,检验外螺纹的量规称为螺纹环规。

参看图9-11和图9-12,螺纹量规通规模拟体现被测螺纹的最大实体牙型,检验被测螺纹的作用中径是否超出其最大实体牙型的中径,并同时检验被测螺纹底径的实际尺寸是否超出其最大实体尺寸。因此,通规应具有完整的牙型,并且其螺纹的长度应等于被测螺纹的旋合长度。止规用来检验被测螺纹的单一中径是否超出其最小实体牙型的中径,因此止规采用截短牙型,并且只有2~3个螺距的螺纹长度,以减少牙侧角偏差和螺距误差对检验结果的影响。

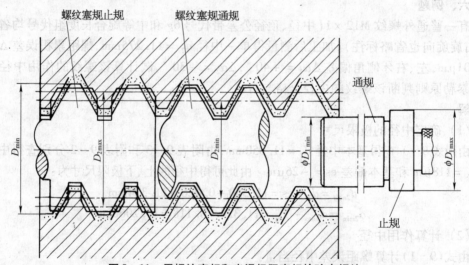

图9-11　用螺纹塞规和光滑极限塞规检验内螺纹

用螺纹量规检验时,若其通规能够旋合通过整个被测螺纹,则认为旋合性合格,否则不合格;如果其止规不能旋入或不能完全旋入被测螺纹(只允许与被测螺纹的两端旋合,旋合量不得超过两个螺距),则认为连接强度合格,否则不合格。

二、单项测量

单项测量是指对被测螺纹的各个实际几何参数分别进行测量,主要用于测量精密螺纹、螺纹量规、螺纹刀具和丝杠螺纹。常用的单项测量方法有以下几种。

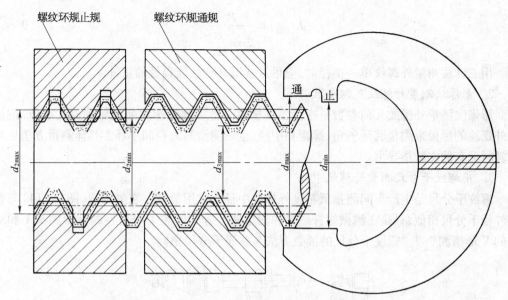

图 9–12　用螺纹环规和光滑极限卡规检验外螺纹

1.　三针法测量外螺纹单一中径

三针法测量外螺纹单一中径属于间接测量法。参看图 9–13a,将三根直径相同的精密圆柱量针分别放入被测螺纹直径方向的两边沟槽中,与牙型沟槽两侧面接触,然后用指示式量仪测量这三根量针外侧母线之间的距离(跨针距)M。根据测得的跨针距 M、被测螺纹螺距的基本值 P、牙型半角 $\alpha/2$ 和量针直径 d_0 计算出被测螺纹的单一中径 d_{2s}:

$$d_{2s} = M - d_0 \left[1 + \frac{1}{\sin \frac{\alpha}{2}} \right] + \frac{P}{2} \cot \frac{\alpha}{2} \qquad (9-5)$$

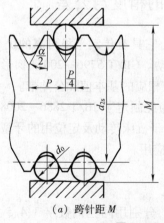

(a) 跨针距 M

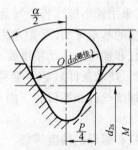

(b) 量针最佳直径 $d_{0(最佳)}$

图 9–13　三针法测量外螺纹单一中径

由式(9–5)分析可知,影响螺纹单一中径测量精度的因素有:跨针距 M 的测量误差,量针的尺寸偏差和形状误差,被测螺纹的螺距偏差和牙侧角偏差。

为了避免牙侧角偏差对测量结果的影响,应使量针与被测螺纹牙型沟槽的两个接触点间的轴向距离等于螺距基本值的一半($P/2$),如图 9–13b 所示,可得最佳的量针直径 $d_{0(最佳)}$ 的计算公式如下:

$$d_{0(最佳)} = \frac{P}{2\cos\frac{\alpha}{2}} \qquad\qquad (9-6)$$

用三针法测量外螺纹单一中径时,应尽量选用具有最佳直径的量针。

2. 影像法测量外螺纹几何参数

影像法测量外螺纹几何参数是指用工具显微镜将被测外螺纹牙型轮廓放大成像,按被测外螺纹的影像来测量其牙侧角、螺距和中径,也可测量其大径和小径。具体测量方法见与本教材配套的实验指导书。

3. 用螺纹千分尺测量外螺纹中径

螺纹千分尺是生产车间测量低精度外螺纹中径的常用量具。它的构造(图9-14)与普通外径千分尺相似,只是在测微螺杆端部和测量砧上分别安装了可更换的锥形测头1和对应的V形槽测头2。螺纹千分尺的读数方法与普通千分尺相同。

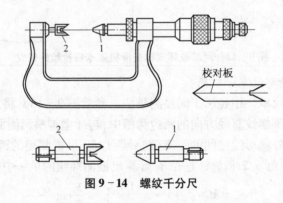

图9-14   螺纹千分尺

§5   机床梯形丝杠和螺母的精度与公差

梯形螺纹是传动螺纹中使用最为普遍的一种螺纹,它具有传动平稳可靠的优点。许多机械产品中,采用梯形螺纹将旋转运动转换为直线运动。GB/T 5796—2005《梯形螺纹》规定了梯形螺纹的基本牙型(牙型角为30°)、公称直径及相应的基本值和公差带。

机床丝杠和螺母的传动精度要求较高,机械行业为此制定了JB/T 2886—2008《机床梯形丝杠、螺母 技术条件》(以下简称机标)。机标适用于机床传动及定位用的牙型角为30°的单线梯形螺纹丝杠和螺母。下面介绍其主要内容和应用。

一、丝杠和螺母的精度等级

机标对机床丝杠和螺母分别规定了7个精度等级,分别用阿拉伯数字3、4、5、6、7、8、9表示。其中3级精度最高,等级依次降低,9级最低。

各级精度的应用如下:3、4级用于超高精度的坐标镗床和坐标磨床的传动、定位丝杠和螺母;5、6级用于高精度的齿轮磨床、螺纹磨床和丝杠车床的主传动丝杠和螺母;7级用于精密螺纹车床、齿轮机床、镗床、外圆磨床和平面磨床等的传动丝杠和螺母;8级用于普通车床和普通铣床的进给丝杠和螺母;9级用于带分度盘的进给机构的丝杠和螺母。

8级精度以上丝杠所配螺母的精度等级允许比丝杠低一级。

为了保证机床丝杠和螺母的精度,机标规定了下列公差和极限偏差。

二、丝杠公差

1. 螺旋线轴向公差

螺旋线轴向公差是针对 3～6 级的高精度丝杠规定的公差项目,用于控制丝杠螺旋线轴向误差,保证丝杠的位移精度。

所谓螺旋线轴向误差,是指实际螺旋线相对于理论螺旋线在轴向偏离的最大代数差值(绝对值)(见图 9－15),应分别在丝杠螺纹的任意一周内,任意 25mm、100mm、300mm 螺纹长度内及螺纹有效长度内考核并且在螺纹中径线上测量。它们分别用代号 $\Delta L_{2\pi}$、ΔL_{25}、ΔL_{100}、ΔL_{300} 及 ΔL_{Lu} 表示。对此,机标规定了任意一周内,任意 25mm、100mm、300mm 螺纹长度内及螺纹有效长度内的螺旋线轴向公差。

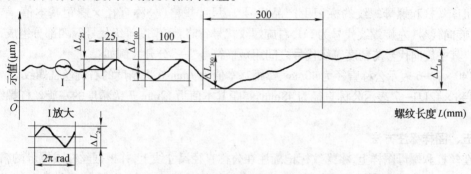

图 9－15　螺旋线轴向误差曲线

2. 螺距公差和螺距累积公差

螺距公差和螺距累积公差适用于 7～9 级丝杠,分别控制螺距偏差和螺距累积误差,保证丝杠的位移精度。

螺距偏差和螺距累积误差的定义与普通螺纹相同。螺距累积误差应分别在丝杠螺纹的任意 60mm、300mm 螺纹长度内和有效长度内测量。对此,机标规定了螺距公差及任意 60mm、300mm 螺纹长度内和螺纹有效长度内的螺距累积公差。

3. 中径尺寸的一致性公差

丝杠螺纹全长上各处中径实际尺寸变动,会影响丝杠与螺母配合间隙的均匀性,降低丝杠的位移精度。对此,机标规定了丝杠螺纹有效长度内中径尺寸的一致性公差。

4. 大径表面对螺纹轴线的径向圆跳动公差

如果丝杠螺纹轴线弯曲,则它会影响丝杠与螺母配合间隙的均匀性,降低丝杠的位移精度。对此,机标规定了丝杠螺纹大径表面对螺纹轴线的径向圆跳动公差,来控制丝杠轴线的弯曲。

5. 牙侧角极限偏差

牙侧角偏差(其定义与普通螺纹相同)会使丝杠与螺母螺纹螺牙侧面接触部位减小,导致丝杠螺纹螺牙侧面不均匀磨损,影响丝杠的位移精度。对此,机标对 3～8 级精度的丝杠规定了牙侧角极限偏差。

6. 大径、中径和小径的极限偏差

为了保证丝杠传动所需的间隙,机标对丝杠螺纹规定了大径、中径和小径的极限偏差。不同精度等级的丝杠螺纹的大、中、小径极限偏差分别相同。

三、螺母公差

测量螺母螺纹的几何参数比较困难。因此机标对螺母螺纹仅规定了大径、中径和小径的极限偏差。

螺母有配制螺母和非配制螺母之分。配制螺母螺纹中径的极限尺寸以丝杠螺纹中径的实际尺寸为基数,按机标所规定的配制螺母与丝杠的中径径向间隙来确定。而非配制螺母螺纹中径的极限尺寸则按机标所规定的极限偏差来确定。

上述丝杠和螺母的公差和极限偏差的数值,可以从 JB/T 2886—2008 查出。此外,该标准还对各级精度的丝杠和螺母螺纹的大径表面、牙型侧面和小径表面分别规定了表面粗糙度轮廓幅度参数 Ra 的上限值。

四、丝杠和螺母螺纹的标记

机床丝杠和螺母螺纹的标记由产品代号 T、尺寸规格(公称直径×螺距基本值,单位为 mm)、旋向代号(左旋螺纹代号为 LH,右旋螺纹代号省略)和精度等级代号等四部分组成,依次书写。其中旋向代号与精度等级代号之间用短横符号"—"分开。例如:

T40×7—6 表示公称直径为 40mm、螺距基本值为 7mm、6 级精度的右旋丝杠螺纹。

T48×12LH—7 表示公称直径为 48mm、螺距基本值为 12mm、7 级精度的左旋丝杠螺纹。

五、图样标注方法

在丝杠和螺母图样上,将螺纹标记标注在公称直径尺寸线上,并根据丝杠或螺母的精度等级标注各项公差及技术要求。图 9-16 为车床丝杠螺纹 T44×12—8 的各项公差和技术要求的标注示例。

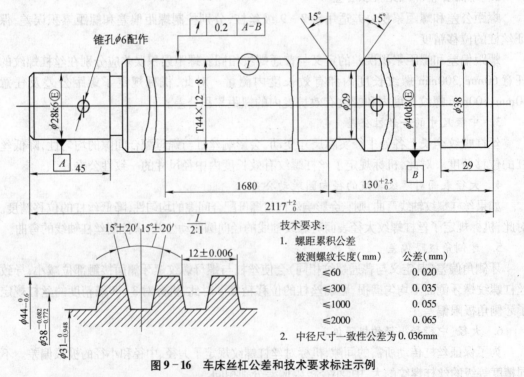

技术要求:
1. 螺距累积公差

被测螺纹长度(mm)	公差(mm)
≤60	0.020
≤300	0.035
≤1000	0.055
≤2000	0.065

2. 中径尺寸一致性公差为 0.036mm

图 9-16 车床丝杠公差和技术要求标注示例

第十章　圆柱齿轮公差与检测

齿轮是机器和仪器中使用较多的传动件,尤其是渐开线圆柱齿轮的应用甚广。齿轮的精度在一定程度上影响着整台机器或仪器的质量和工作性能。为了保证齿轮传动的精度和互换性,就需要规定齿轮公差和切齿前的齿轮坯公差以及齿轮箱体公差,并按图样上给出的精度要求来检测齿轮和齿轮箱体。

对此,我国发布了两项渐开线圆柱齿轮精度制国标和相应的四个有关圆柱齿轮精度检验实施规范的指导性技术文件。它们分别是 GB/T 10095.1—2008《轮齿同侧齿面偏差的定义和允许值》、GB/T 10095.2—2008《径向综合偏差与径向跳动的定义和允许值》和 GB/Z 18620.1—2008《轮齿同侧齿面的检验》、GB/Z 18620.2—2008《径向综合偏差、径向跳动、齿厚和侧隙的检验》、GB/Z 18620.3—2008《齿轮坯、轴中心距和轴线平行度的检验》、GB/Z18620.4—2008《表面结构和轮齿接触斑点的检验》。下面结合这些国标和指导性技术文件,从对齿轮传动的使用要求出发,阐述渐开线圆柱齿轮的主要加工误差、精度评定指标、侧隙评定指标和齿轮箱体的精度评定指标,齿轮坯精度要求以及齿轮精度设计和检测方法。

§1　齿轮传动的使用要求

对齿轮传动的使用要求可以归纳为以下四个方面。

一、齿轮传递运动的准确性

齿轮传递运动的准确性是指要求齿轮在一转范围内传动比变化尽量小,以保证主、从动齿轮的运动协调。也就是说,在齿轮一转中,它的转角误差的最大值(绝对值)不得超过一定的限度。这可用图 10－1 来说明。

图 10－1 所示,主动齿轮为无误差的理想齿轮,它的各个轮齿相对于它的回转中心 O_1 的分布是均匀的,而从动齿轮的各个轮齿相对于它的回转中心 O_2 的分布是不均匀的。现在不考虑其他误差,当两齿轮单面啮合而主动齿轮匀速回转时,主动齿轮每转过一齿,在同一时间内,从动齿轮必然随之转过一齿。因此,从动齿轮就不等速地回转——渐快渐慢地回转,从动齿轮每转一齿转角偏差的变化情况如图 10－2 所示。在从动齿轮一转范围内最严重的情况是,从动齿轮从第 3 齿转到第 7 齿应该转 180°而实际转 179°59′18″;从动齿轮从第 7 齿转到第 3 齿应该转 180°而实际转 180°0′42″。实际转角对理论转角的转角误差的最大值为(＋24″) － (－18″) ＝42″,将其化为弧度并乘以半径则得到线性值,它表示从动齿轮传递运动准确性的精度。

齿轮转角误差曲线形状的变化一般呈正弦变化规律,即齿轮一转中最大的转角误差只出现一次,而且出现转角误差正、负极值的两个轮齿相隔约 180°。

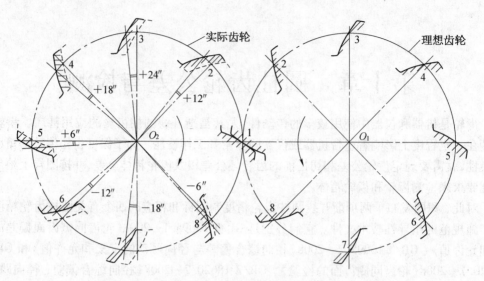

图 10-1　齿轮啮合的转角误差

1、2、…、8—轮齿序号;实线齿廓表示轮齿的实际位置;虚线齿廓表示从动齿轮轮齿的理想位置

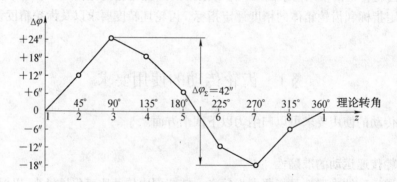

图 10-2　从动齿轮的转角误差曲线

z—齿序;$\Delta\varphi$—轮齿实际位置对理想位置的偏差;$\Delta\varphi_\Sigma$—转角误差的最大值

　　某些机器中的齿轮的传递运动准确性对其使用性能的影响很大。例如汽车发动机曲轴和凸轮轴上的一对正时齿轮,如果它们的传递运动准确性的精度低,则它们传递运动就不协调,这就会影响到进气阀和排气阀的启闭时间,从而影响发动机的正常工作。再如车床主轴与丝杠之间的交换齿轮,如果它们的传递运动准确性的精度低,这就会使该车床所切螺纹产生较大的螺距偏差。

二、齿轮的传动平稳性

　　齿轮的传动平稳性是指要求齿轮回转过程中瞬时传动比变化尽量小,也就是要求齿轮在一个较小角度范围内(如一个齿距角范围内)转角误差的变化不得超过一定的限度。

　　如图 10-1 所示,从动齿轮每转过一齿的实际转角对理论转角的转角误差中的最大值

（绝对值）为第 5 齿转至第 6 齿的转角误差，它等于 $|(-12'') - (+6'')| = 18''$。将其化为弧度并乘以半径则得到线性值，它在很大程度上表示从动齿轮传动平稳性的精度。

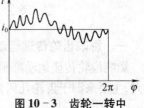

**图 10 – 3　齿轮一转中
传动比的变化**

φ—齿轮转角；i—实际传动比；
i_0—理论传动比（常数）

在齿轮回转过程中，特别是高速传动的齿轮，瞬时传动比频繁地变化，会产生撞击、振动和噪声，因而影响其传动平稳性。

应当指出，齿轮传递运动不准确和传动不平稳，都是齿轮传动比变化引起的，实际上在齿轮回转过程中，两者是同时存在的，如图 10 – 3 所示。

引起传递运动不准确的传动比最大变化量以齿轮一转为周期，且波幅大；而瞬时传动比的变化是由齿轮每个齿距角范围内的单齿误差引起的，在齿轮一转内单齿误差频繁出现，且波幅小，影响齿轮传动平稳性。

三、轮齿载荷分布的均匀性

轮齿载荷分布的均匀性是要求齿轮啮合时，工作齿面接触良好，载荷分布均匀，避免载荷集中于局部齿面而造成齿面磨损或折断，以保证齿轮传动有较大的承载能力和较长的使用寿命。

四、侧隙

侧隙即齿侧间隙，是指两个相互啮合齿轮的工作齿面接触时，相邻的两个非工作齿面之间形成的间隙。侧隙是在齿轮、轴、轴承、箱体和其他零部件装配成减速器、变速箱或其他传动装置后自然形成的。齿轮副应具有适当的侧隙，它用来储存润滑油，补偿热变形和弹性变形，防止齿轮在工作中发生齿面烧蚀或卡死，以使齿轮副能够正常工作。

上述四项使用要求中，前三项是对齿轮的精度要求。不同用途的齿轮及齿轮副，对三项精度要求的侧重点是不同的。例如，分度齿轮传动、读数齿轮传动的侧重点是传递运动的准确性，以保证主、从动齿轮的运动协调一致；机床和汽车变速箱中的变速齿轮传动的侧重点是传动平稳性和载荷分布均匀性，以降低振动和噪声并保证承载能力；重型机械（如轧钢机、矿山机械、起重机械）中传递动力的低速重载齿轮传动的侧重点是载荷分布的均匀性，以保证承载能力；涡轮机中的高速重载齿轮传动，由于传递功率大，圆周速度高，对三项精度都有较高的要求。因此，对不同用途的齿轮和不同侧重的精度要求，应规定不同的精度等级，以适应不同的使用要求，获得最佳的技术经济效益。

侧隙与前三项使用要求有所不同，是独立于精度要求的另一类要求。齿轮副所要求的侧隙的大小，主要取决于齿轮副的工作条件。对重载、高速齿轮传动，由于受力、受热变形较大，侧隙应大些，以补偿较大的变形和使润滑油畅通；而经常正转、逆转的齿轮，为了减小回程误差，应适当减小侧隙。

机器和仪器中齿轮、轴、轴承和箱体等零部件的制造误差和安装误差都影响齿轮传动的四项使用要求，其中齿轮加工误差和齿轮副安装误差的影响极大。

下面阐述齿轮上影响四项使用要求的主要误差、齿轮精度评定指标和侧隙评定指标、齿轮公差和极限偏差（齿轮各项偏差允许值）以及齿轮坯公差、齿轮箱体轴承孔的位置公差。

§2　影响齿轮使用要求的主要误差

一、影响齿轮传递运动准确性的主要误差

影响齿轮传递运动准确性的误差,是齿轮齿距分布不均匀而产生的以齿轮一转为周期的误差,主要来源于齿轮几何偏心和运动偏心。下面以应用较广的滚齿来分析齿轮加工误差。

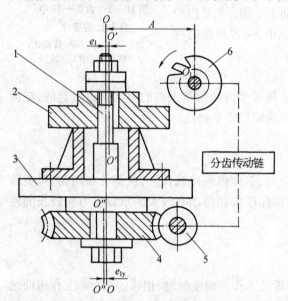

图 10-4　在滚齿机上切齿示意图
1—心轴;2—齿轮坯;3—工作台;4—分度蜗轮;
5—分度蜗杆;6—滚刀;O_1O_1—滚刀轴线

参看图 10-4,滚齿过程是滚刀 6 与齿轮坯 2 强制啮合的过程。滚刀的纵向剖切面形状为标准齿条,滚刀每转过一转,该齿条移动一个齿距。齿轮坯 2 安装在工作台 3 的心轴 1 上,通过分齿传动链,使得滚刀转过一转时,工作台恰好转过一个齿距角。滚刀和工作台连续回转,切出所有轮齿的齿廓。滚刀架沿滚齿机刀架导轨移动,使滚刀切出整个齿宽上的齿廓。滚刀切入齿轮坯的深度,决定齿轮齿厚的大小。在滚齿过程中,被切齿轮不可避免地存在几何偏心和运动偏心。

1. 齿轮几何偏心

齿轮几何偏心是指齿轮坯 2 在机床工作台心轴 1 上的安装偏心。参看图 10-4,由于齿轮坯基准孔与心轴(它与工作台 3 同轴线)之间有间隙等因素的影响,使齿轮坯基准孔的轴线 $O'O'$(即齿轮工作时的回转轴线)与工作台回转轴线 OO 不重合而产生偏心 $e_1 = \overline{OO'}$,它称为几何偏心。

参看图 10-5,在滚齿过程中,滚刀轴线 O_1O_1 的位置固定不变,工作台回转中心(即齿轮坯旋转中心)O 至 O_1O_1 的距离 A 保持不变,齿轮坯基准孔中心 O' 绕工作台回转中心 O 转动,因此在齿轮坯转一转的过程中其基准孔中心 O' 至滚刀轴线 O_1O_1 的距离 A' 是变动的,其最大距离 A'_{max} 与最小距离 A'_{min} 之差为 $2e_1$。由于齿轮坯基准孔中心 O' 距滚刀时近时远,使齿轮坯相对于滚刀产生径向位移,因而滚刀切出的各个齿槽的深度不相同。若不考虑其他因素的影响(设滚齿机分度蜗轮中心 O'' 与工作台回转中心 O 重合),则所切各个轮齿在以 O 为圆心的圆周(包括分度

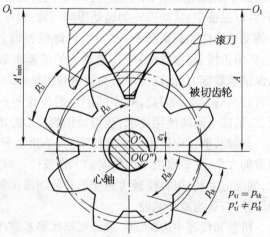

图 10-5　齿轮几何偏心对齿距分布均匀性的影响
e_1—齿轮几何偏心;O—滚齿机工作台回转中心;
O'—齿轮坯基准孔中心

圆)上是均匀分布的,任意两个相邻轮齿之间的齿距皆相等,即 $p_{ti} = p_{tk}$。但这些轮齿在以 O' 为圆心的圆周上却是不均匀分布的,各个齿距将不相等,$p'_{ti} \neq p'_{tk}$。这些齿距由小逐渐变大到最大,而后由最大逐渐变小到最小,类似图 10-1 所示从动齿轮的实际齿距,因此影响所切齿轮传递运动的准确性。

2. 齿轮运动偏心

齿轮运动偏心是指机床分度蜗轮几何偏心复映到被切齿轮上的误差,它对被切齿轮精度的影响与上一小节所述的齿轮几何偏心相同。

参看图 10-4 和图 10-6,分度蜗轮 4 的分度圆半径为 r,它的几何偏心为它在滚齿机上安装的偏心,是指分度蜗轮的分度圆中心 O'' 与滚齿机工作台回转中心 O 不重合而产生的偏心 $e_{1y} = \overline{OO''}$。

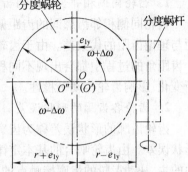

图 10-6　分度蜗轮几何偏心与
齿轮运动偏心

O''—滚齿机分度蜗轮的分度圆中心;
O—滚齿机工作台回转中心

在滚齿过程中,设齿轮坯基准孔中心 O' 与工作台回转中心 O 重合(即 O' 至滚刀轴线 O_1O_1 的距离保持不变),滚刀匀速回转,经过分齿传动链,使分度蜗杆 5 匀速回转,带动分度蜗轮使其中心 O'' 绕工作台回转中心 O 转动,则分度蜗轮的节圆半径在最小值 $(r - e_{1y})$ 至最大值 $(r + e_{1y})$ 范围内变化。与此同时,若不考虑其他因素的影响,则分度蜗轮的角速度在最大值 $(\omega + \Delta\omega)$ 至最小值 $(\omega - \Delta\omega)$ 范围内变化,ω 为对应于分度蜗轮节圆半径为 r 的角速度。

由于安装在工作台心轴上的齿轮坯与分度蜗轮同步回转,因此齿轮坯的角速度随分度蜗轮角速度的变化而在 $(\omega + \Delta\omega)$ 至 $(\omega - \Delta\omega)$ 范围内变化。分度蜗轮由于它具有偏心 e_{1y} 而使它以 O 为圆心的圆周上的齿距分布不均匀的误差会按一定比例复映到被切齿轮上。这可折算成偏心,它称为齿轮运动偏心 e_2。

不难看出,运动偏心没有使齿轮坯相对于滚刀产生径向位移,但使被切齿轮沿其分度圆切线方向产生额外的切向位移,因而使所切各个轮齿的齿距在分度圆上分布不均匀(各个齿距的大小呈正弦规律变化),如图 10-7 所示。

必须指出,几何偏心和运动偏心产生的齿轮误差的性质有一定的差异:有几何偏心时,齿轮各个轮齿的形状和位置相对于切齿时加工中心 O 来说,是没有误差的;但相对于齿轮基准孔中心 O' 来说,却是有误差了,各个轮齿的齿高是变化的,各个齿距分布不均匀。而有运动偏心时,虽然滚刀切削刃相对于切齿时加工中心 O 的位置是不变的,但是齿轮各个轮齿的形

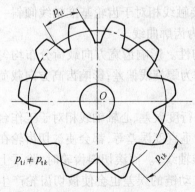

图 10-7　具有运动偏心的齿轮

状和位置相对于 O 来说是有误差的,各个齿距分布不均匀,至于各个轮齿的齿高却是不变的。

齿轮几何偏心和运动偏心是同时存在的。两者皆造成以齿轮基准孔中心为圆心的圆周上各个齿距分布不均匀,且以齿轮一转为周期。它们可能叠加,也可能抵消。齿轮传递运动准确性的精度,应以两者综合造成的各个齿距分布不均匀而产生的转角误差最大值(如图

10－1 所示,它的线性值称为齿距累积总偏差)来评定。

二、影响齿轮传动平稳性的主要误差

影响齿轮传动平稳性的误差,是齿轮同侧相邻齿廓间的齿距偏差和各个齿廓的形状误差,主要来源于上一小节所述引起被切齿轮齿距分布不均匀的加工误差及齿轮刀具和机床分度蜗杆的制造误差和安装误差。

1. 齿轮同侧相邻齿廓间的齿距偏差

齿轮同侧相邻齿廓间的齿距偏差称为单个齿距偏差,它是指同侧相邻齿廓间的实际齿距与理论齿距的代数差。由于齿轮各个实际齿距存在不同程度的齿距偏差,在齿轮每转一个齿距角的过程中都会出现不同程度的转角误差,如图 10－1 所示,因而引起瞬时传动比不断变化,影响齿轮传动平稳性。

2. 齿轮各齿廓的形状误差

齿轮齿廓的形状误差称为齿廓偏差,它是指在齿轮端平面内实际齿廓形状对渐开线的形状误差。由齿轮啮合的基本定律可知,只有理论渐开线、摆线或共轭齿廓才能使啮合传动中的主、从动齿轮的齿廓接触点的公法线始终通过一点(节点),传动比才能保持不变。对渐开线齿轮来说,由于切齿过程中各种因素的影响,难以保证所切齿廓的形状为理论渐开线,总是存在或大或小的齿廓偏差,因而导致齿轮工作时,瞬时传动比不断变化,影响齿轮传动平稳性。

齿轮每转过一齿时单个齿距偏差和齿廓偏差是同时存在的,因此,齿轮传动平稳性的精度应联合采用两者来评定。

三、影响轮齿载荷分布均匀性的主要误差

一对齿轮在啮合过程中,它们的轮齿从齿根到齿顶或从齿顶到齿根,在齿高上依次接触,每一瞬间相互啮合的两个齿轮在齿宽方向的接触线为直线。直齿轮的接触线平行于齿轮基准轴线(轮齿方向平行于齿轮基准轴线),斜齿轮的接触线相对于齿轮基准轴线倾斜一个角度——基圆螺旋角。两个齿轮在齿高方向的接触线为齿廓曲线。

齿轮啮合时,齿面接触不良会影响轮齿载荷分布均匀性。影响齿宽方向载荷分布均匀性的主要误差是实际螺旋线对理想螺旋线的偏离量,它称为螺旋线偏差;影响齿高方向载荷分布均匀性的主要误差是齿廓偏差。

滚切直齿轮时,刀架导轨相对于工作台回转轴线的平行度误差、心轴轴线相对于工作台回转轴线倾斜、齿轮坯的切齿定位端面对其基准孔轴线的垂直度误差等,都会使被切齿轮在齿宽方向产生螺旋线偏差(即轮齿方向不平行于齿轮基准轴线)。而滚切斜齿轮时,除了上述因素使被切齿轮产生螺旋线偏差以外,还有机床差动传动链的误差也会使被切齿轮产生螺旋线偏差。

参看图 10－8,滚齿机刀架导轨在齿轮坯径向平面内的倾斜而造成滚刀进给方向与工作台回转轴线不平行,会使被切直齿轮左、右齿面产生大小相等而方向相反的螺旋线偏差。这样的齿轮与无螺旋线偏差的配偶齿轮安装后形成齿宽一端局部接触斑点。

参看图 10－9,滚齿机刀架导轨在齿轮坯切向平面内的倾斜会使被切直齿轮左、右齿面产生大小相等且方向相同的螺旋线偏差。这样的齿轮与无螺旋线偏差的配偶齿轮安装后形

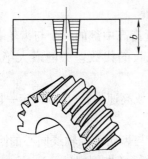

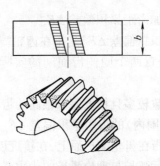

图10-8 刀架导轨径向倾斜的影响
b—轮齿的宽度

图10-9 刀架导轨切向倾斜的影响
b—轮齿的宽度

成对角接触斑点。

　　参看图10-10,齿轮坯的切齿定位端面对其基准孔轴线的垂直度误差(端面的轴向圆跳动)会使被切齿轮齿面产生螺旋线偏差,这样的齿轮与无螺旋线偏差的配偶齿轮安装后形成的接触斑点的位置是游动的。

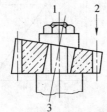

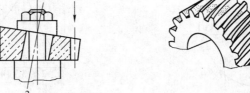

　　(*a*) 切齿时齿轮坯基准孔轴线倾斜　　　　(*b*) 各齿接触斑点的位置游动
图10-10 切齿时齿轮坯端面的轴向圆跳动产生的螺旋线偏差
1—工作台回转轴线;2—滚刀进给方向;3—齿轮坯基准孔轴线

　　齿轮每个轮齿的螺旋线偏差和齿廓偏差是同时存在的,因此,轮齿载荷分布均匀性的精度应联合采用两者来评定。而在确定齿轮公差时,后者由齿轮传动平稳性的公差项目加以控制。

四、影响侧隙的主要误差

　　齿轮上影响侧隙大小和侧隙不均匀的主要误差是齿厚偏差及齿厚变动量。齿厚偏差是指实际齿厚与公称齿厚之差。为了保证必要的最小侧隙,必须规定齿厚的最小减薄量,即齿厚上极限偏差;又为了保证侧隙不致过大,必须规定齿厚公差。实际齿厚的大小与切齿时齿轮刀具的切削深度有关,同一齿轮各齿齿厚的变动量与几何偏心有关。

§3　齿轮的强制性检测精度指标、侧隙指标及其检测

　　为了评定齿轮的三项精度,GB/T 10095.1—2008 规定的强制性检测精度指标是齿距偏差(单个齿距偏差、齿距累积偏差、齿距累积总偏差)、齿廓总偏差和螺旋线总偏差。为了评定齿轮的齿厚减薄量,常用的指标是齿厚偏差或公法线长度偏差。

一、齿轮传递运动准确性的强制性检测精度指标及其检测

　　评定齿轮传递运动准确性的精度时的强制性检测精度指标是其齿距累积总偏差 ΔF_p,

有时还要增加齿距累积偏差 ΔF_{pk}。

齿距累积总偏差 ΔF_p 是指在齿轮端平面上,在接近齿高中部的一个与齿轮基准轴线同心的圆上,任意两个同侧齿面间的实际弧长与理论弧长的代数差中的最大绝对值,如图 10-11 所示。

对于齿数较多且精度要求很高的齿轮、非圆整齿轮或高速齿轮,要求评定一段齿范围内(k 个齿距范围内)的齿距累积偏差 ΔF_{pk}。

ΔF_{pk} 是指在齿轮端平面上,在接近齿高中部的一个与齿轮基准轴线同心的圆上,任意 k 个齿距的实际弧长与理论弧长的代数差,如图 10-12 所示(本例中,$k=3$,$\Delta F_{pk}=\Delta F_{p3}$),取其中绝对值最大的数值 $\Delta F_{pk\,max}$ 作为评定值。ΔF_{pk} 值一般限定在不大于 1/8 圆周上评定。因此,k 为从 2 到 $z/8$ 的整数(z 为被评定齿轮的齿数),通常取 $k=z/8$ 就足够了。

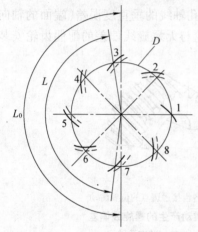
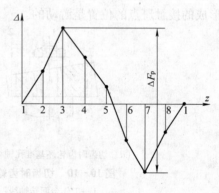

（a）齿距分布不均匀   （b）齿距偏差曲线

图 10-11   齿轮齿距累积总偏差

L—实际弧长;L_0—理论弧长;D—接近齿高中部的圆;z—齿序;
Δ—轮齿实际位置(粗实线齿廓)对其理想位置(虚线齿廓)的偏差;1、2、…、8—轮齿序号

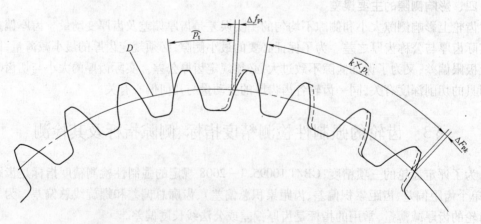

图 10-12   齿轮单个齿距偏差 Δf_{pt} 与齿距累积偏差 ΔF_{pk}

$\widehat{p_t}$—单个理论齿距;D—接近齿高中部的圆;
实线齿廓表示轮齿的实际位置;虚线齿廓表示轮齿的理想位置

如果高速齿轮在较少的几个齿距范围内的 ΔF_{pk} 太大,则该齿轮工作时将产生很大的加速度,因而产生很大的动负荷,对齿轮传动产生不利的影响。

对于一般齿轮传动,不需要评定 ΔF_{pk}。

ΔF_p 和 ΔF_{pk} 的测量基准是被测齿轮的基准轴线。它们的数值是在测量了齿轮各个齿距偏差并进行数据处理后得到的。齿距偏差就是相邻同侧齿面间实际齿距与理论齿距之差。因此,k 个齿距累积偏差就是连续 k 个齿距的齿距偏差的代数和。

测量一个齿轮的 ΔF_p 和 ΔF_{pk} 时,它们的合格条件是:ΔF_p 不大于齿距累积总偏差允许值 $F_p(\Delta F_p \leqslant F_p)$;所有的 ΔF_{pk} 都在齿距累积偏差允许值 $\pm F_{pk}$ 的范围内($-F_{pk} \leqslant \Delta F_{pk} \leqslant +F_{pk}$),即 $|\Delta F_{pk\,max}| \leqslant F_{pk}$。

齿距偏差可以用绝对法测量。测量时,把实际齿距直接与理论齿距比较,以获得齿距偏差的角度值或线性值。参看图 10 − 13,这种测量方法是利用分度装置(如分度盘、分度头,它们的回转轴线与被测齿轮的基准轴线同轴线),按照理论齿距角($360°/z$,z 为被测齿轮的齿数)精确分度,将位置固定的测量装置的一个测头与齿面在接近齿高中部的一个圆上接触来进行测量,在切向读取示值。

测量时,把被测齿轮 1 安装在分度装置 4 的心轴 5 上(它们应同轴线),之后把被测齿轮的一个齿面调整到起始角 0° 的位置,使测量杠杆 2 的测头与这齿面接触,并调整指示表 3 的示值零位,同时固定测量装置的位置。然后转过一个理论齿距角,使测量杠杆 2 的测头与下一个同侧齿面接触,测取用线性值表示的实际齿距角对理论齿距角的偏差。这样,依次每转过一个理论齿距角,测取逐齿累计实际齿距角对相应逐齿累计理论齿距角的偏差(轮齿的实

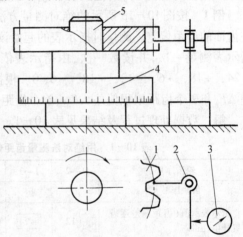

图 10 − 13　用绝对法在分度装置上测量齿距偏差时的示意图

1—被测齿轮;2—测量杠杆;3—指示表;
4—分度装置;5—心轴

际位置对理论位置的偏差)。这些偏差经过数据处理即可求出 ΔF_p 和 $\Delta F_{pk\,max}$ 的数值。

齿距偏差还可以用相对法测量。这可以使用双测头式齿距比较仪或在万能测齿仪上测量。参看图 10 − 14,用齿距比较仪测量齿距偏差时,用定位支脚 1 和 4 在被测齿轮的齿顶圆上定位,令固定量爪 2 和活动量爪 3 的测头分别与相邻的两个同侧齿面在接近齿高中部的一个圆上接触,以被测齿轮上任意一个实际齿距作为基准齿距,用它调整指示表的示值零位。然后,用这个调整好示值零位的量仪依次测出其余齿距对基准齿距的偏差,按圆周封闭原理(同一齿轮所有齿距偏差的代数和为零)进行数据处理,求出 ΔF_p 和 $\Delta F_{pk\,max}$ 的数值。

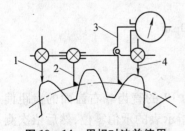

图 10 − 14　用相对法并使用
双测头式齿距比较仪测量
齿距偏差时的示意图

1、4—定位支脚;2—固定量爪;
3—活动量爪

应当指出,这种齿距比较仪所使用的测量基准不是被测齿轮的基准轴线,因此测量精度受到被测齿轮的齿顶圆柱面对其基准轴线的径向圆跳动的影响。

二、齿轮传动平稳性的强制性检测精度指标及其检测

评定齿轮传动平稳性的精度时的强制性检测精度指标是其单个齿距偏差 Δf_{pt} 和齿廓总偏差 ΔF_{α}。

1. 单个齿距偏差

单个齿距偏差 Δf_{pt} 是指在齿轮端平面上,在接近齿高中部的一个与齿轮基准轴线同心的圆上,实际齿距与理论齿距的代数差,如图 10-12 所示,取其中绝对值最大的数值 $\Delta f_{pt\,max}$ 作为评定值。

Δf_{pt} 和齿距累积总偏差 ΔF_p、齿距累积偏差 ΔF_{pk} 是用同一量仪同时测出的。用相对法测量时(图 10-14),用所测得的各个实际齿距的平均值作为理论齿距。

测量齿轮的齿距偏差时,单个齿距偏差的合格条件是:所有的单个齿距偏差 Δf_{pt} 都在单个齿距偏差允许值 $\pm f_{pt}$ 的范围内($-f_{pt} \leqslant \Delta f_{pt} \leqslant +f_{pt}$),即 $|\Delta f_{pt\,max}| \leqslant f_{pt}$。

例 1　按图 10-13 所示的绝对测量方法,测量图 10-1 所示齿数 z 为 8 的从动直齿轮左齿面的齿距偏差。测量时指示表的起始读数为零,分度头每旋转了 $360°/z$(即 45°),就用指示表测量一次,并读数一次,由指示表依次测得的数据(指示表示值,μm)如下:$+12$,$+24$,$+18$,$+6$,-12,-18,-6,0。根据这些数据,求解该齿轮左齿面的齿距累积总偏差 ΔF_p 和 2 个齿距累积偏差 ΔF_{p2}、单个齿距偏差 Δf_{pt} 的评定值。

解　数据处理过程及结果见表 10-1。

表 10-1　用绝对法测量齿距偏差所得的数据及相应的数据处理

轮齿序号	1→2	1→3	1→4	1→5	1→6	1→7	1→8	1→1
齿距序号 p_i	p_1	p_2	p_3	p_4	p_5	p_6	p_7	p_8
指示表示值(齿距偏差逐齿累计值,μm)	+12	+24	+18	+6	-12	-18	-6	0
$p_i - p_{(i-1)} = \Delta f_{pti}$(实际齿距与理论齿距的代数差,μm)	+12	+12	-6	-12	-18	-6	+12	+6

齿距累积总偏差为被测齿轮任意两个同侧齿面间的实际弧长与理论弧长的代数差中的最大绝对值,它等于指示表所有示值中的正、负极值之差的绝对值(本例为第 3 齿至第 7 齿之间),即

$$\Delta F_p = (+24) - (-18) = 42\,\mu m$$

2 个齿距累积偏差 ΔF_{p2} 等于连续两个齿距的单个齿距偏差的代数和。其中,它的评定值为 p_4 与 p_5 的单个齿距偏差的代数和:

$$\Delta F_{p2\,max} = (-12) + (-18) = -30\,\mu m$$

单个齿距偏差 Δf_{pt} 的评定值为 p_5 的齿距偏差:

$$\Delta f_{pt\,max} = -18\,\mu m$$

例 2　按图 10-14 所示的相对测量方法,测量齿数 z 为 12 的直齿轮右齿面的齿距偏差。测量时以第一个实际齿距 p_1 作为基准齿距,调整量仪指示表的示值零位,然后依次测出其余齿距对基准齿距的偏差。由指示表依次测得的数据(示值,μm)如下:0,$+5$,$+5$,$+10$,-20,-10,-20,-18,-10,-10,$+15$,$+5$。根据这些数据,求解该齿轮右齿面的齿距累积总偏差 ΔF_p 和 3 个齿距累积偏差 ΔF_{p3}、单个齿距偏差 Δf_{pt} 的评定值。

解　数据处理过程及结果见表 10-2。

齿距累积总偏差为被测齿轮任意两个同侧齿面间的实际弧长与理论弧长的代数差中的最大绝对值，即所有齿距偏差逐齿累计值 p_Σ 中的正、负极值之差的绝对值（本例为第 5 齿至第 11 齿之间）：

$$\Delta F_p = (+36) - (-28) = 64\,\mu m$$

表 10-2　用相对法测量齿距偏差所得的数据及相应的数据处理

轮齿序号	1→2	2→3	3→4	4→5	5→6	6→7	7→8	8→9	9→10	10→11	11→12	12→1
齿距序号 p_i	p_1	p_2	p_3	p_4	p_5	p_6	p_7	p_8	p_9	p_{10}	p_{11}	p_{12}
指示表示值（实际齿距对基准齿距的偏差，μm）	0	+5	+5	+10	-20	-10	-20	-18	-10	-10	+15	+5
各个示值的平均值 $p_m = \dfrac{1}{12}\sum\limits_{i=1}^{12} p_i$（$\mu m$）						-4						
$p_i - p_m = \Delta f_{pti}$（实际齿距与理论齿距 p_m 的代数差，μm）	+4	+9	+9	+14	-16	-6	-16	-14	-6	-6	+19	+9
$p_\Sigma = \sum\limits_{i=1}^{j}(p_i - p_m)$（齿距偏差逐齿累计值，$\mu m$），$(j=1,2,\cdots,12)$	+4	+13	+22	+36	+20	+14	-2	-16	-22	-28	-9	0

3 个齿距累积偏差 ΔF_{p3} 等于连续 3 个齿距的单个齿距偏差的代数和。其中，它的评定值为 p_5、p_6 与 p_7 的单个齿距偏差的代数和：

$$\Delta F_{p3\,max} = (-16) + (-6) + (-16) = -38\,\mu m$$

单个齿距偏差 Δf_{pt} 的评定值为 p_{11} 的齿距偏差：

$$\Delta f_{pt\,max} = +19\,\mu m$$

2. 齿廓总偏差

实际齿廓对设计齿廓的偏离量叫做齿廓偏差，它在齿轮端平面内且在垂直于渐开线齿廓的方向上计值。

凡符合设计规定的齿廓都是设计齿廓，一般是指端面齿廓。设计齿廓通常为渐开线。考虑到制造误差和轮齿受载后的弹性变形，为了降低噪声和减小动载荷的影响，也可以采用以渐开线为基础的修形齿廓，如凸齿廓、修缘齿廓等。所谓设计齿廓也包括这样的修形齿廓。

参看图 10-15，包容实际齿廓工作部分且距离为最小的两条设计齿廓之间的法向距离为齿廓总偏差 ΔF_α。

在测量齿廓偏差时得到的记录图上的齿廓偏差曲线叫做齿廓迹线，如图 10-16 所示，实际齿廓迹线用粗实线

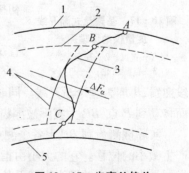

图 10-15　齿廓总偏差

1—齿顶圆；2—齿顶修缘起始圆；3—实际齿廓；4—设计齿廓；5—齿根圆；AC—齿廓有效长度；AB—倒棱部分；BC—工作部分（齿廓计值范围）

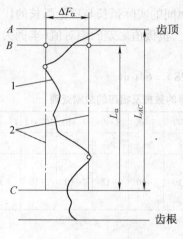

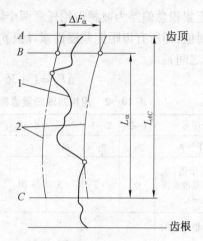

（a）未经修形的渐开线　　　　　　　（b）修形的渐开线（凸齿廓）

图 10－16　齿廓偏差测量记录图

L_α—齿廓计值范围；L_{AC}—齿廓有效长度；1—实际齿廓迹线；2—设计齿廓迹线

表示，设计齿廓迹线用点划线表示。齿廓总偏差 ΔF_α 是指在齿廓计值范围内（从齿廓有效长度内扣除齿顶倒棱部分），最小限度地包容实际齿廓迹线的两条设计齿廓迹线间的距离。

齿廓偏差通常用渐开线测量仪来测量。图 10－17 为基圆盘式渐开线测量仪的原理图。按照被测齿轮 3 的基圆直径 d_b 精确制造的基圆盘 2 与该齿轮同轴安装，基圆盘 2 与直尺 1

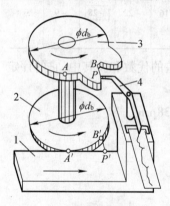

图 10－17　基圆盘式渐开线测量仪的原理图

1—直尺；2—基圆盘；3—被测齿轮；4—杠杆

利用弹簧以一定的压力相接触而相切。杠杆 4 安装在直尺 1 上，随该直尺一起移动；它一端的测头与被测齿面接触，它的另一端与指示表的测头接触，或者与记录器的记录笔连接。直尺 1 作直线运动时，借摩擦力带动基圆盘 2 旋转，两者作纯滚动，因此直尺工作面与基圆盘最初接触的切点相对于基圆盘运动的轨迹便是一条理论渐开线。同时，被测齿轮与基圆盘同步转动。

测量时，首先要按基圆直径 d_b 调整杠杆 4 测头的位置，使该测头与被测齿面的接触点正好落在直尺工作面与基圆盘最初接触的切点上。

测量过程中，直尺与基圆盘沿箭头方向作纯滚动。最初，直尺的 P' 点与基圆盘的 B' 点接触，以后两者在 A' 点接触。P' 点相对于基圆盘运动的轨迹就是直尺从 B' 点运动到 P' 点的一段曲线，$B'P'$ 为理论渐开线。同时，杠杆 4 测头从它最初与被测齿面接触的点 B，沿被测齿面移动到 P 点，BP 为实际被测齿廓。

实际被测齿廓 BP 上各个测点相对于理论渐开线 $B'P'$ 上对应点的偏差，使杠杆 4 测头产生微小的位移。它的大小由指示表的示值读出。在被测齿廓工作部分的范围内的最大示值与最小示值之差即为齿廓总偏差 ΔF_α 的数值。测头位移的大小还可以由记录器记录下来而得到齿廓偏差图形。如果测量过程中杠杆 4 测头不产生位移，因而记录器的记录笔也就不移动，则记录下来的齿廓偏差图形是一条平行于记录纸走纸方向的直线。

图 10－16 所示的是齿廓偏差测量记录图，图中纵坐标表示被测齿廓上各个测点相对于

该齿廓工作起始点的展开长度,齿廓工作终止点与起始点之间的展开长度即为齿廓偏差的测量范围;横坐标表示测量过程中杠杆4测头在垂直于记录纸走纸方向的位移的大小,即被测齿廓上各个测点相对于设计齿廓上对应点的偏差。四条平行于横坐标的细实线分别与图10-15中的四个圆对应:起始点 C 细实线对应于 C 点虚线圆;终止点 B 细实线对应于 B 点虚线圆;最高的一条细实线 A 对应于齿顶圆;最低的一条细实线对应于齿根圆。

图10-16a 中,设计齿廓迹线是一条直线(它表示理论渐开线)。如果实际被测齿廓为理论渐开线,则在测量过程中杠杆4测头的位移为零,齿廓偏差记录图形是一条直线。当被测齿廓存在齿廓偏差时,则齿廓偏差记录图形是一条不规则的曲线。按横坐标方向,最小限度地包容这条不规则的粗实线(即实际被测齿廓迹线)的两条设计齿廓迹线之间的距离所代表的数值,即为齿廓总偏差 ΔF_α 的数值。

图10-16b 中,设计齿廓采用凸齿廓,因此在齿廓偏差测量记录图上,设计齿廓迹线不是一条直线,而是一段凸形曲线。按横坐标方向,最小限度地包容实际被测齿廓迹线(不规则的粗实线)的两条设计齿廓迹线之间的距离所代表的数值,即为齿廓总偏差 ΔF_α 的数值。

评定齿轮传动平稳性的精度时,应在被测齿轮圆周上测量均匀分布的三个轮齿或更多的轮齿左、右齿面的齿廓总偏差,取其中的最大值 $\Delta F_{\alpha\max}$ 作为评定值。如果 $\Delta F_{\alpha\max}$ 不大于齿廓总偏差允许值 F_α($\Delta F_{\alpha\max} \leqslant F_\alpha$),则表示合格。

三、轮齿载荷分布均匀性的强制性检测精度指标及其检测

评定轮齿载荷分布均匀性的精度时的强制性检测精度指标,在齿宽方向是其螺旋线总偏差 ΔF_β,在齿高方向是其传动平稳性的强制性检测精度指标。

在齿轮端面基圆切线方向上测得的实际螺旋线对设计螺旋线的偏离量叫做螺旋线偏差。凡符合设计规定的螺旋线都是设计螺旋线。为了减小齿轮的制造误差和安装误差对轮齿载荷分布均匀性的不利影响,以及补偿轮齿在受载下的变形,提高齿轮的承载能力,也可以像修形的渐开线那样,将螺旋线进行修形,如将轮齿加工成鼓形齿。

直齿轮的轮齿螺旋角为 0°,因此直齿轮的设计螺旋线为一条直线,它平行于齿轮基准轴线;在基圆柱的切平面内,在齿宽工作部分(轮齿两端的倒角或修圆部分除外)范围内包容实际螺旋线且距离为最小的两条设计螺旋线之间的法向距离为螺旋线总偏差 ΔF_β,如图10-18 和图10-8、图10-9 所示。

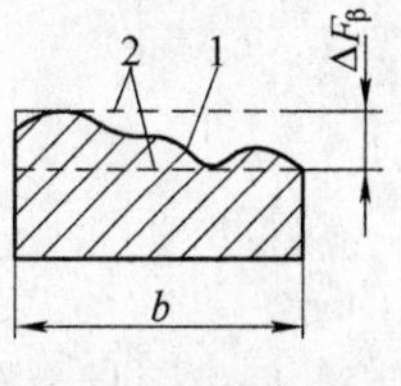

图10-18 直齿轮轮齿的螺旋线总偏差 ΔF_β

1—实际螺旋线;2—设计螺旋线(直线);b—齿宽

在测量螺旋线偏差时得到的记录图上的螺旋线偏差曲线叫做螺旋线迹线,例如图10-19 所示,实际螺旋线迹线用粗实线表示,设计螺旋线迹线用点划线表示。螺旋线总偏差 ΔF_β 是指在计值范围内(在齿宽上从轮齿两端处各扣除倒角或修圆部分),最小限度地包容实际螺旋线迹线的两条设计螺旋线迹线间的距离。

螺旋线偏差通常用螺旋线偏差测量仪来测量。图10-20 为其原理图,被测齿轮1 安装在测量仪主轴顶尖与尾座顶尖间,纵向滑台4 上安装着传感器6,它一端的测头7 与被测齿轮的齿面在接近齿高中部接触,它的另一端与记录器8 相联系。当纵向滑台4 平行于齿轮基准轴线移动时,测头7 和记录器8 上的记录纸随它作轴向位移,同时它的滑柱在横向

滑台 3 上分度盘 5 的导槽中移动,使横向滑台 3 在垂直于齿轮基准轴线的方向移动, 相应地使主轴滚轮 2 带动被测齿轮 1 绕其基准轴线回转, 以实现被测齿面相对于测头作螺旋线运动。

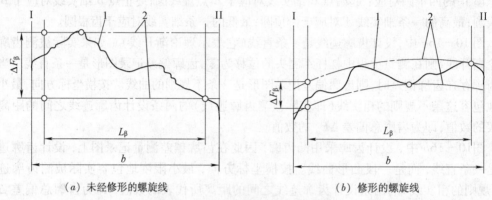

（a）未经修形的螺旋线   （b）修形的螺旋线

图 10-19 螺旋线偏差测量记录图

I、II—轮齿的两端；b—齿宽；L_β—螺旋线计值范围；1—实际螺旋线迹线；2—设计螺旋线迹线

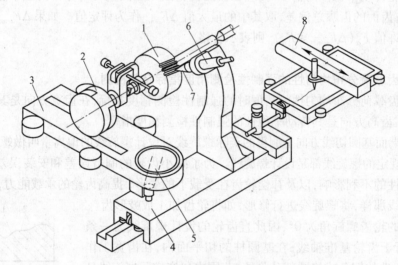

图 10-20 齿轮螺旋线偏差测量仪的原理图

1—被测齿轮；2—主轴滚轮；3—横向滑台；4—纵向滑台；5—带导槽的分度盘；
6—传感器；7—测头；8—记录器

　　分度盘 5 的导槽的位置可以在一定的角度范围内调整到所需的螺旋角。实际被测螺旋线对设计螺旋线的偏差使测头 7 产生微小的位移, 它经传感器 6 由记录器 8 记录下来而得到记录图形(见图 10-19)。

　　如果测量过程中测头 7 不产生位移, 因而记录器的记录笔也就不移动, 则记录下来的螺旋线偏差图形(即实际螺旋线迹线)是一条平行于记录纸走纸方向的直线。

　　参看图 10-19 所示的螺旋线偏差测量记录图, 图中横坐标表示齿宽, 纵坐标表示测量过程中测头 7 位移的大小, 即齿宽的两端 I、II 之间实际被测螺旋线上各个测点相对于设计螺旋线上对应点的偏差。

　　图 10-19a 中,设计螺旋线为未经修形的螺旋线, 它的迹线是一条直线。如果实际被测

螺旋线为理论螺旋线,则在测量过程中测头的位移为零,它的记录图形是一条直线。当被测齿面存在螺旋线偏差时,则其记录图形是一条不规则的曲线。按纵坐标方向,最小限度地包容这条不规则粗实线(实际被测螺旋线迹线)的两条设计螺旋线迹线之间的距离所代表的数值,即为螺旋线总偏差 F_β 的数值。

图 $10-19b$ 中,设计螺旋线为修形的螺旋线(如鼓形齿),它的迹线是一段凸形曲线。按纵坐标方向,最小限度地包容实际螺旋线迹线的两条设计螺旋线迹线之间的距离所代表的数值,即为螺旋线总偏差 ΔF_β 的数值。

评定轮齿载荷分布均匀性的精度时,应在被测齿轮圆周上测量均匀分布的三个轮齿或更多的轮齿左、右齿面的螺旋线总偏差,取其中的最大值 $\Delta F_{\beta\max}$ 作为评定值。如果 $\Delta F_{\beta\max}$ 不大于螺旋线总偏差允许值 $F_\beta(\Delta F_{\beta\max} \leqslant F_\beta)$,则表示合格。

应当指出,齿轮精度评定指标可由供需双方协商决定。

四、评定齿轮齿厚减薄量用的侧隙指标及其检测

齿轮副侧隙的大小与齿轮齿厚减薄量有着密切的关系。齿轮齿厚减薄量可以用齿厚偏差或公法线长度偏差来评定。

1. 齿厚偏差

对于直齿轮,齿厚偏差 ΔE_{sn} 是指在分度圆柱面上,实际齿厚与公称齿厚(齿厚理论值)之差(图 $10-21$)。对于斜齿轮,指法向实际齿厚与公称齿厚之差。

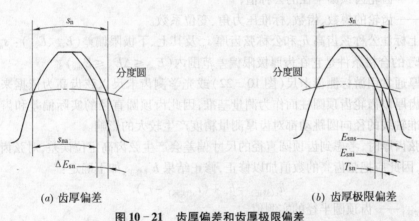

(a) 齿厚偏差　　　　　　　(b) 齿厚极限偏差

图 10-21　齿厚偏差和齿厚极限偏差

s_n—公称齿厚;s_{na}—实际齿厚;ΔE_{sn}—齿厚偏差;E_{sns}—齿厚上极限偏差;
E_{sni}—齿厚下极限偏差;T_{sn}—齿厚公差

按照定义,齿厚以分度圆弧长计值(弧齿厚),但弧长不便于测量。因此,实际上是按分度圆上的弦齿高定位来测量弦齿厚。参看图 $10-22$,直齿轮分度圆上的公称弦齿厚 s_{nc} 与公称弦齿高 h_c 的计算公式如下:

$$\left.\begin{array}{l} s_{nc} = mz\sin\delta \\ h_c = r_a - \dfrac{mz}{2}\cos\delta \end{array}\right\} \tag{10-1}$$

式中　　δ——分度圆弦齿厚之半所对应的中心角,$\delta = \dfrac{\pi}{2z} + \dfrac{2x}{z}\tan\alpha$;

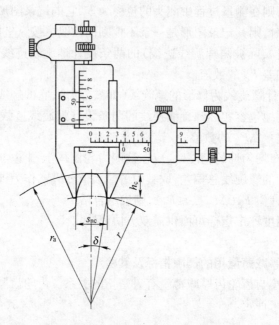

图 10－22　分度圆弦齿厚的测量

r —分度圆半径；r_a —齿顶圆半径

r_a——齿轮齿顶圆半径的公称值；

m、z、α、x——齿轮的模数、齿数、标准压力角、变位系数。

图样上标注公称弦齿高 h_c 和公称弦齿厚 s_{nc} 及其上、下极限偏差（E_{sns}、E_{sni}）：$s_{nc}{}^{+E_{sns}}_{+E_{sni}}$。齿厚偏差 ΔE_{sn} 的合格条件是它在齿厚极限偏差范围内（$E_{sni} \leqslant \Delta E_{sn} \leqslant E_{sns}$）。

弦齿厚通常用游标测齿卡尺（图 10－22）或光学测齿卡尺以弦齿高为依据来测量。由于测量弦齿厚以齿轮齿顶圆柱面作为测量基准，因此齿顶圆直径的实际偏差和齿顶圆柱面对齿轮基准轴线的径向圆跳动都对齿厚测量精度产生较大的影响。

测量弦齿厚时，考虑到齿顶圆直径的尺寸偏差会产生弦齿高定位误差，对弦齿厚测量结果有影响，因此应把弦齿高的数值加以修正，修正结果 $h_{c(修正)}$ 如下确定：

$$h_{c(修正)} = h_c + (r_{a(实际)} - r_a)$$

式中　$r_{a(实际)}$——齿顶圆半径的实测值。

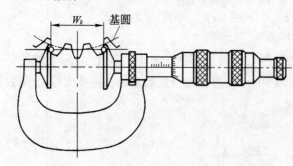

图 10－23　用公法线千分尺测量公法线长度

跨齿数 $k = 3$

进行齿轮精度设计时，如果对齿顶圆直径给出了严格的尺寸公差，则不必计及其尺寸偏差产生弦齿高定位误差的影响。

齿轮齿厚的实际尺寸减小或增大，实际公法线长度相应地也减小或增大，因此可以测量公法线长度代替测量齿厚，以评定齿厚减薄量。

2. 公法线长度偏差

参看图 10－23，公法线长度是指齿

轮上几个轮齿的两端异向齿廓间所包含的一段基圆圆弧,即该两端异向齿廓间基圆切线线段的长度。公法线长度偏差 ΔE_w 是指实际公法线长度 W_k 与公称公法线长度之差。

（1）直齿轮的公称公法线长度 W 和测量时跨齿数 k 的计算

直齿轮的公称公法线长度 W 的计算公式如下：

$$W = m\cos\alpha\left[\pi(k-0.5) + z \cdot \mathrm{inv}\,\alpha\right] + 2xm\sin\alpha \qquad (10-2)$$

式中　m、z、α、x ——齿轮的模数、齿数、标准压力角、变位系数；

$\qquad\quad \mathrm{inv}\,\alpha$ ——渐开线函数,$\mathrm{inv}20° = 0.014904$；

$\qquad\quad k$ ——测量时的跨齿数（整数）。

跨齿数 k 按照量具量仪的测量面与被测齿面大体上在齿高中部接触来选择。

对于标准齿轮（$x=0$）

$$k = z\,\alpha/180° + 0.5$$

当 $\alpha = 20°$ 时,$k = z/9 + 0.5$。

对于变位齿轮

$$k = z\,\alpha_m/180° + 0.5$$

式中,$\alpha_m = \arccos\left[d_b/(d + 2xm)\right]$,$d_b$ 和 d 分别为被测齿轮的基圆直径和分度圆直径。

计算出的 k 值通常不是整数,应将它化整为最接近计算值的整数。

（2）斜齿轮的公称法向公法线长度 W_n 和测量时跨齿数 k 的计算

斜齿轮的公法线长度不在圆周方向测量,而在法向测量。其公称法向公法线长度 W_n 的计算公式如下：

$$W_n = m_n\cos\alpha_n\left[\pi(k-0.5) + z \cdot \mathrm{inv}\,\alpha_t\right] + 2x_n m_n\sin\alpha_n \qquad (10-3)$$

式中,m_n、α_n、k、z、α_t、x_n 分别为斜齿轮的法向模数、标准压力角、法向测量公法线长度时的跨齿数、齿数、端面压力角、法向变位系数。

计算 W_n 和 k 时,首先根据标准压力角 α_n 和分度圆螺旋角 β 计算出端面压力角 α_t：

$$\alpha_t = \arctan(\tan\alpha_n/\cos\beta)$$

再由 z、α_n 和 α_t 计算出假想齿数 z'：

$$z' = z \cdot \mathrm{inv}\,\alpha_t/\mathrm{inv}\,\alpha_n$$

然后由 α_n、z' 和 x_n 计算跨齿数 k：

$$k = \frac{\alpha_n}{180°}z' + 0.5 + \frac{2x_n\cot\alpha_n}{\pi}$$

对于标准斜齿轮（$x_n = 0$）,跨齿数 $k = z'\alpha_n/180° + 0.5$。当 $\alpha_n = 20°$ 时,跨齿数 $k = z'/9 + 0.5$。

应当指出,当斜齿轮的齿宽 $b > 1.015\,W_n\sin\beta_b$（$\beta_b$ 为基圆螺旋角）时,才能采用公法线长度偏差作为侧隙指标。

图样上标注跨齿数 k 和公称公法线长度 W（或 W_n）及其上、下极限偏差（E_{ws}、E_{wi}）：W（或 W_n）$^{+E_{ws}}_{+E_{wi}}$。公法线长度偏差 ΔE_w 的合格条件是它在其极限偏差范围内（$E_{wi} \leqslant \Delta E_w \leqslant E_{ws}$）。

与测量齿厚相比较,测量公法线长度时测量精度不受齿顶圆直径偏差和齿顶圆柱面对齿轮基准轴线的径向圆跳动的影响。

§4　评定齿轮精度时可采用的非强制性检测精度指标及其检测

用某种切齿方法生产第一批齿轮时,为了掌握该齿轮加工后的精度是否达到规定的要求,需要按§3所述的强制性检测精度指标对齿轮进行检测。按强制性检测精度指标检测合格后,在工艺条件不变(尤其是切齿机床精度得到保证)的条件下,用这种切齿方法继续生产同样的齿轮时,以及作分析研究时,可以用下列的非强制性检测精度指标来评定齿轮传递运动准确性和齿轮传动平稳性的精度。

一、切向综合总偏差和一齿切向综合偏差及它们的检测

切向综合总偏差 $\Delta F_i'$ 是指被测齿轮与测量齿轮单面啮合检测时(两者回转轴线间的距离为公称中心距),在被测齿轮一转内,被测齿轮分度圆上实际圆周位移与理论圆周位移的最大差值。一齿切向综合偏差 $\Delta f_i'$ 是指被测齿轮一转中对应一个齿距范围内的实际圆周位移与理论圆周位移的最大差值。测量记录图如图10-24所示。切向综合总偏差 $\Delta F_i'$ 反映齿距累积总偏差 ΔF_p 和单齿误差的综合结果;$\Delta f_i'$ 反映单个齿距偏差和齿廓偏差等单齿误差的综合结果。

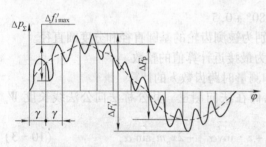

图10-24　切向综合偏差曲线

φ—被测齿轮转角;Δp_Σ—被测齿轮实际圆周位移对理论圆周位移的偏差;$\gamma=360°/z(z$ 为被测齿轮的齿数)

切向综合偏差用齿轮单面啮合综合测量仪(单啮仪)来测量。图10-25为单啮仪测量原理图,它具有比较装置,测量基准为被测齿轮的基准轴线。被测齿轮1与测量齿轮2在公称中心距 a 上作单面啮合,它们分别与直径精确等于齿轮分度圆直径的两个摩擦盘(圆盘)同轴安装。测量齿轮2和圆盘4固定在同一根轴上,并且同步转动。被测齿轮1和圆盘3可以在同一根轴上作相对转动。当测量齿轮2和圆盘4匀速回转,分别带动被测齿轮1和圆盘3回转时,有误差的被测齿轮1相对于圆盘3的角位移就是被测齿轮实际转角对理论转角的偏差。将转角偏差以分度圆弧长计值,就是被测齿轮分度圆上实际圆周位移对理论圆周位移的偏差,在被测齿轮一转范围内的位移偏差用记录器记录下来,就得到图10-24所示的记录图,从这图上量出 $\Delta F_i'$ 和 $\Delta f_i'$ 的数值。取量得的各个 $\Delta f_i'$ 中的最大值 $\Delta f_{i\max}'$ 作为评定值。

测量齿轮的精度应比被测齿轮的精度至少高四级,这样测量齿轮的误差可忽略不计。

$\Delta F_i'$ 和 $\Delta f_i'$ 可分别用来评定齿轮传递运动准确性和齿轮传动平稳性的精度。被测齿轮 $\Delta F_i'$ 和 $\Delta f_i'$ 的合格条件是:$\Delta F_i'$ 不大于切向综合总偏差允许值 F_i'($\Delta F_i' \leqslant F_i'$),$\Delta f_{i\max}'$ 不大于一齿切向综合偏差允许值 f_i'($\Delta f_{i\max}' \leqslant f_i'$)。

二、齿轮径向跳动及其检测

齿轮径向跳动 ΔF_r 是指将测头相继放入被测齿轮每个齿槽内,于接近齿高中部的位置与左、右齿面接触时,从这测头到该齿轮基准轴线的最大距离与最小距离之差,如图10-26所示。测量时可以使用圆球形测头或圆

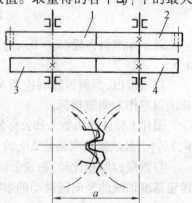

图10-25　单啮仪测量原理图

1—被测齿轮;2—测量齿轮;
3—被测齿轮分度圆摩擦盘;
4—测量齿轮分度圆摩擦盘

锥角等于 $2\alpha(\alpha$ 为标准压力角)的圆锥形测头,测头的尺寸应与被测齿轮模数的大小相适应。

齿轮径向跳动 ΔF_r 可以用齿轮径向跳动测量仪(见图10-26)来测量。测量时,被测齿

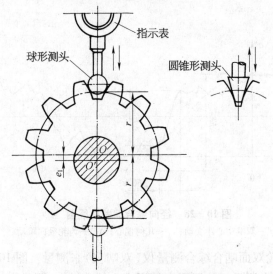

图 10-26　齿轮径向跳动测量

O—切齿时回转中心;O'—齿轮基准孔中心;r—齿槽
与测头的接触点所在圆周的半径;e_1—几何偏心

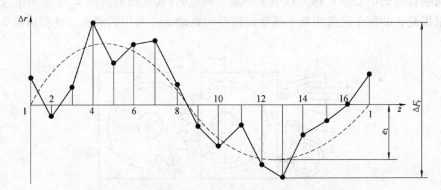

图 10-27　齿轮径向跳动测量过程中指示表示值的变动

Δr—指示表示值;z—齿槽序号

轮绕其基准轴线 O' 间断地转动,并将测头依次地放入每一个齿槽内,对所有的齿槽进行测量。与测头连接的指示表的示值变动如图10-27所示,各个示值中的最大示值与最小示值之差即为齿轮径向跳动 ΔF_r 的数值,它大体上由两倍几何偏心($2e_1$)组成,添加单个齿距偏差和齿廓偏差的影响。

被测齿轮径向跳动 ΔF_r 可用来评定齿轮传递运动准确性的精度,它的合格条件是它不大于齿轮径向跳动允许值 $F_r(\Delta F_r \leqslant F_r)$。

三、径向综合总偏差和一齿径向综合偏差及它们的检测

径向综合总偏差 $\Delta F_i''$ 是指被测齿轮与测量齿轮双面啮合检测时(前者左、右齿面同时与后者齿面接触),在被测齿轮一转内双啮中心距的最大值与最小值之差。一齿径向

综合偏差 $\Delta f''_i$ 是指在被测齿轮一转中对应一个齿距角（$360°/z$，z 为被测齿轮的齿数）范围内的双啮中心距变动量，取其中的最大值 $\Delta f''_{i\max}$ 作为评定值。测量记录图如图 10-28 所示。

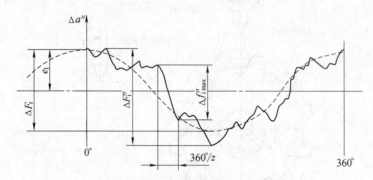

图 10-28　径向综合偏差曲线图
$\Delta a''$—双啮中心距变动；e_1—几何偏心；ΔF_r—齿轮径向跳动

径向综合偏差用齿轮双面啮合综合测量仪（双啮仪）来测量。图 10-29 为双啮仪测量原理图，被测齿轮 2 安装在测量时位置固定的滑座 1 的心轴上，测量齿轮 3 安装在测量时可径向移动的滑座 4 的心轴上，利用弹簧 6 的作用，使两个齿轮作无侧隙的双面啮合。齿轮 2 和 3 双面啮合时的中心距 a'' 称为双啮中心距。测量时，转动被测齿轮 2，带动测量齿轮 3 转动。测量齿轮 3 的每个轮齿相当于测量齿轮径向跳动 ΔF_r 所用的测头。被测齿轮 2 的几何

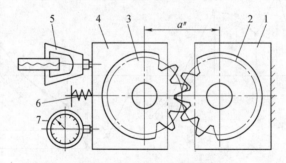

图 10-29　双啮仪测量原理图
1—固定滑座；2—被测齿轮；3—测量齿轮；4—可移动滑座；
5—记录器；6—弹簧；7—指示表

偏心和单个齿距偏差、左右齿面的齿廓偏差、螺旋线偏差等误差，使测量齿轮 3 连同心轴和滑座 4 相对于被测齿轮 2 的基准轴线作径向位移，即双啮中心距 a'' 产生变动。双啮中心距的变动 $\Delta a''$ 由指示表 7 读出，在被测齿轮一转范围内指示表最大与最小示值之差即为 $\Delta F''_i$ 的数值；在每个齿距角范围内指示表最大与最小示值的差值即为 $\Delta f''_i$ 的数值，取其中的最大值 $\Delta f''_{i\max}$ 作为评定值。双啮中心距的变动 $\Delta a''$ 还可以由记录器 5 记录下来而得径向综合偏差曲线图，如图 10-28 所示。

测量齿轮的精度应比被测齿轮的精度至少高四级，这样测量齿轮的误差可忽略不计。

径向综合总偏差 $\Delta F''_i$ 的测量效果相当于测量齿轮径向跳动 ΔF_r，可用来评定齿轮传递运动准确性的精度。$\Delta f''_i$ 可用来评定齿轮传动平稳性的精度。

被测齿轮 $\Delta F''_i$ 和 $\Delta f''_i$ 的合格条件是：$\Delta F''_i$ 不大于径向综合总偏差允许值 F''_i（$\Delta F''_i \leqslant$

F''_i），$\Delta f''_{imax}$ 不大于一齿径向综合偏差允许值 f''_i（$\Delta f''_{imax} \leqslant f''_i$）。

§5　齿轮精度指标的公差(偏差允许值)及其精度等级与齿轮坯公差

GB/T 10095.1、2—2008 规定了单个渐开线圆柱齿轮的精度制,适用于齿轮基本齿廓符合 GB/T 1356—2001《通用机械和重型机用圆柱齿轮　标准基本齿条齿廓》规定的外齿轮、内齿轮、直齿轮、斜齿轮(人字齿齿轮)。

一、齿轮精度指标的公差(偏差允许值)的精度等级和计算公式

1. 齿轮精度等级

GB/T 10095.1、2 —2008 对强制性检测和非强制性检测精度指标的公差（双啮精度指标的公差 F''_i、f''_i 除外）分别规定了 13 个精度等级,它们分别用阿拉伯数字 0、1、2、…、12 表示。其中,0 级精度最高,以后各级精度依次递降,12 级精度最低。对 F''_i 和 f''_i 分别规定了 9 个精度等级(4、5、6、…、12 级)。5 级精度是各级精度中的基础级。

2. 齿轮精度指标各级精度的公差的计算公式

令 m_n、d、b 和 k 分别表示齿轮的法向模数、分度圆直径、齿宽(单位均为 mm)和测量 ΔF_{pk} 时的齿距数。强制性检测和非强制性检测精度指标 5 级精度的公差应该分别按表 10-3 和表 10-4 所列的公式计算确定。

表 10-3　齿轮强制性检测精度指标 5 级精度的公差的计算公式

公差项目的名称和符号	计　算　公　式　（μm）	精　度　等　级
齿距累积总偏差允许值 F_p	$F_p = 0.3m_n + 1.25\sqrt{d} + 7$	
齿距累积偏差允许值 $\pm F_{pk}$	$F_{pk} = f_{pt} + 1.6\sqrt{(k-1)m_n}$	
单个齿距偏差允许值 $\pm f_{pt}$	$f_{pt} = 0.3(m_n + 0.4\sqrt{d}) + 4$	0、1、2、…、12 级
齿廓总偏差允许值 F_α	$F_\alpha = 3.2\sqrt{m_n} + 0.22\sqrt{d} + 0.7$	
螺旋线总偏差允许值 F_β	$F_\beta = 0.1\sqrt{d} + 0.63\sqrt{b} + 4.2$	

表 10-4　齿轮非强制性检测精度指标 5 级精度的公差的计算公式

公差项目的名称和符号	计　算　公　式　（μm）	精　度　等　级
一齿切向综合偏差允许值 f'_i	$f'_i = K(4.3 + f_{pt} + F_\alpha) = K(9 + 0.3m_n + 3.2\sqrt{m_n} + 0.34\sqrt{d})$ 当总重合度 $\varepsilon_\gamma < 4$ 时,$K = 0.2(\varepsilon_\gamma + 4)/\varepsilon_\gamma$; 当 $\varepsilon_\gamma \geqslant 4$ 时,$K = 0.4$	0、1、2、…、12 级
切向综合总偏差允许值 F'_i	$F'_i = F_p + f'_i$	
齿轮径向跳动允许值 F_r	$F_r = 0.8F_p = 0.24m_n + 1.0\sqrt{d} + 5.6$	
径向综合总偏差允许值 F''_i	$F''_i = 3.2m_n + 1.01\sqrt{d} + 6.4$	4、5、6、…、12 级
一齿径向综合偏差允许值 f''_i	$f''_i = 2.96m_n + 0.01\sqrt{d} + 0.8$	

两相邻精度等级的分级公比等于 $\sqrt{2}$,本级公差数值乘以(或除以)$\sqrt{2}$即可得到相邻较低(或较高)等级的公差数值。

齿轮精度指标任一精度等级的公差计算值可以按5级精度的公差计算值确定,计算公式如下:

$$T_Q = T_5 \cdot 2^{0.5(Q-5)}$$ （10-4）

式中　T_Q——Q级精度的公差计算值;

　　　T_5——5级精度的公差计算值;

　　　Q——表示Q级精度的阿拉伯数字。

公差计算值中小数点后的数值应圆整,圆整规则如下:如果计算值大于10μm,圆整到最接近的整数;如果计算值小于10μm,圆整到最接近的尾数为0.5μm的小数或整数;如果计算值小于5μm,圆整到最接近的尾数为0.1μm的倍数的小数或整数。

3. 齿轮参数数值的分段

与按孔、轴公称尺寸分段的几何平均值计算孔、轴尺寸公差值类似,用表10-3所列的公式计算齿轮公差值或极限偏差值时,应按齿轮的法向模数m_n、分度圆直径d、齿宽b分段界限值(见附表10-1的第一栏和第二栏)的几何平均值代入公式,并将计算值加以圆整。表10-4中,在F_r、F_i''、f_i''的计算公式中则使用m_n和d的实际值代入,并将计算值加以圆整。

为了使用方便,GB/T 10095.1、2—2008还给出了齿轮公差数值表,见附表10-1~附表10-4。这些公差表格中的齿轮公差数值都是以齿轮参数分段界限值的几何平均值代入公式进行计算、圆整后而得到的。

附表10-2编制了f_i'/K比值,f_i'的数值可以由此附表给出的数值乘以表10-4中所列的系数K求得。

二、齿轮精度等级的选择

GB/T 10095.1、2—2008规定的13个精度等级中,0~2级精度齿轮的精度要求非常高,目前我国只有极少数单位能够制造和测量2级精度齿轮,因此0~2级属于有待发展的精度等级;而3~5级为高精度等级,6~9级为中等精度等级,10~12级为低精度等级。

同一齿轮的三项精度要求,可以取成相同的精度等级,也可以以不同的精度等级相组合。设计者应根据所设计的齿轮传动在工作中的具体使用条件,对齿轮的加工精度规定最合适的技术要求。

精度等级的选择恰当与否,不仅影响齿轮传动的质量,而且影响制造成本。选择精度等级的主要依据是齿轮的用途和工作条件,应考虑齿轮的圆周速度、传递的功率、工作持续时间、传递运动准确性的要求、振动和噪声、承载能力、寿命等。选择精度等级的方法有类比法和计算法。

类比法按齿轮的用途和工作条件等进行对比选择。表10-5列出某些机器中的齿轮所采用的精度等级,表10-6列出齿轮某些精度等级的应用范围,供参考。

计算法主要用于精密齿轮传动系统。当精度要求很高时,可按使用要求计算出所允许的回转角误差,以确定齿轮传递运动准确性的精度等级,例如对于读数齿轮传动链就应该进行这方面的分析和计算。对于高速动力齿轮,可按其工作时最高转速计算出的圆周速度,或按允许的噪声大小,来确定齿轮传动平稳性的精度等级。对于重载齿轮,可在强度计算或寿命计算的基础上确定轮齿载荷分布均匀性的精度等级。

表 10-5　某些机器中的齿轮所采用的精度等级

应 用 范 围	精 度 等 级	应 用 范 围	精 度 等 级
单啮仪、双啮仪(测量齿轮)	2~5	载重汽车	6~9
涡轮机减速器	3~5	通用减速器	6~8
金属切削机床	3~8	轧钢机	5~10
航空发动机	4~7	矿用绞车	6~10
内燃机车、电气机车	5~8	起重机	6~9
轿车	5~8	拖拉机	6~10

表 10-6　齿轮某些精度等级的应用范围

精 度 等 级		4 级	5 级	6 级	7 级	8 级	9 级
应用范围		极精密分度机构的齿轮,非常高速并要求平稳、无噪声的齿轮,高速涡轮机齿轮	精密分度机构的齿轮,高速并要求平稳、无噪声的齿轮,高速涡轮机齿轮	高速、平稳、无噪声、高效率齿轮,航空、汽车、机床中的重要齿轮,分度机构齿轮,读数机构齿轮	高速、动力小而需逆转的齿轮,机床中的进给齿轮,航空齿轮,读数机构齿轮,具有一定速度的减速器齿轮	一般机器中的普通齿轮,汽车、拖拉机、减速器中的一般齿轮,航空器中的不重要齿轮,农机中的重要齿轮	精度要求低的齿轮
齿轮圆周速度 (m/s)	直齿	<35	<20	<15	<10	<6	<2
	斜齿	<70	<40	<30	<15	<10	<4

三、图样上齿轮精度等级的标注

当齿轮所有精度指标的公差(偏差允许值)同为某一精度等级时,图样上可标注该精度等级和标准号。例如,同为 7 级时,可标注为

$$7\quad GB/T\ 10095.1—2008$$

当齿轮各个精度指标的公差(偏差允许值)的精度等级不同时,图样上可按齿轮传递运动准确性、齿轮传动平稳性和轮齿载荷分布均匀性的顺序分别标注它们的精度等级及带括号的对应偏差允许值的符号和标准号,或分别标注它们的精度等级和标准号。例如,齿距累积总偏差允许值 F_p 和单个齿距偏差允许值 f_{pt}、齿廓总偏差允许值 F_α 皆为 8 级,而螺旋线总偏差允许值 F_β 为 7 级时,可标注为

$$8(F_p、f_{pt}、F_\alpha)、7(F_\beta)\quad GB/T\ 10095.1—2008$$

或标注为

$$8-8-7\quad GB/T\ 10095.1—2008$$

四、齿轮坯公差

切齿前的齿轮坯基准表面的精度对齿轮的加工精度和安装精度的影响很大。用控制齿

轮坯精度来保证和提高齿轮的加工精度是一项有效的技术措施。因此,在齿轮零件图上除了明确地表示齿轮的基准轴线和标注齿轮公差以外,还必须标注齿轮坯公差。齿轮坯公差标注示例见第四章图 4－60 和本章图 10－37。

　　1. 盘形齿轮的齿轮坯公差

　　参看图 10－30,盘形齿轮的基准表面是:齿轮安装在轴上的基准孔,切齿时的定位端面,齿顶圆柱面。公差项目主要有:基准孔的直径尺寸公差并采用包容要求,齿顶圆柱面的直径尺寸公差,定位端面对基准孔轴线的轴向圆跳动公差。有时还要规定齿顶圆柱面对基准孔轴线的径向圆跳动公差。

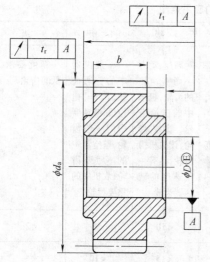

图 10－30　盘形齿轮的齿轮坯公差

　　基准孔直径尺寸公差和齿顶圆柱面的直径尺寸公差按齿轮精度等级从附表 10－5 选用。

　　基准端面对基准孔轴线的轴向圆跳动公差 t_t 由该端面的直径 D_d、齿宽 b 和齿轮螺旋线总偏差允许值 F_β 按下式确定:

$$t_t = 0.2(D_d/b)F_\beta \qquad (10-5)$$

　　切齿时,如果齿顶圆柱面用来在切齿机床上将齿轮基准孔轴线相对于工作台回转轴线找正;或者以齿顶圆柱面作为测量齿厚的基准时,则需规定齿顶圆柱面对齿轮基准孔轴线的径向圆跳动公差。该公差 t_r 由齿轮齿距累积总偏差允许值 F_p 按下式确定:

$$t_r = 0.3F_p \qquad (10-6)$$

　　2. 齿轮轴的齿轮坯公差

　　参看图 10－31,齿轮轴的基准表面是:安装滚动轴承的两个轴颈,齿顶圆柱面。公差项目主要有:

　　两个轴颈的直径尺寸公差(采用包容要求)和形状公差:通常按滚动轴承的公差等级确定。

　　齿顶圆柱面的直径尺寸公差:按齿轮精度等级从附表 10－5 选用。

　　两个轴颈分别对它们的公共轴线(基准轴线)的径向圆跳动公差:按式(10－6)确定。

　　以齿顶圆柱面作为测量齿厚的基准时,则需规定齿顶圆柱面对两个轴颈的公共轴线(基准轴线)的径向圆跳动公差,按式(10－6)确定。

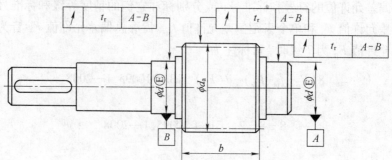

图 10－31　齿轮轴的齿轮坯公差

五、齿轮齿面和基准面的表面粗糙度轮廓要求

齿轮齿面、盘形齿轮的基准孔、齿轮轴的轴颈、基准端面、径向找正用的圆柱面和作为测量基准的齿顶圆柱面的表面粗糙度轮廓幅度参数 Ra 的上限值可从附表 10-6 查取。

§6 齿轮副中心距极限偏差和轴线平行度公差

参看图 10-32,圆柱齿轮减速器的箱体上有两对轴承孔,这两对轴承孔分别用来支承与两个相互啮合齿轮各自连成一体的两根轴。这两对轴承孔的公共轴线应平行,它们之间的距离称为齿轮副中心距 a,箱体上支承同一根轴的两个轴承各自中间平面之间的距离称为轴承跨距 L,它相当于被支承轴的两个轴颈各自中间平面之间的距离,例如图 4-60 所示的齿轮轴,$L = 20/2 + 85 + 20/2 = 105\text{mm}$。中心距偏差和轴线平行度误差对齿轮传动的使用要求都有影响。前者影响侧隙的大小,后者影响轮齿载荷分布的均匀性。

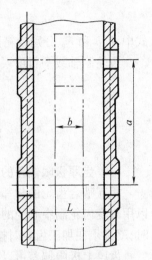

图 10-32 箱体上轴承跨距和齿轮副中心距
b—齿宽; L—轴承跨距;
a—公称中心距

一、齿轮副中心距极限偏差

参看图 10-32,齿轮副中心距偏差 Δf_a 是指在箱体两侧轴承跨距 L 的范围内,齿轮副的两条轴线之间的实际距离(实际中心距)与公称中心距 a 之差。图样上标注公称中心距及其上、下极限偏差($\pm f_a$):$a \pm f_a$。f_a 的数值按齿轮精度等级可从附表 10-7 选用。中心距偏差的合格条件是它在中心距极限偏差范围内($-f_a \le \Delta f_a \le +f_a$)。

二、齿轮副轴线平行度公差

测量齿轮副两条轴线之间的平行度误差时,应根据两对轴承的跨距 L,选取跨距较大的那条轴线作为基准轴线;如果两对轴承的跨距相同,则可取其中任何一条轴线作为基准轴线。参看图 10-33,被测轴线对基准轴线的平行度误差应在相互垂直的轴线平面[H]和垂直平面[V]上测量。轴线平面 [H] 是指包含基准轴线并通过被测轴线与一个轴承中间平

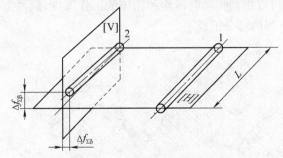

图 10-33 齿轮副轴线平行度误差
1—基准轴线; 2—被测轴线; [H]—轴线平面;
[V]—垂直平面

面的交点所确定的平面。垂直平面[V]是指通过上述交点确定的垂直于轴线平面[H]且平行于基准轴线的平面。

轴线平面[H]上的平行度误差 $\Delta f_{\Sigma\delta}$ 是指实际被测轴线 2 在[H]平面上的投影对基准轴线 1 的平行度误差。垂直平面[V]上的平行度误差 $\Delta f_{\Sigma\beta}$ 是指实际被测轴线 2 在[V]平面上的投影对基准轴线 1 的平行度误差。

$\Delta f_{\Sigma\delta}$ 的公差 $f_{\Sigma\delta}$ 和 $\Delta f_{\Sigma\beta}$ 的公差 $f_{\Sigma\beta}$ 推荐按轮齿载荷分布均匀性的精度等级分别用下列两个公式计算确定：

$$f_{\Sigma\delta} = (L/b)F_\beta \qquad\qquad (10-7)$$
$$f_{\Sigma\beta} = 0.5(L/b)F_\beta = 0.5f_{\Sigma\delta} \qquad\qquad (10-8)$$

式中，L、b 和 F_β 分别为箱体上轴承跨距、齿轮齿宽和齿轮螺旋线总偏差允许值。

齿轮副轴线平行度误差的合格条件是：

$$\Delta f_{\Sigma\delta} \leqslant f_{\Sigma\delta} \text{ 且 } \Delta f_{\Sigma\beta} \leqslant f_{\Sigma\beta}$$

§7　齿轮侧隙指标的极限偏差

一、齿厚极限偏差的确定

相互啮合齿轮的相邻非工作齿面间的侧隙是齿轮副装配后自然形成的。适当的侧隙可以用改变齿轮副中心距的大小或（和）把齿轮轮齿切薄来获得。当齿轮副中心距不能调整时，就必须在加工齿轮时按规定的齿厚极限偏差将轮齿切薄。

齿厚上极限偏差可以根据齿轮副所需要的最小侧隙通过计算或用类比法确定。齿厚下极限偏差则按齿轮精度等级和加工齿轮时的径向进刀公差和几何偏心确定。齿轮精度等级和齿厚极限偏差确定后，齿轮副的最大侧隙就自然形成，一般不必验算。

1. 齿轮副所需的最小侧隙

侧隙通常在相互啮合齿轮齿面的法向平面上或沿啮合线测量，如图 10-34 所示，它称为法向侧隙 j_{bn}，可用塞尺测量。为了保证齿轮转动的灵活性，根据润滑和补偿热变形的需要，齿轮副必须具有一定的最小侧隙。

在标准温度（20℃）下齿轮副无负荷时所需最小限度的法向侧隙称为最小法向侧隙 $j_{bn\,min}$。它与齿轮精度等级无关。

最小法向侧隙 $j_{bn\,min}$ 可以根据传动时齿轮和箱体的工作温度、润滑方法及齿轮的圆周速度等工作条件确定，由下列两部分组成。

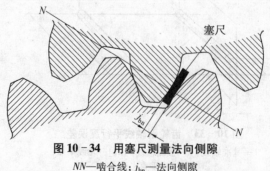

图 10-34　用塞尺测量法向侧隙

NN—啮合线；j_{bn}—法向侧隙

（1）补偿传动时温度升高使齿轮和箱体产生的热变形所需的法向侧隙 j_{bn1}

j_{bn1} 按下式确定：

$$j_{bn1} = a(\alpha_1 \Delta t_1 - \alpha_2 \Delta t_2) \times 2\sin\alpha_n \qquad (10-9)$$

式中　　a——齿轮副的公称中心距；

α_1 和 α_2——齿轮和箱体材料的线膨胀系数（$℃^{-1}$）；

Δt_1 和 Δt_2——齿轮温度 t_1 和箱体温度 t_2 分别对20℃的偏差，即 $\Delta t_1 = t_1 - 20℃$，$\Delta t_2 = t_2 - 20℃$；

　　　　　　α_n——齿轮的标准压力角。

（2）保证正常润滑条件所需的法向侧隙 j_{bn2}

j_{bn2} 取决于润滑方法和齿轮的圆周速度，可参考表10-7选取。

齿轮副的最小法向侧隙为

$$j_{bn\,min} = j_{bn1} + j_{bn2}$$

表10-7　保证正常润滑条件所需的法向侧隙 j_{bn2}（推荐值）

润滑方式	齿轮的圆周速度 v（m/s）			
	≤10	>10~25	>25~60	>60
喷油润滑	$0.01m_n$	$0.02m_n$	$0.03m_n$	$(0.03\sim0.05)m_n$
油池润滑	$(0.005\sim0.01)m_n$			

注：m_n——齿轮法向模数（mm）。

2. 齿厚上极限偏差的确定

齿厚上极限偏差 E_{sns} 即齿厚的最小减薄量。它除了要保证齿轮副所需的最小法向侧隙 $j_{bn\,min}$ 以外，还要补偿齿轮和箱体的制造误差和安装误差所引起的侧隙减小量 J_{bn}。其中，制造误差主要考虑相互啮合的两个齿轮的基圆齿距偏差 Δf_{pb} 和螺旋线总偏差 ΔF_β，安装误差考虑箱体上两对轴承孔的公共轴线在轴线平面上的平行度误差 $\Delta f_{\Sigma\delta}$ 和在垂直平面上的平行度误差 $\Delta f_{\Sigma\beta}$。计算 J_{bn} 时，考虑到基圆齿距偏差和螺旋线总偏差的计值方向与法向侧隙方向一致，而上述两个平面上的平行度误差的计值方向皆与法向侧隙方向不一致，应分别乘以 $\sin\alpha_n$ 和 $\cos\alpha_n$（α_n 为标准压力角）后换算到法向侧隙方向，并且大、小齿轮的基圆齿距偏差分别用其允许值 f_{pb1} 和 f_{pb2} 代替，大、小齿轮的螺旋线总偏差 $\Delta F_{\beta1}$ 和 $\Delta F_{\beta2}$ 分别用其允许值 $F_{\beta1}$ 和 $F_{\beta2}$ 代替，$\Delta f_{\Sigma\delta}$ 和 $\Delta f_{\Sigma\beta}$ 分别用它们的公差 $f_{\Sigma\delta}$ 和 $f_{\Sigma\beta}$ 代替；此外，鉴于基圆齿距与分度圆齿距的关系，得 $f_{pb1} = f_{pt1}\cos\alpha_n$，$f_{pb2} = f_{pt2}\cos\alpha_n$；再按独立随机变量合成，计算公式如下：

$$J_{bn} = \sqrt{(f_{pt1}^2 + f_{pt2}^2)\cos^2\alpha_n + F_{\beta1}^2 + F_{\beta2}^2 + (f_{\Sigma\delta}\sin\alpha_n)^2 + (f_{\Sigma\beta}\cos\alpha_n)^2} \qquad (10-10)$$

考虑到同一齿轮副的大、小齿轮的单个齿距偏差允许值的差值和螺旋线总偏差允许值的差值皆很有限（差值对允许值的百分比很小），为了计算简便，可将大、小齿轮的单个齿距偏差允许值和螺旋线总偏差允许值分别取成相等，且以数值相对较大的大齿轮单个齿距偏差允许值 f_{pt} 和螺旋线总偏差允许值 F_β 代入式（10-10）；此外，按式（10-7）和式（10-8），将 $f_{\Sigma\delta} = (L/b)F_\beta$（$L$ 为箱体上轴承跨距，b 为齿宽）和 $f_{\Sigma\beta} = 0.5(L/b)F_\beta$ 代入式（10-10），并取 $\alpha_n = 20°$，则得

$$J_{bn} = \sqrt{1.76f_{pt}^2 + [2 + 0.34(L/b)^2]F_{\beta}^2} \qquad (10-11)$$

考虑到实际中心距为下极限尺寸,即中心距实际偏差为下极限偏差($-f_a$)时,会使法向侧隙减小$2f_a\sin\alpha_n$,同时将齿厚偏差的计算值换算到法向侧隙方向(乘以$\cos\alpha_n$),则最小法向侧隙$j_{bn\,min}$与齿轮副中两个齿轮齿厚上极限偏差(E_{sns1}、E_{sns2})、中心距下极限偏差($-f_a$)及J_{bn}的关系为

$$j_{bn\,min} = (|E_{sns1}| + |E_{sns2}|)\cos\alpha_n - f_a \times 2\sin\alpha_n - J_{bn}$$

通常,为了方便设计和计算,令$E_{sns1} = E_{sns2} = E_{sns}$,于是由上式求得齿厚上极限偏差为

$$|E_{sns}| = \frac{j_{bn\,min} + J_{bn}}{2\cos\alpha_n} + f_a\tan\alpha_n \qquad (10-12)$$

3. 齿厚下极限偏差的确定

齿厚下极限偏差E_{sni}由齿厚上极限偏差E_{sns}和齿厚公差T_{sn}求得

$$E_{sni} = E_{sns} - T_{sn}$$

齿厚公差T_{sn}的大小主要取决于切齿时的径向进刀公差b_r和齿轮径向跳动允许值F_r(考虑切齿时几何偏心的影响,它使被切齿轮的各个轮齿的齿厚不相同)。b_r和F_r按独立随机变量合成,并把它们从径向计值换算到齿厚偏差方向(乘以$2\tan\alpha_n$),则得

$$T_{sn} = 2\tan\alpha_n\sqrt{b_r^2 + F_r^2} \qquad (10-13)$$

式中,b_r的数值推荐按表10-8选取,F_r的数值按齿轮传递运动准确性的精度等级、分度圆直径和法向模数确定(可以从附表10-3查取)。

表10-8　切齿时的径向进刀公差b_r

齿轮传递运动准确性的精度等级	4级	5级	6级	7级	8级	9级
b_r	1.26IT7	IT8	1.26IT8	IT9	1.26IT9	IT10

注:标准公差值IT按齿轮分度圆直径从附表3-2查取。

二、公法线长度极限偏差的确定

公法线长度的上、下极限偏差(E_{ws}、E_{wi})分别由齿厚的上、下极限偏差(E_{sns}、E_{sni})换算得到。由于几何偏心使同一齿轮各齿的实际齿厚大小不相同,而几何偏心对实际公法线长度没有影响,因此在换算时应该从齿厚的上、下极限偏差中扣除几何偏心的影响。

考虑到齿轮径向跳动ΔF_r服从瑞利(Rayleigh)分布规律,假定ΔF_r的分布范围等于齿轮径向跳动允许值F_r,则切齿后一批齿轮中93%的齿轮的ΔF_r不超过$0.72F_r$(见图10-35)。所以在换算时要扣除$0.72F_r$的影响。这样,便得出外齿轮的换算公式如下(图10-36):

$$\left.\begin{array}{l} E_{ws} = E_{sns}\cos\alpha - 0.72F_r\sin\alpha \\ E_{wi} = E_{sni}\cos\alpha + 0.72F_r\sin\alpha \end{array}\right\} \qquad (10-14)$$

模数、齿数和标准压力角分别相同的内、外齿轮的公称公法线长度相同,跨齿数也相同。内、外齿轮的公法线长度极限偏差互成倒影关系,即正、负号相反,上、下极限偏差值颠倒,所以内齿轮的换算公式如下:

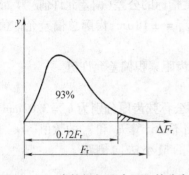

图 10-35 齿轮径向跳动 ΔF_r 的分布

y—概率密度

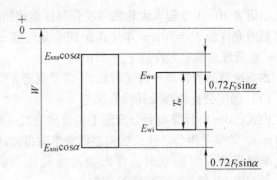

图 10-36 公法线长度上、下极限偏差的换算

W—公称公法线长度;T_w—公法线长度公差

$$\left.\begin{array}{l} E_{ws} = -E_{sni}\cos\alpha - 0.72F_r\sin\alpha \\ E_{wi} = -E_{sns}\cos\alpha + 0.72F_r\sin\alpha \end{array}\right\} \tag{10-15}$$

§8 圆柱齿轮精度设计

圆柱齿轮精度设计一般包括下列内容:①确定齿轮的精度等级;②确定齿轮的强制性检测精度指标的公差(偏差允许值);③确定齿轮的侧隙指标及其极限偏差;④确定齿面的表面粗糙度轮廓幅度参数及上限值;⑤确定齿轮坯公差。此外,还应包括确定齿轮副中心距的极限偏差和两轴线的平行度公差。下面举例加以说明。

例3 参看第一章图 1-1 所示的斜齿圆柱齿轮减速器,其功率为 5kW,高速轴(齿轮轴)转速 $n_1 = 327$r/min,主、从动齿轮皆为螺旋角 $\beta = 8°6'34''$ 的标准斜齿轮,采用油池润滑。法向模数 $m_n = 3$mm,标准压力角 $\alpha_n = 20°$,小齿轮和大齿轮的齿数分别为 $z_1 = 20$ 和 $z_2 = 79$,齿宽分别为 $b_1 = 65$mm,$b_2 = 60$mm,大齿轮基准孔的公称尺寸为 $\phi 58$mm。

设齿轮材料为钢,线膨胀系数 $\alpha_1 = 11.5 \times 10^{-6}℃^{-1}$;箱体材料为铸铁,线膨胀系数 $\alpha_2 = 10.5 \times 10^{-6}℃^{-1}$。减速器工作时,齿轮温度增至 $t_1 = 45℃$,箱体温度增至 $t_2 = 30℃$。

对大齿轮进行精度设计和确定齿轮副中心距的极限偏差和两轴线的平行度公差,并将设计所确定的各项技术要求标注在齿轮零件图上和箱体零件图上。

解

(1) 确定齿轮的精度等级

小齿轮的分度圆直径 $d_1 = m_n z_1/\cos\beta = 3 \times 20/\cos 8°6'34'' = 60.606$mm

大齿轮的分度圆直径 $d_2 = m_n z_2/\cos\beta = 3 \times 79/\cos 8°6'34'' = 239.394$mm

公称中心距 $a = (d_1 + d_2)/2 = (60.606 + 239.394)/2 = 150$mm

齿轮圆周速度 $v = \pi d_1 n_1 = 3.14 \times 327 \times 60.606/1000 = 62.23$m/min $= 1.04$m/s

参考表 10-5 所列通用减速器的齿轮和表 10-6 所列某些机器中的普通齿轮所采用的精度等级,按本例齿轮圆周速度,综合考虑三项精度要求,确定齿轮传递运动准确性、传动平稳性、轮齿载荷分布均匀性的精度等级分别为 8 级、8 级、7 级。

(2) 确定齿轮的强制性检测精度指标的公差(偏差允许值)

由附表 10－1 查得大齿轮的四项强制性检测精度指标的公差（偏差允许值）为：齿距累积总偏差允许值 $F_p = 70\mu m$，单个齿距偏差允许值 $\pm f_{pt} = \pm 18\mu m$，齿廓总偏差允许值 $F_\alpha = 25\mu m$，螺旋线总偏差允许值 $F_\beta = 21\mu m$。

本减速器的齿轮属于普通齿轮，不需要规定 k 个齿距累积偏差允许值。

（3）确定公称齿厚及其极限偏差

由式（10－1）计算得到分度圆上的公称弦齿高和公称弦齿厚分别为 $h_c = 3.02mm$，$s_{nc} = 4.71mm$。如果采用公法线长度偏差作为侧隙指标，则不必计算 h_c 和 s_{nc} 的数值。

确定齿厚极限偏差时，首先确定齿轮副所需的最小法向侧隙 $j_{bn\,min}$。其中，由式（10-9）确定补偿热变形所需的侧隙：

$$j_{bn1} = a(\alpha_1\Delta t_1 - \alpha_2\Delta t_2)\times 2\sin\alpha_n$$
$$= 150\times(11.5\times25 - 10.5\times10)\times10^{-6}\times2\times0.342 = 0.019mm$$

减速器采用油池润滑，由表 10－7 查得保证正常润滑所需的侧隙：

$$j_{bn2} = 0.01m_n = 0.01\times3 = 0.03mm$$

因此

$$j_{bn\,min} = j_{bn1} + j_{bn2} = 0.019 + 0.03 = 0.049mm = 49\mu m$$

然后，确定补偿齿轮和箱体的制造误差和安装误差所引起的侧隙减小量 j_{bn}。按式（10－11），由附表 10－1 查得 $f_{pt} = 18\mu m$，$F_\beta = 21\mu m$；由图 1－1 和图 4－60（减速器齿轮轴）求得箱体上轴承跨距 $L = 105mm$，因此

$$J_{bn} = \sqrt{1.76f_{pt}^2 + [2 + 0.34(L/b)^2]F_\beta^2}$$
$$= \sqrt{1.76\times18^2 + [2 + 0.34\times(105/60)^2]\times21^2} = 43.7\mu m$$

令大、小齿轮齿厚上极限偏差相同，按式（10－12），由附表 10－7 查得中心距极限偏差 $f_a = 31.5\mu m$，因此，大齿轮齿厚上极限偏差为

$$E_{sns2} = -\left(\frac{j_{bn\,min} + J_{bn}}{2\cos\alpha_n} + f_a\tan\alpha\right) = -\left(\frac{49 + 43.7}{2\cos20°} + 31.5\tan20°\right) = -61\mu m$$

按式（10－13），由附表 10－3 查得齿轮径向跳动允许值 $F_r = 56\mu m$，从表 10－8 查取切齿时径向进刀公差

$$b_r = 1.26IT9 = 1.26\times115 = 145\mu m$$

因此齿厚公差选取为

$$T_{sn2} = 2\tan\alpha_n\sqrt{b_r^2 + F_r^2} = 2\tan20°\sqrt{56^2 + 145^2} = 113\mu m$$

最后，计算齿厚下极限偏差

$$E_{sni2} = E_{sns2} - T_{sn2} = (-61) - 113 = -174\mu m$$

（4）确定公称法向公法线长度及其极限偏差

由于测量公法线长度较为方便，且测量精度较高，因此本例标准斜齿轮（变位系数 $x_2 = 0$）采用公法线长度偏差作为侧隙指标。由式（10－3），公称法向公法线长度 W_n 和测量时跨齿数 k 的计算公式如下：

$$W_n = m_n\cos\alpha_n[\pi(k - 0.5) + z_2\,inv\alpha_t]$$
$$k = z'\alpha_n/180° + 0.5$$

本例中，$\alpha_n = 20°$，斜齿轮的端面压力角 α_t、假想齿数 z' 和跨齿数 k 分别为

$$\alpha_t = \text{arc tan}(\tan\alpha_n / \cos\beta) = \text{arc tan}(\tan 20°/\cos 8°6'34'') = 20.186°$$

因此，$\text{inv}\alpha_t = \text{inv}20.186° = 0.015\ 333$。

$$z' = z_2 \text{inv}\alpha_t / \text{inv}\alpha_n = 79 \times \text{inv}20.186°/\text{inv}20° = 79 \times 0.015\ 333/0.014\ 904 = 81.274$$

$$k = z' \cdot 20°/180° + 0.5 = 81.274/9 + 0.5 = 9.54，取 k = 10$$

公称法向公法线长度为

$$W_n = m_n \cos\alpha_n [\pi(k - 0.5) + z_2 \cdot \text{inv}\alpha_t]$$
$$= 3\cos 20°[3.1416 \times (10 - 0.5) + 79 \times 0.015\ 333] = 87.552\text{mm}$$

按式（10-14），由附表10-3查得 $F_r = 56\mu\text{m}$，确定公法线长度上、下极限偏差为

$$E_{ws} = E_{sns}\cos\alpha_n - 0.72F_r\sin\alpha_n = (-61\cos 20°) - 0.72 \times 56 \times \sin 20° = -71\mu\text{m}$$

$$E_{wi} = E_{sni}\cos\alpha_n + 0.72F_r\sin\alpha_n = (-174\cos 20°) + 0.72 \times 56 \times \sin 20° = -150\mu\text{m}$$

按计算结果，在齿轮零件图上这样标注：$87.552^{-0.071}_{-0.150}\text{mm}$。

（5）确定齿面的表面粗糙度轮廓幅度参数及上限值

按齿轮的精度等级，由附表10-6查得齿面的表面粗糙度轮廓幅度参数 Ra 的上限值为 $1.25\mu\text{m}$。

（6）确定齿轮坯公差

按附表10-5，基准孔直径尺寸公差为 IT7，其公差带确定为 $\phi 58\text{H}7(^{+0.03}_{0})$，并采用包容要求Ⓔ。

齿顶圆柱面不作为测量齿厚的基准和切齿时的找正基准，齿顶圆直径尺寸公差带确定为 $\phi 245.39\text{h}11(^{0}_{-0.29})$。

按式（10-5），由基准端面直径、齿宽和 F_β 确定齿轮坯基准端面对基准孔轴线的轴向圆跳动公差值 $t_t = 0.2(233/60) \times 0.021 \approx 0.016\text{mm}$。

本例的齿轮零件图见图10-37。

（7）确定齿轮副中心距的极限偏差和两轴线的平行度公差

由附表10-7查得齿轮副中心距极限偏差 $\pm f_a = \pm 31.5\mu\text{m}$，取为 $(150 \pm 0.032)\text{mm}$。

由于箱体上两对轴承的跨距相等，皆为 105mm，因此可以选齿轮副两轴线中的任一条轴线作为基准轴线。轴线平面上的平行度公差和垂直平面上的平行度公差分别按式（10-7）和式（10-8）确定：

$$f_{\Sigma\delta} = (L/b)F_\beta = (105/60) \times 21 = 37\mu\text{m} = 0.037\text{mm}$$
$$f_{\Sigma\beta} = 0.5F_{\Sigma\delta} = 18.5\mu\text{m} \approx 0.019\text{mm}$$

若箱体上支承同一根轴的两个轴承孔分别采用包容要求Ⓔ，即使这两个孔按单一尺寸要素包容要求Ⓔ检验合格，但控制不了这两个孔的同轴度，而同轴度误差会影响该孔与滚动轴承外圈的配合性质。因此，轴承孔应按关联尺寸要素采用最大实体要求而标注零几何公差值，即标注同轴度公差"0Ⓜ"，以控制这两个孔的同轴度，并保证指定的配合性质。

本例箱体的箱座零件图如图10-38所示，箱盖各项公差与箱座类似。

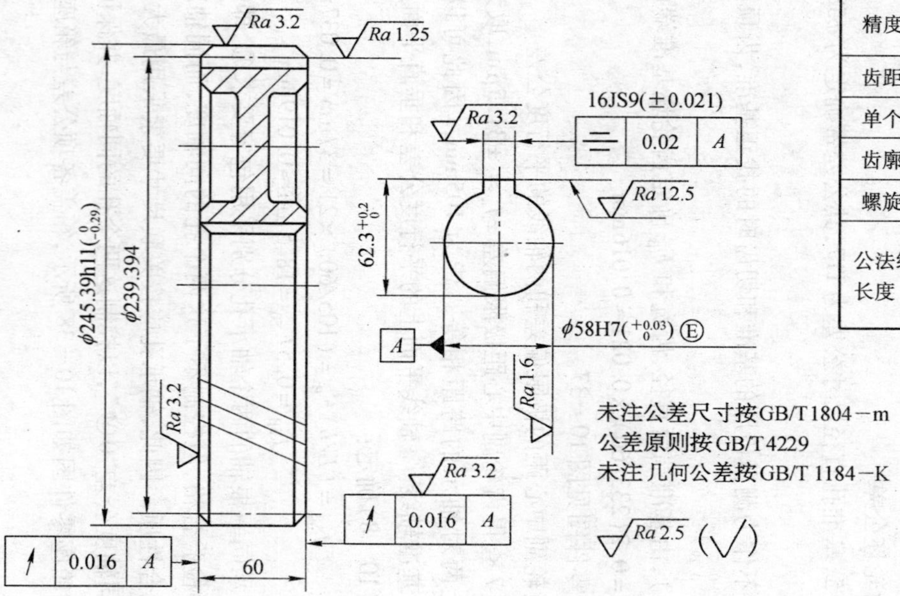

法向模数	m_n	3
齿数	z_2	79
标准压力角	α_n	20°
变位系数	x_2	0
螺旋角	β	8°6'34"
精度等级		8-8-7 GB/T 10095.1—2008
齿距累积总偏差允许值	F_p	0.070
单个齿距偏差允许值	$\pm f_{pt}$	±0.018
齿廓总偏差允许值	F_α	0.025
螺旋线总偏差允许值	F_β	0.021
跨齿数	k	10
公法线长度	公称值及极限偏差 $W^{+E_{ws}}_{+E_{wi}}$	$87.552^{-0.069}_{-0.148}$

未注公差尺寸按GB/T1804—m
公差原则按GB/T 4229
未注几何公差按GB/T 1184—K

$\sqrt{Ra\,2.5}$ (√)

图10-37　齿轮零件图

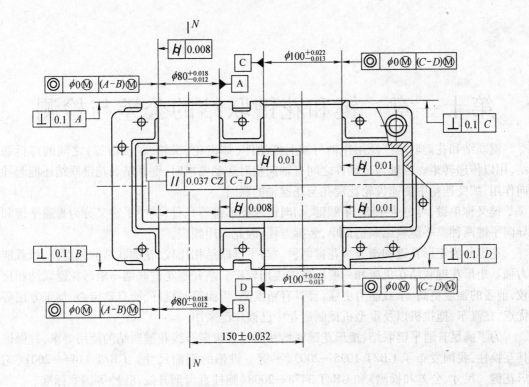

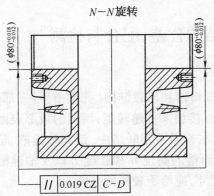

未注公差尺寸按GB/T1804-m
公差原则按GB/T4249
未注几何公差按GB/T1184-K

图 10-38　箱座

第十一章 键和花键联结的公差与检测

键联结和花键联结广泛用作轴与轴上传动件(如齿轮、带轮、联轴器等)之间的可拆联结,用以传递转矩。当轴与传动件之间有轴向相对运动要求时,键联结和花键联结还能起导向作用,如变速箱中变速齿轮花键孔与花键轴的联结。

键又称单键,可分为平键、半圆键、切向键和楔形键等几种,其中平键又分为普通平键和导向平键两种。平键联结制造简单,装拆方便,因此应用颇广。

花键分为矩形花键和渐开线花键两种。与平键联结相比较,花键联结的强度高,承载能力强。矩形花键联结在机床和一般机械中应用较广。渐开线花键联结与矩形花键联结相比较,前者的强度更高,承载能力更强,且具有精度高、齿面接触良好、能自动定心、加工方便等优点,在汽车、拖拉机以及重型机械制造业中已被广泛采用。

为了满足普通平键联结、矩形花键联结和圆柱直齿渐开线花键联结的使用要求,并保证其互换性,我国发布了 GB/T 1095—2003《平键 键槽的剖面尺寸》、GB/T 1144—2001《矩形花键 尺寸、公差和检测》和 GB/T 3478—2008《圆柱直齿渐开线花键》等国家标准。

§1 普通平键联结的公差、配合与检测

一、普通平键和键槽的尺寸

普通平键联结见图 11-1 所示,由键、轴键槽和轮毂键槽(孔键槽)等三部分组成,通过键的侧面和轴键槽及轮毂键槽的侧面相互接触来传递转矩,而键的顶部表面与轮毂键槽的底部表面之间留有一定的间隙。因此在普通平键联结中,键和轴键槽、轮毂键槽的宽度 b 是配合尺寸,应规定较严格的公差;而键的高度 h 和长度 L 以及轴键槽的深度 t_1 和长度 L、轮毂键槽的深度 t_2 皆是非配合尺寸,应给予较松的公差。

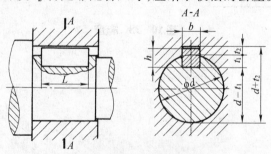

图 11-1 普通平键和键槽的尺寸

二、普通平键联结的公差与配合

1. 普通平键和键槽配合尺寸的公差带和配合种类

普通平键联结中,键由型钢制成,是标准件。因此,键和键槽宽度 b 的配合采用基轴制。

GB/T 1095—2003 规定的键和键槽宽度公差带均从 GB/T 1801—2009《极限与配合 公差带和配合的选择》中选取,见图 11-2,对键的宽度规定一种公差带 h8,对轴和轮毂键槽的宽度各规定三种公差带,以满足不同用途的需要。键和键槽宽度公差带形成了三类配合,即松联结、正常联结和紧密联结,它们的应用可参考表 11-1。

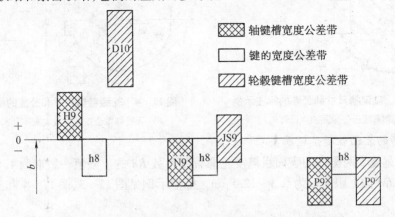

图 11-2 普通平键宽度和键槽宽度 b 的公差带示意图

表 11-1 普通平键联结的三类配合及其应用

配合种类	宽度 b 的公差带			应　　　　用
	键	轴键槽	轮毂键槽	
松联结	h8	H9	D10	用于导向平键,轮毂在轴上移动
正常联结		N9	JS9	键在轴键槽中和轮毂键槽中均固定,用于载荷不大的场合
紧密联结		P9	P9	键在轴键槽中和轮毂键槽中均牢固地固定,用于载荷较大、有冲击和双向转矩的场合

2. 普通平键和键槽非配合尺寸的公差带

普通平键高度 h 的公差带一般采用 h11;平键长度 L 的公差带采用 h14;轴键槽长度 L 的公差带采用 H14。GB/T 1095—2003 对轴键槽深度 t_1 和轮毂键槽深度 t_2 的极限偏差作了专门规定(见附表 11-1)。为了便于测量,在图样上对轴键槽深度和轮毂键槽深度分别标注"$d-t_1$"和"$d+t_2$"(此处 d 为孔、轴的公称尺寸),它们的极限偏差数值见附表11-1。

3. 键槽的几何公差

键与键槽配合的松紧程度不仅取决于它们的配合尺寸的公差带,而且还与它们的配合表面的几何误差有关,因此还需规定轴键槽两侧面的中心平面对轴的基准轴线和轮毂键槽两侧面的中心平面对孔的基准轴线的对称度公差。根据不同的功能要求,该对称度公差与键槽宽度公差的关系以及与孔、轴尺寸公差的关系可以采用独立原则(见图 11-3),或者采用最大实体要求(见图 11-4)。对称度公差等级可按 GB/T 1184—1996《形状和位置公差 未注公差值》取为 7~9 级。

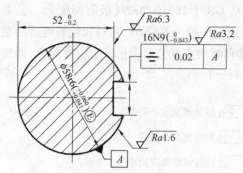

图 11 - 3　轴键槽尺寸和公差的标注示例

（对称度公差采用独立原则）

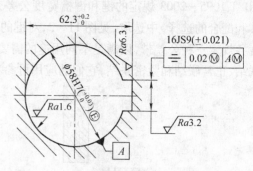

图 11 - 4　轮毂键槽尺寸和公差的标注示例

（对称度公差采用最大实体要求）

4. 键槽的表面粗糙度轮廓要求

键槽的宽度 b 两侧面的表面粗糙度轮廓幅度参数 Ra 的上限值一般取为 $1.6 \sim 3.2\mu m$，键槽底面的 Ra 的上限值取为 $6.3 \sim 12.5\mu m$。标注示例见图 11 - 3、图 11 - 4 和图 5 - 29、图 10 - 37。

三、普通平键键槽尺寸和公差在图样上的标注

轴键槽和轮毂键槽的剖面尺寸及其公差带、键槽的几何公差和所采用的公差原则在图样上的标注示例分别见图 11 - 3 和图 11 - 4。

四、普通平键键槽的检测

1. 键槽尺寸的检测

键槽尺寸的检测比较简单，可用千分尺、游标尺等普通计量器具来测量。大批大量生产时键槽宽度可以用量块或光滑极限塞规来检验。

2. 轴键槽对称度误差的测量

参看图 11 - 5a，轴键槽中心平面对基准轴线的对称度公差采用独立原则。这时键槽对称度误差可按图 11 - 5b 所示的方法来测量。该方法是以平板 4 作为测量基准，用 V 形支承座 1 体现被测轴 2 的基准轴线，它平行于平板。用定位块 3（或量块）模拟体现键槽中心平面。将置于平板 4 上的指示表的测头与定位块 3 的顶面接触，沿定位块的一个横截面移动，并稍微转动被测轴来调整定位块的位置，使指示表沿定位块这个横截面移动时示值始终不变为止，从而确定定位块的这个横截面的素线平行于平板。然后用指示表对定位块长度两端的 I 和 II 部位的测点分别进行测量，测得的示值分别为 M_{I} 和 M_{II}。

将被测轴 2 在 V 形支承座 1 上翻转 180°，然后按上述方法进行调整并测量定位块另一顶面（前一轮测量时的底面）长度两端的 I 和 II 部位的测点，测得示值分别为 M'_{I} 和 M'_{II}。

图 11 - 5b 所示的直角坐标系中，x 坐标轴为被测轴的基准轴线，y 坐标轴平行于平板，z 坐标轴为指示表的测量方向。因此键槽实际被测中心平面的两端相对于通过基准轴线且平行于平板的平面 Oxy 的偏离量 Δ_1 和 Δ_2（z 坐标值）分别为

$$\Delta_1 = (M_{\text{I}} - M'_{\text{I}})/2$$

$$\Delta_2 = (M_{\text{II}} - M'_{\text{II}})/2$$

轴键槽对称度误差值 f 由 Δ_1 和 Δ_2 值以及被测轴的直径 d 和键槽深度 t_1 按下式计算：

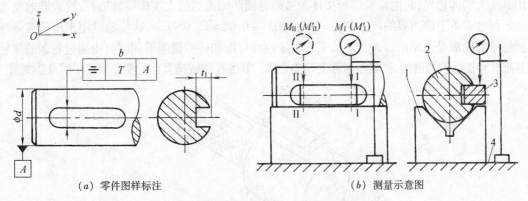

(a) 零件图样标注   (b) 测量示意图

图 11-5 轴键槽对称度误差的测量
1—V 形支承座；2—被测轴；3—定位块；4—平板

$$f = \left| \frac{t_1 (\Delta_1 + \Delta_2)}{d - t_1} + (\Delta_1 - \Delta_2) \right| \qquad (11-1)$$

3. 用功能量规检验键槽对称度误差

(1) 轴键槽对称度误差的检验

参看图 11-6a，当轴键槽对称度公差与键槽宽度公差的关系采用最大实体要求，与轴尺寸公差的关系采用独立原则时，该键槽的对称度误差可用图 11-6b 所示的功能量规来检验。它是按依次检验方式设计的功能量规，其检验键的宽度定形尺寸 b 等于被测键槽的最大实体实效边界尺寸，即 $b = D_{\mathrm{MV}} = 8 - 0.036 - 0.015 = 7.949\,\mathrm{mm}$，用来检验实际被测键槽的轮廓是否超出其最大实体实效边界。该量规以其 V 形表面作为定位表面来体现基准轴线（不受轴实际尺寸变化的影响），用检验键两侧面模拟体现被测键槽的最大实体实效边界。若量规的 V 形定位表面与轴表面接触且检验键能够自由进入实际被测键槽，则表示对称度误差合格。键槽实际尺寸用两点法测量。

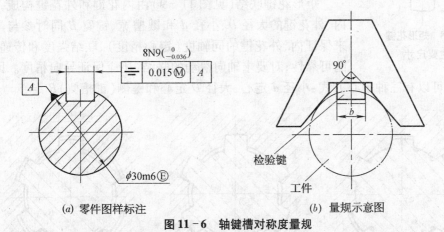

(a) 零件图样标注   (b) 量规示意图

图 11-6 轴键槽对称度量规

(2) 孔键槽对称度误差的检验

图 11-4 所示轮毂键槽对称度公差与键槽宽度公差及基准孔尺寸公差的关系皆采用最大实体要求，该键槽的对称度误差可用图 11-7 所示的功能量规来检验。它是按共同检验方式设计的功能量规。它的定位圆柱面既模拟体现基准孔，又能够检验实际基准孔的轮廓是否超

出其最大实体边界；它的检验键模拟体现被测键槽两侧面的最大实体实效边界，检验键的宽度定形尺寸 b 等于该边界的尺寸 $D_{MV} = 16 - 0.021 - 0.02 = 15.959$mm，这检验键用来检验实际被测键槽的轮廓是否超出该边界。如果它的定位圆柱面和检验键能够同时自由通过轮毂的实际基准孔和实际被测键槽，则表示对称度误差合格。基准孔和键槽宽度的实际尺寸用两点法测量。

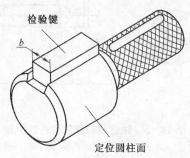

图 11－7　孔键槽对称度量规

§2　矩形花键联结的公差、配合与检测

一、矩形花键的主要尺寸

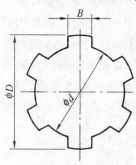

图 11－8　矩形花键
的主要尺寸

GB/T 1144—2001 规定矩形花键的主要尺寸有小径 d、大径 D、键宽和键槽宽 B，见图 11－8。键数 N 规定为偶数，有 6、8、10 三种，以便于加工和检测。按承载能力，对公称尺寸分为轻系列和中系列两种规格，同一小径的轻系列和中系列的键数相同，键宽（键槽宽）也相同，仅大径不相同，见附表 11－2。

二、矩形花键联结的定心方式

矩形花键联结（见图 11－9）由内花键和外花键构成，它靠内、外花键的大径 D、小径 d 和键槽宽、键宽 B 同时参与配合，来保证内、外花键的同轴度（定心精度）、联结强度和传递转矩的可靠性；对要求轴向滑动的联结，还应保证导向精度。因此，矩形花键可以有三种定心方式：小径 d 定心、大径 D 定心和键侧（键槽侧）B 定心。

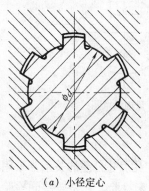
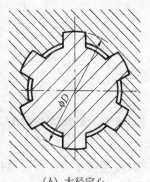
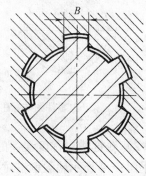

（a）小径定心　　　　　（b）大径定心　　　　　（c）键侧（键槽侧）定心

图 11－9　矩形花键联结的定心方式

在矩形花键联结中，要保证三个配合面同时达到高精度的配合是很困难的，也没有必要。因此，GB/T 1144—2001 规定矩形花键联结采用小径定心。这是因为随着科学技术的发展，现代工业对机械零件的质量要求不断提高，对花键联结的机械强度、硬度、耐磨性和精度的要求都提高了。例如，工作时每小时相对滑动 15 次以上的内、外花键，要求硬度在40HRC 以上；相对滑动频繁的内、外花键，则要求硬度为 56～60HRC，这样在内、外花键制造时需热处理（淬火）来提高硬度和耐磨性。为了保证定心表面的精度要求，淬硬后该表面需进行磨削加工。从加工工艺性看，小径便于磨削（内花键小径表面可在内圆磨床上磨削，外花键小径表面可用成形砂轮磨削），通过磨削可达到高精度要求。所以矩形花键联结采用小径定心可以获得更高的定心精度，并能保证和提高花键的表面质量。而内、外花键非定心的大径表面之间有相当大的间隙，以保证它们不接触。键和键槽两侧面的宽度 B 应具有足够的精度，因为它们要传递转矩和导向。

三、矩形花键联结的公差与配合

1. 尺寸公差带与装配型式

GB/T 1144—2001 规定的矩形花键装配型式分为滑动、紧滑动、固定三种。按精度的高低，这三种装配型式各分为一般用途和精密传动使用两种。内、外花键的定心小径、非定心大径和键宽（键槽宽）的尺寸公差带与装配型式见表 11-2，这些尺寸公差带均取自GB/T 1801—2009。为了减少花键拉刀和花键塞规的品种、规格，花键联结采用基孔制配合。由于花键几何误差的影响，三种装配型式指明的配合皆分别比各自的配合代号所表示的配合紧些。此外，大径为非定心直径，所以内、外花键大径表面的配合采用较大间隙的间隙配合。

表 11-2 矩形花键的尺寸公差带与装配型式

内 花 键				外 花 键			装配型式
小 径 d	大 径 D	键 槽 宽 B		小 径 d	大 径 D	键 宽 B	
		拉削后不热处理	拉削后热处理				
一 般 用 途							
H7 Ⓔ	H10	H9	H11	f7 Ⓔ	a11	d10	滑 动
				g7 Ⓔ		f9	紧滑动
				h7 Ⓔ		h10	固 定
精 密 传 动 使 用							
H5 Ⓔ	H10	H7, H9		f5 Ⓔ	a11	d8	滑 动
				g5 Ⓔ		f7	紧滑动
				h5 Ⓔ		h8	固 定
H6 Ⓔ				f6 Ⓔ		d8	滑 动
				g6 Ⓔ		f7	紧滑动
				h6 Ⓔ		h8	固 定

注：1. 精密传动使用的内花键，当需要控制键侧配合间隙时，键槽宽 B 可选用 H7，一般情况下可选用 H9。
　2. 小径 d 的公差带为 H6Ⓔ 或 H7Ⓔ 的内花键，允许与提高一级的外花键配合。

2. 几何公差

矩形花键的几何误差对花键联结的质量有很大的影响,如图 11−10 所示,花键联结采

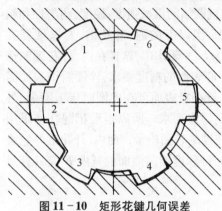

图 11−10 矩形花键几何误差
对花键联结的不良影响

1—键位置正确; 2、3、4、5、6—键位置不正确

用小径定心,假设内、外花键各部分的实际尺寸合格,内花键(粗实线)定心表面和键槽侧面的形状和位置都正确,而外花键(细实线)定心表面各部分不同轴线,各键不等分或不对称,这相当于外花键轮廓尺寸增大,造成它与内花键干涉,从而使该内键与外花键装配后不能获得配合代号表示的配合性质,甚至可能无法装配,并且使键(键槽)侧面受载不均匀。同样地,内花键位置误差的存在相当于内花键轮廓尺寸减小,也会造成它与外花键干涉。因此,对内、外花键必须分别规定几何公差,以保证花键联结精度和强度的要求。

为了保证内、外花键小径定心表面的配合性质,GB/T 1144—2001 规定该表面的形状公差与尺寸公差的关系采用包容要求Ⓔ。

除了小径定心表面的形状误差以外,还有内、外花键的方向、位置误差影响装配和精度,包括键(键槽)两侧面的中心平面对小径定心表面轴线的对称度误差、键(键槽)的等分度误差及键(键槽)侧面对小径定心表面轴线的平行度误差和大径表面轴线对小径定心表面轴线的同轴度误差。其中,以花键的对称度误差和分度误差的影响最大。因此,花键的对称度误差和分度误差通常用位置度公差予以综合控制,位置度公差值见附表 11−3。该位置度公差与键(键槽)宽度公差及小径定心表面尺寸公差的关系皆采用最大实体要求,如图 11−11 所示,用花键量规检验。

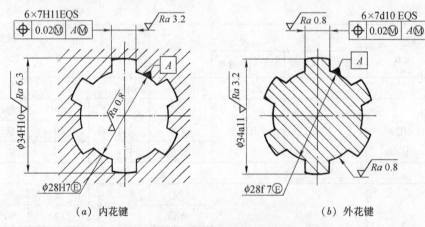

(a) 内花键   (b) 外花键

图 11−11 矩形花键位置度公差标注示例

在单件小批生产时,采用单项测量,则规定键(键槽)两侧面的中心平面对小径定心表面轴线的对称度公差和等分度公差,对称度公差值见附表 11−4,该对称度公差与键(键槽)宽度公差及小径定心表面尺寸公差的关系皆采用独立原则,如图 11−12 所示。花键等分度公差如下确定:花键各键(键槽)沿 360°圆周均匀分布为它们的理想位置,允许它们偏离理想位置的最大值的两倍为花键均匀分布公差值,其数值与花键对称度公差值相同,故花键等

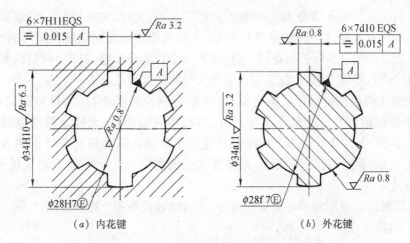

（a）内花键   （b）外花键

图 11-12   矩形花键对称度公差标注示例

分度公差在图样上不必注出。

对于较长的花键,可根据产品性能自行规定键(键槽)侧面对小径定心表面轴线的平行度公差。

由于内、外花键大径表面分别按 H10 和 a11 加工,它们的大径表面之间的间隙很大,因此大径表面轴线对小径定心表面轴线的同轴度误差可以用此间隙来补偿。

3. 表面粗糙度轮廓要求

矩形花键的表面粗糙度轮廓幅度参数 Ra 的上限值推荐如下。

内花键:小径表面不大于 $0.8\,\mu m$,键槽侧面不大于 $3.2\,\mu m$,大径表面不大于 $6.3\,\mu m$。

外花键:小径表面不大于 $0.8\,\mu m$,键侧面不大于 $0.8\,\mu m$,大径表面不大于 $3.2\,\mu m$。

四、矩形花键的图样标注

矩形花键的规格按下列顺序表示:键数 $N\times$小径 $d\times$大径 $D\times$键宽(键槽宽)B。按照这顺序在装配图上标注花键的配合代号和在零件图上标注花键的尺寸公差带代号。例如,花键键数 N 为 6、小径 d 的配合为 28H7/f7、大径 D 的配合为 34H10/a11、键槽宽与键宽 B 的配合为 7H11/d10 的标注方法如下:

花键副,在装配图上标注配合代号: $6\times28\,\dfrac{H7}{f7}\times34\,\dfrac{H10}{a11}\times7\,\dfrac{H11}{d10}$。

内花键,在零件图上标注尺寸公差带代号: $6\times28H7\times34H10\times7H11$。

外花键,在零件图上标注尺寸公差带代号: $6\times28f7\times34a11\times7d10$。

此外,在零件图上,对内、外花键除了标注尺寸公差带代号(或极限偏差)以外,还应标注几何公差和公差原则的要求,标注示例见图 11-11 和图 11-12。

五、矩形花键的检测

如图 11-11 所示,当花键小径定心表面采用包容要求Ⓔ,各键(键槽)位置度公差与键宽度(键槽宽度)公差的关系采用最大实体要求,且该位置度公差与小径定心表面尺寸公差的关系也采用最大实体要求时,为了保证花键装配型式的要求,验收内、外花键应该首先使用花键塞规(图 11-13)和花键环规(图 11-14)(均系全形通规)分别检验内、外花键的实际尺寸和几何误差的综合结果,即同时检验花键的小径、大径、键宽(键槽宽)表面的实际尺寸和形状误差以及各键(键槽)的位置度误差,大径表面轴线的同轴度误差等的综合结果。花键量规应能自由通过实际被测花键,这样才表示小径表面和键(键槽)两侧的实际轮廓皆在各自应遵守的边界的范围内,位置度误差和大径同轴度误差合格。

实际被测花键用花键量规检验合格后,还要分别检验其小径、大径和键宽(键槽宽)的实际尺寸是否超出各自的最小实体尺寸,即按内花键小径、大径及键槽宽的上极限尺寸和外花键小径、大径及键宽的下极限尺寸分别用单项止端塞规和单项止端卡规检验它们的实际尺寸,或者使用普通计量器具测量它们的实际尺寸。单项止端量规不能通过,则表示合格。

如果实际被测花键不能被花键量规通过,或者能够被单项止端量规通过,则表示该实际被测花键不合格。

按图 11-11a 标注的内花键可用图 11-13 所示的花键塞规来检验。该塞规是按共同检验方式设计的功能量规,由引导圆柱面 I 和 IV、小径定位表面 II、检验键 III(6 个)和大径检验表面 V 组成。前端的圆柱面 I 用来引导塞规进入内花键,其后端的花键则用来检验内花键各部位。

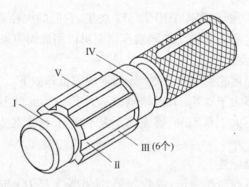

图 11-13　矩形花键塞规

图 11-14 为花键环规,它用于检验按图 11-11b 标注的外花键,其前端的圆柱形孔用来引导环规进入外花键,其后端的花键则用来检验外花键各部位。

如图 11-12 所示,当花键小径定心表面采用包容要求 Ⓔ,各键(键槽)的对称度公差以及花键各部位的公差皆遵守独立原则时,花键小径、大径和各键(键槽)应分别测量或检验。小径定心表面应该用光滑极限量规检验,大径和键宽(键槽宽)用两点法测量,各键(键槽)的对称度误差和大径表面轴线对小径表面轴线的同轴度误差都使用普通计量器具测量。

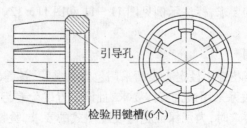

引导孔

检验用键槽(6个)

图 11-14　矩形花键环规

§3 圆柱直齿渐开线花键联结的公差、配合与检测

一、渐开线花键的基本参数和几何尺寸

渐开线花键联结相当于模数、齿数和标准压力角分别相同且变位系数为零的内、外直齿渐开线圆柱齿轮啮合。两者有关模数和压力角的基本概念相同,分度圆直径,基圆直径,分度圆齿距和齿厚、齿槽宽公称值等的计算公式分别相同,相互联结的内、外花键齿顶圆与齿根圆之间也有足够的径向间隙。差异仅在于花键的齿顶高和齿根高分别比齿轮的短,因此花键齿顶圆和齿根圆直径的计算公式分别与齿轮有所不同。此外,渐开线花键的齿厚偏差(齿槽宽偏差)、齿形误差、齿向误差、齿距累积误差的概念也分别与渐开线齿轮的齿厚偏差(齿槽宽偏差)、齿廓总偏差、螺旋线总偏差、齿距累积总偏差一致。这样,渐开线花键可以采用加工渐开线齿轮的方法来加工,也可以使用测量渐开线齿轮的仪器来进行单项测量。

渐开线花键的标准压力角有 30° 和 37.5°(模数 0.5 ~ 10mm)以及 45°(模数 0.25 ~ 2.5mm)等三种。其中,对于 30°标准压力角,可以采用平齿根或圆齿根齿形;对于 37.5°和 45°压力角,通常只采用圆齿根齿形。

GB/T 3478.1—2008《圆柱直齿渐开线花键(米制模数　齿侧配合)　第一部分:总论》按上述三种标准压力角和两种齿根规定了四种基本齿廓,列出了内、外渐开线花键的几何尺寸(如图 11 - 15 所示)及其由模数 m、齿数 z 和标准压力角 α_D 等确定的计算公式。其中几个重要几何尺寸的计算公式列于表 11 - 3 和表 11 - 4。

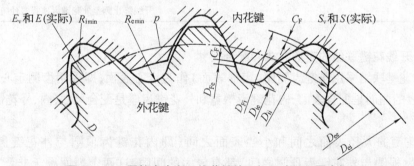

图 11 - 15　圆柱直齿渐开线花键的几何尺寸(30°圆齿根)

$D = mz$—分度圆直径; D_{ei}、D_{ee}—内、外花键大径公称尺寸; D_{ii}、D_{ie}—内、外花键小径公称尺寸; D_{Fi}—内花键渐开线终止圆直径; D_{Fe}—外花键渐开起始圆直径; $p = \pi m$—齿距; $S = 0.5\pi m$—分度圆齿厚; $E = 0.5\pi m$—分度圆齿槽宽; C_F—齿形裕度; $R_{i\,min}$、$R_{e\,min}$—内、外花键齿根圆弧最小曲率半径

表 11 - 3　渐开线外花键的三个几何尺寸的计算公式

几何尺寸的 名称和符号	计　算　公　式　(mm)	说　　明
大径公称尺寸 (齿顶圆直径)D_{ee}	$D_{ee} = m(z + C)$	标准压力角 α_D 为 30°、37.5°、45°时,C 分别取为 1、0.9、0.8
小径公称尺寸 (齿根圆直径)D_{ie}	$D_{ie} = m(z - K)$	标准压力角 α_D 为 30°时平齿根 $K = 1.5$,圆齿根 $K = 1.8$;α_D 为 37.5°和 45°时 K 分别取为 1.4 和 1.2

（续表）

几何尺寸的 名称和符号	计 算 公 式 （mm）	说　　明
渐开线起始圆直径 最大值 $D_{Fe\,max}$	$D_{Fe\,max} = 2 \times$ $\sqrt{(0.5D_b)^2 + \left[0.5D\sin\alpha_D - \left(h_s - \dfrac{0.5es_v}{\tan\alpha_D}\right)\big/\sin\alpha_D\right]^2}$	D_b、D、α_D—基圆直径、分度圆直径、标准压力角；h_s—外花键渐开线起始圆至齿根圆的径向距离，α_D 为 $30°$、$37.5°$、$45°$ 时 h_s 分别取为 $0.6m$、$0.55m$、$0.5m$；es_v—作用齿厚的最大极限值（数值见附表 11-7）

表 11-4　渐开线内花键的三个几何尺寸的计算公式

几何尺寸的 名称和符号	计 算 公 式 （mm）	说　　明
大径公称尺寸 （齿根圆直径）D_{ei}	$D_{ei} = m(z + K)$	标准压力角 α_D 为 $30°$ 时，平齿根 $K = 1.5$，圆齿根 $K = 1.8$；α_D 为 $37.5°$ 和 $45°$ 时，K 分别取为 1.4 和 1.2
小径公称尺寸 （齿顶圆直径）D_{ii}	$D_{ii} = D_{Fe\,max} + 2C_F$	$D_{Fe\,max}$ 为外花键渐开线起始圆直径最大值；$C_F = 0.1m$，为外花键渐开线起始圆至内花键齿顶圆的径向距离
渐开线终止圆直径 最小值 $D_{Fi\,min}$	$D_{Fi\,min} = D_{ee} + 2C_F = m(z + C) + 2C_F$	标准压力角 α_D 为 $30°$、$37.5°$、$45°$ 时，C 分别取为 1、0.9、0.8。$C_F = 0.1m$，为内花键渐开线终止圆至外花键齿顶圆的径向距离

二、渐开线花键联结的定心方式和配合尺寸

渐开线花键联结采用花键齿侧面（齿形表面）作为定心表面，即采用齿侧定心。因此，内、外花键齿的侧面是配合表面，内花键齿槽宽和外花键齿厚是配合尺寸，内、外花键的配合是齿侧配合。

内、外花键的大径表面之间和小径表面之间（即内花键齿顶圆与外花键齿根圆之间、内花键齿根圆与外花键齿顶圆之间）都有较大的间隙，这两个表面属于非配合表面，都不起定心作用，大径和小径皆为非配合尺寸。

渐开线花键联结采用了齿侧定心，则花键齿的侧面既起驱动作用，又起自动定心的作用。由于渐开线花键键齿受力后会产生径向分力，使键齿沿齿面滑动，当相对键齿产生的径向分力相等（径向力平衡，合力为零）时，内、外花键的分度圆就会自动重合。这时，各齿侧可以较好地贴合在一起，各键齿受力比较均匀。

三、内花键的作用齿槽宽、外花键的作用齿厚和作用侧隙

内、外渐开线花键键齿加工时会产生齿槽宽偏差、齿厚偏差和齿侧几何误差（齿形误差 ΔF_α、齿向误差 ΔF_β 和齿距累积误差 ΔF_p）。ΔF_α、ΔF_β 和 ΔF_p 的影响与 §2 第三小节所述矩形花键几何误差的影响（见图 11-10）类似，会使内、外渐开线花键装配时在键齿的侧面产生干涉。

　　内花键的实际齿槽宽和齿侧几何误差的综合结果可以用作用齿槽宽来表示。参看图
11-16a,内花键的作用齿槽宽 E_v 是指在内花键键齿全长上,与实际内花键齿侧体外相接的
最大理想外花键(双点划线)的分度圆上的弧齿厚。

　　外花键的实际齿厚和齿侧几何误差的综合结果可以用作用齿厚来表示。参看图
11-16b,外花键的作用齿厚 S_v 是指在外花键键齿全长上,与实际外花键齿侧体外相接的最
小理想内花键(双点划线)的分度圆上的弧齿槽宽。

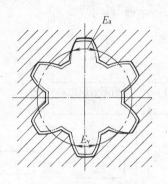 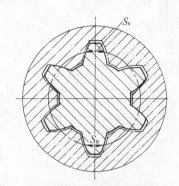

(a) 内花键的实际齿槽宽 E_a　　　　　　(b) 外花键的实际齿厚 S_a
与作用齿槽宽 E_v　　　　　　　　　与作用齿厚 S_v

图 11-16　渐开线花键齿侧实际尺寸与几何误差的综合结果

　　由此可见,相互配合的内、外渐开线花键的实际齿槽宽 E_a、实际齿厚 S_a 和齿侧几何误
差(ΔF_α、ΔF_β、ΔF_p)会综合影响它们的齿侧配合性质。内、外花键的 ΔF_α、ΔF_β 和 ΔF_p 可
以分别折算成齿槽宽当量和齿厚当量(与普通螺纹的中径当量类似),这两个当量分别与
E_a 和 S_a 综合为分度圆上的圆弧尺寸即作用齿槽宽 E_v 和作用齿厚 S_v 来表示它们影响齿侧
配合性质的程度。

　　上述 E_v 与 S_v 之差称为作用侧隙,用代号 C_v 表示,即 $C_v = E_v - S_v$。这差值为正值时,C_v
为作用间隙;这差值为负值时,C_v 为作用过盈。

四、内、外渐开线花键的配合尺寸公差带和配合类别

　　与孔、轴的尺寸公差带类似,GB/T 3478.1—2008 所规定的内、外渐开线花键配合尺寸
(齿槽宽、齿厚)公差带由"公差带大小"和"公差带位置"两个要素组成,见图 11-17,这两
个要素分别用公差等级和基本偏差表示。

　　1. 公差等级

　　内花键齿槽宽和外花键齿厚各分为四个公差等级,它们分别用阿拉伯数字 4、5、6、7 表
示。其中,4 级最高,等级依次降低,7 级最低。

　　齿槽宽和齿厚的公差各由两部分组成:限制实际齿槽宽或实际齿厚变动量的加工公差
T 与限制齿侧几何误差的齿槽宽当量或齿厚当量的综合公差 λ。加工公差与综合公差之和
$(T+\lambda)$ 称为总公差。内、外花键配合尺寸公差带的大小由总公差决定。$(T+\lambda)$ 和 λ 的数
值由相应的公差等级和模数、齿数确定,见附表 11-5。

　　根据功能要求,内、外花键加工后可以检测其齿侧实际尺寸与几何误差的综合结果(类
似于用图 11-13、图 11-14 所示的矩形花键量规进行的检测);也可以单项测量其齿侧几

何误差 ΔF_α、ΔF_β、ΔF_p（如同齿轮测量一样），这就需要规定 ΔF_α 的齿形公差 F_α、ΔF_β 的齿向公差 F_β 和 ΔF_p 的齿距累积公差 F_p。F_p 和 F_α 的数值由相应的公差等级和模数、齿数确定，见附表 11 - 5。F_β 的数值由相应的公差等级和花键长度确定，见附表 11 - 6。

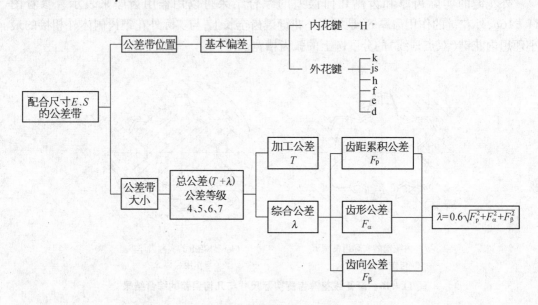

图 11 - 17　内、外渐开线花键配合尺寸公差带的组成

公差等级决定了侧隙变化范围、齿面接触好坏（取决于 F_α 和 F_β 的大小）和同时接触齿数多少（取决于 F_p 的大小）。因此，在选择公差等级时应根据花键的工作条件考虑以上情况进行选择。通常，4 级、5 级花键用于精密传动的联结；6 级花键用于一般精度的联结；7 级花键用于精度要求不高的联结。根据需要，可以采用不同公差等级的内、外花键相互配合。

2. 基本偏差

内、外渐开线花键联结的齿侧配合采用基孔制配合，以基本偏差为一定的齿槽宽公差带与不同基本偏差的齿厚公差带组成各类配合。内、外花键配合尺寸公差带的位置分别由作用齿槽宽、作用齿厚的基本偏差决定。

内、外渐开线花键配合尺寸基本偏差的代号与 GB/T 1800.1—2009 中的基本偏差代号一致。参看表 11 - 5，基准作用齿槽宽的基本偏差代号为 H，基本偏差为下极限偏差，其数值为零。非基准作用齿厚的基本偏差代号有 k、js、h、f、e 和 d 六种。代号 k 的基本偏差为下极限偏差，其数值为零；js 为公差带相对于零线对称分布的基本偏差代号，它为上极限偏差，其数值为 $(T+\lambda)/2$；代号 h 的基本偏差为上极限偏差，其数值为零；代号 f、e 和 d 的基本偏差皆为上极限偏差，它们的数值见附表 11 - 7。

将花键的公差等级代号和基本偏差代号组合，就组成它们的公差带代号，标注时公差等级代号在前而基本偏差代号在后。例如内花键公差带代号 5H、6H 等，外花键公差带代号 5h、6f 等。将内、外花键的公差带代号以分数形式组合，就组成它们的配合代号，分子为内花键公差带代号，分母为外花键公差带代号，例如 5H/5h、6H/6f 等。

表 11－5　渐开线花键的配合尺寸公差带和六类配合

内花键	外　花　键					
	基　本　偏　差					
H	k	js	h	f	e	d

$es_v=k+(T+\lambda)$	$es_v=\dfrac{T+\lambda}{2}$	$es_v=h$	$es_v=f$	$es_v=e$	$es_v=d$
有最大作用过盈		最小作用间隙为零	有最小作用间隙		

3. 配合种类

基本偏差代号为 H 的作用齿槽宽分别与基本偏差代号为 k、js、h、d、e、f 的作用齿厚组合，就组成六类配合 H/k、H/js、H/h、H/d、H/e、H/f。这些配合中，作用齿厚的基本偏差代号反映出内、外花键装配后的配合性质。H/k、H/js、H/h 用于固定联结，H/d、H/e、H/f 用于滑动联结。对于标准压力角为 45°的花键优先选用 H/k、H/h、H/f。除了上述 6 类齿侧配合外，当产品需要间隙较大的配合时，可以从 GB/T 1800 中选择合适的基本偏差。

应当指出，内、外渐开线花键的配合尺寸的基本偏差是作用齿槽宽和作用齿厚的基本偏差，而不是实际齿槽宽和实际齿厚的基本偏差，这与矩形花键不相同。

五、内花键齿槽宽、外花键齿厚及作用侧隙的极限值

参看图 11－17 和表 11－5，设计时应该对齿槽宽 E 和齿厚 S 分别规定极限值，作用侧隙 C_v 也应控制在允许的极限值范围内。内花键齿槽宽、外花键齿厚与作用侧隙的极限值按表 11－6 所列的公式计算确定。

内花键的作用齿槽宽 E_v 的最小极限值 $E_{v\,min}$ 相当于几何公差概念中实际齿槽宽为最小极限值 E_{min}（孔的最大实体尺寸）而齿侧几何误差的齿槽宽当量达到允许值 λ（孔的几何误差值等于几何公差值）时的某种边界尺寸（孔的最大实体实效边界尺寸）。内花键的实际齿槽宽与齿侧几何误差的综合结果不允许超出该边界（$E_v \geqslant E_{v\,min}$）。

内花键的作用齿槽宽 E_v 的最大极限值 $E_{v\,max}$ 相当于几何公差概念中实际齿槽宽为最大极限值 E_{max}（孔的最小实体尺寸）而齿侧几何误差的齿槽宽当量达到允许值 λ 时的极限尺寸。

表 11-6 内花键齿槽宽、外花键齿厚与作用侧隙极限值的计算公式

项 目 名 称 和 符 号		计 算 公 式（μm）	合 格 条 件
内花键	实际齿槽宽 E_a 的最小极限值 E_{min}	$E_{min} = 0.5\pi m + \lambda$	$E_{min} \leqslant E_a \leqslant E_{max}$
	实际齿槽宽 E_a 的最大极限值 E_{max}	$E_{max} = E_{min} + T = 0.5\pi m + (T + \lambda)$	
	作用齿槽宽 E_v 的最小极限值 $E_{v\,min}$	$E_{v\,min} = 0.5\pi m$	$E_{v\,min} \leqslant E_v \leqslant E_{v\,max}$
	作用齿槽宽 E_v 的最大极限值 $E_{v\,max}$	$E_{v\,max} = E_{max} - \lambda = E_{v\,min} + T$	
外花键	实际齿厚 S_a 的最大极限值 S_{max}	$S_{max} = 0.5\pi m + es_v - \lambda$	式中 es_v 值见附表11-7。 $S_{min} \leqslant S_a \leqslant S_{max}$
	实际齿厚 S_a 的最小极限值 S_{min}	$S_{min} = S_{max} - T = 0.5\pi m + es_v - (T + \lambda)$	
	作用齿厚 S_v 的最大极限值 $S_{v\,max}$	$S_{v\,max} = 0.5\pi m + es_v$	式中 es_v 值见附表11-7。 $S_{v\,min} \leqslant S_v \leqslant S_{v\,max}$
	作用齿厚 S_v 的最小极限值 $S_{v\,min}$	$S_{v\,min} = S_{min} + \lambda = S_{v\,max} - T$	
作用侧隙	作用侧隙 C_v 的最小极限值 $C_{v\,min}$	$C_{v\,min} = E_{v\,min} - S_{v\,max}$	$C_{v\,min} \leqslant C_v \leqslant C_{v\,max}$
	作用侧隙 C_v 的最大极限值 $C_{v\,max}$	$C_{v\,max} = E_{v\,max} - S_{v\,min}$	

外花键的作用齿厚 S_v 的最大极限值 $S_{v\,max}$ 相当于几何公差概念中实际齿厚为最大极限值 S_{max}（轴的最大实体尺寸）而齿侧几何误差的齿厚当量达到允许值 λ（轴的几何误差值等于几何公差值）时的某种边界尺寸（轴的最大实体实效边界尺寸）。外花键实际齿厚与齿侧几何误差的综合结果不允许超出该边界（$S_v \leqslant S_{v\,max}$）。

外花键的作用齿厚 S_v 的最小极限值 $S_{v\,min}$ 相当于几何公差概念中实际齿厚为最小极限值 S_{min}（轴的最小实体尺寸）而齿侧几何误差的齿厚当量达到允许值 λ 时的极限尺寸。

根据设计要求，齿槽宽和齿厚的极限值可以从附表 11-7（E_v 的最小极限值，S_v 的最大极限值）和 GB/T 3478.2~3478.4—2008 尺寸表中查取。

六、渐开线花键的非配合尺寸的极限偏差、齿根圆弧曲率半径极限值和表面粗糙度轮廓要求

1. 内花键大径和小径的极限偏差

内花键大径 D_{ei} 的极限偏差如下确定：下极限偏差为 0，公差值从 IT12、IT13、IT14 中选取。

小径 D_{ii} 的公差带采用 H10、H11 或 H12(见附表 11-9)。这小径孔表面可用第七章所述检测光滑孔的方法加以检测。

2. 外花键大径和小径的极限偏差

外花键大径 D_{ee} 的极限偏差如下确定:上极限偏差由作用齿厚的基本偏差代号决定(见附表 11-8),公差值从 IT10、IT11 或 IT12 中选取(见附表 11-9)。这大径圆柱表面可用第七章所述检测光滑轴的方法加以检测。

小径 D_{ie} 的极限偏差如下确定:上极限偏差由作用齿厚的基本偏差代号决定(见附表 11-8),公差值从 IT12、IT13 或 IT14 中选取。

3. 齿根圆弧曲率半径极限值

内、外花键齿根圆弧曲率半径最小值 $R_{i\,min}$ 和 $R_{e\,min}$ 按标准压力角 α_D 确定,见附表 11-10。最大值分别由内花键渐开线终止圆直径最小值 $D_{Fi\,min}$ 和外花键渐开线起始圆直径最大值 $D_{Fe\,max}$ 控制。

4. 渐开线花键的表面粗糙度轮廓要求

内、外花键渐开线齿面(配合表面)和非配合表面的表面粗糙度轮廓幅度参数 Ra 的上限值可按附表 11-11 选取。

七、渐开线花键键齿的检测方法

渐开线花键键齿配合部位公差项目的确定与其检测方法密切相关。GB/T 3478.5—2008《检验》对键齿规定了四种检测方法,通常采用其中的基本方法和单项测量。

1. 基本方法

对于渐开线花键配合,通常要求内、外花键齿侧实际尺寸与几何误差的综合结果(作用齿槽宽、作用齿厚)不得超出某种边界,且实际尺寸不得超出最小实体尺寸。这如同孔、轴配合中孔和轴的几何公差与尺寸公差的关系采用最大实体要求一样。

(1) 采用基本方法检测内花键时的特点

使用按作用齿槽宽的最小极限值 $E_{v\,min}$ 设计的全齿花键塞规(通规)检验作用齿槽宽 E_v 是否不小于 $E_{v\,min}$,使用按实际齿槽宽的最大极限值 E_{max} 设计的短齿花键塞规(止规)检验实际齿槽宽 E_a 是否不大于 E_{max} 或者用其他方法测量 E_a。在图样上应该对内花键标注 $E_{v\,min}$ 和 E_{max}。

(2) 采用基本方法检测外花键时的特点

使用按作用齿厚的最大极限值 $S_{v\,max}$ 设计的全齿花键环规(通规)检验作用齿厚 S_v 是否不大于 $S_{v\,max}$,使用按实际齿厚的最小极限值 S_{min} 设计的短齿花键环规(止规)检验实际齿厚 S_a 是否不小于 S_{min},或者用其他方法测量 S_a。在图样上应该对外花键标注 $S_{v\,max}$ 和 S_{min}。

用上述花键量规(通规和止规)检验内花键或外花键时,如果全齿通规能够自由通过,且短齿止规不能通过,则表示被测花键合格。

相互配合的被测内、外花键用基本方法检测合格,则表示它们装配后作用侧隙 C_v 不小于作用侧隙最小极限值 $C_{v\,min}$($C_v \geq C_{v\,min}$),且实际齿槽宽 E_a 不大于其最大极限值 E_{max}($E_a \leq E_{max}$),实际齿厚 S_a 不小于其最小极限值 S_{min}($S_a \geq S_{min}$)。

2. 单项测量

当产量小或花键直径较大或者需要进行工艺分析时,可对实际齿槽宽 E_a、实际齿厚 S_a

和齿距累积误差 ΔF_p、齿形误差 ΔF_α、齿向误差 ΔF_β 分别进行单项测量,并由相应的极限偏差和公差分别判断它们合格与否。

在图样上应该对内花键标注实际齿槽宽的最大、最小极限值及 ΔF_p 的齿距累积公差 F_p、ΔF_α 的齿形公差 F_α、ΔF_β 的齿向公差 F_β;应该对外花键标注实际齿厚的最大、最小极限值及 F_p、F_α、F_β。

八、渐开线花键的标记和公差要求在图样上的标注方法

1. 渐开线花键的标记

在图样上或技术文件上需要标记渐开线花键副或单独标记内、外渐开线花键时,应依次用代号标出:花键类别(花键副、内花键或外花键),齿数、模数、标准压力角和齿根类别(平齿根或圆齿根)、齿侧配合代号或配合尺寸公差带代号(它们之间皆用乘号"×"隔开),标准号。其中,花键副用 INT/EXT 表示,内花键用 INT 表示,外花键用 EXT 表示;齿数用 z 表示(符号 z 前面加齿数值);模数用 m 表示(符号 m 前面加模数值);标准压力角度数用阿拉伯数字表示,平齿根用 P 表示,圆齿根用 R 表示,但采用 37.5° 和 45° 标准压力角的渐开线花键只有一种圆齿根,因而省略 R。

示例:花键的齿数为 24、模数为 2.5mm;其内花键为 30° 标准压力角、平齿根,公差等级为 6 级;其外花键为 30° 标准压力角、圆齿根,公差等级为 5 级;配合类别为 H/h 的标记如下:

花键副:INT/EXT $24z \times 2.5m \times 30P/R \times 6H/5h$　GB/T 3478.1—2008

内花键:INT $24z \times 2.5m \times 30P \times 6H$　GB/T 3478.1—2008

外花键:EXT $24z \times 2.5m \times 30R \times 5h$　GB/T 3478.1—2008

2. 渐开线花键公差要求在图样上的标注方法

在具有渐开线花键部位的零件的图样上,应给出加工花键时所需要的全部尺寸、公差(公差值或极限偏差)和参数,并在零件图的右上角列出数据表。

在图样的投影视图上标注:花键大径和小径及它们的公差带代号或极限偏差,分度圆直径,键齿表面粗糙度轮廓幅度参数值。按需要,可标注花键标记。

数据表中填写以下内容:花键的齿数、模数、标准压力角和齿根类别、配合尺寸公差等级和齿侧配合类别,渐开线终止圆直径最小值(内花键)或渐开线起始圆直径最大值(外花键)、齿根圆弧曲率半径最小值,按所选择的检测方法确定的相应齿槽宽或齿厚的最大、最小极限值,齿距累积公差、齿形公差和齿向公差(这三项只限于选用单项测量法)。

图 11-18 为汽车变速箱中啮合齿圈的内、外渐开线花键的大径、小径和它们的极限偏差及分度圆直径标注示例。

图 11-19 为与上述内渐开线花键啮合的汽车变速齿轮外渐开线花键的大径、小径和它们的极限偏差及分度圆直径标注示例。

齿数	z	32
模数	m	2
标准压力角	α_D	30P
配合尺寸公差等级和齿侧配合类别	6H GB/T 3478.1—2008	
渐开线终止圆直径最小值	$D_{Fi\ min}$	ϕ66.4
齿根圆弧曲率半径最小值	$R_{i\ min}$	0.4
作用齿槽宽最小极限值	$E_{v\ min}$	3.142
实际齿槽宽最大极限值	E_{max}	3.254

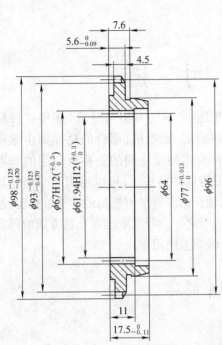

图 11−18 汽车变速箱中的啮合齿圈的零件图
（采用基本方法检测）

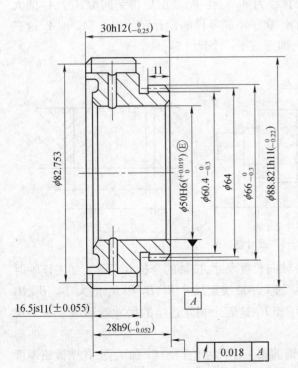

齿数	z	32
模数	m	2
标准压力角	α_D	30R
配合尺寸公差等级和齿侧配合类别	6h GB/T 3478.1—2008	
渐开线起始圆直径最大值	$D_{Fe\ max}$	ϕ61.74
齿根圆弧曲率半径最小值	$R_{e\ min}$	0.8
实际齿厚最大极限值	S_{max}	3.096
实际齿厚最小极限值	S_{min}	3.029
齿距累积公差	F_p	0.063
齿形公差	F_α	0.036
齿向公差	F_β	0.011

图 11−19 汽车变速齿轮零件图（具有外渐开线花键部位）
（采用单项测量）

第十二章 尺 寸 链

在设计机器和零部件时,不仅要进行运动、强度、刚度等的分析与计算,还要进行精度设计。零件的精度是由整机、部件所要求的精度决定的,而整机、部件的精度则由零件的精度来保证。尺寸链原理是分析和研究整机、部件与零件精度间的关系所应用的基本理论。在充分考虑整机、部件的装配精度与零件加工精度的前提下,可以运用尺寸链计算方法,合理地确定零件的尺寸公差与方向、位置公差,使产品获得尽可能高的性能价格比,创造最佳的技术经济效益。这是零件精度设计的主要内容之一。我国业已发布这方面的国家标准 GB/T 5847—2004《尺寸链 计算方法》,供设计时参考使用。

§1 尺寸链的基本概念

一、尺寸链的基本术语及其定义

1. 尺寸链的定义

在机器装配或零件加工过程中,由相互连接的尺寸形成封闭的尺寸组称为尺寸链。

参看图 12-1a,将直径为 A_1 的轴装入直径为 A_2 的孔中,装配后得到间隙 A_0。A_0 的大小取决于孔径 A_2 和轴径 A_1 的大小。A_1 和 A_2 属于不同零件的设计尺寸。A_0、A_1 和 A_2 这三个相互连接的尺寸就形成了封闭的尺寸组,即形成了一个尺寸链。

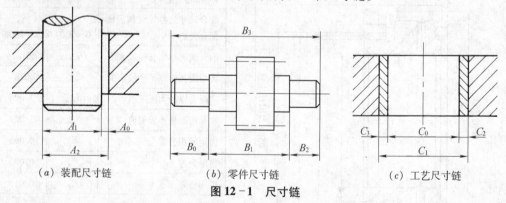

| (a) 装配尺寸链 | (b) 零件尺寸链 | (c) 工艺尺寸链 |

图 12-1 尺寸链

参看图 12-1b 所示的齿轮轴及其各个轴向长度尺寸,按轴的全长 B_3 下料,加工该轴时加工出尺寸 B_2 和 B_1,最后形成尺寸 B_0。B_0 的大小取决于尺寸 B_1、B_2 和 B_3 的大小。B_1、B_2 和 B_3 皆为同一零件的设计尺寸。B_0、B_1、B_2 和 B_3 这四个相互连接的尺寸就形成了一个尺寸链。

参看图 12-1c,内孔需要镀铬使用。镀铬前按工序尺寸(直径)C_1 加工孔,孔壁镀铬厚度为 C_2、C_3($C_2 = C_3$),镀铬后得到孔径 C_0。C_0 的大小取决于 C_1 和 C_2、C_3 的大小。C_1 和 C_2、C_3 皆为同一零件的工艺尺寸。C_0、C_2、C_1 和 C_3 这四个相互连接的尺寸就形成了一个尺寸链。

2. 有关尺寸链组成部分的术语及定义

（1）环

环是指列入尺寸链中的每一个尺寸，例如图 12 - 1a 中的 A_0、A_1 和 A_2 以及图 12 - 1b 中的 B_0、B_1、B_2 和 B_3 都是尺寸链的环。环一般用英文大写字母表示。环分为封闭环和组成环。

（2）封闭环

封闭环是指尺寸链中在装配或加工过程中最后自然形成的那一个环。例如图 12 - 1a 中的 A_0（在装配过程中最后形成的）、图 12 - 1c 中的 C_0（在加工过程中最后形成的）都是封闭环。封闭环一般用下角标为阿拉伯数字"0"的英文大写字母表示。

（3）组成环

组成环是指尺寸链中对封闭环有影响的全部环。这些环中任何一环的变动必然引起封闭环的变动。组成环一般用下角标为阿拉伯数字（1、2、3、…）的英文大写字母表示，如图 12 - 1a 中的 A_1、A_2 和图 12 - 1b 中的 B_1、B_2、B_3。组成环分为增环和减环。

① 增环：增环是指它的变动会引起封闭环同向变动的组成环。同向变动是指该环增大时封闭环也增大，该环减小时封闭环也减小，如图 12 - 1a 中的孔径 A_2。

② 减环：减环是指它的变动会引起封闭环反向变动的组成环。反向变动是指该环增大时封闭环减小，该环减小时封闭环增大，如图 12 - 1a 中的轴径 A_1。

（4）补偿环

在尺寸链计算中，有时需要预先选定其中某一组成环，通过改变这个组环的大小或位置，使封闭环达到规定的要求。这个组成环称为补偿环。例如图 1 - 1 所示的减速器中，用垫片（件号 9）作为补偿件，它的厚度作为补偿环，装配时选择并安装不同厚度的垫片来调整端盖的底端与对应滚动轴承的端面之间的轴向间隙的大小。

（5）传递系数

传递系数是指表示各组成环影响封闭环大小的程度和方向的系数，用符号 ξ_i 表示（下角标 i 为组成环的序号）。对于增环，ξ_i 为正值；对于减环，ξ_i 为负值。

二、尺寸链的分类

1. 按尺寸链的功能要求分类

（1）装配尺寸链

装配尺寸链是指全部组成环为不同零件的设计尺寸（零件图上标注的尺寸）所形成的尺寸链，如图 12 - 1a 所示。

（2）零件尺寸链

零件尺寸链是指全部组成环为同一零件的设计尺寸所形成的尺寸链，如图 12 - 1b 所示。装配尺寸链和零件尺寸链统称为设计尺寸链。

（3）工艺尺寸链

工艺尺寸链是指全部组成环为零件加工时该零件的工艺尺寸所形成的尺寸链，如图 12 - 1c 所示。

2. 按尺寸链中各环的相互位置分类

（1）直线尺寸链

　　直线尺寸链是指全部组成环皆平行于封闭环的尺寸链,如图 12－1a、b、c 所示的尺寸链均为直线尺寸链。直线尺寸链中增环的传递系数 $\xi_i = +1$,减环的传递系数 $\xi_i = -1$。

　　(2)　平面尺寸链

　　平面尺寸链是指全部组成环位于一个平面或几个平行平面内,但某些组成环不平行于封闭环的尺寸链,如图 12-2 所示。

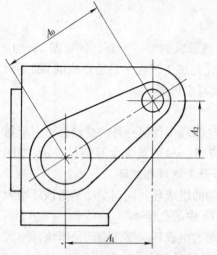

　　(3)　空间尺寸链

　　空间尺寸链是指全部组成环位于几个不平行的平面内的尺寸链。

　　最常见的尺寸链是直线尺寸链。平面尺寸链和空间尺寸链可以通过采用坐标投影的方法转换为直线尺寸链,然后按直线尺寸链的计算方法来计算。本章只阐述直线尺寸链的计算方法。

三、尺寸链的建立

　　正确地建立尺寸链是进行尺寸链计算的前提。下面举例说明建立装配尺寸链的步骤。

图 12－2　箱体的平面尺寸链

　　1.　确定封闭环

　　建立尺寸链时必须首先明确封闭环。装配尺寸链中的封闭环就是装配后应达到的装配精度要求。通常每一项装配精度要求就可以相应建立一个尺寸链。

　　图 12-3a 所示为一齿轮机构部件,由于齿轮 3 要在轴 1 上回转,因此齿轮 3 左、右端面分别与轴套 4、挡圈 2 之间应该有轴向间隙,并且该间隙应控制在一定范围内。由于该间隙是在零件装配过程中最后自然形成的,所以它就是封闭环。为计算方便,可将间隙集中在齿轮 3 与挡圈 2 之间,用 L_0 表示。

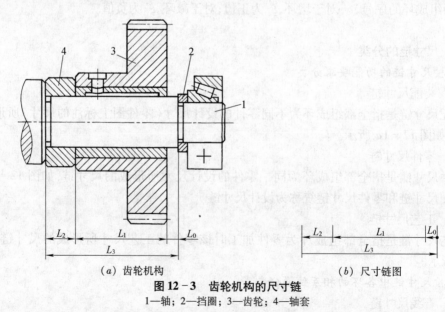

(a) 齿轮机构　　　　　　　　　　　　(b) 尺寸链图

图 12－3　齿轮机构的尺寸链

1—轴;2—挡圈;3—齿轮;4—轴套

2. 查找组成环并画出尺寸链图

在装配关系中,对装配精度要求有直接影响的那些零件的尺寸,都是装配尺寸链中的组成环。对于每一项装配精度要求,通过对装配关系的分析,都可查明其相应装配尺寸链的组成环。查找组成环的方法是:从封闭环的一端开始,依次找出那些会引起封闭环变动的相互连接的各个零件尺寸,直到最后一个零件尺寸与封闭环的另一端连接为止,其中每一个尺寸就是一个组成环。

确定了封闭环并找出了组成环后,用符号将它们标注在装配示意图上,或将封闭环和各个组成环相互连接的关系单独地用简图表示出来,就得到了尺寸链图。画尺寸链图时,可用带箭头的线段来表示尺寸链的各环,线段一端的箭头只表示查找组成环的方向。与封闭环线段箭头方向一致的组成环为减环,与封闭环线段箭头方向相反的组成环为增环。

例如在图 12-3a 中,可以从封闭环 L_0 的左端开始,查找影响间隙 L_0 大小的尺寸,它们依次为齿轮 3 轮毂的宽度 L_1、轴套 4 厚度 L_2 和轴 1 上两台肩之间的长度 L_3。由这三个组成环对封闭环的影响的性质可知,尺寸 L_3 为增环,尺寸 L_1、L_2 为减环。将尺寸 L_0 与 L_1、L_2、L_3 依次用线段连接,就得到了如图 12-3b 所示的尺寸链图。

在查找组成环时,应注意遵循"**最短尺寸链原则**"。在装配精度要求既定的条件下,组成环数目越少,则组成环所分配到的公差就越大,组成环所在部位的加工就越容易。所以在设计产品时,应尽可能使影响装配精度的零件数量最少。

3. 零件方向、位置误差对封闭环的影响

以上所述尺寸链中都是线性尺寸的变动对封闭环的影响,有时还需考虑方向、位置误差对封闭环的影响。这时方向、位置误差可以按尺寸链中的尺寸来处理。现仍以图 12-3a 所示的轴套、齿轮和轴为例来说明,它们的图样标注和实际零件图形分别见图 12-4 ~ 图 12-6。

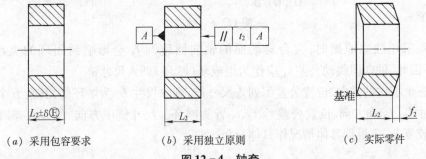

(a) 采用包容要求　　　　(b) 采用独立原则　　　　(c) 实际零件

图 12-4　轴套

参看图 12-4a,当轴套厚度 L_2 的尺寸公差与两端面的平行度公差之间的关系采用包容要求时,其两端面的平行度误差控制在 L_2 的尺寸公差内,因此该平行度误差对封闭环的影响已经包含在 L_2 的尺寸公差内,不必单独考虑其影响。参看图 12-4b,当轴套厚度 L_2 的尺寸公差与两端面的平行度公差 t_2 之间的关系采用独立原则时,其两端面的平行度误差 f_2 会影响封闭环的大小(图 12-4c),平行度公差 t_2(允许的平行度误差最大值)就应作为一个组成环(减环)列入尺寸链中。

参看图 12-5a,当齿轮轮毂宽度 L_1 的尺寸公差与两端面的轴向圆跳动公差 t_1 之间的关系采用独立原则时,齿轮的任一个轴向圆跳动 f_1 或 f_1' 会影响封闭环的大小(见图 12-5b)。因此,轴向圆跳动公差 t_1 应作为组成环(减环)列入尺寸链。

参看图 12-6a,当轴上两台肩之间的长度 L_3 的尺寸公差与台肩端面的轴向圆跳动公差 t_3

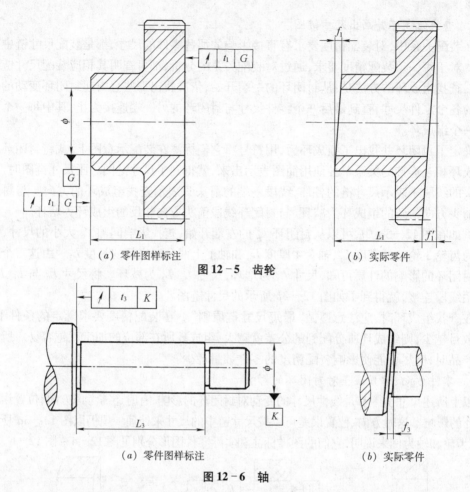

（a）零件图样标注　　　　　　　　　（b）实际零件

图 12－5　齿轮

（a）零件图样标注　　　　　　　　　（b）实际零件

图 12－6　轴

之间的关系采用独立原则时，大台肩端面的轴向圆跳动 f_3 会影响封闭环的大小（见图 12－6b）。因此，轴向圆跳动公差 t_3 应作为组成环（减环）列入尺寸链。

如果三个零件的方向、位置公差都列入尺寸链，则除尺寸 L_3 为增环外，其余五个组成环即线性尺寸 L_1、L_2 和方向、位置公差 t_1、t_2、t_3 皆为减环。尺寸链中方向、位置误差对封闭环的影响比较复杂，应根据具体情况作具体分析。

四、尺寸链的计算

尺寸链的计算是指计算封闭环与组成环的公称尺寸和极限偏差。尺寸链计算主要有下列三种计算。

1. 设计计算

设计计算是指已知封闭环的极限尺寸和各组成环的公称尺寸，计算各组成环的极限偏差。这种计算通常用于产品设计过程中由机器或部件的装配精度确定各组成环的尺寸公差和极限偏差，把封闭环公差合理地分配给各组成环。应当指出，设计计算的解不是惟一的，而可能有多种不同的解。

2. 校核计算

校核计算是指已知各组成环的公称尺寸和极限偏差，计算封闭环的公称尺寸和极限偏差。这种计算主要用于验算零件图上标注的各组成环的公称尺寸和极限偏差在加工之后能否满足所设计产品的技术要求。

3. 工艺尺寸计算

工艺尺寸计算是指已知封闭环和某些组成环的公称尺寸和极限偏差,计算某一组成环的公称尺寸和极限偏差。这种计算通常用于零件加工过程中计算某工序需要确定而在该零件的图样上没有标注的工序尺寸。

无论设计计算、校核计算或工艺尺寸计算,都要处理封闭环的公称尺寸和极限偏差与各组成环的公称尺寸和极限偏差的关系。

参看图 12-7 所示的多环直线尺寸链,设组成环环数为 m,增环环数为 l,则减环环数为 $(m-l)$,得到封闭环公称尺寸 L_0 与各组成环公称尺寸 L_i 的关系如下:

$$L_0 = \sum_{i=1}^{l} L_i - \sum_{i=l+1}^{m} L_i \qquad (12-1)$$

即:封闭环的公称尺寸等于所有增环公称尺寸之和减去所有减环公称尺寸之和。

参看图 12-8,尺寸链中任何一环的公称尺寸 L、上极限尺寸 L_{max}、下极限尺寸 L_{min}、上极限偏差 ES、下极限偏差 EI、公差 T 以及中间偏差 Δ 之间的关系如下:$L_{max} = L + ES$,$L_{min} = L + EI$,$T = L_{max} - L_{min} = ES - EI$。中间偏差为上、下极限偏差的平均值,即

$$\Delta = (ES + EI)/2$$

因此

$$\begin{aligned} ES &= \Delta + T/2 \\ EI &= \Delta - T/2 \end{aligned} \qquad (12-2)$$

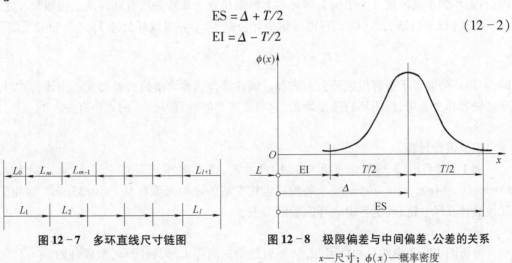

图 12-7　多环直线尺寸链图　　　图 12-8　极限偏差与中间偏差、公差的关系

x—尺寸;$\phi(x)$—概率密度

尺寸链中任何一环的中间尺寸为 $(L_{max} + L_{min})/2 = L + \Delta$。由图 12-7 所示的直线尺寸链图可以得出封闭环中间偏差 Δ_0 与各组成环中间偏差 Δ_i 的关系如下:

$$\Delta_0 = \sum_{i=1}^{l} \Delta_i - \sum_{i=l+1}^{m} \Delta_i \qquad (12-3)$$

即:封闭环中间偏差等于所有增环中间偏差之和减去所有减环中间偏差之和。

为了保证互换性,可以采用完全互换法或大数互换法来达到封闭环的公差要求。某些情况下,为了经济地达到装配尺寸链的装配精度要求,可以采用不完全互换的分组法、调整法或修配法。

§2　用完全互换法计算尺寸链

完全互换法(也称极值法)是指在全部产品中,装配时各组成环不需挑选,也不需改变其大小或位置,装入后即能达到封闭环的公差要求的尺寸链计算方法。该方法采用极值公差公式计算。

一、极值公差公式

参看图 12-7,为了达到完全互换,就必须保证尺寸链中各组成环的尺寸为上极限尺寸或下极限尺寸时,能够达到封闭环的公差要求。当所有增环(l 个)皆为其上极限尺寸且所有减环[($m-l$)个]皆为其下极限尺寸时,则封闭环为其上极限尺寸,它们的关系如下:

$$L_{0max} = \sum_{i=1}^{l} L_{imax} - \sum_{i=l+1}^{m} L_{imin} \qquad (12-4)$$

即:封闭环的上极限尺寸等于所有增环的上极限尺寸之和减去所有减环的下极限尺寸之和。

当所有增环皆为其下极限尺寸且所有减环皆为其上极限尺寸时,则封闭环为其下极限尺寸,它们的关系如下:

$$L_{0min} = \sum_{i=1}^{l} L_{imin} - \sum_{i=l+1}^{m} L_{imax} \qquad (12-5)$$

即:封闭环的下极限尺寸等于所有增环的下极限尺寸之和减去所有减环的上极限尺寸之和。

将式(12-4)减去式(12-5)得出封闭环公差 T_0 与各组成环公差 T_i 之间的关系如下:

$$T_0 = \sum_{i=1}^{l} T_i + \sum_{i=l+1}^{m} T_i = \sum_{i=1}^{m} T_i \qquad (12-6)$$

即:封闭环公差等于所有组成环公差之和。该计算公式称为极值公差公式。由该公式可见,尺寸链各环公差中,封闭环的公差最大,它与组成环的数目及公差的大小有关。

二、设计计算

例1　参看图12-3所示的齿轮机构尺寸链,已知各组成环的公称尺寸分别为 $L_1 = 35mm$,$L_2 = 14mm$,$L_3 = 49mm$,要求装配后齿轮右端的轴向间隙在 0.1~0.35mm。试用完全互换法计算尺寸链,确定各组成环的极限偏差。

解

分析图 12-3 中的尺寸链可知,装配后的轴向间隙 L_0 为封闭环,组成环数 $m=3$,L_3 为增环,L_1、L_2 为减环。封闭环公称尺寸 $L_0 = L_3 - (L_1 + L_2) = 49 - (35+14) = 0$,其公差 $T_0 = 0.35 - 0.1 = 0.25mm$,其上、下极限偏差分别为 $ES_0 = +0.35mm$,$EI_0 = +0.1mm$,其极限尺寸可表示为 $0_{+0.1}^{+0.35}mm$。

（1）确定各组成环的公差

先假设各组成环公差相等,即 $T_1 = T_2 = \cdots = T_m = T_{av,L}$(平均极值公差),则由式(12-6)得:$T_0 = mT_{av,L}$,因此各组成环的平均极值公差

$$T_{av,L} = T_0/m = 0.25/3 = 0.083mm$$

考虑到各组成环的公称尺寸的大小及加工工艺各不相同,故各组成环的公差应在平均

极值公差的基础上作适当的调整。因为尺寸 L_1 和 L_3 在同一尺寸分段内,平均极值公差数值接近 IT10,所以可取

$$T_1 = T_3 = 0.10mm(IT10)$$

由式(12-6)得

$$T_2 = T_0 - T_1 - T_3 = 0.25 - 0.1 - 0.1 = 0.05mm(大致相当于 IT9)$$

(2) 确定各组成环的极限偏差

通常,尺寸链中的内、外尺寸(组成环)的极限偏差按"偏差入体原则"配置,即内尺寸按 H 配置,外尺寸按 h 配置;一般长度尺寸的极限偏差按"偏差对称原则"即按 JS(js)配置。因此,取

$$L_1 = 35_{-0.10}^{\ 0}mm(35h10), \quad L_3 = 49 \pm 0.05mm(49js10)$$

组成环 L_1 和 L_3 的极限偏差确定后,相应的中间偏差分别为 $\Delta_1 = -0.05mm$,$\Delta_3 = 0$;封闭环的中间偏差 $\Delta_0 = +0.225mm$。因此,由式(12-3)得

$$\Delta_2 = \Delta_3 - \Delta_1 - \Delta_0 = 0 - (-0.05) - 0.225 = -0.175mm$$

按式(12-2)计算出组成环 L_2 的上、下极限偏差分别为

$$ES_2 = \Delta_2 + T_2/2 = -0.175 + 0.05/2 = -0.15mm$$
$$EI_2 = \Delta_2 - T_2/2 = -0.175 - 0.05/2 = -0.20mm$$

所以

$$L_2 = 14_{-0.20}^{-0.15}mm$$

如果要求将组成环 L_2 的公差带加以标准化,可取为 14b9,即

$$L_2 = 14_{-0.193}^{-0.150}mm(14b9)$$

按式(12-4)和式(12-5)核算封闭环的极限尺寸:

$$L_{0max} = 49.05 - (34.9 + 13.807) = 0.343mm$$
$$L_{0min} = 48.95 - (35 + 13.85) = 0.1mm$$

能够满足设计要求。

三、校核计算

例2 加工图12-9a所示的套筒时,外圆柱面加工至 $A_1 = \phi 80f6(_{-0.104}^{-0.030})$,内孔加工至 $A_2 = \phi 60H8(_{\ 0}^{+0.046})$,外圆柱面轴线对内孔轴线的同轴度公差为 $\phi 0.02mm$。试计算该套筒壁厚尺寸的变动范围。

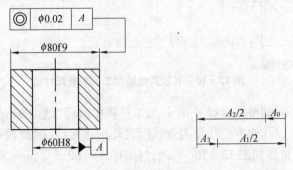

(a) 零件图样标注　　　　(b) 尺寸链图

图12-9 套筒零件尺寸链

解

（1）建立尺寸链

由于套筒具有对称性,因此在建立尺寸链时,尺寸 A_1 和 A_2 均取半值。尺寸链图如图 12－9b 所示,封闭环为壁厚 A_0,组成环为:$A_2/2 = 30_{\ 0}^{+0.023}$ mm(减环),$A_1/2 = 40_{-0.052}^{-0.015}$ mm(增环),同轴度公差 $A_3 = 0 \pm 0.01$ mm(增环)。

（2）计算封闭环的极限尺寸

按式(12－1)和式(12－4)、式(12－5)分别计算:

封闭环的公称尺寸

$$A_0 = (A_1/2 + A_3) - A_2/2 = 40 + 0 - 30 = 10 \text{mm}$$

封闭环的上极限尺寸

$$A_{0max} = (A_{1max}/2 + A_{3max}) - A_{2min}/2 = 39.985 + 0.01 - 30 = 9.995 \text{mm}$$

封闭环的下极限尺寸

$$A_{0min} = (A_{1min}/2 + A_{3min}) - A_{2max}/2 = 39.948 - 0.01 - 30.023 = 9.915 \text{mm}$$

因此,封闭环 $A_0 = 10_{-0.085}^{-0.005}$ mm,套筒壁厚尺寸的变动范围为 9.915 ~ 9.995mm。

四、工艺尺寸计算

例3 参看图 10－37(齿轮零件图)和图 12－10a 所示的轮毂孔和键槽尺寸标注。参看图 12－10b,该孔和键槽的加工顺序如下:首先按工序尺寸 $A_1 = \phi57.8_{\ 0}^{+0.074}$ mm 镗孔,再按工序尺寸 A_2 插键槽,淬火,然后按图 12－10a 所示图样上标注的尺寸 $A_3 = \phi58_{\ 0}^{+0.03}$ mm 磨孔。孔完工后要求键槽深度尺寸 A_0 符合图样上标注的尺寸 $62.3_{\ 0}^{+0.2}$ mm 的规定。试用完全互换法计算尺寸链,确定工序尺寸 A_2 的极限尺寸。

解

（1）建立尺寸链

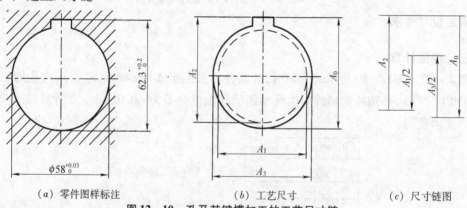

(a) 零件图样标注　　　　　(b) 工艺尺寸　　　　　(c) 尺寸链图

图 12－10　孔及其键槽加工的工艺尺寸链

从加工过程可知,键槽深度尺寸 A_0 是加工过程中最后自然形成的尺寸,因此 A_0 是封闭环。建立尺寸链时,以孔的中心线作为查找组成环的连接线,因此镗孔尺寸 A_1 和磨孔尺寸 A_3 均取半值。尺寸链图如图 12－10c 所示,封闭环 $A_0 = 62.3_{\ 0}^{+0.2}$ mm,组成环为 $A_3/2$(增环)、$A_1/2$(减环)和 A_2(增环)。而 $A_3/2 = 29_{\ 0}^{+0.015}$ mm,$A_1/2 = 28.9_{\ 0}^{+0.037}$ mm。

（2）计算组成环 A_2 的公称尺寸和极限偏差

按式(12-1)计算组成环 A_2 的公称尺寸

$$A_2 = A_0 - A_3/2 + A_1/2 = 62.3 - 29 + 28.9 = 62.2\text{mm}$$

按式(12-4)和式(12-5)分别计算组成环 A_2 的上极限尺寸 $A_{2\max}$ 和下极限尺寸 $A_{2\min}$

$$A_{2\max} = A_{0\max} - A_{3\max}/2 + A_{1\min}/2 = 62.5 - 29.015 + 28.9 = 62.385\text{mm}$$

$$A_{2\min} = A_{0\min} - A_{3\min}/2 + A_{1\max}/2 = 62.3 - 29 + 28.937 = 62.237\text{mm}$$

因此,插键槽工序尺寸为

$$A_2 = 62.3^{+0.085}_{-0.063}\text{mm}$$

§3 用大数互换法计算尺寸链

大数互换法(也称统计法)是指在绝大多数产品中,装配时各组成环不需挑选,也不需改变其大小或位置,装入后即能达到封闭环的公差要求的尺寸链计算方法。该方法采用统计公差公式计算。

一、统计公差公式

大数互换法是以一定置信概率为依据,假定各组成环的实际尺寸的获得彼此无关,即它们都为独立随机变量,各按一定规律分布,因此它们所形成的封闭环也是随机变量,按某一规律分布。按照独立随机变量合成规律,各组成环(各独立随机变量)的标准偏差 σ_i 与封闭环(这些独立随机变量之和)的标准偏差 σ_0 之间的关系如下:

$$\sigma_0 = \sqrt{\sum_{i=1}^{m} \sigma_i^2} \qquad (12-7)$$

式中 m——组成环的数目。

如果各组成环实际尺寸的分布都服从正态分布,则封闭环实际尺寸的分布也服从正态分布。设各组成环尺寸分布中心与公差带中心重合,取置信概率 $P = 99.73\%$,分布范围与公差范围相同(见图12-8),则各组成环公差 T_i 和封闭环公差 T_0 各自与它们的标准偏差的关系如下:

$$T_i = 6\sigma_i$$
$$T_0 = 6\sigma_0$$

将上列两式代入式(12-7),得

$$T_0 = \sqrt{\sum_{i=1}^{m} T_i^2} \qquad (12-8)$$

即:封闭环公差等于各组成环公差的平方之和再开平方。该公式是一个统计公差公式。其实它是统计公差公式中的一个特例,是在各组成环实际尺寸的分布都服从正态分布,分布中心与公差带中心重合,分布范围与公差范围相同这样的假设前提下得出的。而这个假设条件是符合大多数产品的实际情况的,因此上述统计公差公式的特例有其实用价值。

二、设计计算

例4 用大数互换法求解例1,假设各组成环的分布皆服从正态分布,且分布中心与公差带中心重合,分布范围与公差范围相同。

解

由例 1 知,封闭环极限尺寸为 $0_{+0.10}^{+0.35}$mm。

（1）确定各组成环的公差

先假定各组成环公差相等,即 $T_1 = T_2 = \cdots = T_m = T_{av,Q}$（平均平方公差）,则由式（12-8）得：$T_0 = \sqrt{mT_{av,Q}^2}$,所以

$$T_{av,Q} = T_0 / \sqrt{m} = 0.25/\sqrt{3} = 0.144\text{mm}$$

然后,调整各组成环公差。尺寸 L_1 和 L_3 在同一尺寸分段内,平均平方公差数值接近 IT11,因此取

$$T_1 = T_3 = 0.16\text{mm}(\text{IT11})$$

由式（12-8）得：

$$T_2 = \sqrt{T_0^2 - T_1^2 - T_3^2} = \sqrt{0.25^2 - 0.16^2 - 0.16^2} = 0.11\text{mm}(\text{IT11})$$

（2）确定各组成环的极限偏差

由组成环 L_1 和 L_3 的公差 T_1 和 T_3,它们的上、下极限偏差分别按"偏差入体原则"和"偏差对称原则"确定：

$$\text{ES}_1 = 0, \ \text{EI}_1 = -0.16\text{mm}$$

$$\text{ES}_3 = +0.08\text{mm}, \ \text{EI}_3 = -0.08\text{mm}$$

所以,它们的极限尺寸分别为：

$$L_1 = 35_{-0.16}^{0}\text{mm}, \ L_3 = 49 \pm 0.08\text{mm}$$

组成环 L_1 和 L_3 的极限偏差确定后,计算剩下的一个组成环 L_2 的极限偏差：封闭环 L_0 和组成环 L_1、L_3 的中间偏差分别为 $\Delta_0 = +0.225\text{mm}$ 和 $\Delta_1 = -0.08\text{mm}$、$\Delta_3 = 0$。由式（12-3）得：

$$\Delta_2 = \Delta_3 - \Delta_1 - \Delta_0 = 0 - (-0.08) - 0.225 = -0.145\text{mm}$$

按式（12-2）计算出组成环 L_2 的上、下偏差如下：

$$\text{ES}_2 = \Delta_2 + T_2/2 = -0.145 + 0.11/2 = -0.09\text{mm}$$

$$\text{EI}_2 = \Delta_2 - T_2/2 = -0.145 - 0.11/2 = -0.20\text{mm}$$

所以,组成环 L_2 的极限尺寸为：

$$L_2 = 14_{-0.20}^{-0.09}\text{mm}$$

将例 4 与例 1 的计算结果相比较,在封闭环公差相同的条件下,用大数互换法计算尺寸链,组成环的公差可以增大,而使其加工容易,加工成本降低。

三、校核计算

例 5 用大数互换法求解例 2。假设各组成环的分布皆服从正态分布,且分布中心与公差带中心重合,分布范围与公差范围相同。

解

按式（12-1）计算得：封闭环的公称尺寸 $A_0 = 10\text{mm}$,按式（12-3）计算得：封闭环的中间偏差 $\Delta_0 = \Delta_3 + \Delta_1 - \Delta_2 = 0 + (-0.0335) - (+0.0115) = -0.045\text{mm}$。

封闭环公差 T_0 按式（12-8）计算：

$$T_0 = \sqrt{\sum_{i=1}^{m} T_i^2} = \sqrt{(T_1/2)^2 + (T_2/2)^2 + T_3^2} = \sqrt{0.037^2 + 0.023^2 + 0.02^2} = 0.048\text{mm}$$

封闭环上、下极限偏差按式(12-2)计算：

$$ES_0 = \Delta_0 + T_0/2 = -0.045 + 0.048/2 = -0.021 \text{mm}$$
$$EI_0 = \Delta_0 - T_0/2 = -0.045 - 0.048/2 = -0.069 \text{mm}$$

因此，封闭环 $A_0 = 10_{-0.069}^{-0.021}$ mm，套筒壁厚尺寸的变动范围为 9.931~9.979mm。

将例5和例2的计算结果对比，在组成环公差相同的条件下，用大数互换法计算尺寸链，封闭环的变动范围减小许多，容易达到精度要求。

§4　用分组法、修配法和调整法保证装配精度

一、分组法

当封闭环的精度要求高且生产批量较大时，为了降低零件的制造成本，可以采用分组法装配。分组法装配的特点是各组成环按经济加工精度制造，然后将各组成环按实际尺寸的大小分为若干组，各对应组进行装配，同组内零件具有互换性。该方法采用极值公差公式计算。

例6　参看图12-11所示的活塞、连杆机构，活塞销与连杆小头孔的公称尺寸为 $\phi 25$mm，它们的配合为小间隙配合，间隙应在 0.0005~0.0055mm 范围内。如果采用完全互换，则要求活塞销直径按 $\phi 25_{-0.0125}^{-0.0100}$ mm 加工；连杆小头孔直径按 $\phi 25_{-0.0095}^{-0.0070}$ mm 加工。显然，加工直径公差为 2.5μm 的活塞销和孔径公差为 2.5μm 的连杆小头孔都极为困难，也是极不经济的。因此，有必要采用分组法来解决使用要求与加工精度的矛盾。

解

① 根据实际情况，将活塞销直径公差和连杆小头孔直径公差均放大到原来的 4 倍 (10μm)，它们的上偏差皆同向上移，即

活塞销直径 $\phi 25_{-0.0125}^{-0.0025}$ mm
连杆小头孔直径 $\phi 25_{-0.0095}^{+0.0005}$ mm

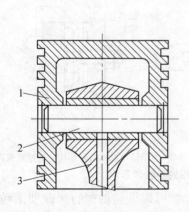 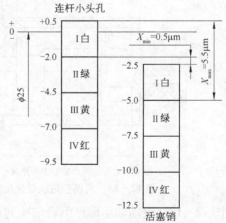

图12-11　活塞、连杆机构装配简图　　**图12-12　连杆小孔与活塞销的直径公差带示意图**
1—活塞；2—活塞销；3—连杆

② 活塞销和连杆小头孔终加工后，用精密量仪进行测量，并按它们的实际尺寸的大小从大到小分成 Ⅰ、Ⅱ、Ⅲ、Ⅳ四组，并用不同的颜色(例如白、绿、黄、红四种颜色)加以区分。具体分组情况见图12-12。然后将对应组的活塞销与连杆小头孔(例如Ⅰ组销与Ⅰ组孔，

Ⅱ组销与Ⅱ组孔)进行装配,即可达到装配精度的要求。

采用分组法装配,必须保证分组后各组的配合性质、精度与原来的设计要求相同;分组数不宜过多,尺寸公差只要放大到经济加工精度即可。

二、修配法

修配法装配是指各组成环都按经济加工精度制造,在组成环中选择一个修配环(补偿环的一种),预先留出修配量,装配时用去除修配环的部分材料的方法改变其实际尺寸,使封闭环达到其公差与极限偏差要求。该方法采用极值公差公式计算。

例如图 12-3 所示的齿轮机构,若采用修配法装配,则选取轴套 4 厚度的尺寸 L_2 作为修配环,装配时改变其实际尺寸,来达到轴向间隙 L_0 所要求的范围。

修配法装配通常用于单件小批生产,组成环数目较多而装配精度要求较高的场合,应选择容易加工并且对其他装配尺寸链没有影响的组成环作为修配环。

三、调整法

调整法装配是指各组成环按经济加工精度制造,在组成环中选择一个调整环(补偿环的一种),装配时用选择或调整的方法改变其尺寸大小或位置,使封闭环达到其公差与极限偏差要求。该方法采用极值公差公式计算。

采用调整法装配时,可以使用一组具有不同尺寸的调整环或者一个位置可以在装配时调整的调整环。前者称为固定补偿件,后者称为活动补偿件。

参看图 12-13a,在锥齿轮传动装配尺寸链中,采用一个垫片作为调整环(备有一组不同厚度尺寸 L_2 的垫片,供选择),通过选用厚度合适的垫片来装配,达到装配精度的要求。

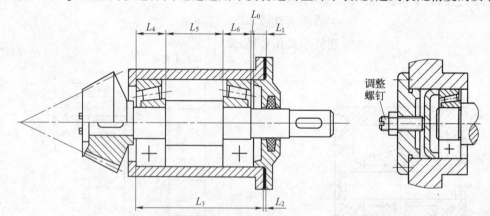

（a）锥齿轮传动装置中的垫片　　　　（b）滚动轴承部件组合结构中的调整螺钉

图 12-13　用调整法保证装配精度时使用的补偿件示例

参看图 12-13b,滚动轴承部件组合结构利用一个位置可以调整的螺钉来改变滚动轴承外圈相对于内圈的轴向位置,以使轴承外圈端面与端盖端面之间获得合适的轴向间隙。

调整法与修配法相似,只是改变补偿环尺寸的方法有所不同。修配法是从作为补偿环的零件上去除一层材料来保证装配精度;而调整法是通过改变补偿环的尺寸或位置的方法来保证装配精度。采用调整法装配,不需辅助加工,故装配效率较高,主要应用于装配精度要求较高,或在使用过程中某些零件的尺寸会发生变化的尺寸链中。

附 录

一、习 题

第 一 章

1-1 试按附表 1-1 写出基本系列 R5 中优先数从 0.1 到 100 的常用值。

1-2 试写出派生系列 R10/2 和 R20/3 中优先数从 1 到 100 的常用值。

第 二 章

2-1 量块的"级"和"等"是如何划分的? 按"级"使用量块和按"等"使用量块有何不同?

2-2 按表 2-1,从 83 块一套的量块中选取合适尺寸的量块,组合出尺寸为 19.985mm 的量块组。

2-3 说明下列术语的区别:

(1) 绝对测量与相对(比较)测量;

(2) 标尺示值范围与计量器具测量范围;

(3) 量块长度与量块标称长度;

(4) 正确度与准确度。

2-4 用立式光学比较仪做实验时使用了哪些基本技术性能指标? 说明它们的含义。

2-5 试比较下列两轴颈测量精度的高低。两轴颈的测量值分别为 99.976mm 和 60.036mm,它们的绝对测量误差分别为 +0.008mm 和 -0.006mm。(0.008% ;0.010%)

2-6 对同一几何量进行等精度连续测量 15 次,按测量顺序将各测得值记录如下(单位为 mm):

$$40.039 \quad 40.043 \quad 40.040 \quad 40.042 \quad 40.041$$
$$40.043 \quad 40.039 \quad 40.040 \quad 40.041 \quad 40.042$$
$$40.041 \quad 40.039 \quad 40.041 \quad 40.043 \quad 40.041$$

设测量列中不存在定值系统误差,试确定:

(1) 算术平均值 $\bar{x}$;(40.041mm)

(2) 残差 ν_i(并判断该测量列是否存在变值系统误差);

(3) 测量列单次测量值的标准偏差 σ;(1.4μm)

(4) 是否存在粗大误差;

(5) 测量列算术平均值的标准偏差 $\sigma_{\bar{x}}$;(0.37μm)

(6) 测量列算术平均值的测量极限误差;(±1.1μm)

(7) 测量结果。

2-7 参看习题 2-7 附图,间接测量孔心距 a 有三种测量方案:①测量内、外侧孔边距 l_1、l_2,然后计算出孔心距,$a = (l_1 + l_2)/2$。②测量内侧孔边距 l_1 和两个孔径 D_1、D_2,然后计算出孔心距,$a = l_1 + (D_1 + D_2)/2$。③测量外侧孔边距 l_2 和两个孔径 D_1、D_2,然后计算出孔心距,$a = l_2 - (D_1 + D_2)/2$。

设已测得 $l_1 = 90.04$mm,$l_2 = 149.98$mm,$D_1 = 29.98$mm,$D_2 = 30.02$mm;它们的系统误差分别为 $\Delta l_1 = +0.012$mm,$\Delta l_2 = -0.015$mm,$\Delta D_1 = +0.004$mm,$\Delta D_2 = -0.005$mm;它们的测量极限误差分别为:$\delta_{\lim(l_1)} = 0.004$mm,$\delta_{\lim(l_2)} = 0.005$mm,$\delta_{\lim(D_1)} = $

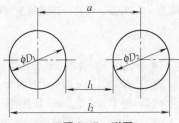

习题 2-7 附图

$0.002\text{mm}, \delta_{\lim(D_2)} = 0.003\text{mm}$，试确定这三种测量方案的测量结果，并分析其中哪种测量方案最佳。

（120.0115mm ± 0.0032mm，120.0285mm ± 0.0044mm，119.9945mm ± 0.0053mm）

第 三 章

3-1　孔的公称尺寸 $D = 50\text{mm}$，上极限尺寸 $D_{\max} = 50.087\text{mm}$，下极限尺寸 $D_{\min} = 50.025\text{mm}$，求孔的上极限偏差 ES、下极限偏差 EI 及公差 T_h，并画出孔公差带示意图。

3-2　已知下列各配合，试将查表和计算的结果填入表格中，并画出孔、轴公差带示意图和指明配合种类。

（1）$\phi60\text{H6/g5}$；　　　　　　（2）$\phi30\text{H7/p6}$；　　　　　　（3）$\phi50\text{K8/h7}$；

（4）$\phi100\text{S7/h6}$；　　　　　　（5）$\phi18\text{H5/h4}$；　　　　　　（6）$\phi48\text{H8/js7}$。

表格的格式如下：

组号	公差带代号	基本偏差（μm）	标准公差（μm）	另一极限偏差（μm）	极限间隙或过盈（μm）	配合公差（μm）	配合种类
（1）	$\phi60\text{H6}$	EI = 0	IT6 = 19	ES = +19	$X_{\max} = +42$	$T_f = 32$	间隙配合
	$\phi60\text{g5}$	es = −10	IT5 = 13	ei = −23	$X_{\min} = +10$		
（2）	$\phi30\text{H7}$						
	$\phi30\text{p6}$						

3-3　有一孔、轴配合，公称尺寸 $D = 60\text{mm}$，$X_{\max} = +28\mu\text{m}$，$T_h = 30\mu\text{m}$，$T_s = 19\mu\text{m}$，es = 0。试求 ES、EI、ei、$T_f$ 及 $X_{\min}$（或 $Y_{\max}$），并画出孔、轴公差带示意图。

3-4　有一基孔制的孔、轴配合，公称尺寸 $D = 25\text{mm}$，$T_s = 21\mu\text{m}$，$X_{\max} = +74\mu\text{m}$，$X_{av} = +47\mu\text{m}$，试求孔、轴的极限偏差、配合公差，并画出孔、轴公差带示意图，说明其配合种类。

3-5　设孔、轴配合的公称尺寸和使用要求如下：

（1）$D = 40\text{mm}$，$X_{\max} = +89\mu\text{m}$，$X_{\min} = +25\mu\text{m}$；

（2）$D = 100\text{mm}$，$Y_{\min} = -36\mu\text{m}$，$Y_{\max} = -93\mu\text{m}$；

（3）$D = 20\text{mm}$，$X_{\max} = +6\mu\text{m}$，$Y_{\max} = -28\mu\text{m}$。

试按式（3-5）～式（3-14），采用基孔制（或基轴制），确定孔和轴的极限偏差，并画出孔、轴公差带示意图。

3-6　设孔、轴配合的公称尺寸和使用要求如下：

（1）$D = 50\text{mm}$，$Y_{\min} = -45\mu\text{m}$，$Y_{\max} = -86\mu\text{m}$；

（2）$D = 70\text{mm}$，$X_{\max} = +28\mu\text{m}$，$Y_{\max} = -21\mu\text{m}$；

（3）$D = 120\text{mm}$，$X_{\max} = +69\mu\text{m}$，$X_{\min} = +12\mu\text{m}$。

试按附表 3-6～附表 3-8，采用基孔制（或基轴制），确定孔和轴的标准公差等级、公差带代号和极限偏差，并画出孔、轴公差带示意图。

3-7　有一公称尺寸为 $\phi1500\text{mm}$ 的孔、轴间隙配合，根据其功能要求，最大间隙为 +0.47mm，最小间隙为 +0.22mm。单件生产采用配制配合。试确定先加工件和配制件的极限尺寸。

第 四 章

4-1　将下列各项几何公差要求标注在习题 4-1 附图上：

（1）$\phi32_{-0.03}^{\ 0}\text{mm}$ 圆柱面对两个 $\phi20_{-0.021}^{\ 0}\text{mm}$ 轴颈的公共轴线的径向圆跳动公差 0.015mm；

（2）两个 $\phi20_{-0.021}^{\ 0}\text{mm}$ 轴颈的圆度公差 0.01mm；

（3）$\phi32_{-0.03}^{\ 0}\text{mm}$ 圆柱面左、右两端面分别对两个 $\phi20_{-0.021}^{\ 0}\text{mm}$ 轴颈的公共轴线的轴向圆跳动公差皆

为 0.02mm;

（4）$10_{-0.036}^{0}$ mm 键槽中心平面对 $\phi32_{-0.03}^{0}$ mm 圆柱面轴线的对称度公差 0.015mm。

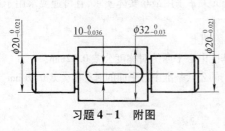

习题 4-1　附图

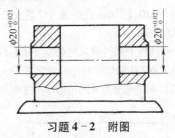

习题 4-2　附图

4-2　将下列各项几何公差要求标注在习题 4-2 附图上：

（1）底面的平面度公差 0.012mm；

（2）两个 $\phi20_{0}^{+0.021}$ mm 孔的轴线分别对它们的公共轴线的同轴度公差皆为 0.015mm；

（3）两个 $\phi20_{0}^{+0.021}$ mm 孔的公共轴线对底面的平行度公差 0.01mm。

4-3　将下列各项几何公差要求标注在习题 4-3 附图上：

（1）左端面的平面度公差 0.01mm；

（2）右端面对左端面的平行度公差 0.04mm；

（3）$\phi70$mm 孔采用 H7 并遵守包容要求,$\phi210$mm 外圆柱面采用 h7 并遵守独立原则；

（4）$\phi70$mm 孔轴线对左端面的垂直度公差 0.02mm；

（5）$\phi210$mm 外圆柱面轴线对 $\phi70$mm 孔的同轴度公差 0.03mm；

（6）$4\times\phi20$H8 孔轴线对左端面（第一基准）及 $\phi70$mm 孔轴线的位置度公差为 $\phi0.15$mm（要求均布）；被测轴线位置度公差与 $\phi20$H8 孔尺寸公差的关系采用最大实体要求，与基准孔尺寸公差的关系也采用最大实体要求。

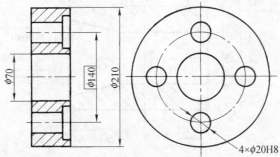

习题 4-3　附图

4-4　将下列三项几何公差要求分别标注在习题 4-4 附图 *a*、*b*、*c* 上。

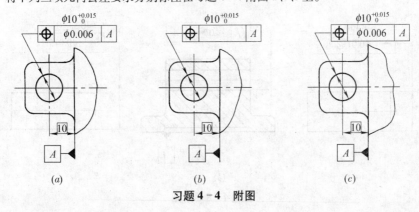

习题 4-4　附图

（1）$\phi 10^{+0.015}_{0}$ mm 孔的轴线位置度公差与尺寸公差的关系采用最小实体要求（图 a）。

（2）$\phi 10^{+0.015}_{0}$ mm 孔的轴线位置度公差采用最小实体要求而标注零几何公差值（图 b）。

（3）$\phi 10^{+0.015}_{0}$ mm 孔的轴线位置度公差与尺寸公差的关系采用最小实体要求，且可逆要求用于最小实体要求（图 c）。

4-5　将下列两项几何公差要求标注在习题 4-5 附图上：

（1）ϕD 孔轴线相对于两个宽度为 b 的槽的公共基准中心平面的对称度公差 0.02mm；

（2）两个宽度为 b 的槽的中心平面分别相对于它们的公共基准中心平面的对称度公差 0.01mm。

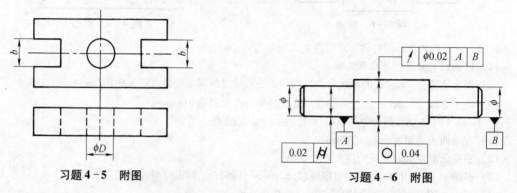

习题 4-5　附图　　　　　　　　　　习题 4-6　附图

4-6　试改正习题 4-6 附图所示的图样上几何公差的标注错误（几何公差项目不允许改变）。

4-7　试改正习题 4-7 附图所示的图样上几何公差的标注错误（几何公差项目不允许改变）。

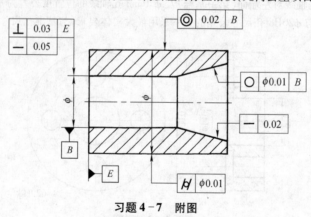

习题 4-7　附图

4-8　试根据习题 4-8 附图所示三个图样的标注，填写习题 4-8 附表。

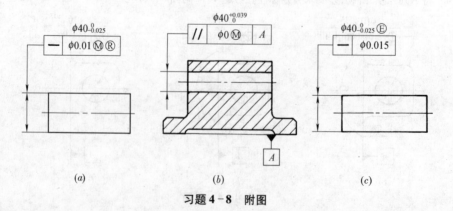

习题 4-8　附图

图号	最大实体尺寸（mm）	最小实体尺寸（mm）	采用的公差原则	边界名称及边界尺寸（mm）	MMC 时的几何公差值（mm）	LMC 时的几何公差值（mm）	实际尺寸合格范围（mm）
a							
b							
c							

4－9　图样上标注孔的尺寸 $\phi20^{+0.005}_{-0.034}$ Ⓔmm，测得该孔横截面形状正确，实际尺寸处处皆为 19.985mm，轴线直线度误差为 $\phi0.025$mm。试述该孔的合格条件，并确定该孔的体外作用尺寸，按合格条件判断该孔合格与否。

4－10　参看习题 4－10 附图，图样上给出了面对面的平行度公差，未给出被测表面的平面度公差，对此如何解释对平面度的要求？若用两点法测量各处尺寸 h 后，它们的实际尺寸的最大差值为 0.03mm，能否说平行度误差一定不会超差？为什么？

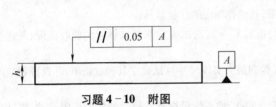

习题 4－10　附图

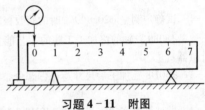

习题 4－11　附图

4－11　用指示表和平板（测量基准）测量一导轨的直线度误差，测量方法如习题 4－11 附图所示，指示表上读得的示值列于习题 4－11 附表，试按两端点连线和最小条件求解直线度误差值。（5.6μm）

习题 4－11　附表

测点序号	0	1	2	3	4	5	6	7
指示表示值（μm）	0	－1	+2	+3	+4	+2	－2	0

第 五 章

5－1　表面结构中的粗糙度轮廓的含义是什么？

5－2　试述测量和评定表面粗糙度轮廓时中线、传输带、取样长度、评定长度的含义。

5－3　试述表面粗糙度轮廓评定参数中常用的两个幅度参数和一个间距参数的名称、符号和定义。

5－4　试述表面粗糙度轮廓参数 Ra 和 Rz 的测量方法。

5－5　一般情况下，$\phi60H6$ 孔与 $\phi30H6$ 孔相比较，$\phi50H7/k6$ 与 $\phi50H7/g6$ 中的两孔相比较，圆柱度公差分别为 0.01mm 和 0.02mm 的两个 $\phi40H7$ 孔相比较，哪个孔应选用较小的表面粗糙度轮廓幅度参数值？

5－6　参看习题 5－6 附图，试将下列的表面粗糙度轮廓技术要求标注在该图上（未指明者皆采用默认的标准化值）：

（1）圆锥面 a 的表面粗糙度轮廓参数 Ra 的上限值为 6.3μm；

（2）轮毂端面 b 和 c 的表面粗糙度轮廓参数 Ra 的最大值为 3.2μm；

（3）$\phi30$mm 孔最后一道工序为拉削加工，表面粗糙度轮廓参数 Rz 的最大值为 12.5μm，并标注加工纹理方向；

（4）(8 ± 0.018)mm 键槽两侧面的表面粗糙度轮廓参数 Ra 的上限值为 3.2μm；

（5）其余表面的表面粗糙度轮廓参数 Rz 的最大值为 50μm。

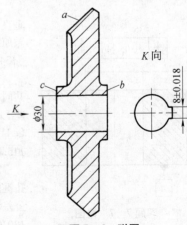

习题 5－6　附图

第 六 章

6-1 滚动轴承内圈内孔及外圈外圆柱面公差带分别与一般基孔制的基准孔及一般基轴制的基准轴公差带有何不同?

6-2 与6级6309滚动轴承(内径 $\phi45_{-0.010}^{0}$mm,外径 $\phi100_{-0.013}^{0}$mm)配合的轴颈的公差带为j5,外壳孔的公差带为H6。试画出这两对配合的孔、轴公差带示意图,并计算它们的极限过盈或间隙。

6-3 某单级直齿圆柱齿轮减速器输出轴上安装两个0级6211深沟球轴承(公称内径为55mm,公称外径为100mm),径向额定动负荷为33354N,工作时内圈旋转,外圈固定,承受的径向当量动负荷为883N。试确定:

(1) 与内圈和外圈分别配合的轴颈和外壳孔的尺寸公差带代号及应采用的公差原则;

(2) 轴颈和外壳孔的尺寸极限偏差、几何公差值和表面粗糙度轮廓幅度参数值;

(3) 参照图6-8,把上述尺寸公差带代号和各项公差标注在装配图和零件图上。

第 七 章

7-1 试确定测量 $\phi20g8ⓔ$ 轴时的验收极限,并选择相应的计量器具。

7-2 $\phi80h9ⓔ$ 轴的终加工工序的工艺能力指数 $C_p = 1.2$,试确定测量该轴时的验收极限,并选择相应的计量器具。

7-3 $\phi50H8$ 孔加工后尺寸遵循偏态分布(偏向最大实体尺寸),试确定其验收极限,并选择相应的计量器具。

7-4 试计算遵守包容要求的 $\phi40M8/h7$ 配合的孔、轴工作量规及其校对量规的极限尺寸,将计算的结果填入表格中,并画出公差带示意图。表格的格式如下:

工 件	量 规	量规公差(μm)	Z_1(μm)	量规定形尺寸(mm)	量规极限尺寸(mm)		量规图样标注尺寸(mm)
					上	下	
孔 $\phi40M8ⓔ$	通 规						
	止 规						
轴 $\phi40h7ⓔ$	通 规						
	止 规						
	TT 量规						
	ZT 量规						
	TS 量规						

7-5 试计算 $\phi30H7ⓔ$ 孔的工作量规的极限尺寸。

7-6 试计算 $\phi35m6ⓔ$ 轴的工作量规及其校对量规的极限尺寸。

7-7 试按照习题7-7附图所示的图样标注,确定依次检验方式的垂直度量规检验部分的定形尺寸及其极限偏差、几何公差和应遵守的公差原则,以及定位部分的平面度公差,并画出该量规的简图。($\phi34.962_{-0.005}^{0}$mm; $\phi0.008$mm; 0.004mm)

7-8 试按照习题7-8附图所示的图样标注,确定依次检验方式和共同检验方式的同轴度量规检验部分和定位部分的定形尺寸及其极限偏差、几何公差和应遵守的公差原则,并画出该量规的简图。($\phi11.976_{-0.005}^{0}$mm, $\phi0.008$mm, $\phi15_{-0.003}^{0}$mm; $\phi11.97_{-0.005}^{0}$mm, $\phi0.008$mm, $\phi15.006_{-0.003}^{0}$mm)

7-9 试按照习题7-9附图所示的图样标注,确定共同检验方式的孔键槽对称度量规检验部分和定位部分的定形尺寸及其极限偏差、几何公差和应遵守的公差原则,并画出该量规的简图。($9.963_{-0.003}^{0}$mm; $\phi30.005_{-0.0025}^{0}$mm; 0.005mm)

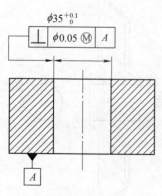

$\phi35_{0}^{+0.1}$

$\perp$ $\phi0.05Ⓜ$ A

A

习题7-7 附图

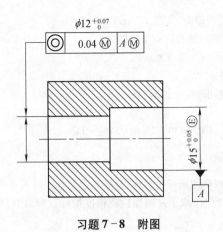

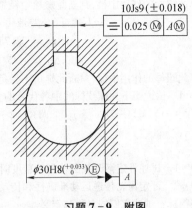

习题 7-8　附图　　　　　　　　　　　习题 7-9　附图

第　八　章

8-1　位移型圆锥配合的内、外圆锥的锥度为 1:50，内、外圆锥的公称直径为 100mm，要求装配后得到 H8/u7 的配合性质。试计算所需的极限轴向位移。（$E_{amin}=0.6mm$，$E_{amax}=1.2mm$）

8-2　用圆锥量规检验内、外圆锥时，如何根据接触斑点的分布情况判断圆锥角偏差的方向？

8-3　参看习题 8-3 附图，利用正弦尺、量块和指示表测量圆锥角。测量时，将尺寸为 h 的量块组 4 安放在平板 5 的工作面（测量基准）上，然后把正弦尺 3 的两个圆柱分别置于平板 5 的工作面上和量块组 4 的测量面上，以使被测圆锥 2 最高的素线平行于平板 5 的工作面。

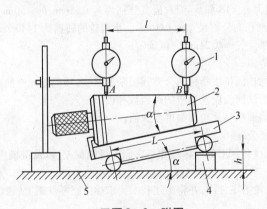

习题 8-3　附图

1—指示表；2—被测圆锥；3—正弦尺；4—量块组；5—平板；
L—正弦尺两个圆柱的中心距；h—量块组 4 的尺寸；α—公称圆锥角

用指示表 1 测量最高素线两端相距 l 的 A、B 两点。根据指示表在这两点测得的示值的差值确定被测圆锥角偏差。试推导量块组尺寸 h 的计算公式。（$h=L\cdot\sin\alpha$）

第　九　章

9-1　按泰勒原则的规定，螺纹中径的上、下极限尺寸分别用来限制什么？如果有一螺栓的单一中径 $d_{2s}>d_{2min}$，而作用中径 $d_{2m}>d_{2max}$，问此螺栓是否合格？为什么？

9-2　有一 M24×2-S 螺栓（公差带代号 6g 省略标注），加工后测得数据为

$$d_{2s}=22.5mm,\quad \Delta P_{\Sigma}=|-0.05|mm$$

$$\Delta \alpha_1 = -52', \quad \Delta \alpha_2 = +34'$$

试计算此螺栓的作用中径,判断此螺栓中径是否合格,并说明理由。(22.62mm)

9-3　有一 M24×2-L 螺母(公差带代号 6H 省略标注),加工后测得数据为

$$D_{2s} = 22.785\text{mm}, \quad \Delta P_\Sigma = |+0.03| \text{ mm}$$

$$\Delta \alpha_1 = -35', \quad \Delta \alpha_2 = -25'$$

试计算此螺母的作用中径,判断此螺母中径是否合格,并说明理由。(22.715mm)

9-4　试说明下列螺纹标注中各代号的含义:

(1) M24—7H;　　(2) M36×2—5g6g-S;　　(3) M30×2-6H/5g6g-L。

第 十 章

10-1　试述评定渐开线圆柱齿轮精度时的强制性检测精度指标的名称、符号和定义。

10-2　评定齿轮传递运动准确性和传动平稳性的精度时,除了强制性检测精度指标以外,还可以采用哪些指标? 试述它们的名称和定义。

10-3　试述评定齿轮齿厚减薄量时的常用指标的名称和定义。

10-4　试述齿轮坯精度对齿轮加工精度的影响。

10-5　试述齿轮箱体上用于支承相互啮合齿轮的两对轴承孔的公共轴线间相互位置精度对齿轮传动使用要求的影响。

10-6　参看第四章图 4-59 所示的与本章例 3 大齿轮(见图 10-37)啮合的小齿轮(齿轮轴)的零件图,根据例 3 的资料和数据,确定小齿轮的精度等级、强制性检测精度指标的公差或极限偏差(各项偏差允许值)、法向公称公法线长度及相应的跨齿数和极限偏差、齿面的表面粗糙度轮廓幅度参数值、齿轮坯公差,并将这些要求标注在齿轮轴的零件图上。

10-7　单级直齿圆柱齿轮减速器中相配齿轮的模数 $m = 3.5\text{mm}$,标准压力角 $\alpha = 20°$,传递功率 5kW。小齿轮和大齿轮的齿数分别为 $z_1 = 18$ 和 $z_2 = 79$,齿宽分别为 $b_1 = 55\text{mm}$, $b_2 = 50\text{mm}$,小齿轮的齿轮轴的两个轴颈皆为 $\phi40\text{mm}$,大齿轮基准孔的公称尺寸为 $\phi60\text{mm}$。小齿轮的转速为 1440r/min,减速器工作时温度会增高,要求保证最小法向侧隙 $j_{\text{bn min}} = 0.21\text{mm}$。试确定:

(1) 大、小齿轮的精度等级;

(2) 大、小齿轮的强制性检测精度指标的公差或极限偏差(各项偏差允许值);

(3) 大、小齿轮的公称公法线长度及相应的跨齿数和极限偏差;

(4) 大、小齿轮齿面的表面粗糙度轮廓幅度参数值;

(5) 大、小齿轮的齿轮坯公差;

(6) 大齿轮轮毂键槽宽度和深度的公称尺寸与它们的极限偏差,以及键槽中心平面对基准孔轴线的对称度公差;

(7) 画出齿轮轴和大齿轮的零件图,并将上述技术要求标注在零件图上(齿轮结构可参考有关图册或手册来设计)。

10-8　某 7 级精度直齿圆柱齿轮的模数 $m = 5\text{mm}$,齿数 $z = 12$,标准压力角 $\alpha = 20°$。该齿轮加工后采用绝对法测量其各个左齿面齿距偏差,测量数据(指示表示值)列于习题 10-8 附表。试处理这些数据,确定该齿轮的齿距累积总偏差和单个齿距偏差,并按表 10-3 所列的公差数值计算公式计算出或者查公差表格(附表 10-1)获取两者的允许值,以判断它们合格与否。

习题 10-8　附表

齿 距 序 号	p_1	p_2	p_3	p_4	p_5	p_6	p_7	p_8	p_9	p_{10}	p_{11}	p_{12}
理论累计齿距角	30°	60°	90°	120°	150°	180°	210°	240°	270°	300°	330°	360°
指示表示值(μm)	+6	+10	+16	+20	+16	+6	-1	-6	-8	-10	-4	0

注: $\Delta F_p = 30\mu\text{m}$, $\Delta f_{\text{pt max}} = -10\mu\text{m}$。

10-9　某 8 级精度直齿圆柱齿轮的模数 $m = 5mm$,齿数 $z = 12$,标准压力角 $\alpha = 20°$。该齿轮加工后采用相对法测量其各个右齿面齿距偏差,测量数据(指示表示值)列于习题 10-9 附表。试处理这些数据,确定该齿轮的齿距累积总偏差和单个齿距偏差,并按表 10-3 所列公差数值计算公式计算出或者查公差表格(附表 10-1)获取两者的允许值,以判断它们合格与否。

习题 10-9　附表

齿 距 序 号	p_1	p_2	p_3	p_4	p_5	p_6	p_7	p_8	p_9	p_{10}	p_{11}	p_{12}
指示表示值(μm)	0	+8	+12	-4	-12	+20	+12	+16	0	+12	+12	-4

注：$\Delta F_p = 36\mu m$,$\Delta f_{pt\,max} = -18\mu m$。

第 十 一 章

11-1　普通平键与轴键槽及轮毂键槽宽度的配合为何采用基轴制? 普通平键与键槽宽度的配合有哪三类? 各适用于何种场合?

11-2　某齿轮基准孔与轴的配合为 $\phi 45H7/m6$,采用普通平键联结传递转矩,承受中等负荷。试查表确定轴和孔的极限偏差,轴键槽和轮毂键槽的剖面尺寸及极限偏差,轴键槽和轮毂键槽的对称度公差及表面粗糙度轮廓幅度参数 Ra 的上限值,确定应遵守的公差原则,并将它们标注在图样上。

11-3　GB/T 1144—2001 规定矩形花键采用小径定心,小径定心有何优点?

11-4　某矩形花键联结的规格和尺寸为 $N \times d \times D \times B = 6 \times 26 \times 30 \times 6$,它是一般用途的紧滑动联结,试确定该花键副的配合代号和内、外花键的各尺寸公差带、位置度公差、应采用的公差原则和表面粗糙度轮廓幅度参数 Ra 的上限值,并按图 11-11 的示例将它们标注在图样上。

11-5　试按 GB/T 1144—2001 确定矩形花键配合 $6 \times 23 \dfrac{H7}{f7} \times 26 \dfrac{H10}{a11} \times 6 \dfrac{H11}{d10}$ 的内、外花键小径、大径、键槽宽、键宽的极限偏差以及对称度公差、应遵守的公差原则,并按图 11-12 的示例将它们标注在图样上。

11-6　圆柱直齿渐开线花键联结的主要尺寸有哪些?内、外花键的齿侧配合采用哪种基准制? 齿侧配合性质取决于什么?

11-7　某圆柱直齿渐开线花键副的标记为 INT/EXT $34z \times 2m \times 30P \times 5H/5h$ GB/T 3478. 1—2008。设内、外花键的检验方法分别采用单项测量法和基本方法检测,试分别确定内、外花键的主要尺寸(含极限偏差,最大、最小极限值)和各项公差,并按图 11-18、图 11-19 的示例将它们标注在图样上和列出数据表。

第 十 二 章

12-1　参看习题 12-1 附图所示发动机曲轴主轴颈与轴瓦的局部装配图。设计要求正时齿轮 5 与止推垫片 4 之间的轴向间隙 $L_0 = 0.2 \sim 0.5mm$。各组成环的公称尺寸:两个止推垫片 2 和 4 的厚度 $L_2 = L_4 = 2.5mm$,主轴颈的长度 $L_1 = 43.5mm$,轴瓦 3 的长度 $L_3 = 38.5mm$。试用完全互换法计算各组成环的极限偏差。($L_2 = L_4 = 2.5_{-0.04}^{0}$ mm,$L_3 = 38.5_{-0.1}^{0}$ mm,$L_1 = 43.5_{+0.20}^{+0.32}$ mm)

12-2　本题附图为蜗杆减速器装配图的一部分,各零件有关尺寸如图所示,设计要求轴承端面与端盖端面间有 $0.05 \sim 0.25mm$ 的轴向间隙。试用完全互换法确定对该间隙有直接影响的全部尺寸的极限偏差。

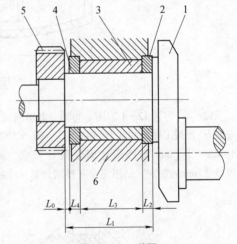

习题 12-1　附图

1—曲轴; 2、4—止推垫片; 3—剖分式轴瓦;
5—正时齿轮; 6—轴承座

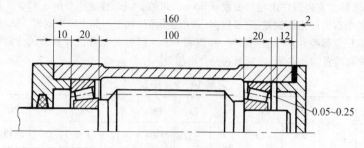

$$0.05\sim0.25$$

习题 12 - 2　附图

12 - 3　本题附图为电风扇机头部分的示意图，为了保证轴的转动要求，装配后的轴向间隙 L_0 应在 $1\sim1.75$mm 范围内。影响该间隙的所有组成环的公称尺寸为 $L_1=140$mm；$L_2=L_5=5$mm；$L_3=50$mm；$L_4=101$mm。试用完全互换法确定各组成环的极限偏差。

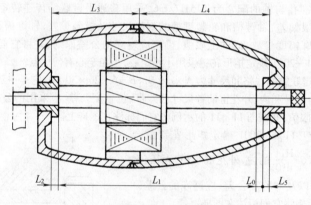

习题 12 - 3　附图

12 - 4　习题 12 - 4 附图 a 为轴及其键槽尺寸的标注。参看习题图 12 - 4 附图 b，该轴和键槽的加工顺序如下：先按工序尺寸 $A_1=\phi45.6_{-0.1}^{\ \ 0}$mm 车外圆柱面，再按工序尺寸 A_2 铣键槽，淬火后，按图样标注尺寸 $A_3=\phi45_{+0.002}^{+0.018}$mm 磨外圆柱面至设计要求。轴完工后要求键槽深度尺寸 A_0 符合图样标注的尺寸 $39.5_{-0.2}^{\ \ 0}$mm 的规定。试用完全互换法计算尺寸链，确定工序尺寸 A_2 的极限尺寸。（$A_2=39.741_{-0.142}^{\ \ 0}$mm）

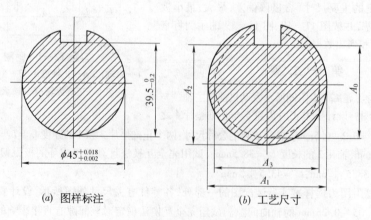

（a）图样标注　　　　　　　　（b）工艺尺寸

习题 12 - 4　附图

二、公差表格

附表 1-1　优先数系的基本系列(常用值)(摘自 GB/T 321—2005)

R5	1.00		1.60		2.50		4.00		6.30		10.00
R10	1.00	1.25	1.60	2.00	2.50	3.15	4.00	5.00	6.30	8.00	10.00
R20	1.00	1.12	1.25	1.40	1.60	1.80	2.00	2.24	2.50	2.80	3.15
	3.55	4.00	4.50	5.00	5.60	6.30	7.10	8.00	9.00	10.00	
R40	1.00	1.06	1.12	1.18	1.25	1.32	1.40	1.50	1.60	1.70	1.80
	1.90	2.00	2.12	2.24	2.36	2.50	2.65	2.80	3.00	3.15	3.35
	3.55	3.75	4.00	4.25	4.50	4.75	5.00	5.30	5.60	6.00	6.30
	6.70	7.10	7.50	8.00	8.50	9.00	9.50	10.00			

附表 2-1　各级量块的精度指标(摘自 JJG 146—2011)

量块的标称长度 l_n (mm)	K 级		0 级		1 级		2 级		3 级	
	量块长度极限偏差 $\pm t_e$	长度变动量 v 的允许值 t_v	量块长度极限偏差 $\pm t_e$	长度变动量 v 的允许值 t_v	量块长度极限偏差 $\pm t_e$	长度变动量 v 的允许值 t_v	量块长度极限偏差 $\pm t_e$	长度变动量 v 的允许值 t_v	量块长度极限偏差 $\pm t_e$	长度变动量 v 的允许值 t_v
	μm									
$l_n \leqslant 10$	0.20	0.05	0.12	0.10	0.20	0.16	0.45	0.30	1.0	0.50
$10 < l_n \leqslant 25$	0.30	0.05	0.14	0.10	0.30	0.16	0.60	0.30	1.2	0.50
$25 < l_n \leqslant 50$	0.40	0.06	0.20	0.10	0.40	0.18	0.80	0.30	1.6	0.55
$50 < l_n \leqslant 75$	0.50	0.06	0.25	0.12	0.50	0.18	1.00	0.35	2.0	0.55
$75 < l_n \leqslant 100$	0.60	0.07	0.30	0.12	0.60	0.20	1.20	0.35	2.5	0.60
$100 < l_n \leqslant 150$	0.80	0.08	0.40	0.14	0.80	0.20	1.60	0.40	3.0	0.65
$150 < l_n \leqslant 200$	1.00	0.09	0.50	0.16	1.00	0.25	2.0	0.40	4.0	0.70
$200 < l_n \leqslant 250$	1.20	0.10	0.60	0.16	1.20	0.25	2.4	0.45	5.0	0.75

注：距离量块测量面边缘 0.8mm 范围内不计。

附表 2-2　各等量块的精度指标(摘自 JJG 146—2011)

量块的标称长度 l_n (mm)	1 等		2 等		3 等		4 等		5 等	
	测量不确定度的允许值	长度变动量 v 的允许值 t_v	测量不确定度的允许值	长度变动量 v 的允许值 t_v	测量不确定度的允许值	长度变动量 v 的允许值 t_v	测量不确定度的允许值	长度变动量 v 的允许值 t_v	测量不确定度的允许值	长度变动量 v 的允许值 t_v
	μm									
$l_n \leqslant 10$	0.022	0.05	0.06	0.10	0.11	0.16	0.22	0.30	0.6	0.50
$10 < l_n \leqslant 25$	0.025	0.05	0.07	0.10	0.12	0.16	0.25	0.30	0.6	0.50

（续表）

量块的标称长度 l_n（mm）	1 等		2 等		3 等		4 等		5 等	
	测量不确定度的允许值	长度变动量 v 的允许值 t_v	测量不确定度的允许值	长度变动量 v 的允许值 t_v	测量不确定度的允许值	长度变动量 v 的允许值 t_v	测量不确定度的允许值	长度变动量 v 的允许值 t_v	测量不确定度的允许值	长度变动量 v 的允许值 t_v
	μm									
$25 < l_n \leqslant 50$	0.030	0.06	0.08	0.10	0.15	0.18	0.30	0.30	0.8	0.55
$50 < l_n \leqslant 75$	0.035	0.06	0.09	0.12	0.18	0.18	0.35	0.35	0.9	0.55
$75 < l_n \leqslant 100$	0.040	0.07	0.10	0.12	0.20	0.20	0.40	0.35	1.0	0.60
$100 < l_n \leqslant 150$	0.05	0.08	0.12	0.14	0.25	0.20	0.50	0.40	1.2	0.65
$150 < l_n \leqslant 200$	0.06	0.09	0.15	0.16	0.30	0.25	0.6	0.40	1.5	0.70
$200 < l_n \leqslant 250$	0.07	0.10	0.18	0.16	0.35	0.25	0.7	0.45	1.8	0.75

注：1. 距离量块测量面边缘 0.8mm 范围内不计。

2. 表内测量不确定度置信概率为 0.99。

附表 2-3　各个精度等级的量块的平面度公差（摘自 JJG 146—2011）

量块的标称长度 l_n（mm）	精　度　等　级						
	1 等	K 级	2 等	0 级	3 等,4 等	1 级	5 等	2 级,3 级
	平面度公差 t_d（μm）						
$0.5 < l_n \leqslant 150$	0.05		0.10		0.15		0.25	
$150 < l_n \leqslant 250$	0.10		0.15		0.18		0.25	

注：1. 距离量块测量面边缘 0.8mm 范围内不计。

2. 距离量块测量面边缘 0.8mm 范围内的表面不得高于测量面的平面。

附表 2-4　正态概率积分值 $\phi(t) = \dfrac{1}{\sqrt{2\pi}} \int_0^t e^{-t^2/2} dt$

t	$\phi(t)$	t	$\phi(t)$	t	$\phi(t)$	t	$\phi(t)$	t	$\phi(t)$	t	$\phi(t)$
0.00	0.0000	0.50	0.1915	1.00	0.3413	1.50	0.4332	2.00	0.4772	3.00	0.49865
0.05	0.0199	0.55	0.2088	1.05	0.3531	1.55	0.4394	2.10	0.4821	3.20	0.49931
0.10	0.0398	0.60	0.2257	1.10	0.3643	1.60	0.4452	2.20	0.4861	3.40	0.49966
0.15	0.0596	0.65	0.2422	1.15	0.3749	1.65	0.4505	2.30	0.4893	3.60	0.499841
0.20	0.0793	0.70	0.2580	1.20	0.3849	1.70	0.4554	2.40	0.4918	3.80	0.499928
0.25	0.0987	0.75	0.2734	1.25	0.3944	1.75	0.4599	2.50	0.4938	4.00	0.499968
0.30	0.1179	0.80	0.2881	1.30	0.4032	1.80	0.4641	2.60	0.4953	4.50	0.499997
0.35	0.1368	0.85	0.3023	1.35	0.4115	1.85	0.4678	2.70	0.4965	5.00	0.4999997
0.40	0.1554	0.90	0.3159	1.40	0.4192	1.90	0.4713	2.80	0.4574		
0.45	0.1736	0.95	0.3289	1.45	0.4265	1.95	0.4744	2.90	0.4981		

附表 3-1　标准尺寸 (10～100mm)(摘自 GB/T 2822—2005)

Rr			Rr			Rr			Rr		
R 10	R 20	R 40	R 10	R 20	R 40	R 10	R 20	R 40	R 10	R 20	R 40
10.0	10.0		10	10			35.5	35.5		**36**	**36**
	11.2			**11**				37.5			**38**
12.5		12.5	**12**	**12**	**12**	40.0	40.0	40.0	40	40	40
		13.2			**13**			42.5			**42**
		14.0		14	14		45.0	45.0		45	45
		15.0			15			47.5			**48**
16.0	16.0	16.0	16	16	16	50.0	50.0	50.0	50	50	50
		17.0			17			53.0			53
	18.0	18.0		18	18		56.0	56.0		56	56
		19.0			19			60.0			60
20.0	20.0	20.0	20	20	20	63.0	63.0	63.0	63	63	63
		20.2			**21**			67.0			67
	22.4	22.4		**22**	22		71.0	71.0		71	71
		23.6			24			75.0			75
25.0	25.0	25.0	25	25	25	80.0	80.0	80.0	80	80	80
		26.5			**26**			85.0			85
	28.0	28.0		28	28		90.0	90.0		90	90
		30.0			30			95.0			95
31.5	31.5	31.5	**32**	**32**	**32**	100.0	100.0	100.0	100	100	100
		33.5			**34**						

注：Rr 系列中的黑体字为 R 系列相应各项优先数的化整值。

附表 3-2　标准公差数值(摘自 GB/T 1800.1—2009)

公称尺寸 (mm)		标　准　公　差　等　级																	
大于	至	IT1	IT2	IT3	IT4	IT5	IT6	IT7	IT8	IT9	IT10	IT11	IT12	IT13	IT14	IT15	IT16	IT17	IT18
		μm											mm						
—	3	0.8	1.2	2	3	4	6	10	14	25	40	60	0.1	0.14	0.25	0.4	0.6	1	1.4
3	6	1	1.5	2.5	4	5	8	12	18	30	48	75	0.12	0.18	0.3	0.48	0.75	1.2	1.8
6	10	1	1.5	2.5	4	6	9	15	22	36	58	90	0.15	0.22	0.36	0.58	0.9	1.5	2.2
10	18	1.2	2	3	5	8	11	18	27	43	70	110	0.18	0.27	0.43	0.7	1.1	1.8	2.7
18	30	1.5	2.5	4	6	9	13	21	33	52	84	130	0.21	0.33	0.52	0.84	1.3	2.1	3.3
30	50	1.5	2.5	4	7	11	16	25	39	62	100	160	0.25	0.39	0.62	1	1.6	2.5	3.9
50	80	2	3	5	8	13	19	30	46	74	120	190	0.3	0.46	0.74	1.2	1.9	3	4.6
80	120	2.5	4	6	10	15	22	35	54	87	140	220	0.35	0.54	0.87	1.4	2.2	3.5	5.4
120	180	3.5	5	8	12	18	25	40	63	100	160	250	0.4	0.63	1	1.6	2.5	4	6.3
180	250	4.5	7	10	14	20	29	46	72	115	185	290	0.46	0.72	1.15	1.85	2.9	4.6	7.2

（续表）

公称尺寸（mm）		标　准　公　差　等　级																	
大于	至	IT1	IT2	IT3	IT4	IT5	IT6	IT7	IT8	IT9	IT10	IT11	IT12	IT13	IT14	IT15	IT16	IT17	IT18
		μm											mm						
250	315	6	8	12	16	23	32	52	81	130	210	320	0.52	0.81	1.3	2.1	3.2	5.2	8.1
315	400	7	9	13	18	25	36	57	89	140	230	360	0.57	0.89	1.4	2.3	3.6	5.7	8.9
400	500	8	10	15	20	27	40	63	97	155	250	400	0.63	0.97	1.55	2.5	4	6.3	9.7
500	630	9	11	16	22	32	44	70	110	175	280	440	0.7	1.1	1.75	2.8	4.4	7	11
630	800	10	13	18	25	36	50	80	125	200	320	500	0.8	1.25	2	3.2	5	8	12.5
800	1000	11	15	21	28	40	56	90	140	230	360	560	0.9	1.4	2.3	3.6	5.6	9	14
1000	1250	13	18	24	33	47	66	105	165	260	420	660	1.05	1.65	2.6	4.2	6.6	10.5	16.5
1250	1600	15	21	29	39	55	78	125	195	310	500	780	1.25	1.95	3.1	5	7.8	12.5	19.5
1600	2000	18	25	35	46	65	92	150	230	370	600	920	1.5	2.3	3.7	6	9.2	15	23
2000	2500	22	30	41	55	78	110	175	280	440	700	1100	1.75	2.8	4.4	7	11	17.5	28
2500	3150	26	36	50	68	96	135	210	330	540	860	1350	2.1	3.3	5.4	8.6	13.5	21	33

注：1. 公称尺寸大于 500mm 的 IT1 至 IT5 的标准公差数值为试行的。

2. 公称尺寸小于或等于 1mm 时，无 IT14 至 IT18。

附表 3－3　IT01 和 IT0 的标准公差数值（摘自 GB/T 1800.1—2009）

公　称　尺　寸（mm）		标　准　公　差　等　级	
		IT01	IT0
大　于	至	公　　差（μm）	
—	3	0.3	0.5
3	6	0.4	0.6
6	10	0.4	0.6
10	18	0.5	0.8
18	30	0.6	1
30	50	0.6	1
50	80	0.8	1.2
80	120	1	1.5
120	180	1.2	2
180	250	2	3
250	315	2.5	4
315	400	3	5
400	500	4	6

附表 3 – 4　轴的基本偏差数值（摘自 GB/T 1800.1—2009）

基本偏差数值（上极限偏差 es）　所有标准公差等级　（μm）

公称尺寸(mm) 大于	至	a	b	c	cd	d	e	ef	f	fg	g	h	js
—	3	-270	-140	-60	-34	-20	-14	-10	-6	-4	-2	0	偏差 = $\pm\dfrac{ITn}{2}$，式中 ITn 为标准公差数值
3	6	-270	-140	-70	-46	-30	-20	-14	-10	-6	-4	0	
6	10	-280	-150	-80	-56	-40	-25	-18	-13	-8	-5	0	
10	14	-290	-150	-95		-50	-32		-16		-6	0	
14	18												
18	24	-300	-160	-110		-65	-40		-20		-7	0	
24	30												
30	40	-310	-170	-120		-80	-50		-25		-9	0	
40	50	-320	-180	-130									
50	65	-340	-190	-140		-100	-60		-30		-10	0	
65	80	-360	-200	-150									
80	100	-380	-220	-170		-120	-72		-36		-12	0	
100	120	-410	-240	-180									
120	140	-460	-260	-200		-145	-85		-43		-14	0	
140	160	-520	-280	-210									
160	180	-580	-310	-230									
180	200	-660	-340	-240		-170	-100		-50		-15	0	
200	225	-740	-380	-260									
225	250	-820	-420	-280									
250	280	-920	-480	-300		-190	-110		-56		-17	0	
280	315	-1 050	-540	-330									
315	355	-1 200	-600	-360		-210	-125		-62		-18	0	
355	400	-1 350	-680	-400									
400	450	-1 500	-760	-440		-230	-135		-68		-20	0	
450	500	-1 650	-840	-480									
500	560					-260	-145		-76		-22	0	
560	630												
630	710					-290	-160		-80		-24	0	
710	800												
800	900					-320	-170		-86		-26	0	
900	1 000												
1 000	1 120					-350	-195		-98		-28	0	
1 120	1 250												
1 250	1 400					-390	-220		-110		-30	0	
1 400	1 600												
1 600	1 800					-430	-240		-120		-32	0	
1 800	2 000												
2 000	2 240					-480	-260		-130		-34	0	
2 240	2 500												
2 500	2 800					-520	-290		-145		-38	0	
2 800	3 150												

（续表）

基本偏差数值（下极限偏差 ei）　（μm）

所有标准公差等级　　　公差等级

公称尺寸(mm) 大于	至	j IT5和IT6	j IT7	j IT8	k IT4~IT7	k ≤IT3,>IT7	m	n	p	r	s	t	u	v	x	y	z	za	zb	zc
—	3	−2	−4	−6	0	0	+2	+4	+6	+10	+14		+18		+20		+26	+32	+40	+60
3	6	−2	−4		+1	0	+4	+8	+12	+15	+19		+23		+28		+35	+42	+50	+80
6	10	−2	−5		+1	0	+6	+10	+15	+19	+23		+28		+34		+42	+52	+67	+97
10	14	−3	−6		+1	0	+7	+12	+18	+23	+28		+33		+40		+50	+64	+90	+130
14	18	−3	−6		+1	0	+7	+12	+18	+23	+28		+33	+39	+45		+60	+77	+108	+150
18	24	−4	−8		+2	0	+8	+15	+22	+28	+35		+41	+47	+54	+63	+73	+98	+136	+188
24	30	−4	−8		+2	0	+8	+15	+22	+28	+35	+41	+48	+55	+64	+75	+88	+118	+160	+218
30	40	−5	−10		+2	0	+9	+17	+26	+34	+43	+48	+60	+68	+80	+94	+112	+148	+200	+274
40	50	−5	−10		+2	0	+9	+17	+26	+34	+43	+54	+70	+81	+97	+114	+136	+180	+242	+325
50	65	−7	−12		+2	0	+11	+20	+32	+41	+53	+66	+87	+102	+122	+144	+172	+226	+300	+405
65	80	−7	−12		+2	0	+11	+20	+32	+43	+59	+75	+102	+120	+146	+174	+210	+274	+360	+480
80	100	−9	−15		+3	0	+13	+23	+37	+51	+71	+91	+124	+146	+178	+214	+258	+335	+445	+585
100	120	−9	−15		+3	0	+13	+23	+37	+54	+79	+104	+144	+172	+210	+254	+310	+400	+525	+690
120	140	−11	−18		+3	0	+15	+27	+43	+63	+92	+122	+170	+202	+248	+300	+365	+470	+620	+800
140	160	−11	−18		+3	0	+15	+27	+43	+65	+100	+134	+190	+228	+280	+340	+415	+535	+700	+900
160	180	−11	−18		+3	0	+15	+27	+43	+68	+108	+146	+210	+252	+310	+380	+465	+600	+780	+1000
180	200	−13	−21		+4	0	+17	+31	+50	+77	+122	+166	+236	+284	+350	+425	+520	+670	+880	+1150
200	225	−13	−21		+4	0	+17	+31	+50	+80	+130	+180	+258	+310	+385	+470	+575	+740	+960	+1250
225	250	−13	−21		+4	0	+17	+31	+50	+84	+140	+196	+284	+340	+425	+520	+640	+820	+1050	+1350
250	280	−16	−26		+4	0	+20	+34	+56	+94	+158	+218	+315	+385	+475	+580	+710	+920	+1200	+1550
280	315	−16	−26		+4	0	+20	+34	+56	+98	+170	+240	+350	+425	+525	+650	+790	+1000	+1300	+1700
315	355	−18	−28		+4	0	+21	+37	+62	+108	+190	+268	+390	+475	+590	+730	+900	+1150	+1500	+1900
355	400	−18	−28		+4	0	+21	+37	+62	+114	+208	+294	+435	+530	+660	+820	+1000	+1300	+1650	+2100
400	450	−20	−32		+5	0	+23	+40	+68	+126	+232	+330	+490	+595	+740	+920	+1100	+1450	+1850	+2400
450	500	−20	−32		+5	0	+23	+40	+68	+132	+252	+360	+540	+660	+820	+1000	+1250	+1600	+2100	+2600
500	560				0	0	+26	+44	+78	+150	+280	+400	+600							
560	630				0	0	+26	+44	+78	+155	+310	+450	+660							
630	710				0	0	+30	+50	+88	+175	+340	+500	+740							
710	800				0	0	+30	+50	+88	+185	+380	+560	+840							
800	900				0	0	+34	+56	+100	+210	+430	+620	+940							
900	1000				0	0	+34	+56	+100	+220	+470	+680	+1050							
1000	1120				0	0	+40	+66	+120	+250	+520	+780	+1150							
1120	1250				0	0	+40	+66	+120	+260	+580	+840	+1300							
1250	1400				0	0	+48	+78	+140	+300	+640	+960	+1450							
1400	1600				0	0	+48	+78	+140	+330	+720	+1050	+1600							
1600	1800				0	0	+58	+92	+170	+370	+820	+1200	+1850							
1800	2000				0	0	+58	+92	+170	+400	+920	+1350	+2000							
2000	2240				0	0	+68	+110	+195	+440	+1000	+1500	+2300							
2240	2500				0	0	+68	+110	+195	+460	+1100	+1650	+2500							
2500	2800				0	0	+76	+135	+240	+550	+1250	+1900	+2900							
2800	3150				0	0	+76	+135	+240	+580	+1400	+2100	+3200							

注：公称尺寸小于或等于 1mm 时，基本偏差 a 和 b 均不采用。公差带 js7 ~ js11，若 IT_n 数值是奇数，则取偏差 $= \pm \dfrac{IT_n - 1}{2}$。

附表 3 - 5　孔的基本偏差数值（摘自 GB/T 1800.1—2009）

基本偏差数值　（μm）

下极限偏差 EI（所有标准公差等级）；上极限偏差 ES

公称尺寸 (mm) 大于	至	A	B	C	CD	D	E	EF	F	FG	G	H	JS	J (IT6)	J (IT7)	J (IT8)	K (≤IT8)	K (>IT8)	M (≤IT8)	M (>IT8)	N (≤IT8)	N (>IT8)	P至ZC (≤IT7)
—	3	+270	+140	+60	+34	+20	+14	+10	+6	+4	+2	0	偏差 $=\pm\dfrac{ITn}{2}$，式中 ITn 为标准公差数值	+2	+4	+6	0	0	-2	-2	-4	-4	在大于 IT7（低于 7 级）的相应数值上增加一个 Δ 值
3	6	+270	+140	+70	+46	+30	+20	+14	+10	+6	+4	0		+5	+6	+10	-1+Δ		-4+Δ	-4	-8+Δ	0	
6	10	+280	+150	+80	+56	+40	+25	+18	+13	+8	+5	0		+5	+8	+12	-1+Δ		-6+Δ	-6	-10+Δ	0	
10	14	+290	+150	+95		+50	+32		+16		+6	0		+6	+10	+15	-1+Δ		-7+Δ	-7	-12+Δ	0	
14	18																						
18	24	+300	+160	+110		+65	+40		+20		+7	0		+8	+12	+20	-2+Δ		-8+Δ	-8	-15+Δ	0	
24	30																						
30	40	+310	+170	+120		+80	+50		+25		+9	0		+10	+14	+24	-2+Δ		-9+Δ	-9	-17+Δ	0	
40	50	+320	+180	+130																			
50	65	+340	+190	+140		+100	+60		+30		+10	0		+13	+18	+28	-2+Δ		-11+Δ	-11	-20+Δ	0	
65	80	+360	+200	+150																			
80	100	+380	+220	+170		+120	+72		+36		+12	0		+16	+22	+34	-3+Δ		-13+Δ	-13	-23+Δ	0	
100	120	+410	+240	+180																			
120	140	+460	+260	+200		+145	+85		+43		+14	0		+18	+26	+41	-3+Δ		-15+Δ	-15	-27+Δ	0	
140	160	+520	+280	+210																			
160	180	+580	+310	+230																			
180	200	+660	+340	+240		+170	+100		+50		+15	0		+22	+30	+47	-4+Δ		-17+Δ	-17	-31+Δ	0	
200	225	+740	+380	+260																			
225	250	+820	+420	+280																			
250	280	+920	+480	+300		+190	+110		+56		+17	0		+25	+36	+55	-4+Δ		-20+Δ	-20	-34+Δ	0	
280	315	+1050	+540	+330																			
315	355	+1200	+600	+360		+210	+125		+62		+18	0		+29	+39	+60	-4+Δ		-21+Δ	-21	-37+Δ	0	
355	400	+1350	+680	+400																			
400	450	+1500	+760	+440		+230	+135		+68		+20	0		+33	+43	+66	-5+Δ		-23+Δ	-23	-40+Δ	0	
450	500	+1650	+840	+480																			
500	560					+260	+145		+76		+22	0						0		-26		-44	
560	630					+290	+160		+80		+24	0											
630	710					+320	+170		+86		+26	0						0		-30		-50	
710	800					+350	+195		+98		+28	0											
800	900					+390	+220		+110		+30	0						0		-34		-56	
900	1000					+430	+240		+120		+32	0											
1000	1120					+480	+260		+130		+34	0						0		-40		-66	
1120	1250					+520	+290		+145		+38	0											
1250	1400											0						0		-48		-78	
1400	1600											0											
1600	1800											0						0		-58		-92	
1800	2000											0											
2000	2240											0						0		-68		-110	
2240	2500											0											
2500	2800											0						0		-76		-135	
2800	3150											0											

（续表）

基本偏差数值（μm）　上极限偏差 ES　标准公差等级大于 IT7（低于 7 级）［列 P～ZC］；　Δ = IT$_n$ – IT(n–1)　孔的标准公差等级［列 IT3～IT8］

公称尺寸 (mm) 大于	至	P	R	S	T	U	V	X	Y	Z	ZA	ZB	ZC	IT3	IT4	IT5	IT6	IT7	IT8
—	3	−6	−10	−14		−18		−20		−26	−32	−40	−60	0	0	0	0	0	0
3	6	−12	−15	−19		−23		−28		−35	−42	−50	−80	1	1.5	1	3	4	6
6	10	−15	−19	−23		−28		−34		−42	−52	−67	−97	1	1.5	2	3	6	7
10	14	−18	−23	−28		−33		−40		−50	−64	−90	−130	1.5	2	3	3	7	9
14	18						−39	−45	−63	−60	−77	−108	−150						
18	24	−22	−28	−35	−41	−41	−47	−54	−75	−73	−98	−136	−188	1.5	2	3	4	8	12
24	30				−48	−48	−55	−64	−94	−88	−118	−160	−218						
30	40	−26	−34	−43	−54	−60	−68	−80	−114	−112	−148	−200	−274	2	3	4	5	9	14
40	50				−66	−70	−81	−97	−144	−136	−180	−242	−325						
50	65	−32	−41	−53	−75	−87	−102	−122	−174	−172	−226	−300	−405	2	3	5	6	11	16
65	80		−43	−59	−91	−102	−120	−146	−214	−210	−274	−360	−480						
80	100	−37	−51	−71	−104	−124	−146	−178	−254	−258	−335	−445	−585	3	4	5	7	13	19
100	120		−54	−79	−122	−144	−172	−210	−300	−310	−400	−525	−690						
120	140	−43	−63	−92	−134	−170	−202	−248	−340	−365	−470	−620	−800	3	4	6	7	15	23
140	160		−65	−100	−146	−190	−228	−280	−380	−415	−535	−700	−900						
160	180		−68	−108	−166	−210	−252	−310	−425	−465	−600	−780	−1000						
180	200	−50	−77	−122	−180	−236	−284	−350	−470	−520	−670	−880	−1150	4	4	6	9	17	26
200	225		−80	−130	−196	−258	−310	−385	−520	−575	−740	−960	−1250						
225	250		−84	−140	−218	−284	−340	−425	−580	−640	−820	−1050	−1350						
250	280	−56	−94	−158	−240	−315	−385	−475	−650	−710	−920	−1200	−1550	4	5	7	9	20	29
280	315		−98	−170	−268	−350	−425	−525	−730	−790	−1000	−1300	−1700						
315	355	−62	−108	−190	−294	−390	−475	−590	−820	−900	−1150	−1500	−1900	4	5	7	11	21	32
355	400		−114	−208	−330	−435	−530	−660	−920	−1000	−1300	−1650	−2100						
400	450	−68	−126	−232	−360	−490	−595	−740	−1000	−1100	−1450	−1850	−2400	5	5	7	13	23	34
450	500		−132	−252	−400	−540	−660	−820		−1250	−1600	−2100	−2600						
500	560	−78	−150	−280	−450	−600													
560	630	−88	−155	−310	−500	−660													
630	710	−100	−175	−340	−560	−740													
710	800		−185	−380	−620	−840													
800	900	−120	−210	−430	−680	−940													
900	1000		−220	−470	−780	−1050													
1000	1120	−140	−250	−520	−840	−1150													
1120	1250		−260	−580	−960	−1300													
1250	1400	−170	−300	−640	−1050	−1450													
1400	1600		−330	−720	−1200	−1600													
1600	1800	−195	−370	−820	−1350	−1850													
1800	2000		−400	−920	−1500	−2000													
2000	2240	−240	−440	−1000	−1650	−2300													
2240	2500		−460	−1100	−1900	−2500													
2500	2800		−550	−1250	−2100	−2900													
2800	3150		−580	−1400		−3200													

注：1. 公称尺寸小于或等于 1mm 时，基本偏差 A 和 B 及大于 IT8 的 N 均不采用。公差带 JS7 至 JS11，若 IT$_n$ 数值是奇数，则取偏差 $= \pm\dfrac{IT_n - 1}{2}$。

2. 对小于或等于 IT8 的 K、M、N 和小于或等于 IT7 的 P 至 ZC，所需 Δ 值从表内右侧选取。例如：18mm～30mm 分段的 K7，Δ = 8μm，所以 ES = −2 + 8 = +6μm；18mm～30mm 分段的 S6，Δ = 4μm，所以 ES = −35 + 4 = −31μm。特殊情况：250mm～315mm 段的 M6，ES = −9μm（代替 −11μm）。

附表 3 - 6   孔的优先公差带的极限偏差(摘自 GB/T 1800.2—2009)　　　　（μm）

公称尺寸 （mm）	公				差			带					
	C11	D9	F8	G7	H7	H8	H9	H11	K7	N7	P7	S7	U7
>24 ~30	+240 +110	+117 +65	+53 +20	+28 +7	+21 0	+33 0	+52 0	+130 0	+6 −15	−7 −28	−14 −35	−27 −48	−40 −61
>30 ~40	+280 +120	+142	+64	+34	+25	+39	+62	+160	+7	−8	−17	−34	−51 −76
>40 ~50	+290 +130	+80	+25	+9	0	0	0	0	−18	−33	−42	−59	−61 −86
>50 ~65	+330 +140	+174	+76	+40	+30	+46	+74	+190	+9	−9	−21	−42 −72	−76 −106
>65 ~80	+340 +150	+100	+30	+10	0	0	0	0	−21	−39	−51	−48 −78	−91 −121
>80 ~100	+390 +170	+207	+90	+47	+35	+54	+87	+220	+10	−10	−24	−58 −93	−111 −146
>100 ~120	+400 +180	+120	+36	+12	0	0	0	0	−25	−45	−59	−66 −101	−131 −166
>120 ~140	+450 +200	+245	+106	+54	+40	+63	+100	+250	+12	−12	−28	−77 −117	−155 −195
>140 ~160	+460 +210											−85 −125	−175 −215
>160 ~180	+480 +230	+145	+43	+14	0		0	0	−28	−52	−68	−93 −133	−195 −235

附表 3 - 7   轴的优先公差带的极限偏差(摘自 GB/T 1800.2—2009)　　　　（μm）

公称尺寸 （mm）	公				差			带					
	c11	d9	f7	g6	h6	h7	h9	h11	k6	n6	p6	s6	u6
>24 ~30	−110 −240	−65 −117	−20 −41	−7 −20	0 −13	0 −21	0 −52	0 −130	+15 +2	+28 +15	+35 +22	+48 +35	+61 +48
>30 ~40	−120 −280	−80	−25	−9	0	0	0	0	+18	+33	+42	+59	+76 +60
>40 ~50	−130 −290	−142	−50	−25	−16	−25	−62	−160	+2	+17	+26	+43	+86 +70
>50 ~65	−140 −330	−100	−30	−10	0	0	0	0	+21	+39	+51	+72 +53	+106 +87
>65 ~80	−150 −340	−174	−60	−29	−19	−30	−74	−190	+2	+20	+32	+78 +59	+121 +102
>80 ~100	−170 −390	−120	−36	−12	0	0	0	0	+25	+45	+59	+93 +71	+146 +124
>100 ~120	−180 −400	−207	−71	−34	−22	−35	−87	−220	+3	+23	+37	+101 +79	+166 +144
>120 ~140	−200 −450	−145	−43	−14	0	0	0	0	+28	+52	+68	+117 +92	+195 +170
>140 ~160	−210 −460											+125 +100	+215 +190
>160 ~180	−230 −480	−245	−83	−39	−25	−40	−100	−250	+3	+27	+43	+133 +108	+235 +210

附表3-8　基孔制与基轴制优先配合的极限间隙或极限过盈（摘自 GB/T 1801—2009）（μm）

基孔制	H7/g6	H7/h6	H8/f7	H8/h7	H9/d9	H9/h9	H11/c11	H11/h11	H7/k6	H7/n6	H7/p6	H7/s6	H7/u6
基轴制	G7/h6	H7/h6	F8/h7	H8/h7	D9/h9	H9/h9	C11/h11	H11/h11	K7/h6	N7/h6	P7/h6	S7/h6	U7/h6
公 称 尺 寸 (mm)													
>24~30	+41 / +7	+34 / 0	+74 / +20	+54 / 0	+169 / +65	+104 / 0	+370 / +110	+260 / 0	+19 / −15	+6 / −28	−1 / −35	−14 / −48	−27 / −61
>30~40	+50	+41	+89	+64	+204	+124	+440 / +120	+320	+23	+8	−1	−18	−35 / −76
>40~50	+9	0	+25	0	+80	0	+450 / +130	0	−18	−33	−42	−59	−45 / −86
>50~65	+59	+49	+106	+76	+248	+148	+520 / +140	+380	+28	+10	−2	−23 / −72	−57 / −106
>65~80	+10	0	+30	0	+100	0	+530 / +150	0	−21	−39	−51	−29 / −78	−72 / −121
>80~100	+69	+57	+125	+89	+294	+174	+610 / +170	+440	+32	+12	−2	−36 / −93	−89 / −146
>100~120	+12	0	+36	0	+120	0	+620 / +180	0	−25	−45	−59	−44 / −101	−109 / −166
>120~140	+79	+65	+146	+103	+345	+200	+700 / +200	+500	+37	+13	−3	−52 / −117	−130 / −195
>140~160							+710 / +210					−60 / −125	−150 / −215
>160~180	+14	0	+43	0	+145	0	+730 / +230	0	−28	−52	−68	−68 / −133	−170 / −235

附表3-9　未注公差线性尺寸的极限偏差数值（摘自 GB/T 1804—2000）（mm）

公差等级	公 称 尺 寸 分 段							
	0.5~3	>3~6	>6~30	>30~120	>120~400	>400~1000	>1000~2000	>2000~4000
f(精密级)	±0.05	±0.05	±0.1	±0.15	±0.2	±0.3	±0.5	—
m(中等级)	±0.1	±0.1	±0.2	±0.3	±0.5	±0.8	±1.2	±2
c(粗糙级)	±0.2	±0.3	±0.5	±0.8	±1.2	±2	±3	±4
v(最粗级)	—	±0.5	±1	±1.5	±2.5	±4	±6	±8

附表3-10　倒圆半径与倒角高度尺寸的极限偏差数值（摘自 GB/T 1804—2000）（mm）

公差等级	公 称 尺 寸 分 段			
	0.5~3	>3~6	>6~30	>30
f(精密级)	±0.2	±0.5	±1	±2
m(中等级)				
c(粗糙级)	±0.4	±1	±2	±4
v(最粗级)				

注：倒圆半径与倒角高度的含义参见国家标准 GB/T 6403.4《零件倒圆与倒角》。

附表4-1　直线度、平面度公差值,方向公差值,同轴度、对称度公差值和跳动公差值
（摘自 GB/T 1184—1996）

直线度、平面度主参数[1] (mm)	公　差　等　级											
	1	2	3	4	5	6	7	8	9	10	11	12
	直 线 度、平 面 度 公 差 值（μm）											
>25~40	0.4	0.8	1.5	2.5	4	6	10	15	25	40	60	120
>40~63	0.5	1	2	3	5	8	12	20	30	50	80	150
>63~100	0.6	1.2	2.5	4	6	10	15	25	40	60	100	200
>100~160	0.8	1.5	3	5	8	12	20	30	50	80	120	250
>160~250	1	2	4	6	10	15	25	40	60	100	150	300
平行度、垂直度、倾斜度主参数[2] (mm)	平 行 度、垂 直 度、倾 斜 度 公 差 值（μm）											
>25~40	0.8	1.5	3	6	10	15	25	40	60	100	150	250
>40~63	1	2	4	8	12	20	30	50	80	120	200	300
>63~100	1.2	2.5	5	10	15	25	40	60	100	150	250	400
>100~160	1.5	3	6	12	20	30	50	80	120	200	300	500
>160~250	2	4	8	15	25	40	60	100	150	250	400	600
同轴度、对称度、圆跳动、全跳动主参数[3] (mm)	同 轴 度、对 称 度、圆 跳 动、全 跳 动 公 差 值（μm）											
>18~30	1	1.5	2.5	4	6	10	15	25	50	100	150	300
>30~50	1.2	2	3	5	8	12	20	30	60	120	200	400
>50~120	1.5	2.5	4	6	10	15	25	40	80	150	250	500
>120~250	2	3	5	8	12	20	30	50	100	200	300	600

注：① 对于直线度、平面度公差,棱线和回转表面的轴线、素线以其长度的公称尺寸作为主参数;矩形平面以其较长边、圆平面以其直径的公称尺寸作为主参数。
　　② 对于方向公差,被测要素以其长度或直径的公称尺寸作为主参数。
　　③ 对于同轴度、对称度公差和跳动公差,被测要素以其直径或宽度的公称尺寸作为主参数。

附表4-2　圆度、圆柱度公差值（摘自 GB/T 1184—1996）

主参数 (mm)	公　差　等　级												
	0	1	2	3	4	5	6	7	8	9	10	11	12
	公　差　值（μm）												
>18~30	0.2	0.3	0.6	1	1.5	2.5	4	6	9	13	21	33	52
>30~50	0.25	0.4	0.6	1	1.5	2.5	4	7	11	16	25	39	62
>50~80	0.3	0.5	0.8	1.2	2	3	5	8	13	19	30	46	74
>80~120	0.4	0.6	1	1.5	2.5	4	6	10	15	22	35	54	87
>120~180	0.6	1	1.2	2	3.5	5	8	12	18	25	40	63	100

注：回转表面、球、圆以其直径的公称尺寸作为主参数。

附表4-3　位置度公差值数系（摘自 GB/T 1184—1996）　　（μm）

优先数系	1	1.2	1.5	2	2.5	3	4	5	6	8
	1×10^n	1.2×10^n	1.5×10^n	2×10^n	2.5×10^n	3×10^n	4×10^n	5×10^n	6×10^n	8×10^n

注：n 为正整数。

附表 4-4　直线度和平面度的未注公差值(摘自 GB/T 1184—1996)　　　　(mm)

公 差 等 级	公　称　长　度　范　围					
	≤10	>10~30	>30~100	>100~300	>300~1000	>1000~3000
H	0.02	0.05	0.1	0.2	0.3	0.4
K	0.05	0.1	0.2	0.4	0.6	0.8
L	0.1	0.2	0.4	0.8	1.2	1.6

注：对于直线度,应按其相应线的长度选择公差值。对于平面度,应按矩形表面的较长边或圆表面的直径选择公差值。

附表 4-5　垂直度未注公差值(摘自 GB/T 1184—1996)　　　　(mm)

公 差 等 级	公　称　长　度　范　围			
	≤100	>100~300	>300~1000	>1000~3000
H	0.2	0.3	0.4	0.5
K	0.4	0.6	0.8	1
L	0.6	1	1.5	2

注：取形成直角的两边中较长的一边作为基准要素,较短的一边作为被测要素;若两边的长度相等,则可取其中的任意一边作为基准要素。

附表 4-6　对称度未注公差值(摘自 GB/T 1184—1996)　　　　(mm)

公 差 等 级	公　称　长　度　范　围			
	≤100	>100~300	>300~1000	>1000~3000
H	0.5			
K	0.6		0.8	1
L	0.6	1	1.5	2

注：取对称两要素中较长者作为基准要素,较短者作为被测要素;若两要素的长度相等,则可取其中的任一要素作为基准要素。

附表 4-7　圆跳动的未注公差值(摘自 GB/T 1184—1996)　　　　(mm)

公　差　等　级	圆 跳 动 公 差 值
H	0.1
K	0.2
L	0.5

注：本表也可用于同轴度的未注公差值;同轴度未注公差值的极限可以等于径向圆跳动的未注公差值。应以设计或工艺给出的支承面作为基准要素,否则取应同轴线两要素中较长者作为基准要素。若两要素的长度相等,则可取其中的任一要素作为基准要素。

附表 5-1　轮廓算术平均偏差 Ra、轮廓最大高度 Rz 和轮廓单元的平均宽度 Rsm 的标准取样长度和标准评定长度(摘自 GB/T 1031—2009、GB/T 10610—2009)

Ra(μm)	Rz(μm)	Rsm(mm)	标准取样长度 lr		标准评定长度 ln = 5 × lr(mm)
			λs(mm)	lr = λc(mm)	
≥0.008~0.02	≥0.025~0.1	≥0.013~0.04	0.0025	0.08	0.4
>0.02~0.1	>0.1~0.5	>0.04~0.13	0.0025	0.25	1.25
>0.1~2	>0.5~10	>0.13~0.4	0.0025	0.8	4
>2~10	>10~50	>0.4~1.3	0.008	2.5	12.5
>10~80	>50~200	>1.3~4	0.025	8	40

注：按 GB/T 6062—2002 的规定,λs 和 λc 分别为短波和长波滤波器截止波长,"λs-λc"表示滤波器传输带(从短波截止波长至长波截止波长这两个极限值之间的波长范围)。本表中 λs 和 λc 的数据(标准化值)取自 GB/T 6062—2002 中的表 1。

附表 5–2　轮廓算术平均偏差 Ra、轮廓最大高度 Rz 和轮廓单元的平均宽度 Rsm
的数值（摘自 GB/T 1031—2009）

轮廓算术平均偏差 Ra（μm）			轮廓最大高度 Rz（μm）			轮廓单元的平均宽度 Rsm（mm）		
0.012	0.4	12.5	0.025	1.6	100	0.006	0.1	1.6
0.025	0.8	25	0.05	3.2	200	0.0125	0.2	3.2
0.05	1.6	50	0.1	6.3	400	0.025	0.4	6.3
0.1	3.2	100	0.2	12.5	800	0.05	0.8	12.5
0.2	6.3		0.4	25	1600			
			0.8	50				

附表 5–3　轮廓的支承长度率 $Rmr(c)$ 的数值（摘自 GB/T 1031—2009）

$Rmr(c)$	10	15	20	25	30	40	50	60	70	80	90

注：选用支承长度率 $Rmr(c)$ 时，应同时给出轮廓截面高度 c 值。c 值可用 μm 或 Rz 的百分数表示。Rz 的百分数系列如下：5%，10%，15%，20%，25%，30%，40%，50%，60%，70%，80%，90%。

附表 6–1　轴颈和外壳孔的几何公差值（摘自 GB/T 275—1993）

公称尺寸（mm）	圆柱度公差值				轴向圆跳动公差值			
	轴　颈		外　壳　孔		轴　肩		外　壳　孔　肩	
	滚　动　轴　承　公　差　等　级							
	0 级	6(6X) 级	0 级	6(6X) 级	0 级	6(6X) 级	0 级	6(6X) 级
	公　　差　　值　　（μm）							
>18 ~ 30	4.0	2.5	6	4.0	10	6	15	10
>30 ~ 50	4.0	2.5	7	4.0	12	8	20	12
>50 ~ 80	5.0	3.0	8	5.0	15	10	25	15
>80 ~ 120	6.0	4.0	10	6.0	15	10	25	15
>120 ~ 180	8.0	5.0	12	8.0	20	12	30	20
>180 ~ 250	10.0	7.0	14	10.0	20	12	30	20

附表 6–2　轴颈和外壳孔的表面粗糙度轮廓幅度参数 Ra 值（摘自 GB/T 275—1993）

轴颈或外壳孔的直径（mm）	轴 颈 或 外 壳 孔 的 标 准 公 差 等 级					
	IT7		IT6		IT5	
	表 面 粗 糙 度 轮 廓 幅 度 参 数 Ra 值 （μm）					
	磨	车（镗）	磨	车（镗）	磨	车（镗）
≤80	≤1.6	≤3.2	≤0.8	≤1.6	≤0.4	≤0.8
>80 ~ 500	≤1.6	≤3.2	≤1.6	≤3.2	≤0.8	≤1.6
端　　面	≤3.2	≤6.3	≤3.2	≤6.3	≤1.6	≤3.2

附表7-1 安全裕度 A 与计量器具的测量不确定度允许值 u_1（摘自 GB/T 3177—2009）（μm）

孔、轴的标准公差等级		IT6					IT7					IT8					IT9			
公称尺寸(mm)		T	A	u_1			T	A	u_1			T	A	u_1			T	A	u_1	
大于	至			Ⅰ	Ⅱ	Ⅲ			Ⅰ	Ⅱ	Ⅲ			Ⅰ	Ⅱ	Ⅲ			Ⅰ	Ⅱ	Ⅲ
18	30	13	1.3	1.2	2.0	2.9	21	2.1	1.9	3.2	4.7	33	3.3	3.0	5.0	7.4	52	5.2	4.7	7.8	12
30	50	16	1.6	1.4	2.4	3.6	25	2.5	2.3	3.8	5.6	39	3.9	3.5	5.9	8.8	62	6.2	5.6	9.3	14
50	80	19	1.9	1.7	2.9	4.3	30	3.0	2.7	4.5	6.8	46	4.6	4.1	6.9	10	74	7.4	6.7	11	17
80	120	22	2.2	2.0	3.3	5.0	35	3.5	3.2	5.3	7.9	54	5.4	4.9	8.1	12	87	8.7	7.8	13	20
120	180	25	2.5	2.3	3.8	5.6	40	4.0	3.6	6.0	9.0	63	6.3	5.7	9.5	14	100	10	9.0	15	23
180	250	29	2.9	2.6	4.4	6.5	46	4.6	4.1	6.9	10	72	7.2	6.5	11	16	115	12	10	17	26

孔、轴的标准公差等级		IT10					IT11					IT12				IT13			
公称尺寸(mm)		T	A	u_1			T	A	u_1			T	A	u_1		T	A	u_1	
大于	至			Ⅰ	Ⅱ	Ⅲ			Ⅰ	Ⅱ	Ⅲ			Ⅰ	Ⅱ			Ⅰ	Ⅱ
18	30	84	8.4	7.6	13	19	130	13	12	20	29	210	21	19	32	330	33	30	50
30	50	100	10	9.0	15	23	160	16	14	24	36	250	25	23	38	390	39	35	59
50	80	120	12	11	18	27	190	19	17	29	43	300	30	27	45	460	46	41	69
80	120	140	14	13	21	32	220	22	20	33	50	350	35	32	53	540	54	49	81
120	180	160	16	15	24	36	250	25	23	38	56	400	40	36	60	630	63	57	95
180	250	185	18	17	28	42	290	29	26	44	65	460	46	41	69	720	72	65	110

注：T——孔、轴的尺寸公差。

附表7-2 千分尺和游标卡尺的测量不确定度（摘自 JB/Z 181—1982）

尺寸范围 (mm)	分度值0.01mm 外径千分尺	分度值0.01mm 内径千分尺	分度值0.02mm 游标卡尺	分度值0.05mm 游标卡尺
	测 量 不 确 定 度 u_1' (mm)			
≤50	0.004			
>50～100	0.005	0.008	0.020	0.050
>100～150	0.006			
>150～200	0.007	0.013		

注：1. 当采用比较测量时，千分尺的测量不确定度可小于本表规定的数值。

2. 当所选用的计量器具的 $u_1' > u_1$ 时，需按 u_1' 计算出扩大的安全裕度 $A'\left(A' = \dfrac{u_1'}{0.9} \right)$；当 A' 不超过工件公差15% 时，允许选用该计量器具。此时需按 A' 数值确定上、下验收极限。

附表 7-3 比较仪的测量不确定度(摘自 JB/Z 181—1982)

尺 寸 范 围 (mm)	分度值为 0.0005mm	分度值为 0.001mm	分度值为 0.002mm	分度值为 0.005mm
	测 量 不 确 定 度 u_1'(mm)			
≤25	0.0006	0.0010	0.0017	0.0030
>25 ~ 40	0.0007			
>40 ~ 65	0.0008	0.0011	0.0018	
>65 ~ 90				
>90 ~ 115	0.0009	0.0012	0.0019	

注:本表规定的数值是指测量时,使用的标准器由四块 1 级(或 4 等)量块组成的数值。

附表 7-4 指示表的测量不确定度(摘自 JB/Z 181—1982)

尺 寸 范 围 (mm)	分度值为 0.001mm 的千分表(0 级在全程范围内,1 级在 0.2mm 内),分度值为 0.002mm 的千分表(在 1 转范围内)	分 度 值 为 0.001、0.002、0.005mm 的千分表(1 级在全程范围内),分度值为 0.01mm 的百分表(0 级在任意 1mm 内)	分度值为 0.01mm 的百分表(0 级在全程范围内,1 级在任意 1mm 内)	分度值为 0.01mm 的百分表(1 级在全程范围内)
	测 量 不 确 定 度 u_1'(mm)			
≤25 ~ 115	0.005	0.010	0.018	0.030

注:本表规定的数值是指测量时,使用的标准器由四块 1 级(或 4 等)量块组成的数值。

附表 7-5 光滑极限量规定形尺寸公差 T_1 和通规定形尺寸公差带的中心到工件最大实体尺寸之间的距离 Z_1 值(摘自 GB/T 1957—2006)   (μm)

工件公称尺寸 (mm)	IT6			IT7			IT8			IT9			IT10			IT11			IT12		
	IT6	T_1	Z_1	IT7	T_1	Z_1	IT8	T_1	Z_1	IT9	T_1	Z_1	IT10	T_1	Z_1	IT11	T_1	Z_1	IT12	T_1	Z_1
>10 ~ 18	11	1.6	2	18	2	2.8	27	2.8	4	43	3.4	6	70	4	8	110	6	11	180	7	15
>18 ~ 30	13	2	2.4	21	2.4	3.4	33	3.4	5	52	4	7	84	5	9	130	7	13	210	8	18
>30 ~ 50	16	2.4	2.8	25	3	4	39	4	6	62	5	8	100	6	11	160	8	16	250	10	22
>50 ~ 80	19	2.8	3.4	30	3.6	4.6	46	4.6	7	74	6	9	120	7	13	190	9	19	300	12	26
>80 ~ 120	22	3.2	3.8	35	4.2	5.4	54	5.4	8	87	7	10	140	8	15	220	10	22	350	14	30

附表 7-6　量规测量面的表面粗糙度轮廓幅度参数 *Ra* 值(摘自 GB/T 1957—2006)

光滑极限量规	量规测量面的定形尺寸(mm)		
	≤120	>120~315	>315~500
	Ra 值(μm)		
IT6 级孔用工作量规	≤0.05	≤0.10	≤0.20
IT7~IT9 级孔用工作量规	≤0.10	≤0.20	≤0.40
IT10~IT12 级孔用工作量规	≤0.20	≤0.40	≤0.80
IT13~IT16 级孔用工作量规	≤0.40	≤0.80	≤0.80
IT6~IT9 级轴用工作量规	≤0.10	≤0.20	≤0.40
IT10~IT12 级轴用工作量规	≤0.20	≤0.40	≤0.80
IT13~IT16 级轴用工作量规	≤0.40	≤0.80	≤0.80
IT6~IT9 级轴用工作环规的校对塞规	≤0.05	≤0.10	≤0.20
IT10~IT12 级轴用工作环规的校对塞规	≤0.10	≤0.20	≤0.40
IT13~IT16 级轴用工作环规的校对塞规	≤0.20	≤0.40	≤0.40

附表 7-7　功能量规检验部分(含共同检验方式的量规的定位部分)
的基本偏差 F_1 的数值(摘自 GB/T 8069—1998)　　　　(μm)

序　号	0	1		2		3		4		5	
基准类型	无基准	无基准(成组被测要素)		一个中心要素		一个平表面和一个中心要素		两个平表面和一个中心要素		一个平表面和两个成组中心要素	
						三个平表面		两个中心要素		两个平表面和一个成组中心要素	
		一个平表面		两个平表面		一个成组中心要素		一个平表面和一个成组中心要素		一个中心要素和一个成组中心要素	
综合公差 T_1	固定式	固定式	活动式	固定式	活动式	固定式	活动式	固定式	活动式	固定式	活动式
≤16	3	4	—	5	—	5	—	6	—	7	—
>16~25	4	5	—	6	—	7	—	8	—	9	—
>25~40	5	6	—	8	—	9	—	10	—	11	—
>40~63	6	8	—	10	—	11	—	12	—	14	—
>63~100	8	10	16	12	18	14	20	16	20	18	22
>100~160	10	12	20	16	22	18	25	20	25	22	28
>160~250	12	16	25	20	28	22	32	25	32	28	36
>250~400	16	20	32	25	36	28	40	32	40	36	45
>400~630	20	25	40	32	45	36	50	40	50	45	56
>630~1000	25	32	50	40	56	45	63	50	63	56	71
>1000~1600	32	40	63	50	71	56	80	63	80	71	90
>1600~2500	40	50	80	63	90	71	100	80	100	90	110

注：1. 综合公差 T_1 等于被测要素或基准要素的尺寸公差与其带Ⓜ的几何公差之和。

2. 对于共同检验方式的固定式功能量规,单个的检验部分和定位部分(也是用于检验实际基准要素的检验部分)的 F_1 的数值皆按序号 0 查取;成组的检验部位的 F_1 的数值按序号 1 查取。

3. 用于检验单一要素孔、轴的轴线直线度量规的 F_1 的数值按序号 0 查取。

4. 对于依次检验方式的功能量规,检验部分的 F_1 的数值按被测零件的图样上所标注被测要素的基准类型选取。

附表 7-8　功能量规各工作部分的尺寸公差、方向和位置公差、允许磨损量

和最小间隙的数值(摘自 GB/T 8069—1998)　　　　　　　(μm)

综合公差 T_t	检验部位		定位部位		导 向 部 位			t_I、t_L、t_G	t_G'
	T_I	W_I	T_L	W_L	T_G	W_G	X_{min}		
≤16	1.5							2	
>16~25	2							3	
>25~40	2.5							4	
>40~63	3							5	
>63~100	4				2.5		3	6	2
>100~160	5				3			8	2.5
>160~250	6				4		4	10	3
>250~400	8				5			12	4
>400~630	10				6		5	16	5
>630~1000	12				8			20	6
>1000~1600	16				10		6	25	8
>1600~2500	20				12			32	10

注: 1. 综合公差 T_t 等于被测要素或基准要素的尺寸公差与其带 Ⓜ 的几何公差之和。
　　2. T_I、W_I、T_L、W_L、T_G、W_G 分别为量规检验部分、定位部分、导向部分的尺寸公差、允许磨损量。
　　3. t_I、t_L、t_G 分别为量规检验部分、定位部分、导向部分的方向、位置公差。
　　4. t_G' 为台阶式插入件的导向部位对检验部位(或定位部位)的同轴度公差或对称度公差。
　　5. X_{min} 为量规检验部位(或定位部位)与导向部位配合所要求的最小间隙。

附表 8-1　圆锥角公差(摘自 GB/T 11334—2005)

公称圆锥长度 L(mm)	AT 5			AT 6			AT 7		
	AT_α		AT_D	AT_α		AT_D	AT_α		AT_D
	μrad	(′)(″)	μm	μrad	(′)(″)	μm	μrad	(′)(″)	μm
>25~40	160	33″	>4.0~6.3	250	52″	>6.3~10.0	400	1′22″	>10.0~16.0
>40~63	125	26″	>5.0~8.0	200	41″	>8.0~12.5	315	1′05″	>12.5~20.0
>63~100	100	21″	>6.3~10.0	160	33″	>10.0~16.0	250	52″	>16.0~25.0
>100~160	80	16″	>8.0~12.5	125	26″	>12.5~20.0	200	41″	>20.0~32.0
>160~250	63	13″	>10.0~16.0	100	21″	>16.0~25.0	160	33″	>25.0~40.0

公称圆锥长度 L(mm)	AT 8			AT 9			AT 10		
	AT_α		AT_D	AT_α		AT_D	AT_α		AT_D
	μrad	(′)(″)	μm	μrad	(′)(″)	μm	μrad	(′)(″)	μm
>25~40	630	2′10″	>16.0~20.5	1000	3′26″	>25~40	1600	5′30″	>40~63
>40~63	500	1′43″	>20.0~32.0	800	2′45″	>32~50	1250	4′18″	>50~80
>63~100	400	1′22″	>25.0~40.0	630	2′10″	>40~63	1000	3′26″	>63~100
>100~160	315	1′05″	>32.0~50.0	500	1′43″	>50~80	800	2′45″	>80~125
>160~250	250	52″	>40.0~63.0	400	1′22″	>63~100	630	2′10″	>100~160

注: 1. 1μrad 等于半径为 1m、弧长为 1μm 所对应的圆心角。5μrad≈1″,300μrad≈1′。
　　2. 查表示例 1:L 为 63mm,选用 AT7,查表得 AT_α 为 315μrad 或 1′05″,则 AT_D 为 20μm。示例 2:L 为 50mm,选用 AT7,查表得 AT_α 为 315μrad 或 1′05″,则 $AT_D=AT_\alpha \times L \times 10^{-3}=315 \times 50 \times 10^{-3}=15.75$μm,取 AT_D 为 15.8μm。

附表 9-1　普通螺纹的公称直径及相应基本值(摘自 GB/T 196—2003)　　(mm)

公称直径(大径)D、d 第一系列	第二系列	第三系列	螺距 P	中径 D_2、d_2	小径 D_1、d_1	公称直径(大径)D、d 第一系列	第二系列	第三系列	螺距 P	中径 D_2、d_2	小径 D_1、d_1
10			**1.5**	9.026	8.376	20			**2.5**	18.376	17.294
			1.25	9.188	8.647				2	18.701	17.835
			1	9.350	8.917				1.5	19.026	18.376
									1	19.350	18.917
12			**1.75**	10.863	10.106	24			**3**	22.051	20.752
			1.5	11.026	10.376				2	22.701	21.835
			1.25	11.188	10.647				1.5	23.026	22.376
			1	11.350	10.917				1	23.350	22.917
16			**2**	14.701	13.835	30			**3.5**	27.727	26.211
			1.5	15.026	14.376				(3)	28.051	26.752
			1	15.350	14.917				2	28.701	27.835
									1.5	29.026	28.376

注:1. 直径优先选用第一系列,其次第二系列,第三系列尽可能不用。
　　2. 黑体字数码为粗牙螺距。括号内的螺距尽可能不用。

附表 9-2　普通螺纹的基本偏差和顶径公差(摘自 GB/T 197—2003)

螺距 P(mm)	内螺纹的基本偏差 EI(μm)		外螺纹的基本偏差 es(μm)				内螺纹小径公差 T_{D_1}(μm)					外螺纹大径公差 T_d(μm)		
	G	H	e	f	g	h	4	5	6	7	8	4	6	8
1	+26		−60	−40	−26		150	190	236	300	375	112	180	280
1.25	+28		−63	−42	−28		170	212	265	335	425	132	212	335
1.5	+32		−67	−45	−32		190	236	300	375	475	150	236	375
1.75	+34	0	−71	−48	−34	0	212	265	335	425	530	170	265	425
2	+38		−71	−52	−38		236	300	375	475	600	180	280	450
2.5	+42		−80	−58	−42		280	355	450	560	710	212	335	530
3	+48		−85	−63	−48		315	400	500	630	800	236	375	600

附表 9-3　普通螺纹中径公差和中等旋合长度(摘自 GB/T 197—2003)

公称直径 D、d (mm)	螺距 P (mm)	内螺纹中径公差 T_{D_2}(μm) 公差等级					外螺纹中径公差 T_{d_2}(μm) 公差等级							N 组旋合长度 (mm)	
		4	5	6	7	8	3	4	5	6	7	8	9	>	≤
>11.2～22.4	1	100	125	160	200	250	60	75	95	118	150	190	236	3.8	11
	1.25	112	140	180	224	280	67	85	106	132	170	212	265	4.5	13
	1.5	118	150	190	236	300	71	90	112	140	180	224	280	5.6	16
	1.75	125	160	200	250	315	75	95	118	150	190	236	300	6	18
	2	132	170	212	265	335	80	100	125	160	200	250	315	8	24
	2.5	140	180	224	280	355	85	106	132	170	212	265	335	10	30
>22.4～45	1	106	132	170	212	—	63	80	100	125	160	200	250	4	12
	1.5	125	160	200	250	315	75	95	118	150	190	236	300	6.3	19
	2	140	180	224	280	355	85	106	132	170	212	265	335	8.5	25
	3	170	212	265	335	425	100	125	160	200	250	315	400	12	36

附表 9-4　普通螺纹螺牙侧面的表面粗糙度轮廓幅度参数 Ra 值

工　　件	螺　纹　中　径　公　差　等　级		
	4、5	6、7	8、9
	Ra 值（μm）		
螺栓、螺钉、螺母	≤1.6	≤3.2	3.2~6.3
轴及套筒上的螺纹	0.8~1.6	≤1.6	≤3.2

附表 10-1　圆柱齿轮强制性检测精度指标的公差和极限偏差（摘自 GB/T 10095.1—2008）

分度圆直径 d （mm）	法向模数 m_n 或齿宽 b （mm）	精　　度　　等　　级												
		0	1	2	3	4	5	6	7	8	9	10	11	12
齿轮传递运动准确性		齿轮齿距累积总偏差允许值 F_p（μm）												
$50 < d \leq 125$	$2 < m_n \leq 3.5$	3.3	4.7	6.5	9.5	13.0	19.0	27.0	38.0	53.0	76.0	107.0	151.0	241.0
	$3.5 < m_n \leq 6$	3.4	4.9	7.0	9.5	14.0	19.0	28.0	39.0	55.0	78.0	110.0	156.0	220.0
$125 < d \leq 280$	$2 < m_n \leq 3.5$	4.4	6.5	9.0	12.0	18.0	25.0	35.0	50.0	70.0	100.0	141.0	199.0	282.0
	$3.5 < m_n \leq 6$	4.5	6.5	9.0	13.0	18.0	25.0	36.0	51.0	72.0	102.0	144.0	204.0	288.0
齿轮传动平稳性		齿轮单个齿距偏差允许值 $\pm f_{pt}$（μm）												
$50 < d \leq 125$	$2 < m_n \leq 3.5$	1.0	1.5	2.1	2.9	4.1	6.0	8.5	12.0	17.0	23.0	33.0	47.0	66.0
	$3.5 < m_n \leq 6$	1.1	1.6	2.3	3.2	4.6	6.5	9.0	13.0	18.0	26.0	36.0	52.0	73.0
$125 < d \leq 280$	$2 < m_n \leq 3.5$	1.1	1.6	2.3	3.2	4.6	6.5	9.0	13.0	18.0	26.0	36.0	51.0	73.0
	$3.5 < m_n \leq 6$	1.2	1.8	2.5	3.5	5.0	7.0	10.0	14.0	20.0	28.0	40.0	56.0	79.0
齿轮传动平稳性		齿轮齿廓总偏差允许值 F_α（μm）												
$50 < d \leq 125$	$2 < m_n \leq 3.5$	1.4	2.0	2.8	3.9	5.5	8.0	11.0	16.0	22.0	31.0	44.0	63.0	89.0
	$3.5 < m_n \leq 6$	1.7	2.4	3.4	4.8	6.5	9.5	13.0	19.0	27.0	38.0	54.0	76.0	108.0
$125 < d \leq 280$	$2 < m_n \leq 3.5$	1.6	2.2	3.2	4.5	6.5	9.0	13.0	18.0	25.0	36.0	50.0	71.0	101.0
	$3.5 < m_n \leq 6$	1.9	2.6	3.7	5.5	7.5	11.0	15.0	21.0	30.0	42.0	60.0	84.0	119.0
轮齿载荷分布均匀性		齿轮螺旋线总偏差允许值 F_β（μm）												
$50 < d \leq 125$	$20 < b \leq 40$	1.5	2.1	3.0	4.2	6.0	8.5	12.0	17.0	24.0	34.0	48.0	68.0	95.0
	$40 < b \leq 80$	1.7	2.5	3.5	4.9	7.0	10.0	14.0	20.0	28.0	39.0	56.0	79.0	111.0
$125 < d \leq 280$	$20 < b \leq 40$	1.6	2.3	3.2	4.5	6.5	9.0	13.0	18.0	25.0	36.0	50.0	71.0	101.0
	$40 < b \leq 80$	1.8	2.6	3.6	5.0	7.5	10.0	15.0	21.0	29.0	41.0	58.0	82.0	117.0

附表 10-2　圆柱齿轮 f_i'/K 的比值（摘自 GB/T 10095.1—2008）　　　　（μm）

分度圆直径 d (mm)	法向模数 m_n (mm)	精　度　等　级												
		0	1	2	3	4	5	6	7	8	9	10	11	12
50 < d ≤ 125	2 < m_n ≤ 3.5	3.2	4.5	6.5	9.0	13.0	18.0	25.0	36.0	51.0	72.0	102.0	144.0	204.0
	3.5 < m_n ≤ 6	3.6	5.0	7.0	10.0	14.0	20.0	29.0	40.0	57.0	81.0	115.0	162.0	229.0
125 < d ≤ 280	2 < m_n ≤ 3.5	3.5	4.9	7.0	10.0	14.0	20.0	28.0	39.0	56.0	79.0	111.0	157.0	222.0
	3.5 < m_n ≤ 6	3.9	5.5	7.5	11.0	15.0	22.0	31.0	44.0	62.0	88.0	124.0	175.0	247.0

附表 10-3　圆柱齿轮径向跳动允许值 F_r（摘自 GB/T 10095.2—2008）　　　　（μm）

分度圆直径 d (mm)	法向模数 m_n (mm)	精　度　等　级												
		0	1	2	3	4	5	6	7	8	9	10	11	12
50 < d ≤ 125	2.0 < m_n ≤ 3.5	2.5	4.0	5.5	7.5	11	15	21	30	43	61	86	121	171
	3.5 < m_n ≤ 6.0	3.0	4.0	5.5	8.0	11	16	22	31	44	62	88	125	176
125 < d ≤ 280	2.0 < m_n ≤ 3.5	3.5	5.0	7.0	10	14	20	28	40	56	80	113	159	225
	3.5 < m_n ≤ 6.0	3.5	5.0	7.0	10	14	20	29	41	58	82	115	163	231

附表 10-4　圆柱齿轮双啮精度指标的公差值（摘自 GB/T 10095.2—2008）

分度圆直径 d (mm)	法向模数 m_n (mm)	精　度　等　级							
		4	5	6	7	8	9	10	11	12
齿轮传递运动准确性		齿轮径向综合总偏差允许值 F_i''（μm）								
50 < d ≤ 125	1.5 < m_n ≤ 2.5	15	22	31	43	61	86	122	173	244
	2.5 < m_n ≤ 4.0	18	25	36	51	72	102	144	204	288
	4.0 < m_n ≤ 6.0	22	31	44	62	88	124	176	248	351
125 < d ≤ 280	1.5 < m_n ≤ 2.5	19	26	37	53	75	106	149	211	299
	2.5 < m_n ≤ 4.0	21	30	43	61	86	121	172	243	343
	4.0 < m_n ≤ 6.0	25	36	51	72	102	144	203	287	406
齿轮传动平稳性		齿轮一齿径向综合偏差允许值 f_i''（μm）								
50 < d ≤ 125	1.5 < m_n ≤ 2.5	4.5	6.5	9.5	13	19	26	37	53	75
	2.5 < m_n ≤ 4.0	7.0	10	14	20	29	41	58	82	116
	4.0 < m_n ≤ 6.0	11	15	22	31	44	62	87	123	174
125 < d ≤ 280	1.5 < m_n ≤ 2.5	4.5	6.5	9.5	13	19	27	38	53	75
	2.5 < m_n ≤ 4.0	7.5	10	15	21	29	41	58	82	116
	4.0 < m_n ≤ 6.0	11	15	22	31	44	62	87	124	175

附表 10－5　齿轮坯公差（摘自 GB/T 10095—1988）

齿轮精度等级	1	2	3	4	5	6	7	8	9	10	11	12
盘形齿轮基准孔直径尺寸公差		IT4			IT5	IT6		IT7		IT8		IT9
齿轮轴轴颈直径尺寸公差和形状公差					通常按滚动轴承的公差等级确定							
齿顶圆直径尺寸公差		IT6			IT7			IT8		IT9		IT11
基准端面对齿轮基准轴线的轴向圆跳动公差 t_t					$t_t = 0.2(D_d/b)F_\beta$							
基准圆柱面对齿轮基准轴线的径向圆跳动公差 t_r					$t_r = 0.3F_p$							

注：1. 齿轮的三项精度等级不同时，齿轮基准孔的直径尺寸公差按最高的精度等级确定。

2. 标准公差 IT 值见附表 3－2。

3. 齿顶圆柱面不作为测量齿厚的基准面时，齿顶圆直径尺寸公差按 IT11 给定，但不得大于 $0.1m_n$。

4. t_t 和 t_r 的计算公式引自 GB/Z 18620.3—2008。公式中，D_d——基准端面的直径；b——齿宽；F_β——螺旋线总偏差允许值；F_p——齿距累积总偏差允许值。

5. 齿顶圆柱面不作为基准面时，图样上不必给出 t_r。

附表 10－6　齿轮齿面和齿轮坯基准面的表面粗糙度轮廓幅度参数 Ra 上限值　（μm）

齿轮精度等级	3	4	5	6	7	8	9	10
齿　　面	≤0.63	≤0.63	≤0.63	≤0.63	≤1.25	≤5	≤10	≤10
盘形齿轮的基准孔	≤0.2	≤0.2	0.4～0.2	≤0.8	1.6～0.8	≤1.6	≤3.2	≤3.2
齿轮轴的轴颈	≤0.1	0.2～0.1	≤0.2	≤0.4	≤0.8	≤1.6	≤1.6	≤1.6
端面、齿顶圆柱面	0.2～0.1	0.4～0.2	0.8～0.4	0.8～0.4	1.6～0.8	3.2～1.6	≤3.2	≤3.2

注：齿轮的三项精度等级不同时，按最高的精度等级确定。齿轮轴轴颈的 Ra 值可按滚动轴承的公差等级确定。

附表 10－7　齿轮副的中心距极限偏差 $\pm f_a$ 值（摘自 GB/T 10095—1988）　（μm）

齿轮精度等级		1～2	3～4	5～6	7～8	9～10	11～12
f_a		$\frac{1}{2}$IT4	$\frac{1}{2}$IT6	$\frac{1}{2}$IT7	$\frac{1}{2}$IT8	$\frac{1}{2}$IT9	$\frac{1}{2}$IT11
齿轮副的中心距（mm）	>80～120	5	11	17.5	27	43.5	110
	>120～180	6	12.5	20	31.5	50	125
	>180～250	7	14.5	23	36	57.5	145
	>250～315	8	16	26	40.5	65	160
	>315～400	9	18	28.5	44.5	70	180

附表 11-1　普通平键尺寸和键槽深度 t_1、t_2 的公称尺寸及极限偏差（摘自 GB/T 1095—2003）（mm）

键尺寸 $b \times h$	公称尺寸	键槽 宽度 b 极限偏差 正常联结 轴 N9	正常联结 轮毂孔 JS9	紧密联结 轴和轮毂孔 P9	松联结 轴 H9	松联结 轮毂孔 D10	深度 轴键槽 t_1 公称尺寸	t_1 极限偏差	$d-t_1$ 极限偏差	轮毂孔键槽 t_2 公称尺寸	t_2 极限偏差	$d+t_2$ 极限偏差
5×5	5	0 −0.030	±0.015	−0.012 −0.042	+0.030 0	+0.078 +0.030	3.0	+0.1 0	0 −0.1	2.3	+0.1 0	+0.1 0
6×6	6						3.5			2.8		
8×7	8	0 −0.036	±0.018	−0.015 −0.051	+0.036 0	+0.098 +0.040	4.0			3.3		
10×8	10						5.0			3.3		
12×8	12	0 −0.043	±0.0215	−0.018 −0.061	+0.043 0	+0.120 +0.050	5.0	+0.2 0	0 −0.2	3.3	+0.2 0	+0.2 0
14×9	14						5.5			3.8		
16×10	16						6.0			4.3		
18×11	18						7.0			4.4		

注：d 为相互配合孔、轴的公称尺寸；对于任一 d 的孔、轴，皆可按需要选取键尺寸，而不局限于特定的某一键尺寸。

附表 11-2　矩形花键公称尺寸的系列（摘自 GB/T 1144—2001）　　（mm）

d	轻 系 列 标记	N	D	B	中 系 列 标记	N	D	B
23	6×23×26×6	6	26	6	6×23×28×6	6	28	6
26	6×26×30×6	6	30	6	6×26×32×6	6	32	6
28	6×28×32×7	6	32	7	6×28×34×7	6	34	7
32	8×32×36×7	8	36	7	8×32×38×7	8	38	7
36	8×36×40×7	8	40	7	8×36×42×7	8	42	7
42	8×42×46×8	8	46	8	8×42×48×8	8	48	8
46	8×46×50×9	8	50	9	8×46×54×9	8	54	9
52	8×52×58×10	8	58	10	8×52×60×10	8	60	10
56	8×56×62×10	8	62	10	8×56×65×10	8	65	10
62	8×62×68×12	8	68	12	8×62×72×12	8	72	12

附表 11-3　矩形花键位置度公差值 t_1（摘自 GB/T 1144—2001）　　（mm）

键槽宽或键宽 B		3	3.5 ~ 6	7 ~ 10	12 ~ 18
			t_1		
键槽宽		0.010	0.015	0.020	0.025
键宽	滑动、固定	0.010	0.015	0.020	0.025
	紧滑动	0.006	0.010	0.013	0.016

附表 11-4　矩形花键对称度公差值 t_2（摘自 GB/T 1144—2001）　　（mm）

键槽宽或键宽 B	3	3.5 ~ 6	7 ~ 10	12 ~ 18
		t_2		
一般用途	0.010	0.012	0.015	0.018
精密传动使用	0.006	0.008	0.009	0.011

附表 11-5　圆柱直齿渐开线花键键齿的总公差($T+\lambda$)、综合公差 λ、

齿距累积公差 F_p 和齿形公差 F_α（摘自 GB/T 3478.1—2008）　　　（μm）

齿数 z	模数 $m=2mm$，公差等级															
	4				5				6				7			
	$T+\lambda$	λ	F_p	F_α	$T+\lambda$	λ	F_p	F_α	$T+\lambda$	λ	F_p	F_α	$T+\lambda$	λ	F_p	F_α
26	44	20	29	14	70	29	41	23	109	41	58	36	175	61	82	57
27	44	20	29	14	70	29	42	23	110	42	59	36	176	62	83	57
28	44	20	30	14	71	29	42	23	111	42	59	36	177	62	85	57
29	44	21	30	14	71	30	43	23	111	43	60	36	178	63	86	57
30	45	21	31	14	71	30	43	23	112	43	61	36	179	64	87	57
31	45	21	31	14	72	30	44	23	112	44	62	36	180	64	88	57
32	45	21	31	14	72	31	45	23	113	44	63	36	180	65	89	58
33	45	22	32	15	72	31	45	23	113	45	63	36	181	66	90	58
34	45	22	32	15	73	31	46	23	114	45	64	36	182	66	91	58
35	46	22	33	15	73	32	46	23	114	45	65	36	183	67	92	58
36	46	22	33	15	73	32	47	23	115	46	66	37	184	67	94	58
37	46	22	33	15	74	32	47	23	115	46	66	37	184	68	95	58
38	46	23	34	15	74	33	48	23	116	47	67	37	185	69	96	59
39	46	23	34	15	74	33	48	23	116	47	68	37	186	69	97	59
40	47	23	34	15	75	33	49	24	117	48	69	37	187	70	98	59

附表 11-6　圆柱直齿渐开线花键的齿向公差 F_β（摘自 GB/T 3478.1—2008）　　（μm）

花键长度（mm）	≤5	>5 ~10	>10 ~15	>15 ~20	>20 ~25	>25 ~30	>30 ~35	>35 ~40	>40 ~45	>45 ~50	>50 ~55	>55 ~60	>60 ~70	>70 ~80	>80 ~90	>90 ~100
公差等级 4	6	7	7	8	8	8	9	9	9	10	10	10	11	11	12	12
5	7	8	9	9	10	10	11	11	12	12	12	13	13	14	14	15
6	9	10	11	12	13	13	14	14	15	15	16	16	17	17	18	19
7	14	16	18	19	20	21	22	23	23	24	25	25	27	28	29	30

附表 11-7　圆柱直齿渐开线花键的作用齿槽宽 E_v 最小极限值

和作用齿厚 S_v 最大极限值（摘自 GB/T 3478.1—2008）

分度圆直径 D（mm）	基　本　偏　差						
	H	d	e	f	h	js	k
	作用齿槽宽 E_v 最小极限值（μm）	作用齿厚 S_v 最大极限值 es_v（μm）					
>30 ~50	0	−80	−50	−25	0		
>50 ~80	0	−100	−60	−30	0		
>80 ~120	0	−120	−72	−36	0	$+(T+\lambda)/2$	$+(T+\lambda)$
>120 ~180	0	−145	−85	−43	0		
>180 ~250	0	−170	−100	−50	0		

附表 11−8 外渐开线花键小径 D_{ie} 和大径 D_{ee} 的上极限偏差 es、$/\tan\alpha_D$（摘自 GB/T 3478.1—2008）（μm）

分度圆直径 D (mm)	基 本 偏 差											
	d			e			f			h	js	k
	标 准 压 力 角 α_D											
	30°	37.5°	45°	30°	37.5°	45°	30°	37.5°	45°	30°、37.5°、45°		
>18~30	−113	−85	−65	−69	−52	−40	−35	−26	−20	0	对于小径，$+(T+\lambda)/2\tan\alpha_D$；对于大径，取值为零	对于小径，$+(T+\lambda)/\tan\alpha_D$；对于大径，取值为零
>30~50	−139	−104	−80	−87	−65	−50	−43	−33	−25			
>50~80	−173	−130	−100	−104	−78	−60	−52	−39	−30			
>80~120	−208	−156	−120	−125	−94	−72	−62	−47	−36			
>120~180	−251	−189	−145	−147	−111	−85	−74	−56	−43			
>180~250	−294	−222	−170	−170	−130	−100	−87	−65	−50			

注：1. 小径 D_{ie} 公差从 IT12、IT13 或 IT14 中选取；
　　2. 大径 D_{ee} 公差从附表 11−9 中选取。

附表 11−9 内渐开线花键小径 D_{ii} 极限偏差和外花键大径 D_{ee} 公差（摘自 GB/T 3478.1—2008）

直径 D_{ii} 和 D_{ee} (mm)	内花键小径 D_{ii} 极限偏差			外花键大径 D_{ee} 公差		
	模 数 m(mm)					
	0.25~0.75 H10	1~1.75 H11	2~10 H12	0.25~0.75 IT10	1~1.75 IT11	2~10 IT12
>18~30	+84 0	+130 0	+210 0	84	130	210
>30~50	+100 0	+160 0	+250 0	100	160	250
>50~80	+120 0	+190 0	+300 0	120	190	300
>80~120	—	+220 0	+350 0	—	220	350
>120~180	—	+250 0	+400 0	—	250	400
>180~250	—	—	+460 0	—	—	460

附表 11−10 内、外渐开线花键齿根圆曲率半径最小值 $R_{i\,min}$ 和 $R_{e\,min}$（摘自 GB/T 3478.1—2008）

标 准 压 力 角 α_D			
30P	30R	37.5°	45°
0.2m	0.4m	0.3m	0.25m

注：P—平齿根；R—圆齿根；m—模数(mm)。

附表 11−11 渐开线花键表面粗糙度轮廓幅度参数 Ra 值

装 配 形 式	配 合 表 面		非 配 合 表 面	
	内花键	外花键	内花键	外花键
	Ra 值(μm)			
固　定	0.8~1.6	0.4~0.8	3.2~6.3	1.6~6.3
滑　动	0.8~1.6	0.4~0.8	3.2	1.6~6.3

三、主要参考文献

[1] GB/T 20000.1—2002 标准化工作指南 第1部分:标准化和相关活动的通用术语. 北京:中国标准出版社,2003.

[2] GB/T 321—2005 优先数和优先数系. 北京:中国标准出版社,2005.

[3] GB/T 6093—2001 几何量技术规范(GPS) 长度标准 量块. 北京:中国标准出版社,2001.

[4] JJG 146—2011 量块检定规程. 北京:中国计量出版社,2012.

[5] JJF 1001—2011 通用计量名词及定义. 北京:中国计量出版社,2012.

[6] GB/T 1800.1—2009 产品几何技术规范(GPS) 极限与配合 第1部分:公差、偏差和配合的基础. 北京:中国标准出版社,2009.

[7] GB/T 1800.2—2009 产品几何技术规范(GPS) 极限与配合 第2部分:标准公差等级和孔、轴极限偏差表. 北京:中国标准出版社,2009.

[8] GB/T 1801—2009 产品几何技术规范(GPS) 极限与配合 公差带与配合的选择. 北京:中国标准出版社,2009.

[9] GB/T 1804—2000 一般公差 未注公差的线性和角度尺寸的公差. 北京:中国标准出版社,2000.

[10] GB/T 18780.1—2002 产品几何量技术规范(GPS) 几何要素 第1部分:基本术语和定义. 北京:中国标准出版社,2003.

[11] GB/T 1182—2008 产品几何技术规范(GPS) 几何公差 形状、方向、位置和跳动公差标注. 北京:中国标准出版社,2008.

[12] GB/T 1184—1996 形状和位置公差 未注公差值. 北京:中国标准出版社,1997.

[13] GB/T 4249—2009 产品几何技术规范(GPS) 公差原则. 北京:中国标准出版社,2009.

[14] GB/T 16671—2009 产品几何技术规范(GPS) 几何公差 最大实体要求、最小实体要求和可逆要求. 北京:中国标准出版社,2009.

[15] GB/T 1958—2004 产品几何量技术规范(GPS) 形状和位置公差 检测规定. 北京:中国标准出版社,2005.

[16] GB/T 3505—2009 产品几何技术规范(GPS) 表面结构 轮廓法 术语、定义及表面结构参数. 北京:中国标准出版社,2009.

[17] GB/T 10610—2009 产品几何技术规范(GPS) 表面结构 轮廓法 评定表面结构的规则和方法. 北京:中国标准出版社,2009.

[18] GB/T 131—2006 产品几何技术规范(GPS) 技术产品文件中表面结构的表示法. 北京:中国标准出版社,2007.

[19] GB/T 1031—2009 产品几何技术规范(GPS) 表面结构 轮廓法 表面粗糙度参数及其数值. 北京:中国标准出版社,2009.

[20] GB/T 275—1993 滚动轴承与轴和外壳孔的配合. 北京:中国标准出版社,1993.

[21] GB/T 307.1—2005 滚动轴承 向心轴承 公差. 北京:中国标准出版社,2005.

[22] GB/T 307.3—2005 滚动轴承 通用技术规则. 北京:中国标准出版社,2005.

[23] GB/T 4604—2006 滚动轴承 径向游隙. 北京:中国标准出版社,2006.

[24] GB/T 3177—2009 产品几何技术规范(GPS) 光滑工件尺寸的检验. 北京:中国标准出版社,2009.

[25] JB/Z 181—1982 GB 3177—82《光滑工件尺寸的检验》使用指南. 北京:中国标准出版社,1982.

[26] GB/T 1957—2006 光滑极限量规 技术要求. 北京:中国标准出版社,2006.

[27] GB/T 8069—1998 功能量规. 北京:中国标准出版社,1998.

[28] GB/T 11334—2005 产品几何量技术规范(GPS) 圆锥公差. 北京:中国标准出版社,2005.

[29] GB/T 12360—2005 产品几何量技术规范(GPS) 圆锥配合. 北京:中国标准出版社,2005.

［30］　GB/T 15754—1995　技术制图　圆锥的尺寸和公差注法.北京:中国标准出版社,1996.

［31］　GB/T 14791—1993　螺纹术语.北京:中国标准出版社,1993.

［32］　GB/T 192—2003　普通螺纹　基本牙型.北京:中国标准出版社,2004.

［33］　GB/T 197—2003　普通螺纹　公差.北京:中国标准出版社,2004.

［34］　JB/T 2886—2008　机床梯形丝杠、螺母　技术要求.北京:机械工业出版社,2008.

［35］　GB/T 10095.1、GB/T 10095.2—2008　圆柱齿轮　精度制.北京:中国标准出版社,2008.

［36］　GB/Z 18620.1、GB/Z 18620.2、GB/Z 18620.3、GB/Z 18620.4—2008　圆柱齿轮　检验实施规范.北京:中国标准出版社,2008.

［37］　GB/T 1095—2003　平键　键槽的剖面尺寸.北京:中国标准出版社,2004.

［38］　GB/T 1144—2001　矩形花键　尺寸、公差和检验.北京:中国标准出版社,2002.

［39］　GB/T 3478.1～GB/T 3478.5—2008　圆柱直齿渐开线花键.北京:中国标准出版社,2009.

［40］　GB/T 5847—2004　尺寸链　计算方法.北京:中国标准出版社,2005.

［41］　龚溎义.机械设计课程设计图册.北京:高等教育出版社,1994.

［42］　费业泰.误差理论与数据处理.北京:机械工业出版社,1981.

［43］　甘永立,吕林森.新编公差原则与几何精度设计.北京:国防工业出版社,2007.

［44］　甘永立.形状和位置误差检测.北京:国防工业出版社,1995.